当代环境文化与新闻传播研究

The Research of Contemporary Environmental Culture and Journalism and Communication

孙惠敏——主　编
漆小平——副主编

浙江大学出版社
ZHEJIANG UNIVERSITY PRESS

序　言

“港通天下，书藏古今”，宁波的历史文化熏陶着一方水土，时代的发展推动着改革实践，城镇、乡村与空间，传统、创新与文化，产品、品牌与传播，影视、数字与营销，互联网、新媒体与出版，新闻、媒体与社会责任……新的时代，我们要传承历史、守正出新，创新话语体系，讲好环境和人的故事，讲好新闻与传播的故事。

浙江省社会科学界第三届学术年会以“传承历史、守正出新，海纳百川、兼收并蓄”为宗旨，提出“创新话语体系，讲好浙江故事”的主题。由宁波大红鹰学院主办的“2016·环境文化传播与新闻出版学术论坛”有幸被选为该学术年会分论坛之一，于2016年6月17—19日在美丽的宁波城举行。本次大会由浙江省社会科学界联合会、宁波大红鹰学院与贵州民族大学共同主办，宁波大红鹰学院艺术与传媒学院、贵州民族大学传媒学院、宁波市海曙区文化广电新闻出版局共同承办，宁波市风景园林设计研究院有限公司、宁波马克标识有限公司协助举办。

本届论坛的主题为：“环境空间文化传承与品牌传播”“媒体融合背景下新闻出版与网络编辑”。二者在创新传承文化、促进区域文化与经济发展上获得统一，目标是：

✧　为新型城镇文化与乡村文化研究者提供思考的良机，深入考察正在急剧变化的城镇与乡村空间演变的历程与特征，促进新型城镇与乡村建设。

✧　为区域文创产品设计与传统文化研究者提供对话的平台，发扬地方传统文化，促进文化创意产业发展。

✧　为新闻传播、媒体融合、数字出版的研究者提供交流的平台，在“互联网＋”的时代背景下，探讨新闻出版与网络编辑的发展趋势与方向。

目 录

附录　新闻稿

论坛主题

(一)环境空间文化传承与品牌传播

聚焦于城镇、乡村的空间演变、文化传承、环境特征、导视系统设计,以及地方文化产品创新、文化品牌传播等问题,研究题目包括但不限于:

1. 城镇空间文化传承与演变;
2. 新农村建设中环境文化特征演变;
3. 环境空间变迁中的文化演变;
4. 环境变迁中的传统文化品牌的生存演变;
5. 地方文化传承与文创产业发展;
6. 空间导视与文化传播;
7. 城市文化品牌营造与环境空间。

(二)媒体融合背景下新闻出版与网络编辑

聚焦于传统媒体与新媒体的融合、"互联网+"战略对新闻出版的影响、网络编辑的社会责任、数字媒体艺术、影视传播等问题,研究题目包括但不限于:

1. 网络编辑的社会责任;
2. "互联网+"战略下新闻出版教育创新;
3. 传统媒体与新媒体融合;
4. 网络编辑与互联网产品运营;
5. 数字媒体与内容管理技术及应用;
6. 影视传播、品牌营销、数字出版的有关议题。

在“2016·环境文化传播与新闻出版学术论坛”上的致辞

孙惠敏

（宁波大红鹰学院校长）

尊敬的各位领导、专家、与会来宾：

大家上午好！

2016·环境文化传播与新闻出版学术论坛，经过精心筹备，今天在美丽的宁波如期召开。首先请允许我代表宁波大红鹰学院，向在百忙之中光临本次论坛的各位领导、专家学者、高校同仁和企业界、新闻界的朋友，表示热烈的欢迎和衷心的感谢！

作为全国应用技术大学试点建设单位和省应用型建设试点示范高校，宁波大红鹰学院始终坚持“立足地方、融入地方、服务地方”的办学宗旨，坚持“注重内涵发展，突出特色办学”的发展战略，以“成为中小企业发展的首选大学”为办学理想，通过深化校企多元合作，不断加强学科专业建设、人才培养工作与地方经济转型升级和新产业、新业态发展需求的融合对接，不断提升服务地方经济社会的贡献度；在优化学科专业整体布局的过程中，学校结合地方文化创意产业发展目标，构建了以“艺术设计、文化传媒”为重点方向的学科板块，着力推进了设计艺术学、新闻学两大省重点学科的建设，并取得了初步建设成效。

在国家、地区大力推动城市化建设与大力发展文化产业的进程中，学校更应该有所作为。围绕着服务区域经济发展的基本定位和重点学科的建设，学校积极寻求与地方文化创意产业的结合点。为了加强与国内外环境空间文化及新闻出版领域同行的研讨交流，更好地适应区域新经济发展要求，进一步提升学科建设水平和专业特色人才培养质量，学校在省社会科学界联合会的大力支持下，携手贵州民族大学共同主办本次论坛。通过与艺术设计、新闻传播业相关企事业单位的交流沟通，并积极寻求专家学者的理论指导，逐渐凝练了此次学术论坛的基本宗旨与思路。

“港通天下，书藏古今”，宁波的历史文化熏陶着一方水土，时代的发展推动着改革实践，城镇、乡村与空间，传统、创新与文化，产品、品牌与传播，影视、数字与营销，互联网、新媒体与出版，新闻、媒体与社会责任……新的时代，我们要传承历史、守正出新，创新话语体系，讲好环境和生态的故事，讲好新闻与传播的故事。

“环境文化传播与新闻出版学术论坛”的主题为“环境空间文化传承与品牌传播”“媒体融合背景下新闻出版与网络编辑”，目标是创新传承文化、促进区域经济与文化发展，为新型城镇文化与乡村文化研究者提供思考的良机，深入考察正在急剧变化的城镇与乡村空间演变的历程与特征，促进新型城镇与乡村建设；为区域文创产品设计与传统文化研究者提供对话的平台，发扬地方传统文化，促进文化创意产业发展；为新闻传播、媒体融合、数字出版的研究者提供交流的平台，在“互联网＋”的时代背景下，探讨新闻出版与网络编辑的发展趋势与方向。

论坛的主题获得了浙江省社科联的认同，有幸成为浙江省社会科学界第三届学术年会分论坛，以“传承历史、守正出新，海纳百川、兼收并蓄”为宗旨，以“创新话语体系，讲好浙江故事”为主题。这次学术论坛，经过与会者共同努力，将是一次认真贯彻落实习近平总书记关于哲学社会科学工作重要讲话的盛会。

习近平总书记在5月17日召开的哲学社会科学工作座谈会上的讲话中强调，一个没有发达的自然科学的国家不可能走在世界前列，一个没有繁荣的哲学社会科学的国家也不可能走在世界前列。坚持和发展中国特色社会主义必须高度重视哲学社会科学。他指出，这是一个需要理论而且一定能够产生理论的时代，这是一个需要思想而且一定能够产生思想的时代。总书记关于哲学社会科学的重要讲话，就是为了解决现实需求和理论供给不足的矛盾。构建“全方位、全领域、全要素”的中国特色哲学社会科学体系，是总书记的殷切期望，也是时代的迫切需要。

本次论坛邀请到来自有关高校、研究机构及新闻、企业界的领导、专家学者近60人参加，论坛期间，还将有多位学界专家为我们作精彩报告。借此机会，我谨代表学校，再次向给予我们热情指导和帮助的省社科联领导以及兄弟高校专家、企业界的朋友们表示由衷的感谢。

我们真诚地希望，到会的各位代表能通过这个难得的交流平台，共同探讨环境设计和新闻出版业发展的有效路径，彼此分享环境文化传播及新闻出版领域的前沿理论与实践经验，进一步凝聚合作共识，为提升我国城镇文化生态建设水平、促进新闻出版行业的创新发展发挥积极的促进作用。同时，借此机会，我们也诚挚地希望，与会的专家学者、企业家对我校教育事业的建设发展多提宝贵建议，对我们今后的工作继续给予一如既往的支持和帮助。

最后，衷心祝愿本次论坛取得圆满成功，祝各位嘉宾身体健康、工作顺利！

谢谢大家！

领导致辞

在“2016·环境文化传播与新闻出版学术论坛”上的致辞

索洪敏
（贵州民族大学研究生院院长）

尊敬的各位领导、各位来宾、各位朋友，老师们、同学们：

大家上午好！

很高兴来到“港通天下、书香之城”——宁波，来到蒸蒸日上的宁波大红鹰学院参加今天的盛会！

首先请允许我代表贵州民族大学研究生院，向各位领导和来宾表示热烈的欢迎和衷心的感谢！感谢大家在年中和期末最繁忙的时候前来参加今天的会议！特别感谢孙惠敏书记对本次大会全力支持，感谢郝振省会长的亲临。

本次学术会议是我们贵州民族大学和大红鹰学院东西部两所高校第一次联合主办，目的是实现资源互补，学科共建，加强学术交流，是一种协同创新式的校校联合、卓有成效的有益探索，经过双方老师三个月的辛苦筹备，本次大会得以圆满开幕，这离不开在座各位的真诚参与和支持！

这次年会从人员规模、会议主题、议程安排看，都是一次高规格、高质量的会议。为此，我要再次感谢宁波大红鹰学院，感谢大红鹰学院艺术与传媒学院，感谢漆小平院长、黄奇杰教授、叶阳副书记、刘岚副院长，以及贵州民族大学传媒学院春龙院长和长城副书记以及他们率领的团队对举办这次会议所做的卓有成效的工作。

贵州民族大学创建于1951年5月17日，已有65年的办学历史，2012年经教育部和贵州省人民政府批准，原贵州民族学院更名为贵州民族大学，是新中国创建最早的民族院校之一，是贵州省重点建设的高校、贵州省人民政府和国家民委共建高校、教育部本科教学工作水平评估优秀等次高校和接受中国政府奖学金来华留学生高等院校。学校现有两个校区，花溪校区坐落于山清水秀、被誉为“高原明珠”的贵州风景名胜区贵阳市花溪区，大学城校区坐落在产城融合创新、生态文明示范的贵安新区，占地面积共2825亩、校舍面积共75万平方米。现有教职员工近2000人，本科生2.4万余人，在校研究生692人，其中665名硕士生，17名留学硕士生，10名博士生。

在这里特别介绍一下我们的传媒学院，该院“新闻传播学”是贵州省唯一的新闻传播类省级特色重点一级学科。该学科现有民族传播学、传媒社会学两个学术型硕士学位授权点，新闻与传播硕士、广播电视艺术硕士两个专业型硕士学位授权点，共计4个硕士学位授权点。该学科目前有在校研究生80人。

今年4月，我研究生院已经与宁波大红鹰学院签订研究生联合培养的合作协议，昨天在贵校进行研究生实习实践基地挂牌仪式，这将开启我们两校研究生教育的新篇章。在创新的当下，我校在“十三五”学科发展规划里提出到2020年希望发展到在校研究生1000人以上规模，是不难实现的。本着“依托优势学科、突出学科特色、保障质量、引领创新、适应需求”的原则，对研究生进行分类培养。

本次大会的主题是“环境文化传播与新闻出版”，筹办者精心设计了两个分论坛，分别是“环境空间文化传承与品牌传播”“媒体融合背景下新闻出版与网络编辑”。本次大会亮点多多，邀请到国内顶级高校学界大腕，如中国人民大学、南京大学、浙江大学、中国美术学院等；也有业界引导者，如北京斯麦尔等，让本次大会蓬荜生辉。

“环境”“文化传承”“媒体融合”“网络编辑”，这些字眼提示我们当前我国新闻教育和新闻学科所面临的严峻形势和所承受的巨大压力。我们希望通过研讨，大家在我国新闻学科建设发展和新闻教育改革创新的出路和对策方面能够形成一些共识，希望大家多进行思想的碰撞，多多闪现智慧火花。

总之，本次盛会不仅能够营造学术交流的氛围，更为我们两校提供了一个高起点、宽范围、多领域的学术交流平台。通过与专家、学者面对面的交流，可以丰富我们的知识，促进优秀知识成果的交流，拓宽师生的学术视野，激发我们钻研学术的热情，增强师生的使命感和责任感。

最后，祝贺宁波大红鹰学院更名宁波财经学院成功之际，送上一个诚挚的祝福：“红鹰展翅，梦想飞天，创造卓越，财源滚滚，经久不息。”

2016年7月15日，贵州民族大学将在贵阳举办一次国际会议——“2016年全球传播论坛”，诚挚向各位专家发出邀请。按照贵州省委敏尔书记的说法，“我在爽爽贵阳等您！”

预祝大会圆满成功！祝各位领导、专家、老师、同学们身体健康，万事如意！

2016年6月17日

宁波

主题发言

数字出版·数字阅读·融合发展

郝振省
（全国政协委员、中国编辑学会会长）

一、数字出版、数字阅读、融合（统合）发展已经立体化地覆盖和席卷我们所有的生产与生活

从产品环节看，电子书、有声书、涂鸦书等各种形式投入与产出的产品，统合了人类的视觉、听觉、触觉。以近两年表现十分活跃的有声书为例：中老年人的“养生听书”、年轻人的“驾驶听书”、学生群体的“考试听书”、婴幼儿的“启蒙听书”、家庭主妇的“烹饪听书”、都市白领的“健身听书”、旅游爱好者的“旅行听书”，通过手机APP或者其他终端实现不同内容、不同场景、不同设备的全统合、全融合。有机构统计，2015年我国有声阅读市场规模已达16.6亿元，预测2016年该市场规模将达到22亿元。

从读者环节看，VR技术统合了视听内容的虚拟与现实场景；Kindle等电子阅读器统合了电子书与纸质书的阅读体验。以医生为例，他可以在上班途中实现“驾驶听书”；在研究病例时，通过“信息可视化”技术学习电子期刊中的案例；在休闲时，他可以参加“科幻自出版”期刊的编写。在任何时候都可以借助手机终端上网、微信、编辑交流与各项浏览。在一个人身上，能够看到数字阅读正在成为人们基本的生产方式和生活方式。同时也可以说是人们受到了数字出版、数字阅读、网络信息等无孔不入的“围猎”。

从出版环节看，自出版模式统合了生产者、编辑者、传播者的角色分工；众筹出版统合了资本、内容、营销渠道等生产要素。其实，就眼下的出版社、出版单位而言都处在一种融合发展，或者指向融合发展的状态，都生产纸质版、电子版、网络版，甚至微信版图书，只是程度强弱不同罢了。

读者身体重要的视、听、写、触器官被充分地开发出来，时间被挖掘利用到极限，读者的生存空间也被开发和消费到极限。

从产品的传播看，由于数字出版与数字阅读的跨时空传播、即时传播的本质特征，它使得同一个信息、同一条有价值的资讯可以瞬间跨越千沟万壑、千山万水传到天涯海角，传到世界各个角落。这就大大地延伸了出版物内容辐射的半径，扩大了消费的人群，实际上大大扩大了出版物的服务人群。无论是公共服务，还是付费服务，都是服务对象与出版物市场的双重扩张。

于是，个人获取的知识面得到了一种几何级数的极度拓展。由于能比较迅速地查询到需要了解的资讯，满足了个性化需求，带来了极大的便利。计算机，或者说与计算机网络相捆绑、相连接的智能手机事实上成为一个天字第一号"百科全书辞典"或曰"万能辞典"。

从产业发展看，产业规模得以迅速扩张提升，2015 年数字出版规模已达 4000 多亿元人民币，数字阅读已达 93 亿元接近 100 亿元人民币。当一个个读者市场被充分开发以后，整个出版、传播阅读消费的市场无疑会得以迅速地扩张、发展和提升。

这种新的数字出版与数字阅读技术，既催生了好多新兴产业领域，也摧毁了不少传统的产业模式，这是科学技术双刃剑的作用及效应。

二、数字出版、数字阅读也相应产生了若干负效应（负面影响）

在对读者个人视、听、写、触等器官功能充分开发的同时，也意味着读者的这些器官经常处在一种全方位开放、全方位劳作、全方位使用的状态，空间上并存、时间上继起的节奏受到严重挤压，同一个时间，或不在同一个时间，都有不同的器官在辛勤劳作，进而言之，所有的接受信息、资讯的各个人体器官都处在高频率的工作状态之中，难有闲暇时间得以缓冲。信息的传递频率过快和数量过多过滥，没有给读者留下足够的时间进行思考和消化，更多的是对屏幕的反射性思维，而不是反刍性思维；更多的是对问题的一种马铃薯式的反应，而不是一种有内在关联的系统性思维；更多的是对百度、谷歌的依赖性查找，而不是有相关的内容、有规律地存储在记忆的深处，随时为主人服务。以致读者疲于奔命，无暇顾及，被各种信息、资讯所"围猎"，只有招架之力，没有还手之功，进而只愿意和可能消费各种资讯、信息，而不愿意去较深入地思考一些问题，更发怵生产一些有价值的资讯、信息。一本再好的书读 15 分钟，便不愿意再认真地读下去，读完它。接收终端碎片化的资讯或信息的瞬间转移，加上所谓的轻松、便捷的链接，已经使读者的注意力很难固定在一个问题上面或一个方面内容上面，出现了所谓的注意力分散、稀释和丢失的现象。不少读者已经很难专注地阅读一个方面的资料，深入地思考一个方面的专题了。

出现类似问题的原因，有的学者认为：我们的数字出版与数字阅读经历了以技术为中心、以内容为中心到以读者为中心的三个阶段，这是一种明显的进步，但这种以读者为中心，仍然是基于"经济学"的考虑，而非社会学或文化学方面的考虑。具体表现为，过度强调服务读者个性化、多样化消费需求，努力实现经济效益的最大化。"读者中心"服务于和服从于"经济效益为中心"，或者服务于和服从于"利润中心"。走的是一条依靠作者与出版商的结合、内容与技术的结合、产品与渠道的结合来实现盈利的路子，更多地把精力放在挖掘产业链末端的读者消费潜力以提升产业经济效益上。再具体一点说:强势的技术型企业凭借自身技术和规模优势,高歌猛进,抢占数字出版市场,迎合读者以获取经济效益;大型文化传媒企业有的像经营娱乐业一样经营出版业,出版或成为赢利工具;不少弱势的传统出版单位在企业化、数字化转型过程中无力引领数字出版参与单位落实其社会责任。

三、据此,我们的融合发展,是否要考虑以下几个问题

首先,我们应该明确,融合发展最基本、最深刻的含义。当然要建立很好的用先进网络技术武装起来的出版传媒单位,建立很有实力和竞争力的现代传媒集团,建立覆盖广泛、传播迅捷的现代传播体系,否则,我们就不能进入国际社会,引领发展潮流,但基础和前提必须是社会主义核心价值观,以此来统领新技术的采用和新内容的传播。套用司马迁"德者,才之帅也,才者,德之资也"的名言,价值观者,新技术统帅也;新技术者,实现价值观之手段也。

其次,就"读者中心"的基础而言,既要建立在经济学的基础之上,又要建立在社会学和文化学的基础之上,而后者可能更根本一些,应放在首要位置,在出版物的采集、出版、传播已经高度数字化、网络化、读屏化的背景下,如果不审时度势,大力发展数字阅读,既是不可能的,也是不允许的,但同时也应对"过度消费"问题保持足够的警惕。

再次,就产业发展而言,由于数字化、网络化的迅速铺开,门槛又较低,所以,在一定意义上说,每个读者都是出版人或者都是新闻人,于是自助出版就成为一种重要的出版现象。如果我们引导得好,规划得好,有可能成为出版产业的一个十分重要的板块和建设文化强国的重要任务目标,但是也应对产业发展的前景和规模、方式做出比较科学的研判,要从消费者(读者)方面把握数字出版产业发展的合理界限。如果说,我们巨额的图书库存已经成为我们沉重包袱的话,那么漂浮、拥挤的大量的泡沫信息已经在折磨着我们自己和我们的读者。

(根据现场录音及 PPT 整理)

艺术品质与城市文化空间塑造

曹意强
（中国美术学院艺术人文学院院长）

一、环境文化（公共空间的建设与传播）

19世纪开始，环境文化由特定的人群、特定的时机、特定的环境三者合成一个独特的文化面貌。今天全球化的趋势，使得我们的城市空间塑造变得越来越困难，表面上看很容易，事实上越来越困难，这个困难就在于它的同质化。世界各地、尤其是中国，均在模仿建造同样的城市文化空间模式，在这个情况下，我们必须探讨一个环境文化建设与传播如何既保持历史面貌，同时又使自身呈现出一种创意。我们对传统、古老的任何文化的继承，它真正有创建性的地方是如何通过现实的需要去激活传统的文化基因，传统本身不会发出创建性，而它的活性基因也要被发现、被刺激、被救活。

二、公共文化环境的城市身份（从历史的城市身份向象征性经济转化）

20世纪70年代时，全世界掀起一种文化的风潮，就是重新确定历史城市的身份，在这个过程中，主要是依靠修整、保存传统的地标式建筑、传统的风俗，这个过程中，艺术介入了这种城市身份的定位与展现，艺术变成了一种公共艺术。同时大家在投资建设商会、传统的食品市场、新型饭店、咖啡馆、酒吧的过程中，把这些建设与城市的公共艺术融为一体，特别重要的一个标志就是艺术博物馆的建设。

目前中国发展公共文化环境的现实情况，是进入了欧美国家20世纪70年代的状况，尤其是公共艺术和艺术博物馆的建设，世界认为中国处于一个多馆的状态，我国现在每年兴起众多的博物馆，私营的、公益的有几百家之多，最多一年有400多家，这是努力去建构一个历史城市空间的文化身份的过程。所以，我国到了20世纪90年代，公共文化环境所展现的城市身份开始转向象征性经济，指的就是美学经济。城市公共空间的美学化存在一个重要趋势，这个美学化包括对商店、饭店、咖啡馆、酒吧、街道、公园的设计都成为一种可消费的美学空间。

三、城市公共空间的三种价值

经济价值，也就是财产的价值、资产的价值。

道德的价值、社会的价值，让人群在公共空间中能够区别好与坏、安全与危险等，涉及日常生活的各个方面。

视觉价值(美学价值)，其实是一个最重要的判断价值。

财产的价值、社会的价值，都是要有品质标准的。例如刚才讲到的纸质媒介是否会消亡，我认为不会消亡，因为纸质媒介具有一种特殊的品质价值，这个品质价值不在印刷本身，而在于纸质书本制作过程所产生的美学价值，比如视觉感、触感。如果一个民族纸质印刷品全部不存在了，这个民族一定会走向消亡！因为缺少思想跟一种特殊的纸质、印刷设计之间的交流，这个会影响我们对世界的价值判断。

我认为城市公共空间的这三种价值是相互联动的，但是美学价值是一个最重要的判断价值。以前都说艺术作品、形而上学的观念都是上层建筑，但今天应该已经融入我们的社会生产中，而且起到主导作用！所以我会说得极端一点，在建筑领域，一个建筑的审美价值必须被优先考虑，缺乏建筑审美价值的建筑，它的功能一定是最坏的，审美价值最高的建筑，它的功能一定是最好的。比如上海外滩那些殖民时期的外国建筑，应该说在欧洲建筑中也是很普通的建筑，但今天看，它的审美价值和功能价值依然是最好的。而我们中国很多建筑，只讲实际功能、使用功能，忽略了审美功能，它的功能是很差的，所以在城市公共空间建筑上，也是美学价值必须优先。

四、审美品质决定文化公共空间的经济和道德价值(文化创意产业)

没有审美价值的空间，难以实现经济和道德的价值，所以今天要努力地把经济与道德价值通过审美设计来提升。我们国家的众多建设，从建筑和文化产品上说，最大的弱点就是缺乏品质！中国的景德镇陶瓷，为世界所瞩目。可以说，中国与很多国家的文化交流，甚至是外交关系都是通过陶瓷这个使者来实现的。但今天很可悲，景德镇一卡车的陶瓷只能换取英国的一件陶瓷，原因很简单，是因为美学价值沦落了，美学价值的沦落导致经济价值、甚至是道德价值的沦落！

从这个角度谈文化创意产业，我觉得我们目前对文化创意产业的认识是误解了。文化创意产业观念是20世纪80年代时一批英国学者提出来的，他们前瞻性地看见了21世纪将是一个世界一统化的地球村，在这个世界中，人们通过数码、数字、网络，使得我们各个区域独创性的东西难以保密、保持，也就是说，人类的一切东西、一切资源都将成为大家共享的资源，这跟十五六世纪大不一样。葡萄牙、西班牙国家船造得好，所以统治世界；19世纪工业革命，钢铁炼得好，铁轨铺得远，枪炮造得好，所以英国统治着世界三分之二的区域；美国创造了一个新媒体时代，使得你依靠那些传统的东西没用，要依靠的是思想，用思想统治世界资源，这些思想只能来自于文化，只能来自文化的提纯！所以英国学者向英国政府建议，要大量地投入文化，不光是简单的文化建设，而是要普育文化，因为文化产生思想！思想不可能从其他地方产生。

其实我刚才提到的文艺复兴时代也好、工业革命时代也好，主要都是思想主导。没有牛顿，哪有后来的工业革命？如果没有意大利15、16世纪那些画家们，哪有葡萄牙、西班牙？所以文化是产生思想、培育思想的土壤，而文化中的一个主体就是艺术。所谓的创意文化产业这个观念，简单地说就是要通过重视文化，像批量生产物品一样来生产思想，因为这个Industry是个比喻，我们说某个人学习很用功，他的学术、业绩很高，我们就会说He(she)is very industry。Industry是批量生产的意思，所以当时英国一些重要的学者提出的前瞻性观点就认为，英国要强大的话，不是靠炼钢、炼铁、武器，或者其他方面，靠的是文化和思想！美国很厉害，但本土的美国人可以说在美国各个领域都不占主导，不是学科代表人，所有的学科代表人都来自欧洲国家，甚至印度、中国，所以美国这200年的发展是通过“买”思想实现的！

我们现在的误解是，认为文化创意产业就是把过去的、传统的产品，文化产品弄成遗产，包括物质文化与非物质文化。这是完全误解了！人们在保护文化遗产的过程中往往在破坏文化遗产，破坏的就是那些摸不着、看不见的文化遗产，比如我们的乌镇，本来是原居民在里面，乌镇和水、房子、人们的生活形成了一种合成的原真的文化遗产，而如果把里面的原居民迁移出来，或是规定他们必须卖这个、卖那个，变成了小商、小贩，就是把这个摸不到的生活氛围给破坏掉了。比如说一个寺庙的雕塑搬到了博物馆，它就隔离了原来产生意义的场所，也就是产生意义的氛围没了。

2000年在法国巴黎举行了一个论证会，会议的宗旨就是论证如何保护看不见、摸不着的文化。今天的世界，区域特色主要依靠这个不可触摸的文化遗产氛围来体现，就是活着的历史！在党的十八大召开之前，文化调研的时候，某个组的组长，写过这个方面的问题，但没有引起重视。今天的世界同质化过程中，如何保护与建构一个城市空间的文化身份，这点非常重要，要重视这种软性的、摸不着的、看不见的东西，这点目前看来我们做得非常糟糕。

所以在这个过程中，要提升一个民族的文化特征，唯一的做法就是提升大家的审美品质。如果没有这个审美品质，就算我们今天承认文化创意产业的做法，承认物质文化和非物质文化的保护，那么也会流于表面的形式，使得我们的地域文化或是中国文化被进一步破坏。

五、审美品质必须落实到日常生活中(艺术智信学)

中国文化的精粹，用一句话概括来说，中国的传统文化一直到19世纪，能够有特色的地方就是精微！非常的精微！精微是审美品质中一个非常非常重要的特色。所以我在这几年中一直提出一个理论，就叫艺术的智信学。它不是一个抽象的对于美好的考虑，对于哲学的考虑，对于艺术的考虑，而是把它融化到我们日常生活当中去，因为现在我们对于艺术作品或是审美产品的看法，还认为它是一个高级的、贵重的东西。但对我来说，这个审美必须落实到我们日常生活中每一件东西中！

当年我们景德镇陶瓷在世界上有那么大声誉，就是它把最高的审美品质融化了，走向了最低的、日常的产品。一个不讲究日用产品审美品质的民族，他永远是没有创新能力的民族。就比如矿泉水瓶，同样的材料，你让日本人、韩国人、欧洲人来做，不光是设计感不一样，连触感都不一样，摸到这个矿泉水瓶让你会觉得安全。而我们目前的这些产品，盖子、包括包装都有问题。中国买的食品包装很难拆开，没有剪刀拆不开。大家想想：一个永远让你处于焦躁，而没有一种享受过程的日常教育，这个民族会有创新能力吗？

所以说，所谓的艺术智信学，就是艺术作品也好，日常设计产品也好，是通过一种审美的愉悦、舒适，通过我们的触感、味觉当中的舒适性在不知不觉地重新塑造我们的思维方式，在磨砺我们的敏感性，让我们对很多事物的观察都变得越来越敏锐。19 世纪以来的世界强国，强盛的原因是因为讲究，讲究精微的审美品质，而今天我们拥有的是粗糙！粗糙的民族是不可能有创新能力的！

刚才说过所谓的创新是来自思想，来自文化，而艺术是文化的主体，所以艺术在给我们提供审美享受的过程中，不知不觉中重塑着我们的思维，重塑着我们的五官感觉，使我们能够在别人看不出联系的地方、看不出关系的地方看出了这种关系，这就是我们说的创新能力。

创新能力不是说我要创造就能创造的！我们现在很多博士论文结束时都在讲创新点是哪些哪些，创新是没有那么容易的！但是创新是需要土壤的，从无到有不是创新。艺术作品的创新我反对其独创性，因为独创性的东西是没有价值的！你让疯人院的疯子去画画，每个人都很有独创性，而且今天和明天画的都不一样，自身是不能复制的。而一件伟大的艺术作品，它的技巧、审美价值是可以复制的。乔布斯，大学读两年觉得没意思，然后退学去进修美术学，后来进入了电脑手机行业。我们坐奔驰车觉得舒服，觉得昂贵，他坐奔驰车，从人们想象不到的东西里面看到了一种关系，看见了他与设计之间的一种特有的关系，所以他创造了苹果手机，改变了世界。

我们的城市空间现在并不是指一个公共雕塑、一个博物馆，而是指我们的日常生活，在这个日常生活中，我们这个民族现在最重要的事情还不是去把一些传统产品变成文化创意产业产品，或是物质文化与非物质文化的纠缠，最重要的事是从现在开始，要把我们的审美品质落实到一切产品的制作过程中！日本他们的强大不是在其他方面，而是落实到一张纸的制作上。我可以拿日本一张最普通的纸画出非常丰富的画，但拿中国最贵的纸怎么画都感觉这个材料在与你对抗，你要去征服它，你已经不愉快了，画画的心情已经没有了。如果哪一天我们把一张纸造得跟日本一样、或者是超越日本，那么我们的创新就已经进了一步。

（根据现场录音整理）

主题发言

进一步优化文化产业发展五大环境

马国仓

（中国新闻出版传媒集团董事长、《中国新闻出版广电报》总编辑）

很高兴今天能参加由宁波大红鹰学院等单位举办的“2016·环境文化传播与新闻出版学术论坛”，并和这么多专家学者一起就环境文化传播与新闻出版话题展开交流。关于环境文化，我理解有外在环境和内在环境，外在环境对事物发展很重要，但内在环境更重要、影响更直接。下面，我围绕新闻出版广电产业发展实践，就文化产业发展的内在环境问题向大家汇报一下自己的些许思考。

经济是硬实力，文化是软实力。在中国经济已成为世界第二大经济体后，大力发展文化产业，已成为推动中国经济和社会持续发展的战略选择，这是因为：从政治层面看，中华民族要实现“两个一百年”奋斗目标，把国家建设成为富强民主文明的社会主义现代化国家，必须重视人的现代化，而实现人的现代化关键是要大力提升国民的文化素养。从经济层面看，当今世界，文化和经济相互关联，你中有我，我中有你。一方面，文化本身就具有产业属性，是经济发展不可或缺的重要组成部分，并就世界范围而言，文创产业正成为推动经济发展的新引擎，当前我国经济正面临大量传统产业去库存、去产能压力不减的现实背景，急需“软产业”带动“硬产业”。另一方面，文化消费是拉动消费市场、扩大内需的重要力量，特别是在经济呈现危机或出现下行压力之时，文化消费的市场“口红效应”愈加显现。同时，我们还应看到，文化对经济的贡献还不仅仅局限于其文化本身所产生的效益，文化产品通过知识传导能对国民经济的各个门类发生作用，推动形成间接的市场效益。再从文化本身看，对内，加强文化建设可以传播先进思想，凝聚人们共识，形成共同的核心价值认同；对外，文化产品是中国文化走出去的载体，能有效推动中外文化交流，并在全球市场展现中国文化的魅力和国家软实力。

正因为发展文化产业意义如此重大，党和国家高度重视文化产业发展。党的十七届五中全会首次提出了“推动文化产业成为国民经济支柱性产业”，党的十八大报告提出全面建成小康社会新要求，其中同样包括了“文化产业成为国民经济支柱性产业”的描述，2016年李克强总理在《政府工作报告》中提出要“提高文化产业规模化、集约化、专业化水平，推动文化产业成为国民经济支柱性产业……”所有这些，无不表明了国家推动文化产业“加速度”发展的决心。最新的统计显示，2015年我国整个文化产业实现增加值25829亿元，占GDP的比重仅为3.82%，这表明推动文化产业发展还有很长的路要走。

推动文化产业发展，创造有利于文化产业发展的环境至关重要。从文化再生产的各个环节进一步优化文化产业发展的五大环境，是当前推动我国文化产业成为国民经济支柱性产业所亟须解决的问题。

一、在文化创作环节，进一步优化人才培育环境，注重培养文化名家大师

创作环节是文化产业的源头环节。当下文化产业是“电脑”+“人脑”的创意产业，现代科技快速发展，电脑已极大普及，影响产业发展的关键因素则是“人脑”，即人的创造。人的创造一直以来都是推动文化产业发展的最重要的因素，所以，从某种意义上说是人的创新创造决定着文化产业发展繁荣。也正因为文化产品创作生产中的人是决定性重要因素，所以发展文化产业亟须各类人才，更呼唤名家大师，因为文化名家大师在文化发展中往往起到引领和带动作用。像大家熟知的英国著名作家J. K. 罗琳与她的超级畅销图书“哈利·波特系列”，在风靡全球出版市场的同时，衍生出多种文化产品，均形成全球性的巨大市场影响。再如刚刚去世的我国著名作家陈忠实，一本《白鹿原》，市场累计销售达500万册，这还不算那些隐性的盗版书。一个知名作家创作一部优秀作品，往往能带动图书、影视、剧目等多个市场。从历史上看，我国历史上大唐盛世，GDP全球第一，但后人谁还记得唐朝的GDP，却都知道唐朝有个诗人叫李白。英国首相丘吉尔曾有句名言：“宁愿失去一个印度，也不愿失去一个莎士比亚。”文化名家大师对文化的影响和带动作用是如此巨大，在当前进一步优化人才培育环境，注重对名家大师的培养则显得尤为重要。

二、在文化生产环节，进一步优化产品供给环境，多出精品佳作满足受众

尽管我国文化建设的快速发展，使得文化产品生产数量繁多，但由于文化市场精品佳作或供给不足、或供应不畅，使得当前我国文化建设的主要矛盾依然是市场供给与读者多元需求之间的矛盾，生产更多满足当前人们个性化、多元化文化需求的文化精品，依然是文化产品生产领域永恒的主题。那么，何为文化精品？学习习总书记系列重要讲话，我们可以体会到他心目中的精品。他说，所谓精品，是指那些“思想深邃、艺术精湛、制作精良”的作品，也就是那些“像蓝天上的阳光、春季里的清风一样，能够启迪思想、温润心灵、陶冶人生，能够扫除颓废萎靡之风”的作品。我国作为传统文化大国，文化产品生产数量庞大，但质量不高。正如习近平总书记在全国文艺工作座谈会上的重要讲话中指出的“有数量缺质量，有‘高原’缺‘高峰’”。占领文化市场，赢得读者青睐，是需要用作品说话的，不管是传统文化产品，还是数字文化产品，其能否成功吸引读者，最终都要靠产品质量说话。当前我国文化产品的软

肋是短、平、快，精品需要积累沉淀，浮躁的心态出不了精品。文化产品生产加工者如果脑子里仅仅想着快出效益、赚钱优先，是生产不出精品佳作的。进一步优化文化产品生产创新环境，注重多出精品佳作应成为文化生产环节认真研究解决的课题。

三、在文化传播环节，进一步优化融合发展环境，积极推动新型技术应用

科技创新和文化创意引导文化产业发展。从传播的角度看，互联网新技术的发展，带来文化传播方式的巨大变化，立体化、互动式、全天候成为文化传播的新方式，特别是移动客户端的普及应用，可以说是把整个世界装进了小小口袋中，没有人敢忽视这样的传播力。其实，历史上每一次的技术革新和革命，都带动了文化产业的飞跃和发展，印刷术、造纸术都是最好的例证。当前，互联网传播新技术的应用也不例外。对文化产业而言，内容和技术从来就不能被割裂。没有技术的支撑，内容再好，如果传不开、传不远、传不响，那样的内容就会如同深巷好酒，无人问津，形不成影响力，其价值就会大打折扣，和传统的内容传播方式相比，当前，以互联网新技术为核心的新媒体的话题设置力、舆论影响力、社会关注率都充分说明了这一点。同样，没有内容，再好的传播技术也是闲置，只能是一项空洞的发明；没有好的内容，传播技术再快、再好，也是英雄无用武之地。所以，内容和技术，就如同人的两个巴掌，缺少任何一个都不会拍响。内容和技术只有实现融合，各自发挥出自己的优势，才会是真正的市场王者。因此，当前新技术的发展和应用，是文化产业发展的新机遇。文化产业抓融合就是抓住了发展壮大的机遇，我们的优势在内容，内容优势只有主动加上互联网传播新技术，才能长上飞翔的双翼，赢来更好更大的发展。

四、在文化市场环节，进一步优化消费市场环境，倡导鼓励文化消费

需求不等于消费，有效的文化消费是文化产业发展的不竭动力。根据消费的恩格尔定律，随着家庭收入的增加，家庭收入中(或总支出中)用来购买食物的支出份额则会下降，那么用于包括文化消费在内的其他消费就会增加。国际上的有关研究也表明："当人均 GDP 超过 3000 美元的时候，文化消费主导并会持续快速增长，接近或超过 5000 美元时，文化消费则会'井喷'。"国家统计局数据显示，2010 年我国大陆人均 GDP 即已超过了 4500 美元，2014 年更是达到 7595 美元，但收入的大幅增长并没有带来我国"文化消费的倍增"，文化市场消费依然低迷。仅就阅读消费的数量而言，有关的统计表明：2015 年，我国居民用于文化娱乐的人均消费支出为 760.1 元，占全部消费支出的比重为 4.8%，其中，城市居民为 1216.1 元，占比为 5.7%；农村居民为 239 元，占比为 2.6%。如果还以阅读消费为例，我国平均每人每年购书不足 5 本，阅读水平较高的北京也仅仅接近 10 本，而以色列是 64 本、俄罗斯是 55 本、美国是 50 本。因此，优化文化产品供给环境，积极培养人们的文化消费能力刻不容缓。当前是一个商业高度繁盛的消费时代，有市场、有产品，没有消费不行。产品在消费后才得到最后完成，否则，没有被消费的产品就是没有完成最后的生产行为，不能称其为现实的产品，企业也无法实现效益。物质产品的问题是过度消费，比如 2015 年的"双十一"，阿里巴巴天猫一天的销售额即达 912 亿元。但文化市场正好相反，产品极大丰富，消费仍嫌不足，图书年出版 40 多万种，年人均购书最多的北京也不足 10 本。电影市场崛起强劲，但一个 13 亿人口的大市场，2015 年的电影市场票房收入也仅仅 440.7 亿元(这还包括

了掺假的票房收入)。文化市场,有倡导,有鼓励,才会有消费。以图书市场莫言作品为例,同样的书,获奖前,销不动;获奖后,销断档。这是因为莫言获诺奖,是对莫言作品销售的一次最直接导购。领导同志荐书也是如此,一个省,一本书一旦省委书记推荐了,大家都找着去买,争着去读……这样的例子举不胜举,所以,文化消费还需要大声吆喝,以唤醒文化消费的活力。

五、在文化服务环节,进一步优化政策扶持环境,大力发挥政府引导作用

政府即服务。文化的发展是需要投入的,一方面,我们欣喜地看到,政府在加大这方面的工作,像财政对文化投入在持续增长,公共文化服务体系正在推进,但另一方面,我们也要看到,像作为城市绿洲的报刊亭,在越来越多的城市正在消失;像作为城市文化地标的实体书店很多正陷入经营困境,关门倒闭情况时有发生;像文化阵地的图书馆、农家书屋的图书更新问题还没有从根本上加以解决……文化投入太少,文化设施历史欠账太多,文化建设的基础十分薄弱,发展的包袱很重……这些都是文化大繁荣大发展的制约因素,尽管如此,我们在感慨的同时,也正发生着可喜的变化:像全国 24 小时书店越来越多;像武汉正在打造“15 分钟阅读圈”;像陕西每年发放 110 多万张文化惠民卡;像浙江已设立 9 家文化产业专业银行,而就在昨天,全国实体书店发展推进会在北京举行,中宣部等部门颁布了《关于支持实体书店发展的指导意见》,其中,国家发改委、财政部、税务总局等部门的参与使《意见》更具含金量和政策扶持力度……我们希望这样的变化还能多些再多些。资金投入、政策保障、市场监管、公共服务等等,都需要政府的力量,政府最大的资源是政策,只有充分发挥政府在文化建设中的引领作用,把政策扶持服务真正落到实处,才能进一步更好地推动文化大发展大繁荣。

最后,预祝本届论坛取得圆满成功!谢谢大家。

主题发言

纸质出版的现状与未来

张志强

（南京大学出版研究院常务副院长、信息管理学院出版科学系系主任）

一、纸质出版的现状

2014年，全国出版、印刷和发行行业实现营业收入19967.1亿元，较2013年增长9.4%；利润总额1563.7亿元，增长8.6%，不但整个营业额在增长，整个利润也是在增长的。双增长的情况，对整个行业发展来说还是一个比较好的现象。在这个过程中，印刷复制、数字出版和出版物发行分居前三位，三者合计占全行业营业收入额的90.9%和利润总额的85.4%，印刷复制和数字出版两个类别合计占全行业营业收入的75.8%和利润总额的69.1%。与2013年相比，数字出版与出版物发行互换位置，数字出版排名上升，出版物发行排名下降。

具体来看一下分向，报纸：全国共出版报纸1912种，较2013年降低0.2%；总印数463.9亿份，降低3.8%；总印张1922.3亿印张，降低8.4%；定价总金额443.7亿元，增长0.8%。报纸出版实现营业收入697.8亿元，降低10.2%；利润总额76.4亿元，降低12.8%。平均期印数超过100万份的报纸减少3种；46家报刊出版集团主营业务收入与利润总额分别降低1.0%与16.0%，报业集团中有17家营业利润出现亏损，较2013年增加2家。

那么下面我们看一下期刊：全国共出版期刊9966种，较2013年增长0.9%；总印数31.0亿册，降低5.4%；总印张183.6亿印张，降低5.7%；定价总金额249.4亿元，降低1.6%。期刊出版实现营业收入212.0亿元，降低4.5%；利润总额27.1亿元，降低5.4%。平均期印数超过100万册的期刊减少1种。从这个数据中看出，纸质出版从期刊上来讲是呈现下降趋势。

再看一下图书：2014年全国共出版图书448431种（初版255890种，重版、重印192541种），总印数81.85亿册（张），总印张704.25亿印张，折合用纸量165.51万吨，定价总金额1363.47亿元。与上年相比，图书品种增长0.90%（初版下降0.04%，重版、重印增长2.17%），总印数下降1.51%，总印张下降1.17%，定价总金额增长5.75%。跟前面的报纸和期刊比，稍微好一些。因为发行册数在下降，但价格在上涨。

二、纸质出版物的未来

纸质出版物在未来到底是怎么样的情况？

第一个就是兰开斯特预言，兰开斯特是英国人，在美国伊利诺伊科学院做教授。在20世纪60年代或是70年代初，他有一个非常著名的预言："21世纪是我说话的时代。"在1978年，到21世纪还有20多年的时间，他在《走向无纸信息社会》这本书里面做了一个推测，未来21世纪将进入一个基本上无纸的时代。进入21世纪以后，那时候兰开斯特还没有去世，就有人调侃说你当时预言21世纪是无纸时代，我们现在纸张字数没有减少，似乎还有所增加。兰开斯特笑着说，说不定我的预言是错的，写了没法预料是对的。而实际上，我们大家搭乘火车，以前一定要纸质车票，现在手机扫二维码就可以过去了。以前登机的话，你要有登机牌，但现在国内有些机场已经可以不需要，国外大部分机场都已经实现了扫二维码登机。

第二个是我经常所说的媒介替代论。网络出现后，报纸的发展的确受到影响。报纸对新闻的界定是什么？报纸是对过去发生的事进行的报道。广播的出现改变了新闻的定义，新闻是对现在正在发生的事的报道。报纸是静态的，广播实际上还是有局限性的。网络的出现，改变了这一切。原来的预言是网络会不会彻底将报纸给逼死，目前没法验证。现在所有报业的下滑，实际上是跟网络没有关系的吗？

第三个就是亚马逊。大家都知道2010年7月，亚马逊宣布电子书销量超过精装硬皮书；2011年1月，亚马逊的电子书销量超过平装书；2011年5月19日，亚马逊电子书销量超过纸质书总销量，每卖出100本纸质书的同时，可以卖出105本电子书。它的意思是，在网络上看电子书的人超过了购买纸质书的人，这个预示着纸质出版物读者大部分都变成电子书的读者，亚马逊记录实际上是一个标志。

第四个是慕课。慕课也是近几年非常重要的现象，在网络上可以听到很多课程，被称为没有围墙的大学。大学里所有的知识都要有教材作支撑，但慕课出现之后，它背离了教材体系的支撑，参考体系变成电子版。

因为这些现象的存在，实际上我们每个人都在问纸质出版物是否真的会消失？

三、纸质出版是否会消亡？

（一）纸质出版的三大主力

目前纸质出版的三大主力，一个是报纸，一个是期刊，还有一个就是图书。

我们先来看这个报纸。实际上，报纸想要生存，主要盈利哪里来？经营报纸或是对报纸了解的人知道，一份报纸可能有二三十页，但是它的定价只是一块钱、两块钱，这个定价远远不及它的成本，也就是说报纸要依靠它的广告。在互联网时代，报纸的读者越来越少，也就是说印量越来越少，印量越来越少也就意味着它越来越难吸引到广告主，这也是为什么现在许多报纸处于一个非常危险的状态。

然后再来看期刊。期刊实际上不仅仅依靠广告，除了广告之外还有纸本。它的纸本也可以销售，销售的纸本基本上能把成本挣回来。

第三个是图书。图书基本上是不靠广告，不靠广告的话有一个好处，不太受外界的影响。所以图书的盈利实际上都是产品的销售，然后是它的版权。卖书只是它的一部分，而不仅仅是它盈利的全部，比如改编成电影、电视剧都是需要付钱的。这些整个都加起来，一本好的作品，如果你真的花了精力、花了工夫，那么它的运营模式就不会亏本。中国当代著名作家陈忠实(《白鹿原》作者)说过,真正改变他生活状况的是他作品的影视剧的改编。因为版权在他手中,所以有很高的价值,都在300万以上,这就是跟它的运营模式有关系的。

然后是总印数。2014年全国共出版图书、期刊、报纸、音像制品和电子出版物583.5亿册(份、盒、张)。图书:占总量14.0%,期刊:占总量5.3%,报纸:占总量79.5%。总印张:2014年全国共出版图书、期刊和报纸2810.1亿印张。图书:占总量25.1%,期刊:占总量6.5%,报纸:占总量68.4%。从这个用纸量来看,图书所占的分量还是比较大的。报纸的本质实际上是资讯,报纸除了资讯外,还有副刊,这些都是为了引吸大家对报纸的关注,用现在的话来讲就是附加值,所以它的本质依旧是资讯。绝对没有哪个人是为了看报纸上的连载去订一年的报纸,我们都是为了了解资讯去订报纸,然后发现上面的连载很好看,然后增加我对这份报纸的好感。我经常跟我的学生说,如果有一份工作是可以给机器人干的,你千万不要去做这个,你肯定会失业,人会被取代。期刊的本质是咨询和知识的结合,经常报道最新的动态和最新的一些知识内容,它未来依旧会以数字化的形式来继续。图书本质上是知识,它的未来应该是不同类型的不同发展,它会根据你不同的专业以不同的形式发展。

我把出版领域分成三个部分,分别是大众出版、教育出版和专业出版。

大众出版是以娱乐功能为主,教育出版是以知识传授为主,专业出版是以知识创造为主。根据这三个不同领域,它将来会有不同的发展。这种不同的发展是取决于纸质出版和数字出版优劣势的博弈,也就是说一个产品,你的优势是什么,这个是非常关键的,我们要看自身的优势。

(二)纸质出版的优势与数字出版的优劣势

如果我们看数字出版,优势很明显在库存方面,因为数字出版不会有库存,如果你判断不佳,认为这本书市场销量在20万册,结果只销了15万册,那么5万册要算到你的成本里,而电子书不会有这样的事情。但这只是一方面,另外还有检索。因为每个人的记忆有好有坏,如果能够检索,你会发现电子书非常方便。还有它的外在优势,那就是环保,对环境的影响。然后我们还要考虑对人亲近性的问题,要考虑是不是对人体有危险,尤其是视力方面。100多年前,西方人用鸦片把我们民族给害了,现在因为电子产品把我们给害了,这是一个问题。还有一个直观性的问题,我给你个U盘,然后告诉你这个是明天要考试的,你需要借助工具才能打开这个U盘。而我给你一本书,告诉你这是明天要考试的,这更加直观、直接。除非我们会像好莱坞的电影《未来水世界》一样,每个人进化到拿个U盘就能读出里面所有的内容,这就是电子产品的劣势。第三个是专注力的问题,许许多多的实验证明用电子产品会影响我们的注意力,西方最近刚刚做了个实验,用纸质产品和电子产品、纸质文本和电子文本,分成两组进行注意力实验,通过对照组和参照组实验发现,用纸质产品和纸质文本的效果要更好。

四、值得关注的现象

(一)从纸质刊物到电子刊物再到纸质刊物与电子刊物并存

从纸质刊物到电子刊物,然后再从电子刊物和纸质刊物并存的现象应该会持续。一个著名的杂志叫《新闻周刊》,在2012年12月停止出版印刷,到了一年之后又恢复了出版印刷。它恢复出版印刷是因为出版印刷有市场,否则绝不会做这种事情。

(二)亚马逊的地面店计划

2015 年 11 月,以电子商务起家的美国亚马逊公司在西雅图开设了第一家实体书店,并宣称还将在其他地方陆续开设实体店,是因为亚马逊意识到纸质产品的市场。

(三)从自助出版到正规出版

出版现状中还有一个现状值得关注。是从自助出版到正规出版,《第一次的亲密接触》是先流行在网络上,到了最后真的让痞子蔡成为大名人的实际上是从线上转到实体,这个是中文世界的例子。西方世界的例子是《格雷的五十度灰》,《格雷的五十度灰》实际上也是先发布在网络上,然后拍成电影等,从这个方面来看,纸质出版和电子出版是一个并存的状态。

所以在未来的话,纸质出版并不会完全消失,在大众出版领域中不可被取代,在教育出版领域是一半一半,在专业出版领域可能依然是纸质出版更具价值！大家可以尝试一下,你用电子产品是否可以将罗斯福的西方哲学史看完？在电脑上,你看一部 50 万的小说是非常容易的事,但是要看一本 30 万字非常深奥的哲学书或是专业书是很难的,这是专业领域特质所导致的。

未来的纸质出版一定要与大数据联合,就像现在很多纸质书里面会有二维码,所以纸质出版依旧是未来的发展趋势。

(根据现场录音及 PPT 整理)

主题发言

移动互联网环境下——数字出版技术、人才培养

郑铁男

（北京斯麦尔数字出版技术有限公司董事长）

我的公司大家知道叫斯麦尔，斯麦尔不是微笑的意思，而是 XML 的意思，是元数据。

打个比方，我们把纸书和期刊比喻成一个馒头，但我们现在有互联网，我们的用户需要饺子、需要面条，需要其他产品时，我们怎么能将馒头变成饺子？我们就是要把馒头还原成面粉，再加上一些新的、其他元素，做成新的产品，提供给新的用户。这个面粉就是元数据，就是 XML。

今天我们要讲的话题，第一个是市场需要什么人才？第二个，编辑出版专业培养的学生一定要去传媒机构工作吗？如果不是，那么我们培养的专业目标、专业方向又是什么呢？

一、出版人才需求

武汉大学信息学院方卿院长提出了在互联网下出版人才的四个素质：第一个是人文素养，第二个是技术素质，第三个是市场营销，第四个是政治觉悟（见图 1）。

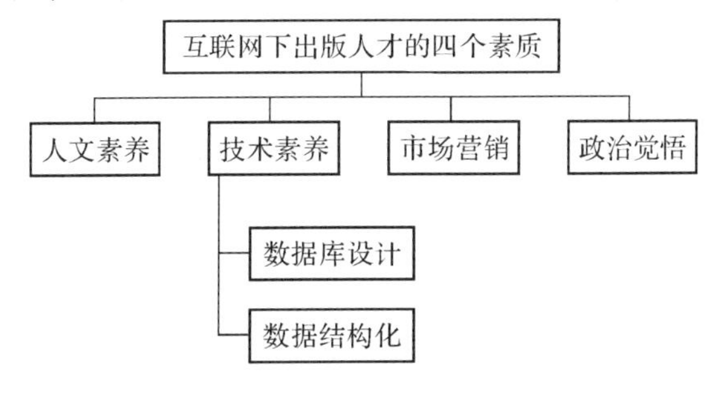

图 1　互联网下出版人才的四个素质（引自方卿）

技术素质，包括了两个方面，一个是数据库设计，再一个是数据结构化。就是我说的如何把原来的纸书、包括图片等碎片化，变成 XML，如何做成数据库。方卿举了一个案例，就是他请了美国的出版集团的人到他们武汉大学作讲座，这个出版集团只有两万本电子书、两千种期刊，但是这个集团一年的销售收入是几亿。如果按照数据来看的话，这样的结构即使整合了很多其他的资源，它的销售额也没有这么高。而这样一个国外的出版集团，没有那么多的电子书，也没有这么多的期刊，但它引用了行业里的规则，就是让专家把内容设计成数据库，对它做知识的分类，这样就变成了行业的专业的知识库，这个内容就变成了非常非常有价值！

我们再说一个案例，给一个出版社做一套数据库，按照传统的出版，比如说一百本书做

成一套书，这一本书定价是28块钱，打完折14块钱，然后100本书是1400元，卖给了图书馆，但现在图书馆跟他讲，你别给我这套书了，因为我没地方放！如果我们把它变成数据库后，就能卖到十万元以上，1400块和十几万元其实就是这样一个关系，也就正好印证了那个国外出版集团只有两万本电子书，两千种期刊，但也能有几亿元人民币的收入这样一个案例。

只有把这样的内容数据化、数字化，这样才能有更好的价值。前几天我在想，应该要从原来的纸质出版商向信息服务商转向，但昨天北京印刷学院张新华老师纠正我，其实原来的纸质出版商也是信息服务商，以前我们只是通过纸的内容进行服务，现在是通过数字的内容进行服务。

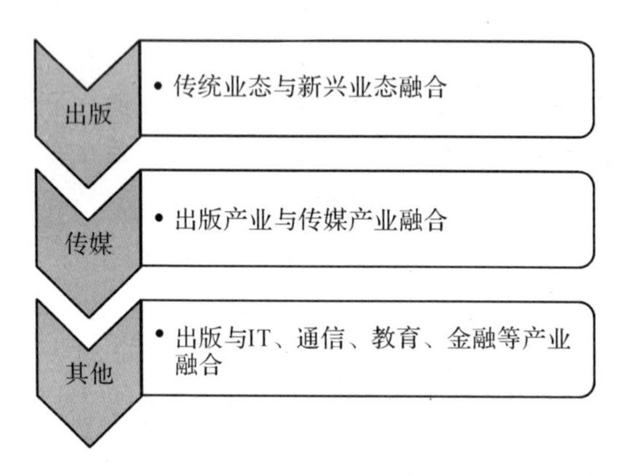

图2　出版产业融合的层次（引自张新华）

图2是张新华老师提出来的。关于出版融合时代的人才培养，要进行的几个融合：一个是跟新兴业态的融合、跟传媒产业的融合。同时我们的出版又有各个专业，跟各个行业进行融合，这个时候对人才的需求就比较旺盛，规模也比较大，同时要求的岗位也比较明晰，要求比较准确，要求的是知识能力和结构能力非常强的人。

目前网上一个出版社招的四种人，这个招聘印证了张新华老师和方卿院长以前讲到的互联网人才在出版行业的需求，第一个是招数字编辑，就是对数字内容产品规划、整理、编辑加工，分类标引和整合。第二个是知识工程师，这是方卿院长和张老师讲的，对数据库的分类建设，对内容进行索引、维护，对知识进行标引、规划制定，同时参与出版社知识服务的其他工作。第三个是策划编辑，这个策划编辑不是传统的策划编辑，他是数字产品选题的策划，产品的设计、编辑，文案的执行，有互联网的从业经验者会优先，看重的是数字产品。第四个是销售经理，跟传统的销售类似，负责数据库产品的销售。通过岗位需求，可以看出，现在我们的出版社已经向新媒体转型时，更多的是需要互联网的产品经理和信息数据结构化、知识方面的人才。

出版教育面临挑战：人才培养规模不足；人才规格不能满足行业要求；缺乏理论指导，滞后于行业发展；实践不足，适用性弱。

二、出版人才培养定位

如何培养编辑出版专业的学生？

我自己的定位，就是他要做成移动互联网的产品经理。什么叫移动互联网的产品经理？

大家知道，在手机上各个应用市场里面有各种移动的 APP 应用，我们培养出来的编辑出版的学生要会设计一个个的应用出来。培养编辑使用原型图设计软件，设计网站、APP。第二，因为我们是一个实践的课，除了理论的教学之外，还要有实践。我们给中南大学和印刷学院都进行了相关的实验，一共有两周给学生提供实训。第三，课程是全流程的，编辑出版行业从内容的扫描、识别、加工、转化，一直到应用发布，整个全流程的发布。第四，我们培训完之后，要有几个成果，让学生设计一个在线书城，再设计一个数字图书馆、两个数据库，如果时间够的话，再设计一个自出版平台。（见图 3）

图 3　培训平台

在这个学习过程中，最重要的有几个方面。教学一定要跟实践相结合，通过这个软件平台，学生可以制作出适用于当前主流销售平台的精品电子书；模拟京东、当当、亚马逊各电商精品电子书制作过程，了解他们之间的差异。

第二，学生通过我们的产品制作出数据库产品 XML 文件；模拟出版社生成一个数据库服务网站（比如把经济学百科全书做成经济学数据库）。通过实训，要能做成一套数据库，同时要跟数字出版标准相结合，这个数字出版标准在广电总局官网上已经公布了，但我们要将这个标准和内容结合起来，然后把书的数字化加进去，这样的话每一个章节如何设计标准、建标准，培训老师如何建立产品的标准，因为这个标准都已经公布出来，大家都可以看得到，但每个产品、具体细节的时候都有异化的，我们都会做一些标准出来。同时，要跟理论和技术相结合，要设计一些模板，这些模板如 XML 是如何表示的，标签是怎么进行替换的。

最终目标就是要培训移动互联网的产品经理，我们编辑出版专业的学生要处理好两个关系：一个是跟美工之间的关系，一个是跟 IT、编程序人员之间的关系。其实我们做产品经理就是最上面的一个规划，我做这个客户端，有哪些功能、达到什么目标，卖什么产品，同时还要将详细的需求写出来。这样的话，你就会指导美工画出原型图，但是原型是否好看、颜色搭配是否合理，尺寸大小是否符合互联网，这个是由学美工的学生做的。然后你写出来的产品说明书，开发文档，每个功能点是什么，每个动作是什么，这个写出来，让学计算机软件的学生去做。

编辑出版专业的学生是产品的龙头，后面的 IT 人员、美术人员等都是为了这个产品服务的。所以我们要把编辑出版专业的学生培训成思想的灵魂、产品的灵魂，任何一个互联网公司的老板都是这个公司的产品经理，马化腾就是腾讯的产品经理，李彦宏就是百度的产品经理，所以我们编辑出版专业的学生就要把自己培养成互联网产品经理。他会了这些工具、会了这些软件，有可能他自己想创业，自己做电商，所以这样的编辑出版专业的学生，再与设计、技术结合起来，他就会变得非常强大。

所以产品经理要有四个能力。第一个要有创新思路，然后要找到这个产品失败和成功

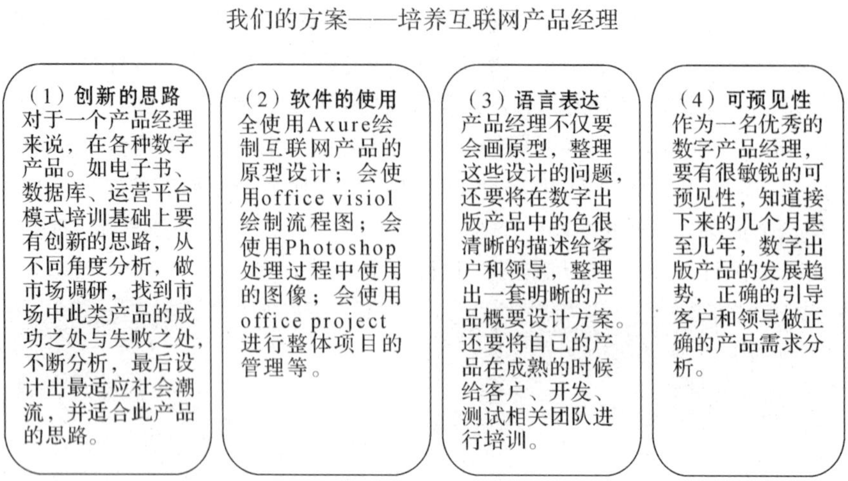

我们的方案——培养互联网产品经理
（1）创新的思路
对于一个产品经理来说，在各种数字产品。如电子书、数据库、运营平台模式培训基础上要有创新的思路，从不同角度分析，做市场调研，找到市场中此类产品的成功之处与失败之处，不断分析，最后设计出最适应社会潮流，并适合此产品的思路。
（2）软件的使用
全使用Axure绘制互联网产品的原型设计；会使用office visiol绘制流程图；会使用Photoshop处理过程中使用的图像；会使用office project进行整体项目的管理等。
（3）语言表达
产品经理不仅要会画原型，整理这些设计的问题，还要将在数字出版产品中的色很清晰的描述给客户和领导，整理出一套明晰的产品概要设计方案。还要将自己的产品在成熟的时候给客户、开发、测试相关团队进行培训。
（4）可预见性
作为一名优秀的数字产品经理，要有很敏锐的可预见性，知道接下来的几个月甚至几年，数字出版产品的发展趋势，正确的引导客户和领导做正确的产品需求分析。

图 4　能力要求

的地方，同时要有逻辑思维的梳理，这个非常重要，逻辑思维的梳理在我们写产品需求说明书的时候，就可以纠正我们编辑出版专业文科学生的一些问题，我们用软件工具去规避这个风险。第二个我们要教所有编辑出版的学生使用互联网产品经营里面的一个 Axure 的软件，即所见即所得的，一个交互式的软件。他可以脱离美工、脱离 IT 人员的一个模板。第三，就是要培养他们语言表达和逻辑思维能力，能利用原型图软件清晰地把业务流程图梳理出来。第四个可预见性，高级产品经理就可以预测到，下一个产品什么时候进行叠盖，哪些产品经过测试之后需要修改。（见图 4）

数字内容制作
· 多格式电子书制作
· 数据库制作
1
数字资源管理
· 采集
· 版权管理
· 展示
2
数字内容编辑
· 内容二次编辑
· 协同编撰
· 内容发布
3
数字资源运营
· 大众阅读平台
· 数字图书馆
· 专业知识库
· U盘
· 书城 APP
4

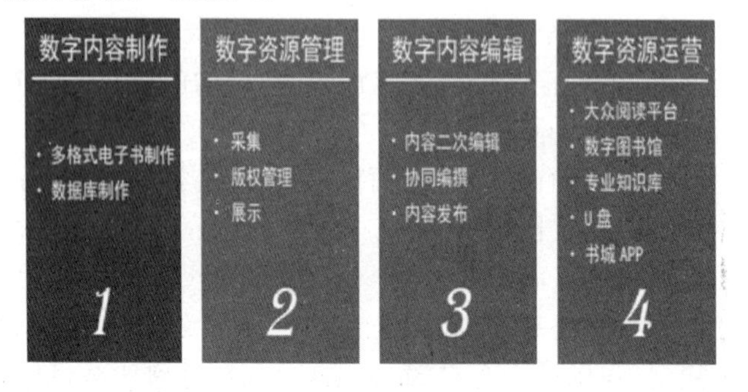

图 5　内容模块

在出版行业里面，主要分四大块，它们是内容的制作、资源管理、协同编撰和二次编辑、运营发布。（见图 5）运营发布平台里，目前像专业数据库、机构图书馆、在线书城，像是电子书包都可以发布到运营平台上去。

中间编辑层的有两个，一个是协同编撰，可以看下国外的平台，它是一个非常强大的功能，因为在国外数字出版和传统出版是一体的。第二编辑协同编撰时，不用打开排版文件，只要有浏览器，双击那个文件，就可以对里面的内容进行改变，然后是颜色的修改、字体的修改，然后你再双击的时候就所见即所得地改出来了。这些国际上的协同编撰在国外已经非常流行，我们中国在几家出版社已经开始实施了。第二个是二次编撰，就是方卿老师讲的，我们传统的图书期刊现代化后，我们可以对内容加新的标注，把同样一件内容抽取出来之后，把它变成知识点，加了很多内容，就形成了知识体系，就像刚才说的从 1400 块钱变成十几万，这样百倍的价值增加。

现在很多出版社都在做自己的数据库，目前我们协助众多专业出版社做了几十个数据库，最下面就是整个底层的制作和生产，通过这四个层次建立起我们整个的出版平台。每个知识之间进行关联，中间是一个种子，要找的这个词(种子)，和其他的一些文章、一些词都是有关联关系的，我们通过其他的词就可以关联关系找到。

我们编辑出版专业的学生跟IT公司人员之间很难交流，他们不是在一个知识体系上，所以要让编辑的学生把这个东西写出来，再把原型图画出来，然后再跟IT人员讨论，IT人员马上就能把代码写出来，然后再找美工的学生，一个产品就出来了。

通过这样的培训、学习，验证了我一个观点，把一个编辑培养成产品经理，他就会更强大。所有我们编辑出版专业的老师、学生一定要成为产品的总监、经理，是这个产品最大的头，其他IT、美工人员都是为你服务的。

(根据现场录音及PPT整理)

主题发言

城市文化与精神家园建设

王旭晓
（中国人民大学教授）

题　解

党的十八届五中全会提出“生态文明”发展战略。

本论坛的主旨是要促进环境文化及文化产业的生态健康发展。

城市是人类生活的大环境，城市文化建设与生态文明密切相关。

一、关于城市

古希腊大哲学家亚里士多德说过：“人们为了生活，聚集于城市；为了生活得更好，留居于城市。”①在世界性的城市化进程中，越来越多的人进入并居住于城市。据相关资料统计，现在世界上有50％以上的人生活在城市里，而没有生活在城市的人，也以直接或间接的方式与城市有着密切的联系。预计到2025年，全世界生活在城市里的人将超过总人口的62％！

相对于西方发达国家，我国的城市化起步较晚，但从20世纪80年代改革开放开始，城市化进程加快，发展迅速。专家们预测，到2020年，50％的中国人将居住在城市，到2050年该数字更会高达75％。所以，不少学者称21世纪是中国的“城市世纪”。

随着城市化的加速和深入，城市与人们的关系越来越密切，并逐渐成为人类主要的生活场所和生活样态。

我国在城市发展初期过分注重经济和技术指标，局限于满足单块土地的容积率和功能，而忽视了城市发展的总体规划；城市美化活动和城市形象工程也是千篇一律，只重视单个地区的外表形象，忽视了城市经济、政治、文化、环境、遗产保护、能源等方面的协调发展，尤其忽视了以城市文化为基础的城市人文环境建设。因此出现了当前中国城市片面模仿发达国家的城市结构，城市形象雷同、缺乏城市特色和文化精神的“千城一面”“复制城市”“摊大饼”的状况。这种情况在现阶段有所改善，但提高居民的居住环境质量仍然是侧重城市经济、物质空间，未能有效地照顾到居民的精神需求。

---

① 转引自：Lewis. Mumford，*The lity in History：its origins，its transformations and its prospects*. London：Seeker & Warburg，1963，111。原文是：“Men come together in the city to live；they remain there in order to live the good life.”

城市不只是规模、人口、经济、建筑等数字指标的体现，更应该体现出一种文化关怀。要实现城市的可持续发展，必须把城市文化的发展提升为核心地位。

二、关于城市文化

对城市文化的界定，学界已有很多认识，美国著名城市学者刘易斯·芒福德提出的“城市是文化的容器”[①]的观点，非常形象地表达了城市与文化的关系。城市的发展既是一个长期的物质环境建设过程，也是一个长期的文化积淀过程，城市中各种文化要素通过物质形态和非物质形态的载体代代延续下去，形成“城市文化”。

“城市文化”的内容虽可分为物质的、制度的、精神的等几种类型，但其作为一种综合的文化现象，很难界限鲜明地去区分。各个类型的文化内容相辅相成，共同构成丰富的城市文化内容。

有人把缺乏文化的城市称为“文化沙漠城市”，这是很有道理的：城市是以“城市文化”为灵魂的特殊容器，一个没有自己特色城市文化的城市是无根的城市。城市中各种空间环境要素是城市文化最直接和最集中的表现者，城市文化以此为主要载体，直接或间接地影响着人们的生活方式和精神状态，并左右着城市的品质。

近些年，人们对高品质城市的追求越来越迫切，出现了建设“山水城市”“生态城市”“文化城市”“绿色城市”“健康城市”“家园城市”等多种呼声。其中“家园城市”最具代表性，这是因为“家园城市”不仅能涵容山水城市、生态城市、绿色城市、健康城市等城市类型的物质性特点，更张扬了以文化为基础，把城市打造成人们精神家园的理想追求，是城市建设的一个重要方向。

三、家园城市

“家园城市”中的“家园”主要指城市中各种空间的软硬环境建设，尤其是城市的空间文化建设对城市居民精神需要的影响和满足。一个城市，在为人们提供了丰裕、舒适、方便的物质生活环境的同时，更应该是人类的精神归宿和灵魂家园。

“城市是人类自己追求的结果，它应该是人类存在的一个‘家’，一个好城市能够成为人类‘灵魂的家园’。”[②]但是，我国的城市建设目前有一个普遍倾向：注重城市物质和使用功能的建设而忽视精神追求。中国美术学院院长许江先生针对此作了深刻的批判，他认为，当前的城市建设是“四有四没”，即有绿化，没山水；有建筑，没诗意；有规划，没特色；有指标，没记忆。绿化变成了简单的草坪，根本没有“山水观”；城市建筑有体量，却没有表现出城市的诗意和韵味；现在的城市都在改造中越来越趋同，有了规划，没有特色；城市建设追求各种指标——绿化指标、空气指标等，但没有保留自身的文化记忆。

所以，“如今，各地的城市建设突飞猛进，惊人的速度背后，一系列‘城市病’让人心痛。”[③]在城市的现代化发展带来繁华和方便的同时，城市又成了欲望的代名词。欲望带来

① 刘易斯·芒福德.城市发展史——起源、演变和前景[M].宋俊岭，倪文彦，译.北京：中国建筑工业出版社，2005：74.

② 余明阳、姜炜.城市品牌[M].广州：广东经济出版社，2004：110.

③ 许江.城市建设应补一堂美术课[N].人民日报，2006-08-18.

的众多现象：污染河流、砍掉大树、排放废气污水……喧嚣的环境、日益拥堵的道路、密集的水泥森林……使很多人开始厌恶城市、恐惧城市、甚至逃离城市，当然也有了对城市的反思。如果不能满足城市市民精神上的需求，再好的城市物质和环境条件，也难以实现人对城市的家园归属感。

那么，家园城市应该是一个怎样的城市？

家园城市，是一个充满亲情、友情和人情的温馨家园。早在1898年，英国著名城市学家埃比尼泽·霍华德在他的《明日的田园城市》中提出"建设家园城镇"的主张，他认为："城市是人类社会的标志——父母、兄弟、姐妹以及人与人之间广泛交往、互助合作的标志，是彼此同情的标志，是科学、艺术、文化、宗教的标志。"[①]霍华德更可贵的地方是他真正从大多数人的利益出发，明确提出："要让城市和乡村结婚，"并"应该立即为那些目前居住在拥挤而充满贫民窟的城市中的人民建立美丽的家园城镇群，每个城镇绕着田园。"[②]而不是像今天我国很多为追求各种"政绩工程""风貌设计""形象工程"而进行的城市建设。霍华德的思想深深影响了人们对家园城市的追求。如今天的城市学家认为："我们的城市应该是：一个密集型的和多中心的新型城市，一个多种活动同时展开的城市，一个生态的城市，一个易于交往的城市，一个公正的城市，一个开放的城市，更重要的是，一个美丽的城市，其中的艺术、建筑和景观能够使人类感动和获得精神上的满足。"[③]

家园城市应是一个具有多样性的城市。因为城市是人类聚居的产物，成千上万的人集聚在城市里，每个人的能力、需求、兴趣、财富、所受教育等情况千差万别。所以不管是从经济角度还是从社会角度出发，城市都必须具有错综复杂并互相支持的多种功能，来满足人们的多样性的生活需求。城市中的"多样性"更是城市文化多样性的体现，同时，也体现了城市的容纳精神，城市不仅是富人的城市，还应该是穷人的城市；城市不仅是生产的城市，还应该是交往的城市；城市不仅是物质的城市，更应该是精神的城市。

家园城市必须具有优裕的城市人文环境，尤其是充足的公共活动空间。各种教育设施、休闲娱乐设施应满足各方面的需要。在注重大型学校、博物馆、图书馆等设施建设的同时，也应注意提供方便舒适有亲切感的小尺度公共空间，如社区、街道的小公园、小店铺、休闲娱乐场等，便于人与人之间的交流。现代城市发达的通信网络方便了人们的交流，但这种单一的联络方式，无法慰藉人们孤独的心灵和代替人们面对面的"全信息交往"的渴求，所以必须创造能使人与人面对面交流的公共空间和娱乐休闲场所，以增加人与人面对面交流的机会，减少城市人高发的心灵疾病。

家园城市必须处处体现对不同人群的人性化关怀。城市原有的老城区已经形成了完整的城市结构、城市文脉、人际关系、社区邻里等的生活样式，一个关怀体贴的城市在旧城改造中应该保留这种延续了几十年几百年的城市聚集生活方式。而不是奉行大拆、大建、全迁方式，完全打乱老城区已有的生活样式，使人们的居住脱离亲戚朋友、邻里社区，让所谓都市统一的冷漠方式代替原有充满多样性、便利、和谐等人性美感的生活状态。城市建设中的人性

---

① 埃比尼泽·霍华德.明日的田园城市[M].金纪元，译.北京：商务印书馆，2006：121.

② 埃比尼泽·霍华德.明日的田园城市[M].金纪元，译.北京：商务印书馆，2006：98.

③ 理查德·罗杰斯(Richard Rogers)，菲利普·古姆齐德简(Philip Gunuchdjian).小小地球上的城市(Cities for a small planet)[M].保德崑，译.北京：中国建筑工业出版社，2004.导言：6.

化关怀，应体现在城市建设中的无数个细节上：一片自然的草地、一个方便的座椅、一个适合人体生理的街道转弯、一个红绿灯的设置等。这些体贴入微的细节才能真正使城市成为人们“诗意的场所、人性的空间”[①]和灵魂的家园。

同时，家园城市还应该是一个美的城市。美的感受是人类的一种高级享受和情感，没有了美的感觉，人们的生活会是苍白的和无意义的。

一个美的城市，首先是城市空间的合理布局，如建筑与空间的合理布局、建筑虚与实之间关系的处理、街道的宜人和变化等。然而，在我国今天的城市内，很少有空地，它们都被高楼大厦“填充”了。因此形成了主要道路和街道两边被钢筋水泥和玻璃幕墙挤得满满的状况，建筑与建筑之间缺乏有想象力的、开敞的公共空间，人们走在其中，会感到非常压抑和无助。一个美的城市会使生活于其中的居民得到精神上的放松、愉悦，心灵安逸，而不是压抑与紧张。

其次，有特色的城市才是美的城市。抵御克隆和复制，体现城市自己的文化特色和本土特色，是城市审美意象形成的重要一环。另外，城市的艺术和色彩更直观地表现了城市的审美特性。城市是各类艺术的聚集地，各种空间形式、线条、园林园艺、绘画、雕塑、城市空间装饰乃至整个城市的节奏感等，让城市本身成为一个巨大的艺术品。城市色彩体现在各种城市空间具有节奏感的协调搭配上，和谐的城市色彩就像一幅优美的画卷，形成城市的整体形象美。

而具有以上高品质精神家园的建设，必须以内涵丰富的城市文化为保障和动力才能实现。

四、城市文化建设的两大要点

（一）留住城市记忆是城市文化建设的基础

在城市发展过程中，每个时代在城市中都留下了各自的记忆。城市记忆以古代遗址、历史街区、民间艺术、市井生活、传统建筑、民风民俗等有形或无形的方式存在着。人们可以通过它们来直接读取城市的“历史年轮”。各种城市遗存在城市发展中，因其丰富的文化内涵，与城市文化和城市生活建立起密切的联系，很多成为城市的文化标志。有效地保留、保护和延续城市记忆是当前我国城市文化建设中的首要任务。

城市记忆是城市的灵魂和象征。它不仅代表了城市的过去，更孕育着城市的未来。

（二）塑造城市特色是城市文化建设的主要任务

当前，我国城市特色危机，从根本上来说，是文化的流失。其中城市传统特色的丧失或弱化最为严重。城市特色的塑造必须以城市的历史底蕴为根基，在此基础上加以城市文化的创新。我国多数城市已有一定基础，在进一步城市更新中，“唤起文化”，保护和秉继城市的传统特色是至关重要的。城市传统特色主要体现在城市发展过程中各种物质要素上，保护和尊重城市历史传承是当前进行城市文化建设、塑造城市特色最为迫切的任务。

重塑城市传统文化特色，并不是一味要怀旧、复古，而是既要融古，又要纳新。

一方面要保留保护和挖掘现存的城市历史物质文化遗产；另一方面也要创造适应现代

---

① 俞孔坚，李迪华. 城市景观之路——与市长们交流[M]. 北京：中国建筑工业出版社，2003：22.

社会的城市文化生活的新城市空间，创建新时代的城市特色。从一定意义上来说，历史与现代的创新结合是塑造城市特色的关键。

五、回归城市与自然环境相和谐的关系

无论是新城市还是老城市，城市特色的塑造还应回归城市与自然环境相和谐的关系。当前，在我国的现代城市建设中，因一味追求经济效益和政治效益，人—城市—自然之间的矛盾越来越突出，人与大自然被截然隔离起来。这与我国历来重视人与自然和谐共生的传统是相背离的。在我国的传统文化中，充满了敬天、顺天、法天、同天，天人相副、天人一体、天人合一等生态思想和生态理论。这些理论强调城市与自然的一体性，主张把自然与人工巧妙地结合起来。因此创造了大量经典的“法天象地”“道法自然”的园林城市、山水城市。大自然是人类的母亲，城市作为从自然发展出来的一部分，青山、绿水、蓝天、白云、鲜花、碧树应该也是城市的特性。今天的城市建设应该以与大自然的和谐为前提和基础。当城市建设和其自然环境相协调时，尤其当城市的自然风貌和城市的历史人文紧密结合在一起时，自然的地貌、江河、气候、动植物与城市中各元素共同塑造着城市的形象，将使城市特色更加鲜明，城市同时也是生态文明的城市。

要把城市建设成为物质和精神的双重家园，必须把城市文化的建设置于核心地位，城市文化的健康、成熟与否，应提升为城市建设的主要评价标准。

（根据 PPT 整理）

主题发言

现境与愿景:中国媒体融合问题辨析

颜春龙
(贵州民族大学传媒学院院长、教授)

一、几个关键词

◆媒介与媒体
　◇渠道与内容
　◇全媒体与新媒体
◆媒介融合与媒体融合

(一)媒介与媒体

媒介:medium,拉丁文中性单数,意指"事物之间发生关系的介质和工具",是各种符号传播的载体,载体承载符号,而媒介让这个感知得到传送。"介质"是指一种物质存在于另一种物质内部时,后者就是前者存在的介质;某些波状运动(如声波、光波等)借以传播的物质叫做这些波状运动的介质,也叫媒质,传播学中往往把媒介称为"传送器",是缘自于物质技术形态的,例如电视,符号载体是图像与言语,传送器是电磁波,或者整个电视技术。

媒体:media,medium 的复数形式,意思即"各种媒介"聚合为体。本意侧重于物理的"身体"层面,延伸多用于社会的"机体"层面,因而"媒体"也更多地带有具体的传播者、传播机构、传播制度等社会机体方面。在当代文化中,media 指专司传达的文化体制,中文译为"媒体",媒体是一个文化类别,是一种社会体制。在比较抽象的意义上,可以用"传媒"这个中文术语。

在前大众传播时代,人们还尚未充分意识到传播过程中传播者、传播机构及传播制度等主体性及社会性因素对传播效果所存在的巨大影响,而只重视传播中相对客观独立存在的传播物质形态,因而"媒介"概念的诞生主要用于描述单纯地使两种事物发生关系的中间介质的人或事物,暗含着一种传播之客观独立的意思。

而随着大众传播时代的到来,传播者、传播机构、传播制度等被逐渐纳入研究者考量和研究的视野,强调作为客观独立传播中介的"媒介"不能完全表达融进了诸多人的主体性与社会性的大众传播介质,因而,"媒体"概念便由此诞生。

"媒介"与"媒体"是一对相对性概念,对子关系。

由于"媒介"所代表的对象是客观的、独立的,因而大众传播学视野下的"媒介"之内涵,一方面可指传递信息的手段、方式,如语言、文字、声音、图像等;另一方面可指传递信息的载体和样式,如报刊、杂志、广播、电视、互联网络、手机等载体,以及博客、QQ 等样式。

由于“媒体”所指涉对象具有主体性与社会性，因而大众传播学视野下的“媒体”内涵，应侧重于指专门从事信息采集、加工、制作等的社会组织和机构，如电视台、广播台、报社、出版社、杂志社等。

“媒介”所侧重的物质载体，包含两个层面的内容：一是原初的物质形式；另一个则是在原初物质载体基础上在特定社会环境中经过人类改造和加工而衍生出来的传播形态和文化样式，具有相对的客观性和独立性。

“媒体”则是作为社会组织的传播机构，具有相对的主观性和社会性。

媒介——信息传播工具。媒体——信息传播、商业劝服、意识形态劝服、议程设置。

渠道：channel，是作用于感官的物质介质，有时被认为“接触方式”(contact)。很多时等同为媒介，渠道往往被定义为“模式化的媒介”，或“技术与社会经济体制”，此定义与“媒体”相混，但媒介是符号传送的物质，媒介可以社会化类型化为媒体，而渠道不能。

内容：text，即文本，各种符号生产并生成的意义，包括能指和意指，编码和解码。人类传播意义符号的渠道大致分为：视觉、听觉、味觉、触觉、嗅觉等五类。但人类文化使用最重要的载体是视觉与听觉符号文本，人类收到的符号信息 80%来自视觉。这些符号文本的文化类别，也称为体裁。体裁是文本的文化分类程式，与媒介或媒体并不捆绑在一起。而各种媒介所生成的内容，受媒介不同或渠道传播不同的影响，会产生不同的文本形式、文本样态。

媒介有时候本身成为符号，媒介是符号表意的成分之一，有时甚至是最重要的部分。对艺术意义的解释，往往集中到媒介的运用。在符号表意过程中，媒介不是中立的，媒介不是符号过程的传送环节，而是直接影响符号文本的意义解读，符号表意要达到效果，应当与适当的媒介配合。比如：情书最好手写，不用电脑打印。

麦克卢汉的“媒介即信息”，对一个文化而言，媒介形式的改变，不是信息传递方式的变化，而是整个文化模式的变化，媒介才是文化的真正内容。

新媒体：newmedia，传播赋权。

全媒体：omnimedia。

跨媒介/跨媒体 ：crossmedia。

多媒体：multimedia。multimedia text，多媒介文本，学界常用作多媒体文本。

自媒介/自媒体：we media。博客、播客及微博等只是一种媒介形态和样式，只是我们(we)用以发布和传输信息的工具和手段，本身不构成媒体，而真正的“自媒体”应该是作为主体的人(we)与博客、播客等媒介样式 medium 的总和，单一的博客、播客不构成“自媒体”。

(二)媒介融合/媒体融合

作为国内新闻传播学术语，来自对 media convergence 的翻译，其用于描述和表达这样一种意思：传统的原本泾渭分明的几种媒介之间的界限正在被打破，呈现出各种传播技术和传播形态多功能一体化的发展现状和趋势。

两个层面：一是媒介层面的融合——侧重于物质技术和传播形态等的融合，比如前面所述的“多媒介”“全媒介”所表达的内容；二是媒体层面的融合——侧重于不同类型、不同区域、不同层次的媒体机构的融合，比如我们前面所述的“跨媒体”所描述的状况。

媒体/媒介融合：到底是新媒体取代传统媒体，还是新旧媒体协同共进？

不同“媒介”之间不可能存在融合，有的只是取代——新媒介取代旧媒介。

媒体融合并不存在，而是新媒体取代旧媒体，旧媒体退出历史舞台。

从信息的呈现形式来看，传统媒体与新媒体融合是个伪命题，因为“新媒体本身就是融合媒体，业界无需再人为地合成一个融合媒体，而应该集中精力探索互联网形态下新的表现形式”。

包括所有权融合、策略性融合、结构性融合、信息采集融合、新闻表达融合。

以往单纯的技术和产业的融合向更高层次的文化融合的转变，即：从媒介生产到消费者、用户的自由转移等方面的会合与交融。

媒介融合首先是政策的融合，然后才带来了生产与消费的融合。

将不同的媒介功能和传播手段“融化”为一种，才是媒介融合的核心部分和发展趋势。

二、政策溯源

推动传统媒体和新兴媒体融合发展，要遵循新闻传播规律和新兴媒体发展规律，强化互联网思维，坚持传统媒体和新兴媒体优势互补、一体发展，坚持先进技术为支撑、内容建设为根本，推动传统媒体和新兴媒体在内容、渠道、平台、经营、管理等方面的深度融合，着力打造一批形态多样、手段先进、具有竞争力的新型主流媒体，建成几家拥有强大实力和传播力、公信力、影响力的新型媒体集团，形成立体多样、融合发展的现代传播体系。

2014 年 8 月 18 日，在中央全面深化改革领导小组第 4 次会议上，总书记就传统媒体与新兴媒体融合发展发表重要讲话。

重要讲话梳理一下，可以明确以下几点：

融合发展：传统媒体与新兴媒体优势互补、一体发展。

原则：遵循新闻传播规律和新兴媒体发展规律。

方法：先进技术为支撑、内容建设为根本。

路径：在内容、渠道、平台、经营、管理等 5 个方面的深度融合。

成果：打造一批形态多样、手段先进、具有竞争力的新型主流媒体。

几家：传播力、公信力、影响力的新型媒体集团。

目标：形成立体多样、融合发展的现代传播体系。

核心：强化互联网思维。

三、正本归源

媒体融合——是媒介整合，非简单转型。

现代传播体系：内容（生产）、渠道、平台、经营、管理。

渠道——通过以先进技术为支撑（大数据、互联网＋），优势互补、一体发展。

内容——内容建设为根本。

互联网思维：解构传统媒体的内容为王和新媒体的渠道为王的思维定式。

中西方体制不同、融合形式不同。

互联网思维，是一种“数字化”“移动化”“个人化”“开放创造”“链接万物”的思维模式。

互联网思维下构建的媒体融合，是通过身份认同、信息表达和传播以及问题解决等方式，最终创造出全新的参与、交互、对等、包容、共享的媒体文化和传播文化。

不管传统媒体还是新媒体，融合发展不仅改变的是信息呈现的形式，更主要是进行以人为主体的融合变革。

媒体融合不是传媒业的最终目的，而仅仅是手段。

融合不等于扩容，整合也不等于盲目跨界。

媒体生产要回归：任何媒体在内容上要回归到更专注、更纯正的本原的专业主义。

媒体的业务经营尤其是我们的新闻机构，应更加界分新媒体的弱势领域。

媒体融合发展在实质上是传媒业的一场供给侧改革。

（根据 PPT 整理）

主题发言

基于社会支持理论的农业公用品牌研究

刘　强

（宁波大红鹰学院艺术与传媒学院广告系主任、教授）

一、社会支持理论与品牌研究

（一）作为一种社会学范式

社会支持理论产生于20世纪70年代，从关注社会心理健康，转向为弱势群体提供精神和物质资源，帮助其摆脱生存困境。

（二）社会支持理论的几种界说

卡普兰：社会支持是持续的社会集合，对需要的个体提供信息、认知指导和帮助。

卡恩、奎因：帮助支持、情感支持和肯定支持。

柯布：个体所感知的来自其所在的社会团体和周围个人等支持网络成员的关怀、尊重和需要的行为。

高特列艾德："社会支持是一个复合维度的概念，在个人与环境之间存在着三种水平关系，即人们的整体参与水平，社会支持的环境来源，社会支持能否为人们提供情感、归属感、信息和物质的帮助。"

（三）基于社会支持的政府农业品牌战略

政府作为区域经济发展的主体，通过实施区域品牌战略，建构社会支持系统，扶持弱势农业，提高农产品附加值，帮助农民增收，促进农业经济的发展。

共同品牌是由政府、社会服务机构和农业企业共同构建的基于社会支持形成的品牌体制与机制。

但忽视了共同品牌建构本质上是一种社会支持体系，在一定程度上影响了公用品牌的实际应用。

二、农业公用品牌的相关理论研究

（一）共同品牌（co-brand）建构体系研究

农业公用品牌属于共同品牌范畴，或者说是共同品牌的具体形式。营销大师科特勒认为，共同品牌是一种品牌整合方法，"品牌整合是一种品牌组合运用，目的为了提升核心竞争力。"（1993）品牌学泰斗艾克提出："当不同集团品牌（或同一个集团出现在不同经营领域）结合起来,共同创造一个受托品牌,而且每一个品牌都能发挥驱动作用时,共同品牌就出现了。”共同品牌的研究探索了品牌资源的整合机制,为区域品牌提供了理论基础。

(二)基于地方文化和地理标志与政府政策支持的农业公用研究

日本人平冈丰在《农产物品牌化战略》中提出,农产品区域品牌化体系,是由农产品生产者、产品质量监督机构、政府管理部门相互合作,共同建构的一个体系,而不仅仅是作为农产品生产者的合作社或农户创建的,政府与社会机构在区域品牌建构中的作用是不可或缺的。

日本学者藤岛认为,农产品区域品牌是区域和品牌化的有机结合,而这种区域具有鲜明的地理标志特征,同时与地方文化密切相关,因此,地理标志与地方文化的双重因素构成了农产品区域品牌的主要特征。但是,地理标志和文化资源是由政府认定与掌控的,政府应通过建立法律规制,为农产品区域品牌提供保护与支持。

(三)农产品区域品牌建构与政府等社会机构的资源整合作用的研究

欧洲学者认为,农业公用品牌与企业品牌建构方式不同,具有公共产品性质,是一种基于社会支持系统的品牌体系,而不是产品品牌或企业品牌,需要政府等社会组织的协同行动。

日本梅泽昌太郎在《农产物的战略性营销》中提出了实施农产品区域品牌建构的策略与路径,即政府政策扶持与整合资源、推行品牌认证制度、发挥品牌专业机构的智库作用。

法国学者贝特朗认为,法国成功推广以葡萄酒为代表的农产品区域品牌的成功经验,主要得益于:根据特优自然资源分布,确定特优农产品的生产经营区域;加强技术创新与新技术应用;建立与执行统一的质量标准体系;加强质量监管和生产技术培训。

荷兰学者丹尼斯认为,荷兰农业充分依托政府的社会支持体系,首先加强种子品牌的开发;建立完善的农业产业化合作体系;推广适应农产品区域品牌经营的多样化经营模式;政府提供良好的农产品品牌经营的金融环境。

(四)浙江省农产品区域品牌与社会支持体系建构研究

浙江大学胡晓云提出了“农产品区域公用品牌的中国方法”:农产品区域公用品牌是一种公共背书,解决的是品牌的共性认识的问题;建立了基于中国特色、符合农业特征的农产品区域公用品牌的价值模型和指标评估体系;提出了支撑农产品区域公用品牌的路径,包括品质追溯、产品标准化、传播、推广、渠道、金融、电子商务等要素整合;形成以政府为资源整合平台、行业协会监管、农户与农业企业为生产经营主体,职能分工清晰、各司其职的三位一体的运营机制。

(五)“丽水山耕”为代表的浙江省农业公用品牌实践研究

“丽水山耕”是浙江省实施农产品区域品牌实践的成功案例,受到省委省政府高度重视,省领导认为在全省具有重要的推广价值。

农业部品牌专家郭作玉认为,区域品牌有单一产业和综合产业两种类型,“丽水山耕”作为综合性区域品牌,对经济欠发达地区产业集中度不高、主体实力不强的农业企业或农户,实现农业现代化,带动农民增收具有重要的推广价值,其特点是全域化、全品类、全产业链;在品牌管理运营上,以政府作为背书,对消费者进行品牌承诺,建立“生态农业协会”作为品牌所有者,将品牌委托给国有“农投公司”进行运营管理,再由“农投公司”将品牌授权给103家企业或农户使用,从而形成了完整的区域品牌运营体系,确保了区域品牌的有效管理。

三、社会支持理论与农业公用品牌的理论创新

(一)农业共同品牌本质上是一种社会支持系统

如何借助农业共同品牌建设,进行有效的资源整合,从产品标准、质量监控、品牌规划、资本运作等环节,构建区域品牌发展的社会支持体系,将极大地促进浙江省农产品区域品牌的发展。

(二)完善农业共同品牌理论与实践,推动浙江农业品牌战略实施

浙江的农产品区域品牌建设走在了全国的前列,打造了以"丽水山耕"为代表的成功案例,受到了国家农业部和浙江省委省政府的高度重视,总结与完善这一理论,能够有效地带动浙江省农业品牌战略的全面实施。

(三)构建浙江农业共同品牌的社会支持系统的体制和机制

基于不同政府、行业协会、咨询机构和农业企业等社会组织的协同机制,对浙江省农业共同品牌的产品标准、质量监控、品牌规划、金融服务等社会支持系统的职能、组织形态和运营流程研究。

界定政府、行业协会、咨询机构、金融机构、农业企业在农产品区域品牌建设中的角色、责任、分工、职责和功能。

(四)把新农村建设与农业共同品牌建设有机地结合起来

中央提出的"三农"问题和"新农村建设",核心聚集于农业增效、农民增收、农村发展问题,浙江省"十三五"规划则提出了以"一区一镇"建设为核心,以农业的地方特色产业为基础,促成农业聚集资源要素,推动农村城市化、农业的现代化,推动农业增效、农民增收、农村发展,达成这一目标的关键在于准确把握农业产业转型升级的有效路径,重建农产品的生产体系,创新农业经济增长方式。

(五)浙江"十三五"规划与农业共同品牌发展的策略

根据浙江省农业的特点和"十三五"规划中农业发展的路径,结合农业共同品牌的理论,提出浙江省农业共同品牌体系的构成要素、组织形态和运营机制,为推广浙江农产品区域品牌的政策提供决策建议与对策。

(根据 PPT 整理)

主题发言

视觉文化视阈下的中国近现代主体文化传播的图像学阐释

张　杰

（宁波大红鹰学院艺术与传媒学院广告系教授）

一、视觉文化

视觉文化是自20世纪60年代以来日益为学界关注的一种文化现象。它突出表现为：人类的思想文化更多的倾向于以视觉化的形式呈现（相对于之前的文字印刷形式）。这种视觉形式呈现在某种程度上表现为一种“视觉性”，而“视觉性”成为文化的重要属性。同时，随着信息与数字技术的发展，这种“视觉性”文化的表现形式日渐丰富变幻，但其最核心的元素仍是图像。

第一次“文化转向”

人类的文明源自于图像，人类历史上最古老的几大文明体的文字都是产生于图画符号，即象形文字。

文字的产生结束了以图画为记事表情的时代，实现了人类文明史上第一次“文化转向”，即由“图像文明”到“文字文明”。有学者也将其称作“文字转向”。自此开启了人类文明史上数千年的文字印刷文明的时代。

在文字印刷文明时代，脱胎于图像的文字无疑得到高度重视，并形成了“重文字、轻图像”的文化现象。图像却因其表面的直接性被漠视，也因此使得图像本应有的真正意义与价值沉寂。

图1　中国象形文字、古埃及象形文字、苏美尔人楔形文字

第二次“文化转向”

19世纪末到20世纪初，随着西方的现代图像学以及以现象学为代表的现代哲学思潮的发展，图像才渐渐从文字的垄断下走出，再次成为人们关注的中心。

摄影术的发明与发展，绝不仅仅是人类一项技术成就。它不仅深刻地改变着人们的现实生活，更为重要的是给人类文化带来极其深远的影响。改变了人类几千年以来的观看方式，第一次通过“机械”来观看世界，一个复制的视界。

德国哲学家瓦尔特・本雅明敏锐而深刻地提出“机械复制图像”的理论。20世纪最伟大的哲学家海德格尔则进一步在其“存在”哲学理论中提出了著名的“世界图像”的重要命题。实际就是“世界被图像化”。至20世纪60年代，美国现代图像学家米歇尔提出人类文明已出现第二次“文化转向”，由“文字文明”到“图像文明”，也被称为“视觉转向”。

在当今世界中，这种文化的转向即便是在人们现实生活中也有深切体会，“视觉时代”“读图时代”……

> 目前居统治地位的是视觉观念。声音和景象，尤其是后者组织了美学、统率了观众。在一个大众社会里，这几乎是不可避免的。
>
> ——丹尼尔・贝尔

二、中国近现代主体文化传播

首先是一个时间的概念，就是近现代。学界一般以1840年的鸦片战争为开端，中国近现代主体文化，也就是在这一个多世纪里，在中国占有重要地位的文化思潮，也被称为“主体文化”或“主流文化”。

一条主线 ——“救亡图存”与“民族复兴”。

尽管在一个多世纪里中国历史与社会发生了翻天覆地的历史变革，可谓“沧海桑田”。在社会结构与文化意识形态的巨大的变迁中涌现出众多学术思想与文化思潮，可谓异彩纷呈。出现中国思想文化史上第二 个“诸子百家”与“百家争鸣”的局面。

从最早的“中学为体，西学为用”以学习西方工业技术为主旨的“洋务运动”，到学习西方政治制度为主旨的“百日维新”和民国初期的“民主共和”，再到“新文化运动”，特别是“五四运动”高扬着“科学”与“民主”旗帜，进行彻底的“反封建、反传统”，形成了某种“全盘西化”的文化思潮，最后以中国共产党为主体领导的新民主主义革命以及新民族国家革命与建设，直至当前的“民族复兴”“中国梦”。

在这一波澜壮阔的百年历史中，尽管不同的文化与思想主体各自分属不同阶级，在立场观点、意识形态以及对中国社会革命的路径上有着巨大的差异，甚至截然相反，但这些文化思潮从根本上都是为了寻求中华民族的一条“救亡图存”“民族自觉”与“民族复兴”之路。

我们研究的课题：

视觉文化视阈下的中国近现代主体文化传播的图像学阐释

课题有着极其丰富内容的研究领域：纵观中国近现代历史，在各个历史时期、各个领域都“定格”与“浓缩”着具有典型意义的图像（符号）。这些视觉图像（符号）是历史发展、社会变迁形象的缩影与生动展现，蕴含着深刻的时代精神与文化内涵，这些图像与符号具有与文本研究一样的不容忽视的研究价值。

在此我们不妨为研究粗略地建构一个图像志。

●“新文化运动”（五四运动）图像志。

●20世纪三十年代“左联”文化运动及鲁迅倡导“新兴木刻运动”的图像志。

●延安时期：革命文艺运动与视觉艺术的新样态系列图像。

●毛泽东革命文艺理论指导下的系列图像志。

图 2　时代典型图像

图 3　不同时期的图像

图像作为主体文化思想的重要物质载体之一，在文化传播与思想宣教中发挥着不可或缺的重要作用。这些典型的图像(符号)本身就极具图像学意义。

三、图像学阐释

现代图像学:脱胎于中世纪的基督教图像研究。通过对特定图像(符号)的历史探究，着力发现和阐释图像背后的象征意义，揭示图像在形成、变化中所喻意的文化与思想内涵。简而言之就是揭示图像背后的象征意蕴。

图像学理论代表人物：

潘诺夫斯基：现代图像学理论的集大成者。他的图像学理论突出体现在图像学研究方法，即图像“三个层次”：前图像志描述、图像志分析、图像学阐释。

贡布里希：侧重于艺术图像的历时性研究。图像在艺术史中的承继关系，见其著名的“图式理论”。

米歇尔：米歇尔发展了图像学理论，将典型的图像分为三种图像状态：图像(iconology)、原初图像(image)、实用图像(picture)。关注原初图像(image)和实用图像(picture)。特别是实用图像的生成模式与所具有的文化思想传播和宣传的功能。

符号学：图像学研究是与符号学紧密相关的。符号学由瑞士语言学家索绪尔创立，后历经发展现已成为西方重要的学术理论流派。

符号学代表人物：索绪尔、卡西尔、苏珊·朗格。

卡西尔：人类的一切精神文化都是符号的创造、“人是符号的动物”。

苏珊·朗格：艺术符号理论，“艺术是生命的形式”“艺术是情感的符号”。

通过以上概述，可以看到课题研究不仅有着广阔的阐释空间，而且也有着丰富的理论学术资源的支持。

四、时代呼唤的平民英雄——雷锋形象的图像化与符号化建构

雷锋是成长在新社会、热心助人、爱好照相的一位普通解放军战士，他的成长造就了他对新生的共和国有着深厚的情感。雷锋牺牲后，国家面临着国内外诸多困难需要全体民众凝聚力量共同克服，在国家意志的强力推动下，借助强大的媒介宣传，雷锋生前照片逐渐被图像化与符号化，成为了体现国家意志与时代需要的“平民英雄”与“道德榜样”的视觉符号。

全国性轰轰烈烈的“学雷锋”运动实际上是国家主体意识形态在特定的历史时期的一次全民性宣传教育运动。并由此构建起一套完整的典型化、符号化的“雷锋形象”图像系统。

图4 “雷锋形象”的图像

“雷锋形象”的图像系统：

符号化的雷锋头像、“雷锋松”、“雷锋帽”、国家领导人题词等一系列形象生动、亲和感人且富有权威性的图像照片，使抽象的精神借以生动可敬的雷锋形象加以传播，并最大限度地实现了深入人心。

“榜样的力量是无穷的。”自建党以来我们在不同历史时期，为应对不同使命与任务，总是不断推出各种各样无数的“英雄人物”“先进典型”，如王进喜、焦裕禄、雷锋等都取得了巨

大的成功，而“雷锋形象”的建构更是最为深入人心的“平民英雄”。

图像学解读与阐释（一）

◆ 雷锋图像真实——因为照片的物理镜像特质，使照片本身天然具有某种真实性。

◆ 雷锋图像的生动、亲和、感人——叩动了受众人性中最弱软的内在。即人们对“真、善、美”情感需求。体现了对美好人性的追求。

图像学解读与阐释（二）

◆ 雷锋图像的产生——无法回避的补拍与摆拍与遭到质疑的现实。

摄影者与被摄影者：部队宣传干事与先进事迹的个人。张峻、季增、周军与雷锋。

摄影目的：沈阳军区部队树立宣传标兵；主题：“勤俭节约标兵”“学毛选标兵”。

宣传印刷中的图像处理：“雷锋松”。

图像学解读与阐释（三）

照片的真实性源自于客观真实的记录。

◆ 问题一：镜头背后的话语权利，以及摄影者出于权利话语的需要对被摄影对象的介入。同一场景对象不同的摄影者可能展现出不同的甚至完全相异的内容。

◆ 问题二：在补拍与摆拍中，被摄影者为满足镜头话语权利的需要而主动地“扮演”自己。这时的被摄影者如何定位“自己”。

◆ 问题三：雷锋照片与“雷锋形象”。

从雷锋照片到“雷锋形象”的图像化、符号化建构过程，也就符合米歇尔图像学理论，从原初图像（image）转化为实用图像（picture）的图像生成机制。

图像学解读与阐释（四）

◆ “雷锋图像”传播中的历史变迁。

“雷锋形象”传播的巨大成功。无论从形象的选择确立 、宣传话语内涵即“雷锋精神”的阐释，以及“学雷锋”运动的推进无处不体现出国家意志身影。

相同的雷锋图像在不同的历史时期，对“雷锋精神”内涵不同阐述：

第一个时期（1973 年以前）。突出“阶级性”。表现为“爱憎分明”的阶级立场，对待同志如“春天般的温暖”。这一时期，雷锋形象的核心是“忠于毛主席”，认真学习毛泽东思想，做“毛主席的好战士”。

第二个时期（1973—1976 年）。突出“爱憎分明”阶级感情的斗争性，对待敌人如“秋风扫落叶”。并且，首倡雷锋的“钉子”精神，用来鼓励群众认真学习毛主席著作和重要指示。

第三个时期（1977—1982 年）。突显雷锋“钉子”精神的现实意义，即勤奋学习文化科学技术，并且结合“五讲四美”运动倡导注重个人文明品德修养的提升。

第四个时期（1983—1989 年）。改革开放后，顺应时代需要提出“傻子”精神和“螺丝钉”精神。

第五时期和第六时期（1989 年以来）。“雷锋精神”在经过新一轮的道德整合之后，步入一个较为稳定的状态。倡导在岗位上体现出奉献精神，“岗位学雷锋，行业树新风”，并且与新时期“青年志愿者”运动相结合。

“雷锋形象”在时代的呼唤与国家意志的推进下，已经成为新中国独特的“雷锋文化”。他以共和国时代群体的集体历史记忆和民族国家的精神财富，进入到中华民族优秀文明序列中，有长久乃至永恒的生命力。

图 5　后现代思潮中的“雷锋图像”

进入新时期，在当今多元共生的文化形态下，漫延着一种后现代主义调侃的方式，通常对以往经典与神圣的符号给予戏谑甚至“恶搞”，从而形成所谓新“雷锋图像”。它实际上是对于从前被“神化”无限拔高的“高大全”形象的逆反。

雷锋图像的主旋律的系列建构与戏谑颠覆的“恶搞”。这两种图像对冲传播，体现了当今文化多元形态下的主流与非主流文化的现实博弈，由此带来的诸多问题又成为我们对于“雷锋形象”图像学研究的新课题。

然而，无论时代如何变革，已经经典化与符号化的“雷锋形象”与雷锋精神，他以和蔼可亲的形象进入全体国人的心中，且在人们心灵的深处始终留有一块圣洁的精神家园。因为，在我们人性的深处永远有着对于真、善、美和完美的人性的渴望与追求，那是人性中最柔软、最纯净的部分。也许这才是雷锋形象的成功并深入人心的真正原因。

（根据 PPT 整理）

主题发言

城市标示和城市文化——标识的传播应用

魏　杰
（宁波马克标识有限公司总经理）

非常荣幸在这个大会现场分享我的从业经验，非常感谢。今天我给大家分享的题目是“标识的传播应用”。

一、标识的起源

图 1　标识的雏形——图腾与符号

图 2　标识标牌

首先我们来看下标识的雏形。很久以前体现在图腾与符号的这个时代，各种狩猎和游牧中设立的地标和路标，成为人类文明的重要部分。人类与自然关系的一个进步，从完全屈服于自然，变得主动适应，试图掌握自然。通过抽象象征、记忆、积累和告知，开始掌控自身命运。标识成为与语言文字平行发展的又一套基本信号系统。最早的一个标识雏形，我们认为是图腾与符号。（见图 1）随着人类文明的进步，社会的发展，标识也有一些进化。现在看到的几幅图片就是古代的招幌，就是挂在建筑物的外面，来表达标识的形象是做什么功能的。（见图 2）随着社会的发展，我们的标识逐渐发展到现在大家都能认知的标识系统，像大家现在看到的小区平面图、精美的门牌等等，随着时代的进步，我们的标识系统也发生了很大的变化。

大家看到图 3 中的五幅图就是城市的地标，那么，城市的地标充当着什么样的角色？

城市地标在城市文化、城市空间中起到了标识的作用。比如很多人到一个地方去可能迷路了或者找不到什么地方，当你看到具有地标性的建筑的时候就会觉得标识的功能非常明显，这就是城市地标的作用。

图 3　城市地标

图 4　标志与标识

二、什么是标识

给大家分享一个标识和标志的简单的区别。很多人，包括在座的各位，可能对标识和标志的理解会有所偏差。那么我们认为的一个标志，大家可以看到宁波书城的一个 logo，从主观的感觉来讲它是一个个性的信息设计。那么，标识是什么呢？我们认为是一个客观的通用信息设计。它们两者之间有很大的区别。

那么很多人也会问什么是标识设计？在大学里，没有标识设计或者规划设计这门课程。我们认为标识设计是由多学科组成的一门新学科，集合了建筑、空间、景观、平面、工业设计、材料学等等，又是空间中的平面设计，在有效载体内实现功能与美学。这个我们把它定位为标识信息系统。

标识在人们的生活中发挥着巨大的作用。没有内容的标识是没有意义的。一个空白的标识有什么用呢？我们认为没有内容的标识是一个累赘。标识的存在是为了一个目的：将人们所处环境的信息传达给他们。不像其他有意地放置在建筑环境中的物品，比如照明设备、墙壁、地面、景观等，标识要利用文字、符号与人对话，因为标识传达的有用信息是人们反过来采取行动的依据。从这个角度来说，标识是建筑中少数、真正具有互动性的元素之一。

简而言之，一个标识项目的信息内容系统其主要功能是辅助人在空间一系列的移动行为，所标识的存在方式应该是系统的、持续的，并利用各种元素和方法传达空间信息。根据空间的不同属性，空间信息的各种传达手段——图形、地图、字体、色彩都会被特别地规划和组合，从而形成适合具体空间的信息体系：城市标识系统、公路标识系统、医院标识系统、景区标识系统、房地产标识系统、酒店标识系统、写字楼标识系统等等。最本质的是，标识系统是解决人找路问题，传达的主要内容是空间信息。

接下来，讲讲对标识与文化和其他属性之间的关系。我们这里要体现标识文化，标识本身的属性，包括标识的延展，还有标识的信息。当然，这里我们从功能的角度来讲，我们得通过环境艺术、规划、材料、工艺技术、行为学、设计心理、人机工学、传播媒介等来实现它的功能，这就是我们所采用的依据。结合这些东西，我们还要完成它的属性，属性里面包括了地域地貌、地域气候、地域文字、民族、地理、地域文化、地域建筑、民俗文化。所以说，标识是传达信息，驱动思考、情感等行为的一种媒介。

接下来我们看图 5，可以知道标识在环境中的运用，对这些元素的把握，一定要去融合，达到环境、空间、文化的融合。

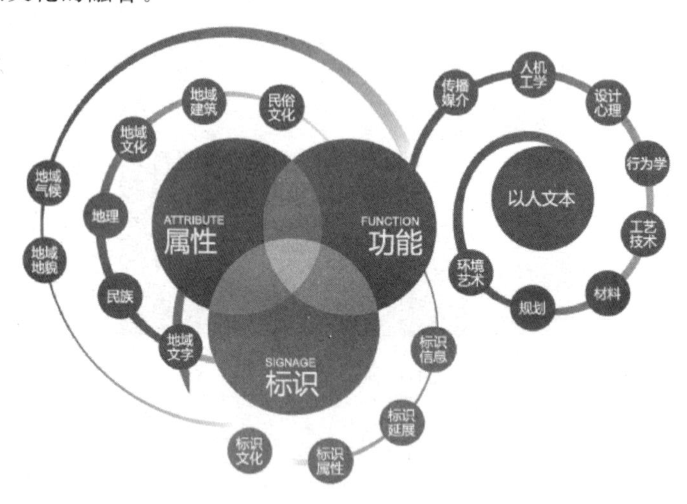

图 5　标志与文化

三、标识设计的案例分享

因为我们毕竟是一个企业，考虑实战的东西多一点，理论方面的少一点。接下来给大家展示一下我们最近参与的几个设计项目。

图 6 是天河潭的一个景区，在贵州。从设计的角度上讲我们这个设计分析，包括它们的业态分布。我们这里做了两个区域，一个是入口的功能区，一个是核心的景区，每个区块里面我们都会根据它的一些属性做分析。比如说入口处有游客服务中心，还有贵阳故事街、民

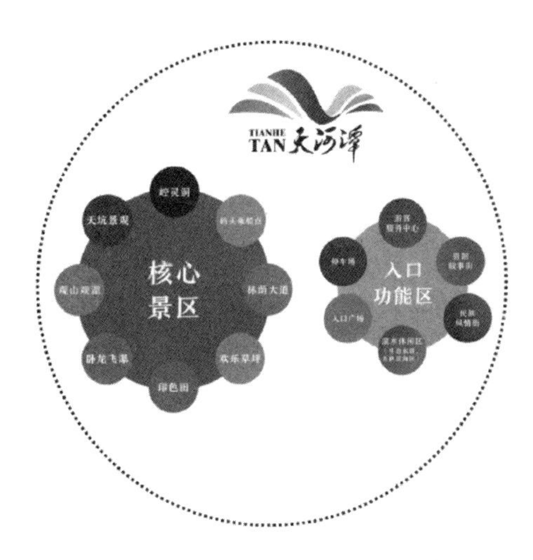

图 6　贵州天河潭景区标志设计

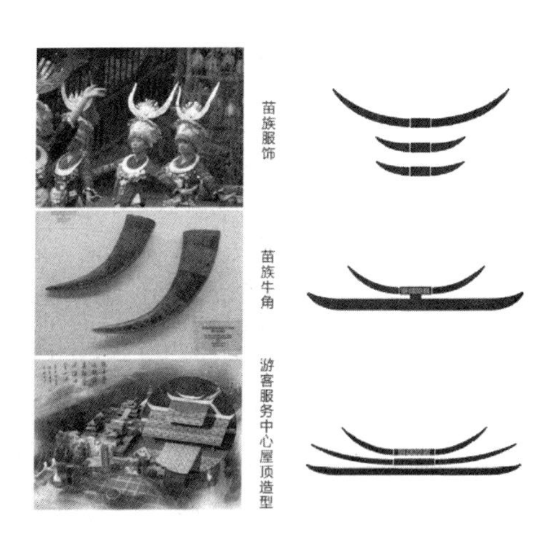

图 7　设计思路——造型元素提取

图 8　设计表现

族风情街等等，那核心景区里就是我们大家都比较关注的比如岩洞、瀑布山水之类的一些东西。那么，在这个项目设计过程当中，我们也是结合了当地的一些文化，包括跟他们甲方的一些沟通，我们对他们这几样东西进行了提炼：第一个就是苗族的服饰，包括苗族的牛角，还有建筑物外观的造型，所以我们这里提炼的元素是牛角和飞檐。还有一个比较有代表性的就是铜鼓，铜鼓是苗族的一个图腾类的象征，还有蜡染和刺绣，这个也是当地的特色。材料这块我们也会考虑，接近自然一点，原生态一点，打造旅游经济、美丽乡村之类的东西，所以我们选择了木材跟石材。

图 9 是我们最近在做的横店新圆明园项目，可能大家都清楚这个项目在横店 1∶1 复制，把圆明园原先的经典全部复制。在这个设计过程当中，我们也查阅了很多的资料，包括历史文化等等。当然对于这么一个景区，我们通过明清的一些建筑都做了一些提炼，包括后期图标的一些转换，所以在方案这一块就结合到现代工艺做出了一套方案。在另一个景区，西洋建筑设计中，我们结合了东方和西方的一些元素精髓，包括他们这种优雅、高贵、浪漫的气质。图 10 就是我们给他们做的最后的造型。

由于时间的关系，分享就到这里，谢谢大家。

（根据现场录音及 PPT 整理）

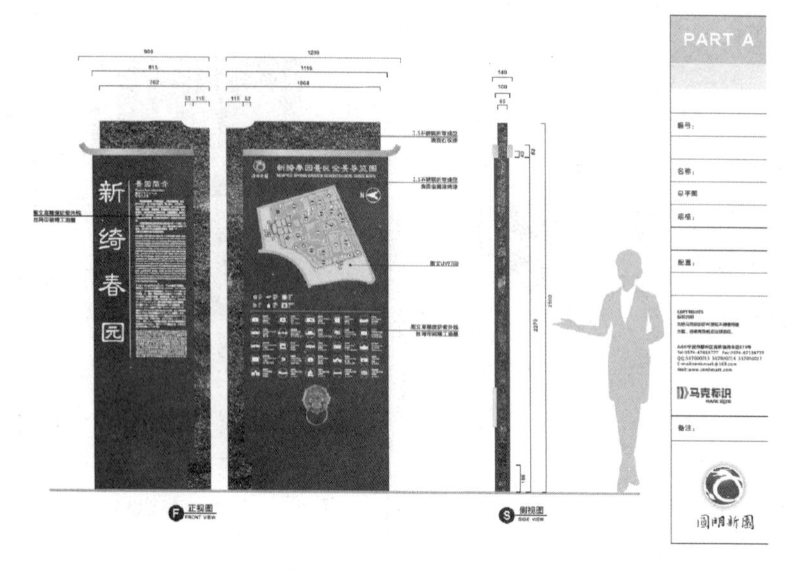

图 9　横店—新绮春园标识系统设计

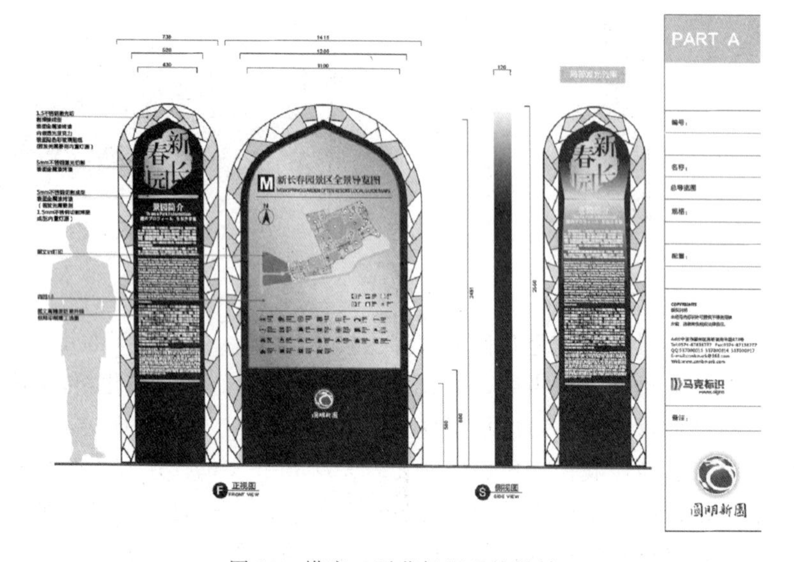

图 10　横店—夏苑标识系统设计

主题发言

景观建筑设计中建筑信息运用

罗埃尔(Fiecas Roeljazmin)
(宁波市风景园林设计研究院设计总监)

你好,各位嘉宾、各位领导下午好!

接下来我讲的希望不会成为你们的催眠曲,我演讲的是一个关于景观设计运用中的软件,这是一个全新的设计软件,让我们能创造更有效、更环保的环境景观设计。

我会给大家介绍建模信息技术在景观中的运用。这是我们现在正在贵州六盘水做的一个乡村改造项目,主要是提升和改造景观环境,然后突出它特有的建筑文化。所以我们要运用一些非常先进和新的软件来展示我们所要表达的设计效果。

一、BIM

我介绍下BIM的背景。很多景观设计师会忽略了BIM,就因为它包含了"建筑"这个词。其实BIM是AEC(建筑、施工和结构)中一个新的技术进程。

BIM不仅仅是在建筑领域中使用,同样这个软件在项目中含有的自动化、可视化及分析化功能也可以在景观设计领域发挥同样的作用。

BIM是从一个旧的绘图软件CAD到3D建模的一个转换,它原来不包含数据信息,转换过程系统会生成该对象的3D信息,这样它可以被广泛地使用在各项设计领域中。

BIM表示建筑信息模型,这个概念从1970年开始就存在了。美国国家建筑信息模型标准项目委员会定义如下:BIM是一个关于物体在物质和功能方面的数据信息,也能始终在过程中为物体提供可靠知识资源的共享。

图1是一个BIM周期网络的分析图,它主要就是表达了BIM在景观中的一些运用,首先是以BIM为中心进行的一些设计步骤,第一阶段是从规划到设计概念再到详细设计,然后再对各项功能进行分析,最后再到图纸;第二阶段就是建造施工到后期服务,然后到建成的运营及维护,最后是构筑物部分的拆除和改建,这些我们都能在BIM中发挥它的作用。

一般建筑和设施设计都基于一些二维图纸和一些手绘图纸,其中包括一些平面图、立面图、剖面图。此外,我们还可以涵盖更多。

一、BIM是在3D基础上的一个延伸,现在已经不太运用2D来进行绘制,而是用3D来进行建模。

二、在3D的基础上,我们增加了一个时间的元素,融入了具有时间周期的这么一个概念,变成了4D。

三、区别于前面两者,在5D的基础上我们增加了一个造价的特征,我们可以知道它花

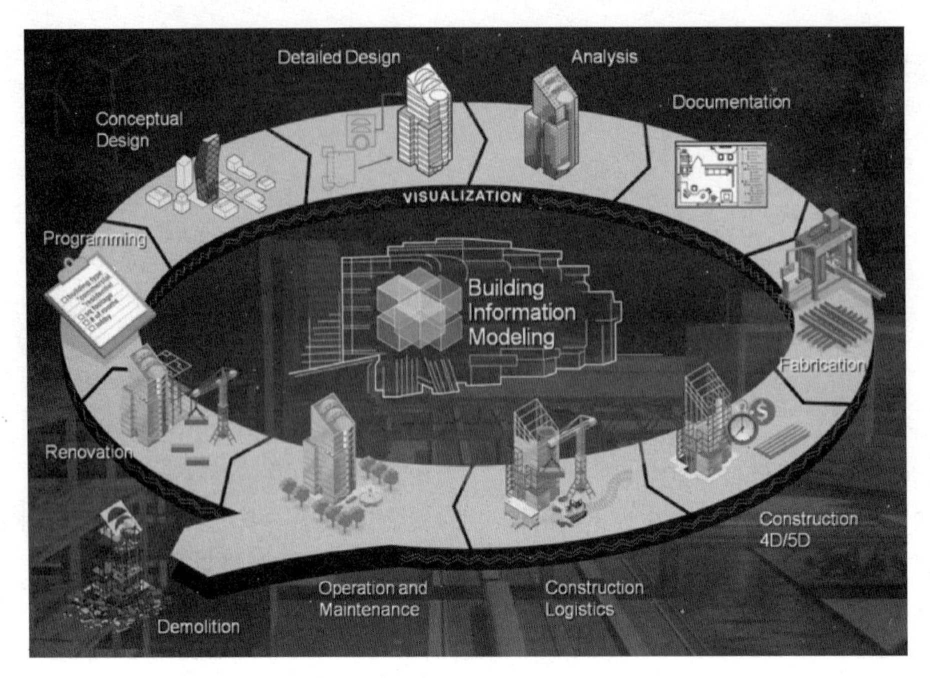

图 1　BIM 的周期网络

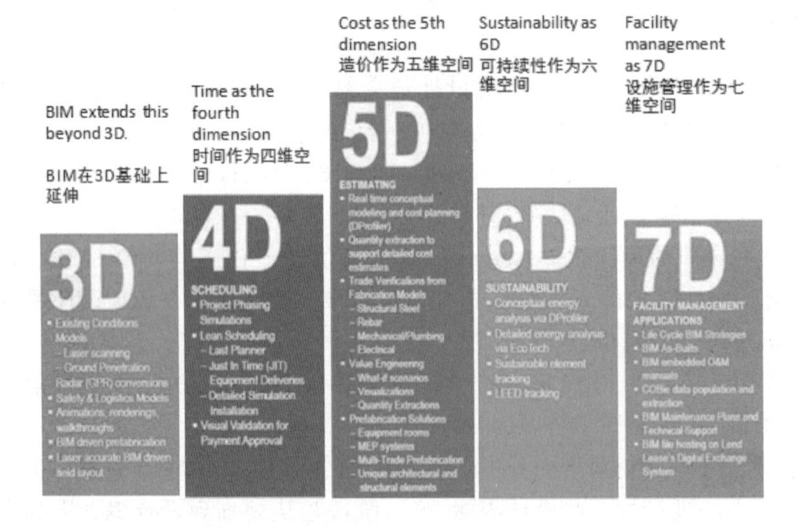

图 2　BIM 多维途径

多少钱，有多少周期。

四、我们在 6D 中包含了更多的可持续性概念。

五、在 7D 中，我们增加了设施管理这个说法，目的就是为了提高效率。

另一个模式就是说在景观设计中运用建筑信息模型，基于这些模拟设计，使大量的设计应用来源于 IT 资源，我们可以感受一些真实的效果。这些包括了能量模拟、变动预测、项目管理、结构完整性分析。

BIM 不仅仅是一些视觉上的绘图，不仅仅可以用于工程图设计，它也可以为我们景观绿化提供服务。图 3 是一张能量模拟图，我们可以看见一些能量源、一些温度的资讯调节和对光源的一些调节。这些数据可以展示出构筑物能量能节省多少，从而创造更绿化更环保的景观环境。

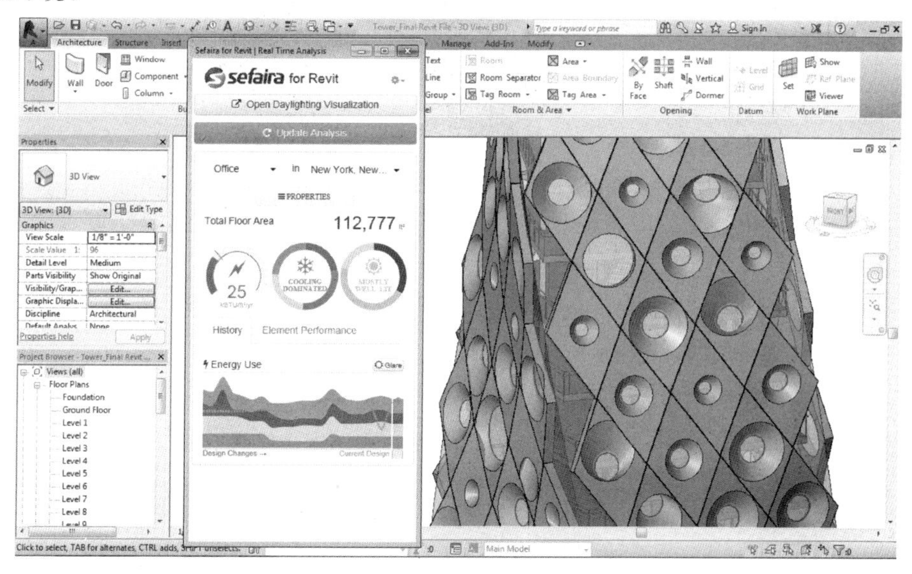

图 3　能量模拟

一张普通的 CAD 图纸，它只是一些简单的几何图形，没有数据信息。而 BIM 不仅仅是涵盖了几何图形，它也涵盖了空间关系、光线分析和地理信息。

我们从 CAD 这些老式的程序转换到 BIM，这两者之间也会运用多个 3D 软件，例如：草图大师、犀牛、3Dmax、Lumion。这个 3D 是一个非常好的渲染工具，也可以制作一些动画。犀牛是一个很好的建模软件。让我们看 Lumion 做的一个景观效果，它能展示真实的感官感受，让我们能真实地走在里面，观看我们做的效果。这个软件可以给人非常真实的感受。这些软件只是一些建模软件，它没有一些模型的数据信息，它只是一些线条的绘制。这些软件在设计视觉上效果很好，但是它们参与不了 4D、5D 或者多维设计的界面。因此，3D 模型跟 BIM 最大的区别就是模型信息或者数据信息。

图 4 是我们 3D 模型做的非常真实的植物，这是 Lumion 做的一个场景，非常真实的场景。左图是一个 CAD 的二维图形。中图是一个 3D 做的模型。右图是 BIM 做的模型，我们将它的一些数据信息输入其中，所以我们的想法就是每个对象的模型中都应该有它自己所相应的数据。我们可以举个例子来说明，在 BIM 景观中的一棵树，我们就会去设置它的一些信息输入，包括一些树名、根茎尺寸、环境、种植高度、冠幅等。不仅仅是以上一些信息，我们还可以完整它的其他信息，包括它的造价、供应商以及来源。

二、BIM 的使用及优势

下面介绍一些在 BIM 中常用的软件（图 5）。前面是一些常用的工具、一些界面。这里是我们做的一个 office 的一个模型，它不仅仅是一些二维平面图，更是根据一些实际情况绘制的 3D 建模。前面那张是一张结构图，然后这张是市政管线的图纸。这是另外一个绘制 BIM 的软件，一般是用来绘制场景图。这是另外一些软件的绘制图纸。这些软件也进行一些植物的配置，让人更清楚地看到植物的信息。

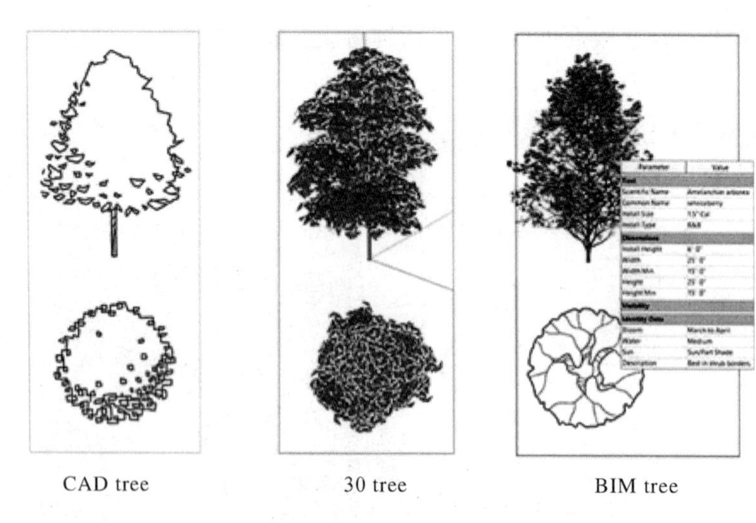

图 4　二维、三维图形与 BIM

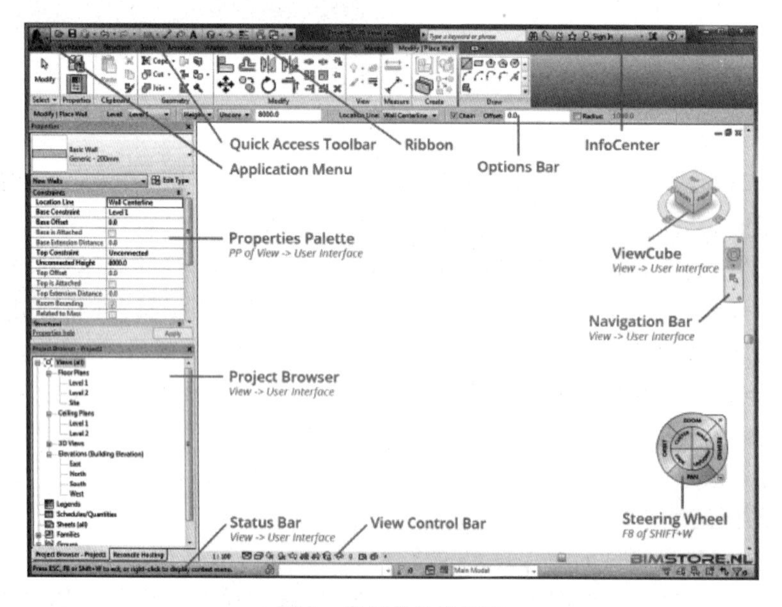

图 5　常用的软件界面

这是一个非常先进的技术，叫做云数据点建模，云点是在坐标系统中的一组数据点，然后用 xy 轴坐标在三维空间中定义这些点，表示对象的外表面，这些点是使用三维扫描过程制图的。这是一个设备对一个真实物体的外观三维扫描，用软件进行云数据点处理，可以生成我们所需要的模型，我们也可以在上面进行一些改变。图 7 是运用云数据点扫描的一张场景图(图 7)。所以我们就不用去现场测量尺寸，我们只需要将这些模型扫描到电脑里面，然后进行数据分析。这是用光探测及定位扫描的一个图纸。这是我们做的一些实际项目，我们不用二维绘制，而用一些真实的模型建模。在这个模型中，我们可以任意点击你所想要了解的物体，比如说我们点击这棵树，它就会显示出它的一些特性，包括它的名字、购买点、造价等等。同样我们可以点击这个平台，它也会显示出制造它所需要的一些周期和造价。我们同样也可以在鸟瞰图中点击这棵树，它也会给我们提供一些相应的数据信息。

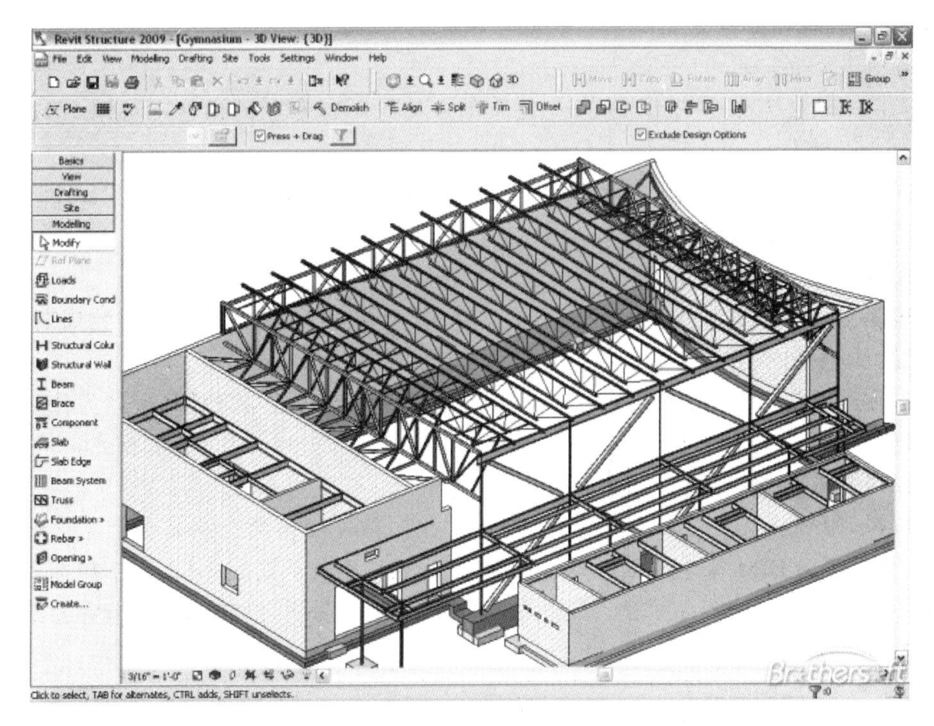

图 6　3D 建模软件

图 7　云数据点建模

BIM 的要求：

1. 只做一次，而不是多次。

BIM 的一些修改，我们不需要做很多次，只需要做一次就够了。为什么在 CAD 中画平面，在 SU 中建模，在 CAD 中画剖面和立面，然后当平面改变时，在多个软件和文件中改变多次？在 BIM 中工作可以让你同时做这一切。就是说，在 CAD 画图中，当我们平面改变时，就会有多个软件或文件需要改变，但在 BIM 工作中，可以同时做这一切。很多行业包括建筑师、建造师都需要它。

2. 其他人需要它。

在同一个软件工作中，合作起来会更简单。其他所有专业的设计师都用 BIM 做专业设计。

在同一个程序中工作，团队成员可以看到门、墙，位置何时移动。网络平台设计可以让我们对对象的改变和修改进行实时监控。

3. 信息。

有很多信息参与调度。周期代替任何繁琐（经常不正确）的手工计算：植物周期、停车数量、面积统计、编制索引。当这些改变，周期同步更新。

一旦你习惯在 BIM 程序中工作，当你信赖于这些信息时你会开始怀疑，“为什么我们会满足于这么少？”

4. BIM 是必然存在的。

所以说，BIM 在景观设计中是必然存在的，我们不可以避免。这是一个非常老式的手机，就像我们拒绝 BIM 这个软件一样，你一直只是想拥有这部老式手机，而不想拥有一个新的智能手机或者最新的苹果手机。虽然最新的事物是非常复杂和昂贵的，但它会给我们更多的信息。

图 8 BIM 的好处

图 8 是关于 BIM 的一些好处：冲突检测、风险缓建，定制、适应性，周期、成本优化，构筑物生命周期，草图不影响图面质量，协调、合作。BIM 这个程序的好处可以归纳成为一个非常简单的说法：这个软件能更有效地制作绘图，因此省钱。金钱是一个强大的推动力，所以，毫无疑问，建筑师、结构师，甚至业主，在他们的项目上都要求运用 BIM。

三、劣势及缺点

一个在 2016 年 2 月景观设计杂志中发表关于 BIM 发展趋势的作者引述说：

BIM 正是景观设计师寻找的 CAD、3D 建模及智能的复合型工具，它可以关联景观设计中的内容。但是，由 Autodesk 出版的 Revit 软件，建筑师广泛使用于 BIM，花费大量的时间和精力投入到制作 BIM 数据，却非常有限地为景观领域提供服务。

景观很难建模，这是开发者迅速消失的原因之一。景观设计是一个相对较小的行业，景观设计师比建筑师、工程师等少，或者说，我们是一个小的市场。我们不太参与这个软件，可能觉得 CAD、3Dmax 就可以了。

四、BIM 的前景

BIM 程序可以成功地运用于景观设计中，因为它的一些核心内容并不是一些墙、门、窗的制作，它是一个在基础数据工作的智能对象。

毫无疑问，BIM 是景观设计领域中非常好、有前途的软件，以我们现阶段技术来看，所有技术问题及要求改进都可以迎刃而解。新的趋势表明，几乎所有领域都以 BIM 作为设计工具的标准。

谢谢！

（根据现场录音及 PPT 整理）

学术论文

◆新闻传播类

刍议城市传播的元话语

崔　波

（浙江传媒学院新闻与传播学院）

传播与城市本就是互为关系。从西方文明历史看，古希腊等城邦的存在，就是以多个面向的传播作为重要社会基础的。直至现代性的发生及其在全世界展开，城市与传播更是互为表里和前提的，城市传播的元话语是伴随着城市的进步和发展而逐步演化的。

一、现代性：城市传播的尺度

城市发展的历史，也是人类从古代社会走向现代社会的历史，因此不难理解现代性已日益成为人们描绘探讨现代城市建设发展的重要范畴和语境。现代性本身是一个宽泛性的概念，它可用来说明现代化在物质的、制度的、观念的三个层面的增加和扩展，即现代城市从"传统"向"现代"多层面全方位转化历史过程中所呈现的特性。正如美国社会学家帕克所言："城市绝非简单的物质现象，绝非简单的人工构成物；城市是一种心理状态。而城市化也不仅是一堆硬性的能勾勒出社会经济图景和外在风貌的统计数字和物质景象，它也是一种文化心理状态，是一种心理物理过程。"[1]这里帕克所要传达的思想是，城市化不能就简单地理解为是人类聚居方式的转变，它同时还是一种社会文化的变迁与转型。在这个过程中，传统的或乡村社会被现代的或城市社会所代替。作为城市化、工业化产物的现代城市，也必然呈现出不同于乡村社会的文化特征。换言之，现代城市也可以理解为是一种城市性的心理状态。美国学者汤普森更是在吉登斯（Anthony Giddens）对现代性研究的基础上，补充了"媒介传播"这一与现代性紧密相关的作用。在汤普森看来，现代性分别与资本主义、民族国家、军事力量和媒介传播等四个要素相关联，分别对应经济、政治、强制和符号四大权力。

我国学者汪民安在《现代性》一书中言："都市，是现代性的生活世界的空间场所。也可以说，现代性，它累积和浮现出来的日常生活只有在都市中得以表达。现代性必须在都市中展开，而都市一定是现代性的产物和标志，二者水乳交融。"[2]复旦大学黄旦教授更是指出了现代性之于城市传播的意义所在："其一，在社会历史的结构性方面，城市与传播在现代性的框架中并置，形成同构关系。现代城市即是媒介，它构筑了人们传播、交往、沟通的平台，全方位地实现了传播的意义。其二，在物质实体与虚拟再现的框架中确认了城市与传播的互动关系。大众媒介是"第二城市"，大众媒介构成的传播网络建造了一个虚拟的城市，它以独特的方式再现了实体城市，并复制、重构了一个虚拟的城市系统。网络等新媒体的产生，更加突显了媒介虚拟空间的意义。其三，现代城市的体验趋向各种形式相互融合的传播，建筑物、物质空间、传播媒介、社会实践共同构筑了现代社会生活的传播、交往、沟通的过程。在无限移动的新媒体时代，大众媒介和城市空间已经彼此融合，难以分割，它们共同构筑了城市传播的整体。传播因此成为构筑城市的基本因素。[3]

毫无疑问，城市生活是现代人难以抗拒的体验，相反，前现代人们体验更多的则是乡村生活。因此，现代性是衡量城市和城市传播必不可少的尺度。

文化类型学家伊里尔·沙里宁(Eliel Saarinen)所说："让我看看你的城市，我就能说出这个城市的居民在文化上追求的是什么。"自人类从传统社会向现代社会迈进以来，城市文化与城市生活形态就始终和城市如影相随，共同演绎着现代性、后现代性和城市的价值。

现代城市传播的发展的思维方式是建立在工业文明基础上的"现代性"或启蒙理性。这成为衡量现代城市传媒业的尺度。启蒙理性作为一种解放话语，它批判神学，反对君权，弘扬人本精神和科学精神，将科学、理性和人的权威，将自然科学方法和逻辑方法抬升为普遍法则，进而成为批判话语，成为精神解放的工具。它所具有的批判精神是一种以工业文明为基础的现代化精神，是"今是而昨非"的历史批判解放学。

经过启蒙运作，现代性得以在主体性和理性的基础上确立起来。现代性存在的实体空间为城市，现代城市的发展展示着现代性。刘易斯·芒福德在其城市文化巨著《城市发展史——起源、演变和前景》中把城市比作一个具有磁力的容器。城市不仅仅是为人类提供栖息的场所，更重要的是城市具有磁铁功能，能够吸引人们来此聚居。这意味着，城市更是人类不断追求进步、谋求发展的场所。

仅从传播角度来看，与乡村社会相比，城市所表现出的现代性尺度主要表现在以下几个方面：

第一，城市与乡村人与人传播得以维系的基础不同。滕尼斯是最早认识到城市社会的特点和研究价值的学者之一，他提出的"利益社会"比较准确地揭示了"城市社会"与"乡村社会"在人类交往方式上的差别。在"乡村社会"中，人与人是依靠情感维系的，而"城市社会"则以"利益"作为人与人的黏合剂。现代城市社会是建立在市场经济的基础之上的，存在着复杂的社会分工和交换，人与人通过利益交换有机地联系在一起。市场经济通行的是等价交换的原则，参与交换的人拥有独立的财产权利是必然的前提，否则交易的安全与信度就难以保证。在大规模的市场经济中，交换的主体不能局限于有限的个体，而是要求整个社会的个体都拥有自己独立的财产。因而城市社会的伦理价值观念必然鼓励人们追求财富与利益，同时，社会的制度安排也会以保护和尊重个体的利益为目标，从而促进权利文化发展。

第二，城市传播更强调传播主体与受众的平等。城市赖以为基础的市场经济，造就了城市传播的平等性。与强调阶层等级秩序的乡村传播不同，在信息作为一种商品交换的过程中，其背后的身份特权是没有任何作用的，而用身份特权来获取市场特权无疑会扰乱整个市场的公平与秩序，因而市场经济拒绝特权。所以，基于市场经济的社会必然会取消身份特权，代之以身份的平等。

第三，城市传播更强调传播的理性和秩序。在乡村社会，基于情感的传统与习惯是社会控制的主要手段，乡村社会也主要由传统习俗来维系，因为乡村社会关系简单，群体的统一性由成员间的直接的情感性交往来维系；另一方面，乡村社会的自然经济也很简单，交易习俗与惯例不但可以有效地调整经济行为，还可以降低经济学上的所谓"交易成本"。由于大规模的社会分工和交换存在于城市中，一方面，相互陌生的且职业特征各异的人们从事着不同的工作；另一方面，由于城市存在着广泛的社会分工，人们之间势必要形成相互依赖的关系，而现代城市社会的开放性和复杂性，又使得相互依赖的人们之间社会交往的非直接因素不断增长。原来乡村社会维系社会秩序的礼俗在城市失去作用，取而代之的是法律，用法律这种强制的手段来调整城市社会秩序，这样才能发展为马克斯·韦伯所言的"理性的社会"。

二、资本化：城市传播的逻辑

城市化进程就是一个资本城市化的过程，即资本对利益的追寻在城市空间塑造中的体现。美国地理学家大卫·哈维认为，资本用特定类型的空间结构创造的建筑环境的第二自然，与资本的循环过程相关联，与劳动力、商品与金钱资本的快速流动相关联。在市场经济社会中，资本的过度积累导致资本对空间的开拓，在城市中的表现就是对城市构成环境即生产性构成环境与消费性构成环境的投资，市场经济为了开辟积累的新空间，在某一特定时刻建设适宜于自身条件的一种物质景观，通常在发生各种危机的时候，在随后的某一时刻又得破坏这种物质景观。而这种"创造性破坏"的潮起潮落，势必造成资本主义城市空间的危机和灾难。

由此可见，资本化是推动城市演进的内在逻辑。这是因为"城市是一个特殊交往实践场，言之特殊是因为在这种交往中，人世间的一切东西都必须经受资本的拷问，无论它是上一轮交往实践场的沉淀还是新一轮交往实践活动所新创生的物体。符合资本本性的则生存下来，否则就被淘汰。城市资本生产的发展、科技进步加快了城市发展的步伐"。[4]

既然资本是市场经济下城市空间功能区分的最终决定力量，那么城市空间功能区分是随着城市的发展壮大而逐渐形成的。一般而言，城市形成发展的历史过程就是城市空间功能区分的过程。当城市还是一个小城镇时，城市地理空间狭小，各项功能混杂布置，没有明确的功能分异。只有当城市发展到一定的规模，才可能形成相对集中的功能区。在功能区——这一城市交往实践场不断解构与生成的演化中，历史因素、经济因素、社会因素、行政因素对城市空间功能区分都发挥重要作用。然而，当人类进入工业社会这种物的依赖形态之后，人类空间生产力才得到充分发展，城市空间的不断拓展，其空间结构主要是由资本这个貌似物的东西以市场规则来决定，城市空间成为资本的跑马场。

资本在城市空间中的无限运动直接导致了城市传媒空间结构产生分异，形成各种功能区。现今，虽然市场经济下历史因素、社会因素、行政因素对空间功能的区分进程起到重要作用，特别在中国，行政因素可能对城市空间功能的区分作用比较明显，但是随着文化体制的改革，特别是传媒业转企改制的推进，人们逐渐认识到最终对城市传媒空间功能区分起决定性作用的是空间资本的力量，空间资本是最终的因素，其他因素随着别的因素的变化而变化。

三、对照性：城市传播的参照

在城市传播研究中，影响最为深远的是城市和乡村这一对立的视角。在马克思那里，现代性催生了城市。在全球范围内，如果一个民族国家拥有以近代发达工业为基础的城市，那么她就成为世界体系的中心极，否则就只能被边缘化，处于世界体系中的边缘极。城市的发展已经以一种现代生存方式渗透到整个社会生活中:城市文明和不文明的生活方式、生活习惯、习俗从各种渠道传入农村以及那些非资本主义的、非工业化的国家和社会中。同时,城市的发展也造就了城乡的差异,使得农村屈从于城市。马克思曾经这样精辟论证过城市对于乡村的关系以及推动这种关系的动力:“资产阶级使乡村屈服于城市的统治。它创立了巨大的城市,使城市人口比农村人口大大增加起来,因而使很大一部分居民脱离了农村生活的愚昧状态。正像它使农村从属于城市一样,它使未开化和半开化的国家从属于文明的国家,使农民的民族从属于资产阶级的民族,使东方从属于西方。”[5]

乡村与城市的区别,其实就是传统与现代的区别。孟德拉斯(Henri Mendras)在他的《农民的终结》中明确认识到:“农民是相对于城市来限定自身的。如果没有城市,就无所谓农民,如果整个社会全部城市化了,也就没有农民了。”[6]换个角度说,就是没有城市化和城市现代化,也不可能有社会发展意义上的现代化。城市化必然的趋势是人类社会生存方式、生产方式等所构成的城市生活方式的进化,是城市社会结构变迁的过程,在这个变迁中,农民必将成为过去。在城市社会结构的扩张中,人类社会地域不再分为两块:一块是乡村,一块是城市,而由城市型生产与生活方式取代乡村型的生产与生活方式。早在20世纪20年代,美国芝加哥学派的代表人物沃斯就指出,“城市与乡村在当代文明中代表着相互对立的两极。两者之间,除了程度之外,还存在着性质差别。城与乡各有其特有的利益、兴趣,特有的社会组织和特有的人性。它们形成一个既相互对立又互为补充的世界。”[7]

在学者的眼中,城市与乡村的对照不断地被强化。如果说在社会学家齐美尔的研究中,还隐含着对乡村文化的潜在眷恋的话,那么到了芝加哥学派路易·沃斯眼中,城乡的对照被公开激化了,并被雷德菲尔德所再次挑衅性地激活。在亨廷顿看来,城乡之间的差别就是最现代与最传统部分的差别:“城市的文化是开放的、现代的和世俗的,而乡村文化依然是封闭的、传统的,宗教的。”[8]城乡之间的根本区别可谓是全方位的,既有物质层面的,也有人的价值观、社会生活方式等精神层面的。

如果城市的特点的呈现是以乡村作为对照的话,那么城市之间的差异以及城市内部的差异,则可以忽略不计,因为无论是城市和其他城市之间的差异,还是一个城市自身的历史差异,城市都拥有自己的共同属性。世界上似乎只有一个城市,只有一个乡村。城市被看作现代性的载体,换言之,即现代性本身。现代城市的出现,通常被看作同一个乡村主导的文明的断裂:滕尼斯用共同体(community)和社会(society)来描述乡村和城市这两个不同空间的文化形态;迪尔凯姆则是从机械团结和有机团结对之进行描述。在人们眼中,城市不仅仅是一个封闭的空间构造和人口居住地,还是一个文明类型,它涉及人类生活方式的总体。

在空间研究资深学者列斐伏尔看来,城市和乡村是对立的实体,空间的主动性和被动性的双重性由此产生。第一个城市国家的空间就是从神圣空间引申而来的,即符号空间。在这个空间里,空间的统一性被割裂,抽象空间开始萌发,自然支配性被削弱。在这里,城市支配农村的空间。神圣空间同时是一个城市政治的空间。

城市与乡村的差异以及传播学意蕴的差异,至少表现在以下几个方面:[9]

第一,生产方式的特点不同。农村是以农业生产为主,传统农业是一种自给自足的自然经济。经济活动比较简单,商品交换的水平很低。随着农业生产技术的进步和市场经济的发展,在发达国家和我国较发达的农村地区,经济活动已经发生很大的变化。工商业活动大为增加,农业商品化程度大大提高,农村经济活动日趋复杂。但是,农村经济结构的特点决定了凡是以农业为主的农村地区，其经济活动的复杂程度和商品经济的发展仍会低于城市。城市经济是以工业和商业为主体，商品化程度很高。城市历来是商品经济、市场经济的载体。因此，不难想象为何大众传媒经济诞生在城市，而不是在乡村。

第二，人口密度不同。农村社区的人口密度较低，这是由农业生产的特点决定的。因为广阔的自然空间是农业生产的必要条件之一，没有足够可耕种的土地，就无法从事农业生产。城市则不同，城市本身是人口密集集居的产物，它的非农性质的社会及经济活动既需要也能够容纳高密度的人口。城市众多的、分散的、匿名的人群为大众传媒准备了受众条件。

第三，社会结构的特点不同。在农村，家庭是基本的社会单位，血缘和地缘关系是人们社会关系中占主导地位的两种关系。另外，由于农村社会分工程度低，社会的职业分化和阶层分化程度也较低，因此，农村的社会结构较为简单。城市社会结构比农村复杂很多。城市社会结构的一个显著特征就是正式组织成为社会的基本组织单位，血缘关系和地缘关系在人们社会关系中的地位和作用大大降低，业缘关系成为人们社会交往中占主导地位的社会关系。另外，由于城市社会的分工程度很高，城市社会的阶层分化和职业分化程度也很高，社会流动性也较大。城市的这种社会结构特征，为从乡村流入城市的农民带来了迷惘和挑战，大众传媒具有一定的社会责任，促进城市新移民的城市化进程。

第四，社会生活方式的特点不同。在农村，农民的传统观念较为浓厚，具有较强的地方色彩和某种保守性，社会交往面窄，一般局限在血缘和地缘关系范围内。同时，农村的地区文化设施和服务设施较为简单，因此，农村的社会生活方式比较单调和保守。而城市一般是社会新的生活方式的策源地。城市居民思想具有开放性和创新性，社会新的观念和时尚也一般首先是在城市居民中产生和传播的。城市人的社会交往完全突破了血缘和地缘关系的束缚，社会交往面广、异质性高。社会文化设施和服务设施多，闲暇生活和夜生活丰富。上述说明城乡之间存在着信息差，城市信息与乡村之间的信息互动显得很有必要。一般而言，信息从离信源相对近的地方传递到离信源相对远的地方，即从较大的城市传递到中等城市，再传递到小城市，之后是乡村。

以中国晚清为例，从乡间来到城市的文人，一方面痛骂城市和城市生活的罪恶，一方面并不拒绝城市。城市成为他们认知的空间。尽管他们嘴上说着“村甿不解事，妄意城市娱。岂知金闺彦，亦复怀村墟”[10]，但一面又频繁涉足城市的各个媒介空间，充分利用像藏书楼和云集的书肆这样只有城市才可能拥有的基础设施和居住在城市的知识分子的人际网络。因此，城市的基础设施、城市的知识环境、城市知识分子的网络给知识分子的精神赋予了足够的营养，大大地刺激了他们的精神活动。正因为如此，许多知识分子在言不由衷地说着“不入城市”的同时纷纷移居城市。

四、时空压缩：城市传播的变奏

既然现代性是城市传播的尺度，那么，现代性与城市是如何关联起来的？它是通过空间和时空与城市关联起来的。这是因为现代性改变了空间与时间的表现并进而改变了我们经历与理解空间与时间的方式。现代性是时间与空间的演变，这样一种演变处于摧毁传统秩序的体制性推动力的核心。时间与空间在现代性中有机地结合在一起，并深入到大众的生活之中，使“大都市”秩序被生产出来，时间和空间在城市文化中被普遍化并与每个市民的日常生活融合在一起。换言之，城市本身就是一个时间和空间的连续体而存在的。随着现代社会工业文明的进程，人类在传统社会中关于时间和空间的理解受到了巨大的挑战，这其中，既有物理学研究对既有时间、空间研究的突破，也有现代社会和都市生活带给人们的迅速变迁的时间和空间的感受。

在迅速变换的现代性风景中，空间和时间已经成了思考现代性组织与意义的重要媒介。文化是一种具有时间与空间意义的存在，人的生存既与物质世界打交道，更与精神世界发生关系，正是现代性通过时空的一种展示使现代城市文化不断被建构。理查德·塞内特(Richard Sennett)曾言，打破了中世纪城市中的时空观念的两样东西分别是钟表和火炮。钟表的普及使人们摆脱了按照宗教时间(教堂的钟声)安排生活的习惯，而火炮则极大地改变了城市作为安全空间的庇护场所的意义，因为再高的围墙和被其包围再大的面积，也不能保证城市居民不受外来的火炮攻击，所以城市的物理界限(护城墙)不再那么重要而可以变成一个开放的系统。如果说理查德·塞内特描述了从中世纪到工业文明初期的时空观念的变革以及伴随而来的城市对居民意义的变化，那么进入工业文明之后交通工具的迅速变革则带来了人们对时空体验的巨大变化。

齐格蒙特·鲍曼(Zygmunt Bauman)断言："时间历史以现代性为起点。确实，除了是任何其他的事物外，也许还不止于是其他任何事物，现代性就是时间的历史 (the history of time)：现代性是时间开始具有历史的时间。"[11] 只有在现代，人们才真正地意识到时间的重要性，作为一个历时的概念，人们开始关注整个人类历史，同时城市人也不再像前现代或乡村人那种混沌整一的生活状态，开始不断地追赶时间的脚步。在此基础上，现代城市的时间概念区别于传统的是，无论是古希腊的雅典还是古罗马的黑暗时代，都不可避免地以城市哲学和宗教本身为依存，时间在他们那里不作为历史的主题，是依存历史而存在一个尺度，而人们对这个尺度没有明确的概念。而现代城市则将时间作为经线，人们往往将不同的行为和不同的时间、空间相挂钩，由此来获得一种可靠的"我们在世界上"的感觉，这种观念的前提预设使时间和空间具有自证性和客观性。

现代城市文化中，时间性表述是作为历史主题的历时性、前进的方向性与标准化的显现，速度成为其表征，最终导致两种结果：一种结果是工具理性和由于工业化发展带来的高度物质化、现代化的城市面貌；而另一种结果则是速度带给现代城市居民的一种瞬时感，从而造成的心理紧张和困惑感。此时的空间性表达在结构化与距离化的互构中互为表里。而其精神性表现以个人主体性的城市内心为其精神本质，以矛盾悖论的城市话语作为其精神表征。在后现代城市中，城市时间性表述则是以"闲暇时间"的急速扩展为根源，以"时光隧道"的时间自由为表征，传达着后现代城市的时间概念。而空间话语在借由电子技术带来的影视媒介和电子媒介当中传达着虚幻和碎片化空间感。随着后现代主体性哲学的崩塌，其城市文化以游戏文本为存在本质，以解构的行动与被构的消费作为其存在表征，彰显着后现代性与城市文化纵横捭阖的关联。

现代城市的空间表达首先是一种结构化的关联空间。不仅包括这种几何三维空间，还包括文化、历史、经济、政治、社会等人文要素对空间的塑造和构成，现代物理学界甚至提出了超空间的假设，认为生活的物质向度包括时间在内的 10 个向度。[12] 与空间相关的第二个因素是距离。距离包括两种意思：第一，由于时间的自然流逝和人、物的地理位移造成的时空距离；第二，不同时代的人类主体对认识和理解世界、命运、历史、社会等的心理分歧，以及相同时期的人类个体之间的思想差异和心理区隔。那么，在现代城市中，由于速度拉大了距离，距离的中心问题发生了转变，因此，距离也成为改变现代人心理体验的另一个空间原因。物理距离的缩短和心理距离的扩大体现出现代社会的不确定性。一方面，城市的空间在不断地紧密，人口的增长，不同空间设施的增加，使得每个人在同一公共场域所能被分配的空间越来越小，城市人在物理空间的距离上是越来越近的；另一方面，距离可量化，具有某种规定性和程式化的特性，我们日常的行为都被规定在特定的空间中进行。

从城市空间与时间的演变中，验证了哈维所言的“时空压缩”（Time-space Compression）。[13]哈维用这一概念来诠释社会物质实践巨变语境下的时空属性，以挑战人们对时空观念固定的传统的时空观念：我使用压缩这个词语是因为可以提出有力的事例证明：资本主义的历史具有在生活步伐方面加速的特征，而同时又克服了空间上的各种障碍，以至世界有时显得是内在地朝我们崩溃了。换言之，时空压缩表征的是这样一个实然的过程：人们对时间和空间的体验方式实现了革命性转变，先前所认定的时间和空间的客观品质已然不复存在，取而代之的是人们对时间的加速和空间的缩小的深刻体悟，它导致“世界进入我们视线、世界呈现给我们的方式的根本性改变。时空压缩在时间维度上表现为“现存就是全部”，在空间维度上表现为地球村的出现。因此，哈维强调，对时空压缩的体验将引起来自社会、文化乃至政治等领域的不同反响和回应。

吉登斯也注意到“时空压缩”的问题，但是，吉登斯使用的概念是“时空分延”（Time-space Distanciation），并认为现代城市的所谓秩序的问题，实际上是“时间—空间”伸延的问题，换句话说，就是将时间与空间组织起来，从而连接在场与缺场的条件是如何不同于（或者说，时—空延延程度如何高于）各种传统社会形式，现代社会的种种制度是怎样在时间与空间中定位并因此形成现代性的整体特征。如今发生在遥远地区的种种事件，都比过去任何时候更加直接、更为迅速地对我们发生着影响。反过来，我们作为个人所作出的种种决定，其后果又往往是全球性的；由于互联网等科技和社会组织方式的推动，人类日常生活方式发生了巨大变迁，在场的东西的直接作用越来越为在时间—空间意义上缺席的东西所取代。于是社会关系被从相互作用的地域性的关联中“提炼出来”，在对时间和空间的无限跨越的过程中被重建。在前现代社会中，对于大多数人而言，构成日常生活基础的时间总是与空间位置联系在一起的，而且通常是不精确和变化不定的。这种情形一直持续到机械中的发明和广大社会成员开始使用为止。吉登斯把这个看作对时间从空间中分离出来具有决定性的意义的时间，它使机械中测量时间的一致性与时间在社会组织中的一致性相适应。在《此刻这里：空间、时间与现代性》一书中，吉登斯这样描述时间—空间在人类社会中的变奏：时间与空间在传统文明中有机地结合在了一起，但这一过程没有深入到大众的生活之中。一种主要位于城市之中，由宗教宇宙论所统治的“大都市”秩序被生产了出来。但占人口90%的本地的、农村社区的人的生活相对而言并未受到这些现象的影响或改变。……只有随着现代性的到来，并且是作为发展的绝对部分，时间和空间才都被普遍化并且被与每个人的日常生活融合在一起。我将要表明这种现象，时间和空间成为“空的”范畴，尤其是被当作存在的不同层次相互分开时。时间和空间的变空已经被康德在哲学的范畴上表示了出来，但更为重要的是，它成了现代性的体制性推动力的组织媒介（organizing medium），只有当空间—时间抽象的、空的层面完全被融入日常生活的构成之中时，现代性的去语境化组织（organization）才能成为可能。[14]

全球化的到来，使得城市空间与地方脱离，再融入空间的时间层面，换言之，城市在全球的普及正在使得空间与时间呈现出前所未有的复杂的胶着状态。

全球化显示出无限的空间—时间跨度的社会联系的形成，而这些空间—时间跨度的改变特征在强度上加强、面积上扩大则是很明显的。换言之，当代阶段最明显的特征之一就是在全球的与本土的之间复杂关联地发生，在此，“本土”不仅包括地域上的本土性，而且还包括我们个人生活的私人方面……全球的与本土的之间是以辩证的方式联系在一起的。[15]

城市时空变奏到目前已演化为时空的虚拟的趋势。法国城市理论家保罗·维利里奥说，当一切物质形态在城市中消亡后，时间将取代空间成为主宰一切的要素。事实上，早在网络等技术普及之前，城市空间由物质化逐步走向虚拟和物质向往的过程就已经开始。传统城市中非常重要的关口——城门，早就被国际空港的安检设备所取代。虽然城市设计师和建筑师不愿意接受物质营造所面临的巨大挑战，但由于大都市空间的复杂性、匿名性与网络空间的某些共性，许多人倾向将网络视作城市的隐喻。“事实上网络的时空均质平等，以及创造出来的供交流的公共空间，似乎都可以弥补现代城市中的冷漠、隔离、科层化和缺乏公共领域等物质时空中的缺憾，这些或许可以为城市领域的研究者提供有益的启示，也提供了革新城市、重新认识城市时空的契机。”[16]

参考文献

[1] [美]帕克. 城市：对于开展城市环境中人类行为研究的几点意见[C]//[美]R. E. 帕克，E. N. 伯吉斯，R. D. 麦肯齐. 城市社会学——芝加哥学派城市研究文集. 宋俊岭，吴建华，王登斌，等译. 北京：华夏出版社，1987.

[2] 汪民安. 现代性[M]. 桂林：广西师范大学出版社，2005，11－12.

[3] 黄旦. 可沟通城市：理论建构与中国实践[C]. 2012 传播与中国·复旦论坛论文集.

[4] 孙江. 空间生产：从马克思到当代[M]. 北京：人民出版社，2009，21.

[5] 马克思，恩格斯. 马克思恩格斯选集(第一卷)[M]. 北京：人民出版社 1995，276－277.

[6] [法]H. 孟德拉斯. 农民的终结[M]. 李培林，译. 北京：中国社会科学出版社，1991，8.

[7] [美]沃斯. 城市与乡村. 转引自帕克等：城市社会学——芝加哥学派城市研究文集[M]. 宋俊岭，等译. 华夏出版社，1987，275.

[8] [美]塞穆尔·亨廷顿. 变化社会中的政治秩序[M]. 北京：三联书店，1989，67.

[9] 张鸿雁. 城市·空间·人际——中外城市社会发展比较研究[M]. 南京：东南大学出版社，2003，41－42.

[10] 黄淳耀. 和归田园居六首[M]. 见黄淳耀：《陶菴全集》(卷十). 台北：台北商务印书馆，1983.

[11] [英]齐格蒙特·鲍曼. 流动的现代性. 欧阳景根，译[M]. 上海：上海三联书店，2002，171.

[12] [美]曼纽尔·卡特尔. 网络社会的崛起[M]. 夏铸九，王志弘，等译. 北京：社会科学文献出版社，2001，504－505.

[13] Harvey，D. (1990) The Condition of Postmodernity . Oxford：Blackwell，p. 240.

[14][15] Friedland，R. & Boden，D. (eds). (1994) Now Here：space，time and modernity，Barkeley & Los Angels，CA：University of California Press，p. vii.

[16] 李翔宁. 想象与真实：当代城市理论的多重视角[M]. 北京：中国电力出版社，2008，78.

城镇化进程中环境群体性事件的危机传播策略

陆季春

（宁波大红鹰学院人文学院）

摘　要：随着我国城镇化建设进程速度的加快，各种社会矛盾也日益凸显，社会风险不断加大，中国政府部门面临着治理的一系列问题与挑战，其中环境群体性事件引发的问题成为公众普遍关注的热点。针对环境群体性事件发生的不同阶段及其呈现的危机新特征，地方政府从危机传播策略的选择上应该突出不同阶段的传播重点，并根据群体性事件主要矛盾是否得到解决来决定相应的危机传播策略，提出在不同阶段应对环境群体性事件有效的危机传播对策。

关键词：环境群体性事件　地方政府　周期管理　危机传播策略

目前，我国社会已经进入了冲突纠纷及群体性事件的多发期，环境污染已经成为当前全国群体性事件的十大原因之一，位列第九。[1] 据环保部门调查数据显示，自 20 世纪 90 年代中期以来，国内因环境问题引起的群体性事件的年增长率一直高达 29%左右。[2] 由环境问题引发的环境群体性事件频繁发生的环境经济与社会情势，不仅严重影响到了我国城镇化发展和生态文明城市的建设，也表明国家治理体系仍存在许多不完善的地方。中央已深刻意识到强化对环境问题治理与研究的紧迫性，提出要“创新社会治理体制”“改进社会治理方式，激发社会组织活力，创新有效预防和化解社会矛盾体制”“推进社会治理精细化，构建全民共建共享的社会治理格局”等政策方针。[3]

值得注意的是，近两年随着新媒体的发展，使用微信、微博等新媒体曝光环境群体性事件的占比明显上升，例如南京梧桐树群体性事件、湖北教授给官员下跪等事件。这些环境群体性事件在网上曝光后，经由传统媒体传播扩散，引起了巨大的社会反响。在这样的背景下，危机传播作为一种有效的柔性应对手段，是政府危机管理的重要环节，而危机传播效果好坏直接影响着政府危机处置的成败，在应对环境群体性事件中的作用日益增强。

一、相关理论诠释

（一）关于环境群体性事件

一般而言，所谓环境群体性事件泛指因环境问题而引起的所有的群体性事件。在理论界的大量文献及案例研究中，通常把环境群体性事件界定为一种邻避冲突。国外与环境群体性事件相近的概念有环境运动、环境抗议。国外学者们对于环境群体性事件的研究，主要是从公平正义、环境 NGO 组织、新闻媒介等角度展开的。国内对于环境群体性事件的研究，主要是在环境群体性事件发生的动因；环境群体性事件的阶段与特征；环境群体性事件的资源调配与策略，以及环境群体性事件的防治与应对等路径方面加以研究。[4]

(二)关于危机传播

在国外,较早对危机传播的研究主要是将"危机传播"作为"危机管理"的一个研究方向,关注的是危机处理中的传播和公关模式、策略。传统的危机传播研究在早期传播学"传者—资讯—信道—受者"(SMCR)的经典模式上建立起来。斯蒂文·芬克(Steven Fink,1986)提出的"前、中、后"阶段性分析理论和巴顿(Barton,1993)提出的危机处理"五环节",即:"察觉—防止—遏制—恢复—反思",都是针对组织而言,根据危机事件不同阶段的特点,筹划相应的危机应对策略。托马斯·伯克兰(Thomas Birkland,1997)的"焦点事件理论"是在传播学议程设置理论基础上提出的。他认为在危机传播过程中对"焦点事件"的认识、把控有助于公共议程的设置,直接影响危机传播的最终效果。库姆斯(Coombs,2004)整合出一套"情境式危机传播理论"(Situational Crisis Communication Theory,简称 SCCT),此理论对危机情境的不同维度、类型和策略进行了具体阐释,整合出"否认""淡化""重塑""支援"四种策略类型。该理论不仅是对以上两大传统研究路向的发展,也与中国传统哲学中"因地制宜"的思想异曲同工。

在国内,人们侧重于从危机传播视角对环境群体性事件进行的研究相对较少,相关的内容主要蕴含在对群体性事件舆论引导的研究中,包含媒体报道方式、网络在舆论引导中作用的发挥和特定群体话语体系形成等方面。为此,本文基于调查与大数据案例样本的支撑,将环境群体性事件界定为一个具有连续性的周期事件,从危机生命周期管理的全新视角研究群体性事件的危机传播策略,是对群体性事件治理理论体系的进一步补充和完善,有助于为相关单位部门对群体性事件进行预防、化解和善后提供新的思路和理论指导,以解决应对治理中的疑点、难点和焦点问题,为各级政府科学、高效、有序应对环境群体性事件提供决策参考。

二、环境群体性事件中危机传播的新特点

从传播学的研究视角发现,危机传播是介于组织和其公众之间的传播,"所有的模式和对策都是以'组织'为中心提出来的,……体现的是一种'传者中心'的思维定势"[5]。通过对我国近些年发生的环境群体性事件中的危机传播的研究分析,我们会发现,新时期环境问题引发的环境群体性事件的传播形式具有其自身的特征,研究环境问题引发的群体性事件危机传播的新特点,对于实现我国经济顺利转型,具有十分重要的意义。

(一)环境群体事件中传播主体的特定性

环境群体事件中,危机传播的主体是地方政府等相关行政机关,主体的特定性,使得危机传播过程中传播主体与传播媒介之间关系的二元性体现得尤为明显。传播主体与传播媒介二者之间相互依赖,一方面,政府要依靠媒体传递自己的声音,实现引导舆论、传播信息的目的;而媒体则希望依靠政府获取信息来源,完成自身的专业报道。另一方面,政府在危机传播的过程中也希望媒介按照自己的口径统一宣传报道内容,而媒介又有迎合受众需求、扩大自己效益的考虑。

我们从对近年来发生的诸多环境群体性事件的梳理中发现,当环境群体性事件出现的时候,传播的主体意识有了进一步的加强,所采用的传播形式,已经从以往的传播范围较窄的口耳相传的行为方式发展到现在使用手机、互联网等新媒体的传播形式。在这种传播方

式中,传播主体不仅对自身的权益的维护力度加大了,而且主体意识也有了不同程度的加强。这样就使得所传播的危机信息的聚合能力和扩散能力被放大而且其效应也进一步增大。[6]

(二)危机传播呈现传播主体的多元化状态

环境群体性事件的危机传播在信息的流动、聚合与扩散方面,由于新媒体的介入,手机、网络等传播路径变得更加多样化,传播主体随之增多,而在环境群体性事件中,危机传播更多是利益受损方在使用,这使得对危机传播的控制方向会发生根本性的变化。因此,在危机传播中,对信息的控制也就显得更加困难。值得注意的是,组织传播在危机信息传播中常常处在被动的地位上,所以,组织传播在面对危机信息传播的时候不应只考虑组织的传播思路和利益,而应将危机事件出现时传播的信息内容作为一个相关联的维度考虑进去,否则很难达到组织对外传播想要达到的效果。[7]

(三)危机事件的舆论引导和信息公开并存

新媒体的介入使传统媒体独家决定信息走向的局面已变得不可能。麦奎尔把这个现象理解为"共同的公共领域"的衰落,其实也就是传统的信息传播形式的垄断地位正在被新媒体的信息传播形式所打破。环境群体性事件作为一种社会秩序突然失衡的表现,与构建社会主义和谐社会的理念相去甚远。而各级政府都承担着繁重的维稳任务,对此类事件自然是希望越少越好,所造成的社会影响也越小越好,因此,在环境群体性事件的报道上基本上是采取对舆论加以引导的态度,特别是对那些负面报道采取严格的审查手段。政府在环境群体性事件的报道上态度也在发生着转变,变得更加包容,对信息公开采取更加开明的态度,同时,这种态度转变释放出来的信号对于提升环境群体性事件的有效传播质量,更加有效地解决社会矛盾与冲突具有潜移默化的影响。

三、环境群体性事件的危机传播策略

近年来在城市化发展的转型期,环境污染事故密集发生,并呈增长之势,引起社会高度关注。一些部门所采取的传统的强制式手段已越来越难以满足应对环境群体性事件的要求,危机传播作为一种有效的柔性应对手段,在应对群体性事件中的作用显得日益重要。因此,对于环境群体性事件有效的危机传播必须紧扣具体的危机情景,需要能够针对环境群体性事件在不同时期的危机情景特点,有针对性地选择不同的危机传播策略,才能取得预期效果。[8]为此,我们在对近年来环境群体性事件研究的基础上,认为应根据危机事件不同阶段提出相应传播策略。

(一)秉持"预测和预防"理念,开展信息监测与风险评估

在环境群体性事件的潜伏期,环境群体性事件在价值累积阶段到急性爆发,参加的人数和规模相对有限,而随着时间的推移、舆情信息的不良感染,参与者和围观者往往会不断积聚,心理失衡日趋严重。尤其是在目前的环境群体性事件中,新媒体以其迅速、方便与互动等特点能够快速聚集舆论,这对地方政府的危机传播带来新的挑战,同时因新媒体传播的复杂性,也要求各级地方政府有更强的应对能力。

因此,在这一阶段需要开展有效的信息监测和信息风险评估,及时准确地选择危机传播策略,为即将发生的环境群体性事件做好充分准备。对环境群体性事件的信息监测中,监测

的主要任务是要通过预先架设的情报信息收集网络，收集各种舆情信息和群体聚集的关于群体性事件的情报信息。各级政府应该积极进驻网络平台，如开设官方微博、微信，完善官方网站，学习提升新媒体的使用技能等，只有掌握全面的、全方位的信息，才能把握舆情“风向”，才能清楚聚集人数及规模，更好地预测和预防。同时，当相关部门监测到异常的环境问题突发事件信息，需要及时对这类信息进行实时监控、全面监测，并能够做出正确的信息风险评估，以便确定环境群体性事件的产生机制、爆发机率以及可能产生的危害等，并针对不同的规模准备不同的预案，及早地制定防控措施，以期将环境群体性事件解决于萌芽之中或者最大限度地减小环境群体性事件的危害。

（二）实施“控制与缓冲”策略，提升政府危机传播能力

当环境群体性事件爆发后，局部社会生态环境结构和环境利益关系发生转变，各利益阶层的利益格局也随之改变，其产生的影响会迅速辐射到全国甚至更大范围，而且往往会引起公众的强烈的舆论声讨。因此，作为政府部门首先要做的是着眼应对环境群体性事件的总体目标，控制事态的进一步恶化，并通过采取有效的危机传播手段，化解群众冲突行为，防止其蔓延和扩大。

英国学者里杰斯特（M. Regester Michael）提出处理环境群体性事件的3T原则：Tell You Own Tale，政府要掌握信息发布主动权；Tell It Fast，政府处理危机要尽快提供真实情况；Tell It All，政府要全面、真实地发布信息。因此，政府部门应该有效实施“控制与缓冲”策略，对事件做到快速反应，及时承认错误，加强与公众的有效沟通，打通官方舆论与民间舆论的通道，化解危机，争取主动。要增强政府的舆论引导能力，通过报纸、电视、网络等主流传媒，开展有效的舆论引导工作，使舆情得到控制和缓冲。此外，还可以通过各个新媒体平台，多方倾听抗争者的心声，多创造平台和机会让抗争者表达真实的意见和想法，把公众的困境、质疑及诉求向外界传达。同时，也将官方的进程、消息及时公布给公众，做好内容阐释的工作。[9]

（三）加强救治与修复，确保舆论健康发展

在环境群体性事件的恢复时期，秩序得到形式上的控制，但部分人可能不会完全去除心理上曾经存在的态度因素，出现所谓的“态度残留”，[10]群体性事件的矛盾可能仍然存在。因此，当环境群体性事件进入恢复期后，危机传播主要应突出两个环节：一是把握态度残留者的分布，加强对危机事件的救治与修复，客观地对舆情进行排查，整理成网络舆情报告，进行评估与分析。二是采取有针对性的举措，疏导和安抚，关键是把握残留态度存在的有代表性的共性问题，通过对共性问题的解决，带动人群心态的自我调节，保证群体性事件真正意义上的平息，最后实现社会意义上的心态恢复。[11]

在此期间，作为政府部门应该表现出解决矛盾的诚意和能力，广泛收集社会各界对政府应对群体性事件的反映，吸收多方意见，完善群体事件处理方案。同时，积极深入群众，充分听取群众意见，接受群众合理的建议，对舆情收集工作进行及时的总结评估，找出危机处理中存在的问题，不断完善危机处理方案，使环境群体性事件的社会治理走上规范化、法制化道路。

当前城镇化进程中各阶层利益处于深刻调整的状态之下，环境群体性事件是难以避免的，事件在对社会秩序造成影响的同时，也能够在一定程度上反映民意和宣泄既有情绪，而

危机传播作为一种有效的非强制性应对手段，在环境群体性事件的处置中的作用就显得十分重要。因此，应对环境群体性事件应该把握危机事件发生的不同时期的阶段性特点，将危机传播由一种理念转化成群体性事件应对的有效方法，健全应对环境危机的体制机制，采取科学的政府危机传播策略，在具体的危机处理工作中进一步实现危机传播的发展。[12]

参考文献

[1] 杨朝飞. 环境污染损害谁买单[J]. 中国改革，2010(9).
[2] 本报评论部. 让更多环境纠纷在法庭解决[N]. 新京报，2012-10-28.
[3] 彭小兵. 环境群体性事件的治理[J]. 社会科学家，2016(4).
[4] [9]荣婷，谢耘耕. 环境群体性事件的发生、传播与应对[J]. 新闻记者，2015(6).
[5] 史安斌. 危机传播研究的“西方范式”及其在中国语境下的“本土化”问题[J]. 国际新闻界，2008 (6).
[6] 黄顺康. 重大群体性事件冲突阻断机制探析[J]. 贵州社会科学，2009(1) .
[7] 伍新明，许浩. 新媒体条件下群体性事件中危机传播的信息博弈[J]. 贵州社会科学，2010(10).
[8] 靳凯，周平. 环境群体性事件中网络舆论的引导[J]. 新闻世界，2014(4).
[10] 王来华，温淑春. 论群体突发事件与舆情问题[J]. 天津社会科学，2006(5).
[11] 马旭东. 群体性事件不同阶段的危机传播策略探析[J]. 山西高等学校社会科学学报，2010(11).
[12] 马旭东. 试论群体性事件不同阶段的危机传播策略[D]. 复旦大学，2010.

科技出版社的数字化转型之路

——以6家科技出版社为例

朱彩霞　张志强

（南京大学出版研究院，南京大学信息管理学院）

摘　要：本文采用案例法，选取中国水利水电出版社、中国建筑工业出版社、知识产权出版社、中国大地出版社·地质出版社、电子工业出版社、人民卫生出版社为对象进行分析，探索其数字化转型的路径。以6家科技出版社的转型历程与成果为研究背景，阐述了其资源数字化、数据库建设与搭建数字内容平台的发展现状与发展特征。

关键词：科技出版社　数据库　数字内容平台

传统出版社进行数字化转型是顺应潮流的举措，新闻出版相关主管部门在"十一五"到"十二五"期间多次发文要求加快出版社的数字化转型进程。目前在数字出版领域，形成了专业社领跑、教育社跟随、大众社迷茫的格局。在专业出版社中，科技类出版社表现抢眼，是当之无愧的排头兵。

本文选取的中国水利水电出版社、中国建筑工业出版社、知识产权出版社、中国大地出版社·地质出版社、电子工业出版社、人民卫生出版社原来都属于中央级出版社，一般隶属于某个部委。转企改制前，这些部委所管行业一般具有专业性和垄断性，这些出版社承担的主要出版任务是出版与上级主管部委所管辖范围一致的专业出版物。因此，这些科技出版社及其主要出版物具有鲜明的专业性。

通过对6家科技出版社的数字化转型路径的分析，可得出科技出版社的数字化转型的一般思路与过程为首先对已有内容进行数字化、碎片化、标识化，然后进行整合、开发，最终构建专业内容资源的数据库和数字化集成传播平台。在这一过程中，大致包含三个板块：信息收集整理板块、数据库板块、信息发布与传播板块。

本文旨在通过对6家科技出版社在数字化转型过程中的三大板块的表现进行分析，探究我国科技类出版社的数字化现状，为其他科技出版社的数字化转型提供指导参考意见和建议。

一、6家科技出版社数字出版情况与优势

根据国家新闻出版广电总局发布的2015年新闻出版产业分析报告，我国有83家科技类图书出版单位。[1]它们的效益在整个出版产业中居于前列，但科技类出版社也面临一些问题，如科技出版资源不足、专业化程度淡化、纸质图书需求下降、数字出版模式不清晰等问题。数字出版转型是所有出版社都面临的问题。2015年，我国数字出版产业规模突破4403.9亿元，在新闻出版业所有门类中增长速度最快，占比达到20.3％，仅次于印刷复制领域。相较于大众出版和教育出版，专业出版尤其是科技出版，遇到的困难更加明确，克服起

来更容易,找到盈利模式也早一些,是最可能实现转型的。

科技出版社之所以能够在数字出版领域领跑出版行业,主要有四点原因:首先是内容层面,在长期出版活动中,这些出版社一般都积累了大量的专业且排他性的内容,这些内容适合做成专业的数据库或通过数字平台传播。其次,科技出版社一般对专业技术较为敏感,最早开始进行数字化建设,发展模式相对成熟。再次,科技出版社在资金储备、人员素质上具有一定的优势,使其具有较好的经济基础和人力资源从事数字出版。最后,科技出版社具有忠实且集中的读者群,这为科技出版社推销其数字出版产品提供了便利。

表1　6家出版社情况简介

	中国水利水电出版社	中国建筑工业出版社	知识产权出版社	中国大地出版社·地质出版社	电子工业出版社	人民卫生出版社
成立年份	1958	1954	1980	1954(1992)	1982	1953
主管单位	水利部	建设部	国家知识产权局	国土资源部	工业和信息化部	国家卫生和计划生育委员会
财政部文化产业发展专项资金支持项目	“中华治水故事”MPR出版物(2014年) 新能源发电技术内容服务平台(2015年)	基于CNONIX标准的ERP系统升级改造及客户端开发工程(2014年) 工程建设标准规范数字化服务平台(2015年)	中国民间故事多媒体融合出版(2015年)	三维立体中国土地利用系列图开发与应用(2014年) 中国地质专业资源知识服务大数据平台(2015年)	基于OA的专业出版与服务系统建设(2014年)	中国医学教育慕课平台与中国医学教育慕课联盟(2014年) 中国医学文化“走出去”全媒体平台(2015年)
国家数字复合出版系统工程应用试点单位	是	是	是	否	是	是
专业数字内容资源知识服务模式试点单位	是	是	是	是	是	是

我们在中央级科技出版社中,从总体经济规模大小、财政支持项目多少与利用率、转型所处阶段等因素,选取了这6家出版社作为案例。由表1可知,这6家科技出版社有4家成立于20世纪50年代,2家成立于80年代,历史悠久,具有丰富的专业内容资源。在数字出版中走在前列,数字出版产品具有较高的专业价值和市场价值,在2014年和2015年都获得了财政部文化产业发展专项资金的支持。5家出版社是国家数字复合出版系统工程应用试点单位,6家出版社是专业数字内容资源知识服务模式试点单位。

本文选取的6家科技出版社均为中央出版社,相对于地方出版社而言,它们具有资金、资源、技术、人力上的优势,在数字化转型过程中走在前列。科技出版社中还有数量众多的地方科技出版社,它们的出版内容与中央级科技出版社在方向上是一致的,以这6家出版社为案例,地方出版社可以从中发现自己的优点与缺点,在数字化转型的道路上迎头赶上。

二、数字出版转型历程

从数字出版发展历程上来看，传统出版社出版纸质图书，转型后的出版社提供数字化产品和数字化服务。在这一过程中，大致可以分为三个阶段，首先是信息收集整理，其次是信息贮存，最后是信息发布与传播。

（一）信息收集整理

表2 数字出版转型中6家出版社的信息收集整理工作

出版社	主要工作或代表事件
中国水利水电出版社	主要工作：对于已有资源，加工制作了1.5万余种图书，其中进行碎片化加工的图书有5000余种。在数据加工的过程中，目前已经生成了约350万条章节数据，近500万个图片资源。对于新增加的资源，以排版文件和PDF格式存储，可以根据需要利用自有工具进行碎片化加工。 代表事件：2014年启动了"中华水文化书系"及其数字化工程，包括《中华水文化理论书系》《图说中华水文化》《水文化教育系列》三套丛书，以及配套的数字化产品。
中国建筑工业出版社	主要工作：对图书进行电子化。采用"协编系统"数字化加工系统，实现编辑流程的电子化。 代表事件：以光盘或U盘的形式出版了《项目经理电子书架》《标准规范》《城市规划资料集》等大型工具书，部分图书已开始盈利。
知识产权出版社	主要工作：加工整理世界范围的专利信息资源，除200多万件中国专利之外，收集、加工约4000万件外国专利，统一数据格式，规范和整理数据内容。 开发在线机器翻译系统，已完成化工和机械类专利的在线汉英机器翻译系统，形成丰富的对外出版资源。 代表事件：2003年开始对原始出版内容进行深度标引加工。 2006年推广使用专利分析系统，开始承担中国专利文献电子化工作，建立国内外专利全文检索数据库。 2009年完成电子出版系统，实现了专利文献的全电子化出版，完成了复合出版系统。
中国大地出版社·地质出版社	主要工作：将图书电子化。立足出版本业，对国土资源系统内外资源进行深度开发。
电子工业出版社	主要工作：将图书电子化。构建互联网出版应用示范系统，即BPM信息系统，所有图书出版流程，各种审批都通过网络系统进行。构建电子书的加工出版平台。
人民卫生出版社	主要工作：完成存量内容资源的版权清理、数字化转换。为图书提供网络增值服务、配套光盘，开发在线参考书。 代表事件：出版国内首套医学数字教材。

信息收集主要包含创建信息收集、整合、加工、开发系统，建设数据处理人才队伍，以对纸质书和其他载体上的信息进行数字化处理。

信息收集整理是数字化的第一步，6家出版社在这方面开始最早。目前基本完成社内存量图书、期刊等纸质出版物的电子化，建立了电子数据的标准格式，进行了数据的碎片化，对资源进行深度开发。中国建筑工业出版社、知识产权出版社、电子工业出版社对于新增内容，通过对出版系统的改良，实现了电子化出版。中国建筑工业出版社通过技术手段，对新增资源也进行碎片化处理，为数据库建设提供保障。

出版社除了对自身的资源进行数字化，同时也与其他团体合作，为它们的数字化提供技术支撑。如知识产权出版社与政府机关、军队、公检法系统、新闻出版、文教卫生、图书馆、档案馆、科研院所以及国内外一些公司进行合作，先后承接了中国专利文献电子化项目、新闻出版总署《中国共产党思想理论资源数据库》项目、国家外文局《中国外宣图书数据库》项目、民国图书项目以及中科院文献情报中心外文期刊数字化项目。

在数字化纸质出版资源的同时，不忘与纸质出版物互动。中国建筑工业出版社利用多媒体手段将专业知识内容提供给读者，提供延伸增值服务，引导用户逐步适应数字化出版模式。例如，中国建筑工业出版社将图书中的图片专门制作成《建筑图库》光盘，为读者提供了更加生动直观的阅读材料。

(二)信息贮存

信息贮存：逐步建立以文字信息为主，图片、插图、音频、视频和多媒体信息为辅的专业数据库，形成系统完整、不断更新的相关行业与专业内容资源宝库。

表3　数字出版转型中6家出版社的信息贮存工作

出版社	主要工作或代表事件
中国水利水电出版社	主要工作：建设“美丽中国水”图片库、中国现代江河水利志资源库、中国经典水利史料专业内容资源库和水利水电专业术语双语数据库等内容资源库。 代表事件：2014年以来，水利社从整个治水历史中抽出26个神话、故事，做成一套26集的三维动画片《中华治水故事》。
中国建筑工业出版社	主要工作：建设专业内容资源库，包含图片、视频、课件、微课程、专业字典工具条目库等数字内容资源。 建设“建筑施工资源库”，该项目是新闻出版改革发展项目库入库项目，获得财政部资金支持。主要数据库有“建筑施工工艺工法资源库”“建筑施工管理与技术文件资源库”“建筑材料与施工机具设备产品选型库”“建筑施工全过程可视化资源库”等，它是一个针对建筑施工专业特点而开发的建筑施工数字资源库和专业技术服务的平台，是面向建筑施工领域全体从业人员的“建筑施工专业人员在线学习的互动平台”。 2016年将建筑设计资源进行整合，开展设计资源库的服务，产品主要针对设计院，也面向高等院校师生。 拟开展以“中国建筑全媒体资源库”为基础的建筑专业系列知识库建设，建立13个建筑专业数字资源库。
知识产权出版社	主要工作：建设完成中国中药专利数据库、中国化学药物专利数据库、中国专利文摘数据库、国外专利文摘数据库、中国专利引文数据库、国外专利引文数据库、中国专利复审决定数据库、国外同族专利数据库、中国专利说明书全文(图形)数据库、国外专利说明书全文(图形)数据库、中国专利说明书全文(代码化)数据库、国外专利说明书全文(代码化)数据库、国外专利法律状态数据库。

续表

出版社	主要工作或代表事件
中国大地出版社·地质出版社	代表事件：开发制作4D科普电影《会飞的恐龙》，荣获“2015数字出版年度创新作品”奖项、2015“天下动漫风云榜年度动漫作品”大奖、中国科普电影展最受观众欢迎奖、原动力动漫重点工程、科技部2015全国“优秀微视频作品奖”，以及“金熊猫”奖国际动画作品国产动画短片类入围奖。 2015年启动《国土资源专业内容资源库》国土资源专业知识体系研发项目。
电子工业出版社	主要工作：构建面向电子信息行业的条目数据库、教学资源库。
人民卫生出版社	主要工作：建立医学教学素材库为核心的数字教育辅助产品系列。 构建超过100万条目的词库，做了同义词的归类和检索，为后期的数据挖掘做了准备工作。

信息贮存的主要手段是构建数据库，数据库是科技出版社盈利的重要板块。简单的数据堆砌价值较小，6家出版社基本都进行了数据的深度挖掘，成为行业数据库建设的典范。数据库建设需要投入大量资金，这6家出版社或多或少都获得了相关项目的资助，形成了项目推动的格局。

一个行业内部往往不止一家出版社，出版社在进行数据库建设时可考虑与行业内的其他出版社共同合作，成立数字出版协会或类似的行业组织，规范技术标准和内容标准。打破限制，共享资源，协议建立利益分配关系，效仿国外知识服务商，构建内容全面的专业资源数据库，避免低水平重复建设。如工业与信息化部有两家直属出版社，为电子工业出版社与人民邮电出版社，两家出版社在业务上有一定的重合之处，在数字化的道路上携手而行胜过单打独斗。不属同一部委也可以尝试建立合作关系，人民卫生出版社可考虑与人民军医出版社合作、中国水利水电出版社可考虑与黄河水利等兄弟出版社合作。

中国水利水电出版社、中国建筑工业出版社、中国大地出版社·地质出版社、电子工业出版社、人民卫生出版社这5家出版社除服务相关行业外，一般承担着服务教育的任务，为高等院校的师生提供内容。大部分出版社开设有在线教育、培训板块，网上资源不局限于电子书、电子期刊等，还包含大量图片、音频、视频等多媒体数据内容，为相关院校的师生服务。在数字化建设过程中，这5家出版社一般比较注重与高校进行合作，如中国建筑工业出版社与西安建筑科技大学、沈阳建筑大学等多所高校合作，中国大地出版社·地质出版社与南京大学合作建设数字出版基地，人民卫生出版社携手40所高等医药院校共建“中国医学数字教育项目示范基地”，全面开展医学数字化教育的探索和研究工作。

（三）信息发布与传播

信息发布与传播：建立网络、电视、手机、图书、报刊等系列化数字专业内容的发布与传播系统，包括信息化硬件和通用系统软件，形成数字专业传播平台的总出口。

表 4 数字出版转型中 6 家出版社的信息发布与传播工作

出版社	主要工作或代表事件
中国水利水电出版社	主要工作：重点建设“数字水利出版平台”（可以实现全部或部分数字内容的打包，生成多种数据库产品供使用）“水利水电行业级数字内容运营平台”“新能源发电技术内容服务平台”。 在数字产品开发方面，已经制作完成了 APP、企业在线版、企业镜像版、个人 U 盘版等多款数字产品。
中国建筑工业出版社	主要工作：开发了工具书在线、“建筑文库”移动阅读 APP、数字期刊、英文图书推送的应用。 代表事件：2012 年中国建筑全媒体资源库及专业信息服务平台列入“国家新闻出版改革发展项目库”，2014 年“中国建筑出版在线”上线，主要提供建筑图书、工具书在线、标准规范、建筑图库、在线教育、考试培训等六项服务。
知识产权出版社	主要工作：建成平台系统，开发相关移动运用，提供信息服务。 平台系统：CNIPP 专利信息服务平台、专利信息分析系统、专利价值评估系统（P2I）、专利智能调查系统、图像资源检索系统、专利信息运用云平台、企业知识产权管理平台、专利管理系统、i 译＋智能翻译平台、原创认证保护平台、专利案件网、搜慧网、知了网。 移动运用：智慧 IP、专利代理人考试、专利通执法版/企业版。 信息服务方面包含咨询服务、培训服务和数据加工服务。除此之外，还为企业提供整体解决方案。
中国大地出版社·地质出版社	主要工作：建成中国国土资源数字图书馆和国土悦读移动知识服务平台。
电子工业出版社	代表事件：2010 年发布世纪畅优项目管理网络学习平台，提供全面的知识与教学资源服务解决方案。
人民卫生出版社	主要工作：建成人卫医学网平台、人卫慕课平台（全球首个医学慕课平台）。 在线考培系统上线。 制作独立 App，主要针对国外市场。

出版社要想实现从产品销售到信息服务的转变，落脚点在平台、系统的建设，为用户开发检索系统、分析系统、专题数据库，提供个性化的数据服务。目前，6 家出版社的平台与系统建设已初步成型，部分已开始盈利。平台与系统的建设要以用户为中心，满足用户的需要。人民卫生出版社的平台建设堪称典范，以工程、项目为推动力，构建服务平台。如“医学学术解决方案工程”为国内医学专业教育及科研提供了最全面、最前沿的学术数据支持，坚持以“为医疗卫生工作者提供高质量和全方位的知识信息服务”为基本定位，不断升级完善、不断探索创新，实现平台和内容的全面建设。

一个优秀的平台建设，一方面整体的框架要合理，另一方面要及时进行更新与维护。就目前的现状而言，国内部分出版社的平台框架已经搭建好，但后期维护工作做得不到位，内容未及时进行更新，这样不利于平台的发展，也很难留住用户。

三、转型启示

新闻出版广电总局孙寿山副局长曾指出，由于国家政策保障更加有力、科技出版对技术更加敏感、消费需求更加旺盛、发展模式相对成熟，使其成为我国出版业数字化转型升级和融合发展的先行者。面对先天优势，科技出版单位要积极夯实融合发展的基础。[2]尽管有着先天的优势，但部分科技出版社的数字化转型之路却并不顺利。整个行业水平参差不齐，这不仅会给水平较低的科技出版社造成较大的压力，也会让部分先行的出版社进入观望状态。进一步提高数字出版水平，需要提升整个行业的水平。

本文作为案例分析的 6 家科技出版社是数字出版的排头兵，它们的以下三点做法和思路可以推广到其他科技出版社。

一是以项目为抓手，推进融合发展。近年国家对数字出版支持力度较大，众多出版社都获得了财政的支持。这 6 家出版社善于使用资金，积极推进重点项目的实施，在验收时均有较好的表现。反观部分科技出版社，不注重产业升级，消极怠工，甚至将资金挪作他用，使自身在数字化转型升级上大大落后于行业平均水平。

二是以规划为目标，逐步具体落实。其他科技出版社可参照 6 家出版社的数字化转型路径，结合自身的实际情况制定规划。一般来说，先将内容数字化、碎片化，然后采用元数据等技术进行标引、加工以组建数据库，最后建设平台或系统。科技出版社要立足专业内容资源，为用户提供全面、专业化信息服务，拓展全产业链服务。

三是以用户为核心，充分满足需求。出版社的价值是为社会提供知识服务，科技出版社用户群体较为集中，更需要充分了解用户的需求并尽一切可能满足这些需求。数字化对用户而言，最终的落脚点在产品上，用户是否认可是评价产品是否成功的唯一标准。6 家科技出版社坚持以用户为核心，数字产品得到了用户的认可，不仅实现了社会价值，也获得了经济效益，找到了盈利模式。其他做相同内容的科技出版社在策划数字产品的时候，不妨先分析这 6 家数字产品在用户体验上的成功之处，再根据自身资源，打造满足用户需求的优秀产品。

参考文献

[1] 2015 年新闻出版产业分析报告［EB/OL］.（2015-08-09）［2016-08-09］http://www.sappcft.gov.cn/upload/Files/2016/819/53448117.pdf.

[2] 王倩纾. 科技出版单位融合发展座谈会在北京举行［EB/OL］.［2016-01-20］. http://www.bookdao.com/article/106009/.

手机媒体在突发群体事件中的危机传播与管理*

张　杰

（宁波大红鹰学院艺术与传媒学院）

摘　要：手机媒体在近年突发群体事件中充当了极其重要的角色，本文论述了手机媒体在突发群体事件中的正负效应危机传播以及管理者可以充分利用手机媒体优势展开危机管理，发挥手机媒体在危机事件中的正效应传播功能，并据此提出基于手机媒体的应对危机事件的相关对策建议。

关键词：手机媒体　突发群体事件　危机传播　危机管理　正效应传播

当下中国正处于社会转型期，各种社会矛盾、各阶层利益诉求错综交织激烈碰撞，整个社会脆弱性加大并直接导致各地突发群体事件频繁爆发。有关资料显示，2011 年，我国平均每天发生近 500 起不同规模的群体性事件。这些群体事件都具有组织性较强、涉及面广、社会影响大等特点，成为影响社会和谐稳定的突出特征。事件多涉及维权、贪腐、环保等多元矛盾与诉求，充分表明我们的社会正面临着突发群体事件高发的严峻局面。在近年多起突发群体事件中，手机媒体的传播效能已成为事件生成发展不容忽视的重要因素。

一、新兴手机媒体的传播特征

随着 3G 通信技术的快速发展，手机的作用不再仅限于传统的通话功能，它以互联网为平台，与传统媒体相比具有普及性、便携性、交互性、分众性、融合性、开放性等特征，已成为一种立体的综合性媒体。普及性：据工信部公布的数据显示，我国手机用户数量达到 9 亿户，手机普及率已远超任何传统媒体。便携性：手机媒体实现随时随地收发信息，打破了空间与时间限制，实现了即时的信息同步。交互性：手机媒体既可以回应、转发信息，也可以观看网络视频、手机报并回复评论，受众由被动接受变为主动交互。分众性：即传播的精确性，手机媒体可以依据不同用户进行分众传播，实现精确传送。融合性：手机媒体融合了多种媒介，是集视、听、文本、娱乐为一体的多元化的媒介。开放性：通过手机，人们可以自由收发信息，表达意见，并对信息进行编辑，因而，传播内容呈现多元化与开放性。手机媒体的上述属性在近年来的突发群体事件中得到了充分的体现，提示我们重视手机媒体在突发群体事件中的危机传播与危机管理。

二、突发群体事件与手机媒体

突发群体事件是指“具有某些现实的共同利益或无直接利益冲突的群体，为了实现某一

---

*　2013 年宁波软科学课题《手机媒体在突发性群体事件中的危机传播与危机管理研究》研究成果，项目编号：2013A10018

目的，或宣泄内心情绪，在较短时间内聚集，并采取静坐、游行、集会、冲击等方式向党政机关或有关单位施加压力，破坏公私财物，危害人身安全，扰乱社会秩序的事件”[1]。例如：2007年3月，厦门政府启动PX项目经媒体报道后引起强烈反响。厦门市民互相转发手机短信，并以“散步”的形式反对PX项目，引发了轰动全国的厦门PX事件。什邡事件：2012年7月，四川什邡市筹建钼铜加工项目，因担心环境污染，引发群众集会游行、抗议，导致严重警民冲突，致多人受伤。以上两起因环保而引发的群体事件都对社会产生了巨大冲击。手机媒体在事件发展的全过程中所扮演的角色日渐凸显。在近年多起群体事件中，管理者与主要媒体在危机传播与管理中普遍表现不佳。或讳莫如深集体失语，或反应迟钝，即使在有限的报道中也闪烁其词语焉不详，失去官方媒体本应承担的民众的知情权和公信力，致使谣言满天飞，因而丧失舆论宣传的主体地位，在个别事件中主流媒体的不佳表现反而激化了矛盾冲突。

我们的管理者在应对危机事件时惯常采取消极的控制手段，试图通过控制媒介达到减小影响的目的。但在当今“自媒体”时代，封锁信息已不可能，沿用消极控制只能进一步消解政府的正面形象。事实证明，管理者如果能够及时、准确、全面地公开有关信息，“谣言”止于公开，各种社会矛盾与利益冲突也易于化解，否则将严重损伤政府的公信力，使危机处置更加困难，甚至激化矛盾。

三、手机媒体在突发群体事件中的危机传播与危机管理

手机媒体在突发群体事件中有着正效应与负效应两种传播功能。

1. 手机媒体在突发群体事件中负效应传播功能

在突发群体事件中信息纷繁频出，手机媒体的开放性使得不良失实信息能够迅速传播，某些个体出于善意提醒或恶意散布虚假信息，使得信息真假难辨并呈“病毒式”扩散。由于信息重叠连锁效应会衍生更多负面消息，致使事态升级，加剧对立恐慌情绪。如：广州“非典风波”在极短的时间内，从一个区域性危机升级为全市范围内的危机，进而引发全国性恐慌，不实手机短信的肆意传播起了推波助澜的作用。

2. 手机媒体在突发群体事件中正效应传播功能及危机管理

突发群体事件一般分为：危机潜伏期、危机突发期、危机蔓延期、危机恢复期四个阶段。我们分别从四个阶段阐述。

(1)危机潜伏期：任何突发群体事件都有矛盾积累酝酿的过程。矛盾的潜伏常为人们所忽视，却是预防化解危机的最好时期。潜伏期需要提供舆情、发现隐患并快速预警的有效渠道，为管理者将矛盾解决于萌芽之中创造条件。充分利用手机媒体的优势建立快速舆情民意反馈预警机制，不仅是预防突发群体事件发生，而且也是平时了解民情民意的重要途径。

(2)危机突发期：危机突然爆发并急剧恶化，给社会秩序与公众心理造成极大冲击。谣言的迅速传播导致具有一定组织性大量人员聚集于城镇要害部门与公共场所，并产生群体行为。此时涉事民众通常因情绪激动或少数别有用心的煽动而发生非理性的过激行为乃至违法行为。这时迫切需要政府将准确的信息权威发布，消除因不实谣言给公众心理造成的愤怒不满与恐慌。此时，手机媒体便于在第一时间第一现场采集事件第一信息，为管理者研判形势及时启动应急预案提供第一手资料。可以通过公共信息平台向社会发布各类预警提

示，避免事态进一步扩大。管理者可以充分发挥手机媒体分众准确性展开危机公关，政府部门有针对性地对于核心问题及矛盾诉求进行情况说明与信息发布，匡正谣言，安抚激动情绪，并对公众进行正确的舆论引导。在厦门 PX 事件中，当地政府连续两天向市民群发短信告知缓建决定，结合网络征集意见建议，详细解释项目与市民交流沟通，为迅速缓解事件起到了积极的重要作用。

(3)危机蔓延期：此时，事态范围有所扩大但强度开始减弱。管理者应该发挥手机媒体的互动性，基于手机媒体的各种交互形式开展互动交流，公众可以发表看法直述关切，这既有利于相关利益方表达诉求参与决策，也可以帮助管理者多侧面、多角度、全方位地了解剖析危机发生的真实情况与深层次矛盾，并适时调整危机管理策略，进而有效应对局势。

(4)危机恢复期：人们开始对事件进行反思。管理者可以利用互动平台开展深入讨论与反思，既要向民众普及相关方面知识，批判与警示事件中的违法行为，又要对事件的发生发展过程以及解决方案加以反思总结。让公众通过手机主动参与到讨论中来，让他们成为事件的反思与总结者。管理者还可以对因事件而遭到损失的集体或个人进行补偿、协调，以慰问短信抚慰群众的感情，展现管理者的人文关怀。

(5)手机媒体在危机环境中的监督功能

在一个公正开放的社会中，每一个群体都应该有表达自己合理利益诉求的权利与途径。新兴的手机媒体可以成为社会各利益群体接受、表达合理利益诉求的有效途径，同时也能担当社会公权力的监督者。比如，厦门 PX 事件中，市民通过短信表达强烈反对诉求，正是面对声势浩大的"抗议短信"，管理者感到巨大的压力而搁置项目。据此可见，手机媒体为公众参与利益博弈提供了可能，实现了诉求的即时互动，创建了利益群体参与博弈的公正平台。它促使民众表达民意、参与决策的渠道畅通，这既是利益的博弈，更是对权力的监督。

四、应对突发群体事件手机媒体相关对策措施

英国危机管理专家迈克尔·里杰斯特认为，"预防是解决危机的最好方法，危机管理的关键在于预防"。[2]针对我国突发群体事件频发的现实，管理者应从深层次缓解社会压力，尊重社会各群体的合法利益，建立完善的民众利益诉求的畅通渠道，规范经济社会秩序，完善社会分配制度，重塑政府及官媒的公信力，从根本上做好突发群体事件的预防工作，同时建立全面系统的预警防范机制。

(一)深化完善手机实名制

2010 年 9 月，我国开始实行手机实名制，手机实名制是通过电信运营商对手机用户的有效身份进行登记的制度。这一制度便于管理者准确掌握相关资料并向相应用户点对点发送相关信息，可以有效地遏制与打击不法分子在平时特别是在突发群体事件中利用手机发布各类虚假谣言的恶意行为，遏制手机媒体的负效应传播功能。

(二)建立健全全国与地方联通统一的公共信息发布平台

为应对各类突发事件，设立全国与地方联通的公共信息平台。目前，虽然已经有北京、上海、江苏等省市开通了 12320 热线，但这仅限于部分省市。我国应该尽快建立一个全国地方联通的跨运营商的权威公共信息平台，如遇突发事件，政府可以通过这一平台发布相关信息，确保信息的准确及时，从而树立起高度权威性与公信力。对于地方政府来说，应该建立

和完善手机公共信息平台，及时准确对重大事项给予通告并发布与公众民生利益相关的重要信息。管理者应该利用公共信息平台，建立畅通利益诉求表达机制与通道，构筑管理者和公众的良性互动机制，协调不同利益群体的利益诉求，化解矛盾，保持社会的和谐稳定。

(三)加强手机媒体法律监管，营造良好的手机媒介生态环境

在群体事件中，谣言短信泛滥的另一个重要原因是对手机媒体监管不严，缺乏相应的法律法规。目前相关的法律主要有《中华人民共和国互联网信息服务管理办法》和《中华人民共和国电信条例》。但要从根本上解决问题，必须从源头抓起，制定专门的法律法规和行业监管条例，规范手机媒体信息发布。前几年，中国移动、中国电信、中国联通共同签署了《关于网间垃圾短信联动处理框架协议》，这只是加强对手机行业监管的开始，还需要更加推进手机媒体的法律监管，营造良好的手机媒介生态环境。在平时与危机事件中，对于恶意、虚假、蓄意制造恐慌的信息进行有效的过滤和屏蔽处理，对于那些破坏社会安定团结、故意中伤他人、含明显反动情绪、煽动危机的内容，应采用过滤信息软件，以实现手机负效应传播的有效控制。

参考文献

[1] 吴淑娴，赵丽. 试论新时期突发群体事件的预防与应对[C]. 第四届国际应急管理论坛暨中国(双法)应急管理专业委员会第五届年会论文集(2009).

[2][美] 戴维·波普诺. 社会学(下册) [M]. 刘云德，王戈，译. 沈阳：辽宁人民出版社，1987.

基于内容与使用情况的出版社网站评价体系的构建

朱 宇
（南京大学出版研究院）

摘 要：网站的评价应包括对网站内容的评价和网站使用情况的评价两个方面的内容。网站内容的评价主要以定性评价为主，网站使用情况评价则主要通过定量评价的指标来进行。对出版社官方网站来说，其核心作用在于对外宣传与业务联系。就当前国内主要出版社网站来说，在网站建设与推广方面表现出良莠不齐的现象。本文旨在通过引入当前较为成熟的网站评价体系，包括定性评价与定量评价两个方面，再结合出版行业的特点，总结出一套适用于出版社网站评价的指标体系与评价方法。通过这套评价体系对当前国内主要出版社进行初步评价之后，本文希望能对出版社网站建设方面带来一些启发。

关键词：出版社网站 评价体系

在当今“出版数字化”的大环境下，传统的出版社纷纷开始探索自身的数字化道路。出版社入网早已不是一个新鲜的话题。自20世纪90年代中期开始，一些老牌的出版社就开始建立自己的网站。2012年，在新闻出版总署的调研中，[1]被调研的311家出版社有281家已经建立了自己的网站，入网率高达90.4%。

一、出版社网站的作用

有学者提出，“出版社网站建设是数字出版的桥头堡”[2]，笔者也认为网站建设是互联网时代的出版社需要重视的一个问题。出版社网站的作用应包含以下几个方面。

（一）出版社网站是出版社对外宣传与自我推广的窗口

信息化社会，人们获取信息的成本越来越低。让人们尽可能方便快捷地了解自身信息是当今所有现代企业公司需要解决的第一个问题。网站提供了最便捷的窗口。笔者从易比网制作的《2008年全国出版业网站排名》[3]中，选取了出版业网站排名的前十强进行访问分析。笔者访问了这10家出版社网站后发现，所有10家出版社网站的内容都包含了出版社介绍、本社或行业资讯、出版物信息、联系方式等四个方面的信息。这四个方面的信息也是一个出版社网站最基本的内容，保证外界对出版社的基本情况有一个准确、详细的把握，为后期的业务联系打下基础。同时，这些基本信息也向外界展示了出版社的实力与企业文化等方面的内容。

同时，在国家“文化走出去”的政策鼓励下，国内外出版社的交流合作越来越频繁。出版社之间的版权贸易份额也在持续提升。当前，出版社之间交流的主要渠道仍依赖于在世界各地举办的图书博览会。在信息化的社会，网站本应成为最快捷的信息获取方式。但笔者访问的10家出版社中，仅有5家建立了英文版网站。语言的障碍成为制约国内外出版社交流的一个重要因素。

(二)出版社网站是出版社电子商务的平台

2016年1月前后,国内几家主流电商平台(京东商城、当当、卓越亚马逊、天猫)相继发布了2015年度的图书销售业绩。京东纸质图书总购买数超过2亿册,人均购买12册;天猫图书总计成交75亿元码洋,人均购买图书4.95册;当当网纸质图书销售近5亿册。[4]可以看出,网上购书已经成为现代读者重要的购书方式。而出版社网站的电子商务平台建设仍然处在初级阶段,依然有很大一部分出版社网站没有自己的电子商务平台。

笔者访问了国内10家出版社网站后发现,有7家出版社网站建立了自己的购书网站,仅有3家出版社(科学出版社、电子工业出版社、化学工业出版社)开通了经销商或馆配商服务平台。出版社入网,除对外宣传与自我推广之外,开拓电子商务平台也应是其网站的主要任务之一。在当今国内电商平台在图书行业赚得盆满钵满的时候,出版社网站应紧跟互联网经济的大潮,积极建立自己的电子商务平台。但从目前国内出版社网站的情况来看,这一块业务依然没有得到足够的重视。国内10家出版社网站栏目设置见表1。

表1 国内10家出版社网站栏目设置表

出版社名	出版社介绍	本社或行业资讯	出版物信息	电子商务	经销商或馆配商服务
人民教育出版社	√	√	√	√	
中国少年儿童新闻出版总社	√	√	√		
外语教学与研究出版社	√	√	√		
北京师范大学出版社	√	√	√	√	
科学出版社	√	√	√	√	√
电子工业出版社	√	√	√	√	√
化学工业出版社	√	√	√	√	√
机械工业出版社	√	√	√		
中国地图出版社	√	√	√	√	
人民邮电出版社	√	√	√	√	

(三)出版社网站是出版社品牌建设的重要内容

品牌效应是企业在市场竞争中的重要手段。在出版行业,品牌效应尤为明显。悠久的出版历史、精美的装帧设计、庞大的作者团队、优质的选题策划等等,这些都可以成为传统出版社的品牌。当今互联网社会,新媒体平台同样可以成为现代出版社的品牌。

从笔者访问的10家出版社网站来看,仅有3家出版社网站设置了反映本社特色的内容。例如,人民教育出版社网站的"教与学服务"平台。平台下分小学、初中、高中、职业教育以及相关教育五个板块,几乎包含了当前国内教育的所有类别。在小学、初中、高中以及职业教育板块,按照不同的学科进行分类,提供专业的服务。每一学科服务内容针对教师与学生。对教师来说,平台拥有丰富的教学资源,包含文字、音频、视频以及优秀课件,全国各地的教师都可以自由获取。平台还设置了教学研究与交流的板块,让教师之间可以分享交流自己的教学经验,共同进步。对学生来说,平台拥有丰富多彩的学科知识,同时也提供展示自我的舞台。人民教育出版社网站的"教与学服务"平台,凭借着丰富的内容与良好的交流互动,已经成为出版社的品牌之一,在教学界有着良好的口碑。此外,外研社的产品服务与培训服务平台、广西师范大学的理想国网站平台,借助着出版社的特色,成为出版社的网络新媒体品牌,也具有一定的影响力与知名度。

二、出版社网站评价体系:综合内容评价与使用评价

针对出版社网站的评价方法,国内学者已经有相关的研究。早在2001年,南京大学信息管理系的唐舸在"浅议出版社网站的评价标准"一文中提出,出版社网站评价标准应包括内容、形式、操作三个方面的内容,评价方法可采用定性与定量两种方法。[5]2010年,张志林与何志成在"出版社网站评价原则与指标体系构建"一文中,建立了一个完整的出版业网站评价的指标体系。指标体系包含第三方检测、服务创新力、用户体验度、专家评价、网站运营能力等方面的内容,并设定了各评价项目的对应权重。[6]2012年,大连理工大学的米云与金英伟将网络计量学中的重要方法——链接分析法引入到出版社网站评价中,选取了国内14家出版社网站进行了数据分析。[7]

笔者认为,网站作为一种网络文献形式,对其做评价时,评价指标应包括内容评价指标与使用评价指标两个部分。评价方法也应采用定性评价与定量评价相结合的方法。而出版社网站又有着鲜明的行业特色,对其评价时,也应结合出版行业的特点,不能照搬成型的网站评价方法,应充分考虑出版社网站的功能与作用。以下是笔者综合内容评价与使用评价两方面提出的一套新的出版社网站评价体系。

(一)出版社网站的评价指标

1. 内容评价指标

出版社网站的内容评价指标就是对网站本身栏目内容情况进行评价的标准。其主要用来考量出版社网站内容建设的水平。

具体来说,出版社网站的内容评价指标应包括以下几个方面:

(1)网站栏目的丰富性

丰富的内容是网站建设的基础,同时也是增加浏览量、扩大影响力的前提。对出版社网站来说,除了常规的出版社介绍、本社或行业资讯、出版物信息、电子商务平台以及联系方式

之外,能体现出版社特色的栏目内容将决定出版社网站栏目的丰富程度。同时,网站栏目的丰富性也将提高出版社网站的品牌影响力。

(2)网站信息的时新性

信息更新速度快是信息化社会的重要特征。对出版社网站来说,保证网站信息的时新性对网站培养长期稳定的用户来说,显得尤为重要。陈旧的信息注定难以长期吸引用户,只有保持网站信息的经常更新,才能让用户保持新鲜感。衡量网站信息时新性的指标是更新频率。从笔者访问的10家出版社来看,其更新频率见表2。

表2 出版社网站更新频率表

出版社名	更新频率(平均)
人民教育出版社	每周
中国少年儿童新闻出版总社	每月
外语教学与研究出版社	每周
北京师范大学出版社	每三个月
科学出版社	每周
电子工业出版社	每两周
化学工业出版社	每两周
机械工业出版社	每两周
中国地图出版社	每两周
人民邮电出版社	每年

可以看出,能保证网站内容每周更新的出版社仅有3家。此外,笔者选取的出版社是出版业网站排名前十位的网站,可以想见,当前国内出版社网站的整体更新频率仍然堪忧。信息陈旧是当前国内出版社网站的通病。

(3)网站服务的针对性

浏览网站的用户都拥有着不同的身份,网站建设应考虑到不同身份用户的需求,提供相应的服务内容。对出版社网站用户来说,用户身份主要为普通消费者、经销商或馆配商以及其他相关行业人员。出版社网站要针对不同身份的用户,设置不同的服务栏目,例如针对普通消费者的出版物网购平台,针对经销商或馆配商的出版社书目以及经销网点信息等。出版社网站服务的针对性有助于提升用户服务水平。

(4)网站整体感观的舒适性

整体感观是用户浏览网页的第一印象,对用户的浏览体验也发挥着重要作用。对出版社网站来说,整体感观则主要体现在网站设计的细节方面。具体指标包括:框架的美观程度、色彩的搭配、字体的大小、图片的穿插、音频以及视频的效果等等。网站整体感观的舒适程度有助于提高用户的满意度。

2. 使用评价指标

出版社网站的使用评价指标是网站投入使用后的评价标准。其主要用来考量出版社网站的用户使用情况。

具体来说,出版社网站的使用评价指标包括以下几个方面:

(1)网站访问的稳定性与安全性

稳定性是保证用户稳定获取网站服务的关键。安全性是指网站对用户信息的保密程度,这涉及用户的信息安全。对出版社网站来说,由于其电商平台的性质,这又对网络交易的安全性提出了更高的要求。良好的后台管理与维护才能保证网站的正常运营。

(2)用户获取服务的难易程度

这一指标是指用户享受到网站提供的服务所需花费的成本。具体对出版社网站来说,包括用户注册程序的复杂程度、网购平台操作步骤的多少、信息资源获取的难易程度等等。如何简化用户获取服务的程序,是出版社网站在建成之后应考虑的问题。

(3)网站访问量

这一指标是网站使用情况最直观的体现。在网络计量学中,有两个具体指标:日均 IP 访问量与日均 PV 访问量。前者是指平均每天访问一个站点的 IP 数量,一天内一个 IP 多次访问只算一个访问量。后者统计平均每天一个站点的页面浏览量,页面每被浏览一次算一个 PV。当前,提供查询网站访问量的机构有很多。国际上影响力较大的网站信息查询公司有 Alexa,国内有百度的站长之家、易比网等。

(4)网站链接数量

这一指标借鉴了网络计量学中链接分析法的评价指标。其主要由两个指标构成:入链数与反链数。入链数:指向某一网站的链接总数,包括来自网站外部的链接数量和网站内部指向网站的链接数量。反链数:来自网站外部的入链总数。网站的反链数越多,在一定程度上,说明网站的知名度越高,影响力越大。对出版社网站来说,网站链接数量也一定程度上体现网站在行业内的地位。

(二)出版社网站评价的方法

在评价指标的基础上,笔者认为,出版社网站的评价应采用定性与定量相结合的综合法。定性评价法能全面、细致地反映出版社网站的内容水平,定量评价法则直观地体现出版社网站的使用情况。具体的方法如下。

(1)定性评价法

用户调查法:对出版社网站的用户进行问卷调查或访谈。调查问卷或访谈提纲的内容,主要体现统计用户对网站栏目的设置、网站服务水平、整体浏览体验等方面的满意程度。

专家组评议法:出版行业相关主管部门、行业从业人员、网站设计与管理维护专业人员结合出版行业的特点,对出版社网站的整体设计、栏目设置、信息更新是否及时、能否满足不同用户的需求、整体服务水平以及管理维护等方面进行专家组评议。这一方法已经运用到每年举办的出版业网站年会中。

(2)定量评价法

第三方数据参考:当前国内外很多网站信息查询公司可提供网站的实时数据,包括日均 IP 访问量、日均 PV 访问量以及网站链接数量等内容。这些第三方的检测数据是出版社网站定量评价的具体内容,同时也是出版社网站整体评价不可或缺的部分。

综合评价法是指结合定性评价与定量评价的方法,按照一定权重,对出版社网站进行综合评分,从而判断网站的建设水平。表 3 是笔者根据内容与使用评价指标设计的一套新的出版社网站评价体系。

表3 出版社网站综合评价体系

评价方法	评价指标	评价内容
第三方数据参考法（40%）	访问量（30%）	日均IP访问量
		日均PV访问量
	链接数量（10%）	入链数
		反链数
用户调查法（30%）	整体感观的舒适性（10%）	整体框架设计
		色彩搭配
		字体大小
		图片、音频、视频以及互动效果
	服务的针对性（10%）	用户个性化需求的满足
	获取服务的难易程度（10%）	用户注册程序的复杂程度
		网购平台操作的快捷程度
		信息资源获取的难易程度
专家组评议法（30%）	栏目的丰富性（15%）	完整的基础服务内容（出版社介绍、本社或行业资讯、出版物信息、电子商务平台以及联系方式）
		出版社特色的栏目内容
	信息的时新性（5%）	更新频率
	稳定性与安全性（10%）	网站访问的稳定程度
		用户信息的保密程度
		电子商务平台的安全程度

三、总　结

当今社会，信息数字化正迅猛发展。人们获取信息、处理信息的能力也在稳步提升。可以预见，未来人与人之间交流的方式、企业与企业之间业务的往来形式将越来越偏向数字化。出版业作为一个传统的行业，其数字化的进程也正稳步地推进着。传统出版与数字出版的融合发展是当前出版业的主流发展方向。对出版行业的数字化转型来说，网站建设、传统出版物的数字化、数字出版产品的开发、出版业务的数字化都是未来出版业发展的重要内容。出版社网站的建设不仅仅是一个起点，而应该贯穿整个出版业数字化转型的方方面面，成为未来出版业数字化的标志。一个完整的、功能齐全的出版社网站完全可以担当这个重任。但就国内出版社网站的现状来说，其服务水平与发挥的作用还远远没有达到人们的预想。出版社网站的建设还有很长的一段路要走，其提升的空间还很大。

对出版社网站进行评价并不是目的，出版业需要的是通过完整的评价体系，找到出版社自身网站的优缺点。重点是找到一个优秀的出版社网站所应具备的要素，从而结合自身，补差补缺。另外，出版社网站的评价还为各个出版社之间提供了一个互动交流的机会，行业之间相互学习，取长补短，更好地提升网站建设水平。

参考文献

[1]扈欣悦.我国图书出版社网站建设研究[D].北京印刷学院，2013.

[2]郝震省.出版社网站建设是数字出版的桥头堡[J].出版参考，2007(36).

[3]杨伟武.2008年全国出版业网站排名报告[J].出版参考，2008(31).

[4]文枫.大数据解析2015电商图书零售[N].中国出版传媒商报，2016-02-05(07).

[5]唐舸.浅议出版社网站的评价标准[J].中国出版，2001(6):44-45.

[6]张志林，何志成.出版社网站评价原则与指标体系构建[J].中国出版，2010(03):36－40.

[7]米云，金英伟.基于链接分析法的出版社网站评价研究[J].现代出版，2012(05):39－44.

印象、互动与能力:网络新闻媒体可信度影响因素构建

叶　阳

(宁波大红鹰学院艺术与传媒学院)

摘　要:近年来,网络新闻媒体飞速发展,压缩了传统新闻媒体的生存空间,逐渐成为人们获得新闻信息的主要渠道,与此同时,由于依托于网络这个虚拟平台,网络新闻媒体可信度成为受众的关注热点和学者的研究热点。从媒介自身角度来看,在各项影响因素中,网站互动与既有印象对网络新闻媒体可信度的影响很显著。因此,增强互动机制和提高既有印象,能够提高读者对网络新闻媒体可信度的评价。

关键词:网络新闻　可信度　影响因素

新闻媒体可信度的研究最早可追溯到20世纪30年代,美国明尼苏达大学的查雷(Mitchelly V. Charnley)教授提出了报纸新闻报道的可信度问题,而霍夫兰(Carl Hovland)领导的"耶鲁传播与态度变迁计划"系列研究被视为西方媒介可信度系统研究的起点。霍夫兰认为每一次传播新技术的发展,都会带来受众对大众传播媒介信任情况新的审视。从报纸、广播、电视等传统媒体,到如今的互联网等新媒体,不同的媒介特征和媒介环境使人们对于媒介可信度的评判标准不断发展更新。[①]

近年来,网络新闻的兴盛,除了对传统媒体造成巨大冲击之外,各家网络新闻媒体之间的竞争亦日趋白热化。读者必须在众多报道中选择适合自己的网络新闻媒体来获取新闻信息,而网络新闻媒体的可信度是影响读者选择媒体或报道的一项重要因素。

在过去有关传播媒体领域的研究中,显示出新闻界有相当大的可信度危机,而网络打破了传统大众传媒的单向信息传递方式,允许读者与媒体或读者与读者之间的意见交流,也能很容易将已查证与未查证的资料以超链接的方式串联相关报道,故可能面临到比传统媒体更大的可信度挑战。因此,本文旨在从媒介自身角度研究网络新闻的可信度问题及其构成维度。

许多研究曾就不同的传播媒体进行因素分析,找出了多项传播媒体可信度的组成构面,例如安全、资格和活力(Berlo et al.,1969－1970);新闻责任与新闻能力(Bowers and Phillips,1967);新闻责任、能力、活力和客观性(Whitehead,1968);知识性、吸引性、新闻责任、清晰、敌对性和稳定性(Singletary,1976)等,对传统新闻媒体维度构成的研究可作为本文探讨网络新闻媒体可信度的基础。

一、既有印象

在传统媒体相关研究中,既有印象与可信度评价之间的关系被广为接受。既有良好印

---

① 巢乃鹏.中国网络新闻媒体可信度指标体系的模型构建研究[J].中国出版,2012年.

象的建立与维系，需要长时间的有效训练与经验积累，而这些有效训练与经验传承，正是影响媒体可信度评价的重要因素（Berlo et al.，1969—1970；Gaziano，1988）。多数网站均以网站或网页的点击率作为重要的经营成效指标。由于点击率与网站既有印象有密切的联系，而使用者对某一媒体的使用频率越高，往往也会对该媒体的可信度评价也越高（Rimmer and Weaver，1987），因此，若能提升网络新闻媒体在读者心目中的良好印象，可增进读者们对其网站的可信度评价。在这里，将网络新闻媒体的既有印象分为来源可信度、新闻专业性和社会关怀三个部分来探讨。

在影响媒体可信度评价的因素中，过去有关大众传播领域的研究，针对媒体可信度的来源有两种不同的观点，分别为来源可信度和内容可信度。来源可信度是指信息来源是否能够对真实世界予以诚实报道（Hovland and Weiss，1951）。支持来源可信度的研究者认为，受众对信息可信度评价产生差异的主要因素是由于他们对于多种信息来源的真实可靠度感受有所不同所致（Gunther and Lasorsa，1986； Gunther，1988）。

2002 年斯坦福大学的网络媒体可信度研究，提出了网络媒体要获得公众信任的 10 项原则中，现实感是作为重要项被放在靠前的位置。[①] 由于网络新闻媒体依托虚拟的互联网平台，受众是否信任某则新闻信息以及对该则新闻信息的信任程度，往往建立在新闻信息传播者的可信度上。当传播者是易于查证且具有权威性的网络媒体时，受众则会提升对该媒体和该媒体新闻报道的信任程度。

一般而言，具有高专业知名度且能细心照顾读者需求的媒体，能够给予大众良好的媒体印象，对于读者的可信度感受上具有提升效果（Wathen and Burkell，2002）。因此，网络新闻媒体的既有印象会对于受众相信该媒体的程度产生正面影响。

内容可信度则是指人们对于信息本身而非传播媒体所感受到的可信赖程度。支持内容可信度的观点认为，信息内容的类型、呈现方式、语气，以及对于人事时地物具体事证描述，都会对可信度的认知造成一定程度的影响（Austin and Dong，1995），这与新闻传播者的专业程度息息相关。

新闻媒体的权威性和高专业知名度是建立在传播者专业性之上，新闻从业者要接受新闻传播专业教育，具有一定的专业知识和专门技能，以及从事新闻传播工作不可缺少的专业理念和职业道德；而对于该新闻媒体本身来说，它的组织运营要符合该行业的行业标准和法律法规。网络新闻媒体虽然发展迅速，但当下发展状态是混乱的，原因即是网络新闻媒体专业性缺失。网络新闻媒体需要经历一段重塑新闻专业性时期，承担起传播真实可信新闻信息的最本质社会责任。

学者嘎轧诺与马格瑞斯（Gaziano & McGrath）最早提出了媒介可信度的“社会关怀”指标，认为大众传播媒介应该站在公众的立场，关注公共利益、社区利益，具有人文关怀和社会责任。在新闻价值的五要素中，接近性是指新闻事实令人关切的特质，受众越关心的新闻，新闻价值就越大。网络新闻媒体直接面向广大网民群体，涉及社会民生的信息往往更能得到网民的重视，于是，网络新闻媒体在新闻报道中更侧重于社会关怀。在实证研究方面，台湾学者卢鸿毅以高中生为对象，发现报纸和电视新闻的可信度都呈现“报道可信度”和“社会

---

① Fogg，B. J.，& Tseng，H. The Elements of Computer Credibility，Communication of the ACM(42:5)，1999，39—44.

关怀"两个维度。[①] 可见，无论是从理论角度还是实证角度，社会关怀在当今的新闻传播环境中都具有重要价值，因此，网络新闻媒体要关注社会和公众利益。

二、网站互动

媒体报道互动性包括读者之间的互动、读者与新闻网站的互动、网站反应读者意见、互动图片或影像辅助、网站民意调查功能等。网络新闻媒体营造出了群体互动环境，可以让使用者自由地在新闻网站的讨论区、留言板等互动环境中张贴文章、信息或个人意见，且这些言论往往会持续地保存在版面上一段时间以供不特定对象阅读，而其内容是否真实正确或立场是否公正客观，新闻网站并不会查证与纠正，因此新闻阅读人必须自行判断信息的可信度(汪志坚、骆少康，2002)。但是网络使用者的广泛性使得网络互动自身带有纠正功能，当某人发表了错误或有偏差信息时，其他使用者也会提出较正确的信息来回应，使得新闻阅读者可以透过此种无形的群体约束机制来确认消息内容的可信度，因而增进读者对于网络新闻媒体可信度的整体评价(Ogan，1993)。

在传统媒体可信度的研究中，非常强调新闻读者的重要性。许多研究认为，主动积极地给予媒体受众所需信息，是媒体可信度评价的关键。相较于传统新闻传播媒体，建构于网络上的新闻网站更有绝佳的能力来提供互动机会，理应更能了解读者的需要，且网络使用族群亦多有此预期。此外，有研究指出，网络媒体所提供的新闻信息内容正确性可能较传统媒体为低(Flanagin and Metzger，2000)，在此情况下，唯有透过更有效的信息互动，才能消解读者对于网络媒体报道内容可信度的疑虑。因此，各新闻网站是否能够有效促进互动，自然会影响读者们对其网站的可信度评价。

三、界面能力

媒体界面能力包括提供大量新闻信息、网站新闻信息来源广泛、网站新闻有清楚的分类、网站新闻更新速度快、新闻呈现时的顺畅度、快速搜寻新闻信息、使用容易、界面亲切等。网络媒体界面的设计要易于网民浏览，例如，便利的新闻分类索引可以让受众以更短的时间找到更多且相关度更高的新闻内容，而即时新闻的机动提供，也可使受众在即时获知最新消息的需求上得到满足。整体而言，在新闻媒体的界面能力上，网络较其他大众传媒具有某些优势，除上述的分类索引及即时新闻之外，诸如内容搜寻机制、多向超链接、多媒体等特质，亦可促使读者更乐意主动在网络上浏览、寻找并阅读其所关切的新闻内容(Tankard，1998)，进而增进其对网络新闻媒体的喜爱。

然而，有学者认为网络新闻媒体界面的易用性能够发挥网络迅速、无远弗届、便利与亲切感等特性，这些特性虽能提升网络新闻媒体的传播效率与友善性，但对新闻内容本身的帮助并不大，因此，界面能力的改进可能对媒体可信度的评价并没有明显的助益。

四、结　论

事实上，在传统媒体可信度的研究中，非常强调新闻读者的重要性。许多研究认为，主

---

① 刘琼. 中国网络新闻可信度研究[D]. 武汉：华中科技大学，2011.

动积极地给予媒体受众所需之信息，是媒体可信度评价的关键。相较于传统新闻传播媒体，建构新闻网站更有绝佳的能力来提供互动机会，理应更能了解读者的需要，且网络使用族群亦多已有此预期。此外，也有文献指出，网络媒体所提供之新闻信息内容正确性可能较传统媒体为低，在此情况之下，唯有透过更有效的信息互动，才能去除读者对于网络媒体报道内容可信度的疑虑。因此，各新闻网站是否能够有效促进其互动性，自然会影响读者对其网站的可信度评价。

网络新闻媒体可信度的影响因素很多，就媒体自身而言，网站互动与既有印象会对读者的网络新闻媒体可信度评价有重要影响，界面能力能提升网络新闻媒体的传播效率与友善性，但是否会影响媒体可信度评价还有待论证。因此，网络新闻媒体要加强互动性，增进读者对新闻网站及新闻内容的了解；另外，网络新闻媒体需设法提升其新闻网站的既有印象，例如可多刊登知名作者文章，让其新闻网站成为读者上网阅读新闻内容的首选目标。

参考文献

[1]刘学义.影响新闻网站可信度之相关因素——以美国研究为中心[J].西南民族大学学报，2010.

[2]刘琼.中国网络新闻可信度研究[D].武汉：华中科技大学，2011.

[3]巢乃鹏.中国网络新闻媒体可信度指标体系的模型构建研究[J].中国出版，2012.

[4]第36次中国互联网络发展状况统计报告[EB/OL].中国互联网络信息中心，http://www.cnnic.cn/hlwfzyj/hlwxzbg/hlwtjbg/201507/t20150722_52624.htm.

[5]汪志坚，骆少康.以内容分析探讨网络谣言之研究[J].信息、科技与社会学报(2)1，2002.

[6]Austin, E. W., and Dong, Q. Source v. Content Effects on Judgment of News Believability, Journalism Quarterly(71), 1995, 973-983.

“互联网＋”背景下贵州地区新形象的构建与传播

郑勇华　张消夏

（贵州民族大学传媒学院）

摘　要：由于历史的原因，贵州地区形象曾被“妖魔化”，为此，贵州及贵州人民承受了巨大的精神与物质损失。近年来，贵州省委省政府致力于贵州地区形象的构建工作，推出多彩贵州一系列的媒体推广活动，贵州的风景、人文、民族得到较好展示，但是相关研究结论表明，贵州地区形象的构建与传播还处于初级阶段。那么在“互联网＋”背景下，如何利用好新兴“互联网＋”媒体的特点打造贵州地区新形象是重要课题。本文主要从“互联网＋”的视角进行研究，总结了大众传播时代贵州新形象传播存在的问题，设计整合传播思路，最后从十个方面提出具有可操作性的“互联网＋”背景下，贵州地区新形象的塑造与传播建议及策略。

关键词：“互联网＋”　贵州　地区形象　构建

前　言

通过对中国知网（CNKI）的主题检索发现，关于城市形象的研究众多。关于城市形象传播策略研究有484条，其中互联网时代的城市形象传播策略研究共计79条；在对贵州形象传播的检索中，找到了28条，主要从贵州品牌传播、贵州形象建构、贵州旅游、民族文化等多角度对贵州新形象进行了研究，同时探讨了立足于互联网背景下，利用新媒体技术传播贵州形象的有效方法。

在“互联网＋”时代，传播理念、传播方式和传播渠道发生了较大变革。近年来贵州新兴产业发展迅猛，交通条件发生了翻天覆地的变化，GDP增速名列全国前三。搭上“互联网＋”的快车，如何树立贵州新形象，如何持续有效开展贵州新形象对外传播，让世界了解贵州，向世人展现贵州新形象，是贵州省软实力建设的一个重要课题。

一、“互联网＋”地区形象的内涵

对“互联网＋”的解读众说纷纭。马云认为，所谓“互联网＋”就是指以互联网为主的一整套信息技术（包括移动互联网、云计算、大数据技术等）在经济、社会生活各部门扩散应用过程。可以理解为，“互联网＋”就是创新力和生产力，一方面利用互联网思维连接传统产业，另一方面利用一整套信息技术发展传统产业。最终目的是提高工作效率、生产效率和科研效率，推动产业转型升级，助力国家提升综合国力的长远目标。

现代地区形象理论认为，完整的地区形象包括景观、生态、人文等物质要素，还包含城市文化、居民素质、政府效率、廉政形象、社会安全感以及城市的开拓创新氛围等众多无形要素。从这个意义上说，城市形象就是城市物质文明和精神文明的有机统一体。

“互联网＋”地区形象塑造与传播的内涵可以界定为，利用互联网思维、信息技术和互联网平台对城市物质文明与精神文明进行高效、精准、个性化、互动的信息传递过程。

二、贵州形象塑造与传播存在的问题

(一)历史上的偏见,妖魔化的形象

通过网络调查表明,外地人对贵州的认知,基本上是从典故上获得的,比如“夜郎自大”“黔驴技穷”以及“天无三日晴、地无三里平、人无三分银”。这些典故使现代贵州形象呈现妖魔化,特别是本世纪的瓮安事件、毕节留守儿童意外死亡、自杀事件等,给妖魔化的贵州形象更是火上浇油。

(二)贵州城市形象定位缺乏持久性,创新度不够

从20世纪80年代,贵州就一直在致力于打造贵州新形象。20世纪八九十年代,贵州打造烟酒大省形象,民间流行的“一云二贵三中华”就是最好的例证。1990至2000年间,贵州提出打造公园省的理念,贵阳获得了第二春城、森林城市的美誉。2005年以后着重打造多彩贵州城市文化品牌,但由于与七彩云南名称相似,推出又比七彩云南晚,缺乏新意,民间认可度不高。同时,这个品牌宣传较多的是贵州少数民族风情,给外地人的感觉贵州就是一个纯少数民族地方,而人们一直错误地认为少数民族地区就是贫困落后的代名词,与历史的偏见不谋而合,导致所有的努力前功尽弃。2013年贵阳举办国际生态文明会议,努力打造东方瑞士、爽爽贵阳、中国避暑之都。2014年贵州大力发展大数据,“中国数谷”的呼声越来越高,在国际上具有一定影响力,特别是马云对贵州发展大数据的发言使贵州“中国数谷”形象深入人心。总之,通过对近30年来贵州城市形象塑造与传播的梳理,笔者发现贵州省缺乏一个具有持久性的城市定位,比如:北京是政治文化中心、上海是亚洲金融中心、海南是旅游圣地。

(三)整合传播不足,缺乏顶层规划

整合传播是传播者所要传播的所有信息在同一策略指导下以同一声音传达给受众,是为达到传播既定目标,运用各种传播工具和传播方式,如广告、直销行销、促销活动及公关等,以任务分工方式集体达成传播目标的产品信息传播运用方式。贵州新形象塑造与传播主要是通过央视综合频道播出时长为16秒的形象宣传片展现出来的,宣传词为“山美,水美,人更美,走遍大地神州,醉美多彩贵州”让人印象深刻,为多彩贵州品牌形象的打造取得了一定的传播效果。还有就是通过文博会、招商会、数博会、酒博会、生态文明国际生态论坛等大型展览会、国际型会议进行传播。笔者专门对此进行调研发现,一是主办方比较重视在电视、报纸上的宣传报道,对网络媒体重视度不如传统媒体;二是宣传片缺乏故事性和互动性。其实就是用传统思维做网络产品,最终生产出来当然还是传统产品,导致媒体与媒体之间、传统媒体与新兴媒体、线上与线下缺乏配合,以致传播效果不到位。

近几年来,贵州省不断尝试采用“互联网+”的传播方式,积极寻求媒体合作,积累了不少传播经验,在贵广高铁、习大大访问贵州、酒博会等重大活动的宣传推广中取得良好成效。但同时也存在着一些问题,主要表现为对全媒体的运用不够深入,传播路径与国内其他城市趋于同质化,独创性不强;传播的精准度和高效性不够;受众认知度不高;主体媒介素养不高等问题凸显。

三、"互联网+"贵州地区新形象塑造与传播的思路

杨向华(2007)认为,城市形象定位的依据是明确城市功能,使其成为城市形象发展的关键因素,而这无疑是包括每个城市自己的发展目标和城市实际承载的经济、政治、文化功能。陈柳钦(2010)认为,城市政府应该从城市实际出发,对城市形象做出科学的、有城市特色的、符合城市历史文化的定位。他同时也认为,城市形象传播要按照唯一性、排他性和权威性的原则,找到城市的个性、灵魂与理念,没有个性就很难进行差异化竞争,没有灵魂就没有内涵,没有理念就很难做到可持续发展。

借鉴现有城市形象问题的研究成果,以及"互联网+"的五大特质——移动化、融合化、社交化、可视化和平台化,"互联网+"贵州新形象塑造与传播的总体思路可以概括为一个核心二个思维三个融合。即以传播贵州新形象为核心,遵循传播的一般规律和思维,更要使用好互联网思维,利用传统媒体与新媒体的融合、媒体和用户的融合、用户与用户的融合,真正做到科学规划,多渠道、多形式、多方面的精准传播。

四、"互联网+"贵州城市新形象构建与传播建议与及策略

(一)成立专门的贵州新形象领导小组,专注顶层设计,加强对此工作的长远规划

城市形象塑造与传播的主体多为政府部门、企业、社会组织、市民等,政府是城市发展的策划者与领导者,政府的宣传方式、目标制定等直接影响着城市形象传播效果。目前贵州城市形象的传播本质上还是处于"宣传"阶段,主要靠政府的行政命令推动,传统媒体担当主力军。全省缺乏整体的贵州新形象塑造与传播战略规划,很多形象宣传都是临时性的,缺乏可持续性,媒体之间很难形成合力,导致传播效果分散。因而需要有专门机构组织和协调城市形象宣传工作,这样才能更好地提升城市形象、打造城市品牌。

因此,建议贵州省成立专门的贵州新形象领导小组,尽快制订贵州新形象塑造与传播顶层规划,并协调外宣办、网信办、文明办、城市环境管理部门,整合贵州省的主要新闻门户网站、知名的商业网站、各地方政府网站、各重点高校网站、旅游门户网站、人才招聘网站、各大网络平台等网络资源,有目的、有计划地开展贵州城市形象网络传播工作。同时,各地方政府应加大城市形象网络宣传的投入力度,多在省级、中央级网络媒体宣传城市形象,不断提升贵州的知名度和美誉度。

(二)贵州新形象塑造与传播必须利用好互联网思维,开发多形式、多层次的城市形象的系列传播产品

关于互联网思维的解读较多,但是用户体验、平台、免费、迭代思维得到一致认同。贵州新形象塑造与传播过程中只使用先进信息技术是不够的,更重要的是传播理念革新。改变一直以来贵州形象对内对外传播策略不一致的问题,如多彩贵州品牌在省外部分有一定知名度,但是在贵州农村知道的人就不是很多。我们必须采用互联网思维,积极调动城市市民的参与积极性,还需善于利用新时代意见领袖的力量,如城市政要、城市学者、知名媒体人、城市明星等具有深度影响力的微博"大V",让他们成为城市故事的表述者、城市情感的体验者、城市形象的力挺者。

贵州形象宣传片可以开启网络众筹模式，广泛征求用户的意见，用他们喜欢的语境和场景进行城市形象设计，并针对不同的用户群体制作不同形象的宣传产品，不要老是立足说教式传统宣传片，可以大胆开发游戏型、动漫型、故事型、情感性、微电影型、小品型、广播型等多形式、多层次的城市新形象传播产品。

(三)加大信息技术使用力度，实现传播精准化、高效化，建立省级媒体大数据监测中心

信息技术主要指的是移动通信技术、大数据、云计算、人工智能技术等。2015 年 6 月，CNNIC 发布《第 36 次中国互联网络发展状况统计报告》，报告显示，截至 2015 年 6 月，中国手机网民规模达 5.94 亿，网民中使用手机上网人群占比由 2014 年底的 85.8%提升至 88.9%。由此可见，移动上网基本普及，我们可以充分利用，发挥其作用。

大数据技术、云计算和人工智能技术相结合，可以较好地进行用户画像分析，对用户的行为、上网时间、偏好、信息点击率、回帖内容等都能非关系型的精准分析，最终提炼出用户的偏好，反馈给内容编辑，便于投其所好地进行信息编辑和传播。目前，贵州新形象的塑造与传播方面遇到最大的困难就是没有用户信息，不了解用户需求，导致很多贵州新形象的传播都是一方之言，效果大打折扣。

建议政府管理部门尽快建设贵州形象传播监测平台，主要收集贵州重大政策、重大活动、重要本地影片、突发事件的传播情况的全数据，整合体制内媒体，建好用户汇聚平台，利用媒体融合契机，建设省级媒体大数据监测中心，为各大媒体提供传播数据分析和传播用户画像，真正实现贵州媒体从模糊到精准、从新闻到服务的根本性转变。

(四)利用网络平台，提高市民的文化传统素养，增强文化自信，在省内重点高校开设“多彩贵州文化”讲座，确保贵州形象的持续提升

文化传统是一个民族的根，也是生活方式和信仰。贵州由于历史原因，外迁人口较多，由于与四省一市相邻，受到外来文化的影响较大。根据笔者多年的实地调研发现，有不少贵州人不愿意承认自己是贵州人，很多与外省相邻的县城居民都喜欢去相邻外省城市消费。因此，做好贵州新形象的塑造必须要强身健体，从根本上要增强贵州本地人的文化自信。政府和高校必须合作起来，利用孔学堂网站和高校图书馆在线视频，专门制作一系列的贵州文化(红色文化、绿色文化、苗族文化、水族文化等)的视频，进行网上点播。同时结合线下的推广，组织省内文化专家开展“贵州特色文化”走进校园活动，在省内重点高校开设“多彩贵州文化”讲座。

(五)加强国内外媒体的合作与交流，建立国际友好城市，扩大国际合作网络，抓住“一带一路”的契机，通过外交活动与公共外交活动开展贵州新形象品牌公关

贵州新形象要向世人展示，贵州省内媒体就必须主动走出去，广泛与国内权威媒体建立紧密的合作关系，比如在相互的网站上加链接，贵州重大新闻可以上权威媒体的头条。同时，大力拓展海外华人圈，利用好海外华人传媒联盟，特别制作英文的《贵州日报》《北纬 27 度》等来传播贵州好故事、好声音。还有通过省政府与国外发达城市结成友好城市，建立媒体合作关系，向友好城市传播贵州形象。如贵阳市与挪威建立友好城市，专程到挪威进行形象宣传，起到较好的效果。特别是覆盖全球 40 亿人口的“一带一路”倡议的落地，省内媒体可以通过政府外交活动与公共外交活动借船出海，省内媒体网站可以建设英文版本，针对

“一带一路”国家，贵州可以出版一些科技类、文化类的作品，来提升贵州新形象。

（六）高度注重微传播的力量，规范自媒体，科学引导，分层分类管理，传统媒体与新媒体配合，建立网络曝光平台和网络发言人制度

根据 WeAreSocial 报告显示：2014 年 QQ 用户数 8.29 亿。2015 年微信用户数据报告显示，截至 2016 年第一季度末，微信每月活跃用户已达到 5.49 亿，用户覆盖 200 多个国家、超过 20 种语言。说明手机终端已经成为人们获取信息最重要的渠道。本年度很多重大信息都是通过两微一端在第一时间发布，影响力越来越大。但是这些自媒体出现的问题是层出不穷，网络诈骗、网络暴力、微信招嫖、网络淫秽表演等问题屡禁不止，严重影响了一个国家和城市的形象建设。为此，需要利用好自媒体这个双刃剑，必须要净化网络空间，让网络空间清爽，让城市形象阳光。

政府部门应加大力度，有目的地扶持本地有影响力的一些公众号、名人微博。必须对这些自媒体分层次进行管理，按照行业进行分类管理，特别是对那些粉丝数量大，达到 100 万＋的更要进行科学管理。利用传统媒体权威性，定期在电视、广播、报纸上开设网络曝光平台，专门针对网络不法分子进行曝光。同时，建立诚信榜，每年开展本年度十佳公众账号、十佳微博、十佳客户端的评选和排名活动。

网络发言人制度必须建设，以免在突发事件面前，外媒和自媒体狂轰乱炸时，本地主流媒体力不从心甚至失语，做到第一时间处置，第一时间有效引导。

（七）利用好第二传播策略，开展用户与用户的融合

“第二传播”是与“第一传播”相对的概念，在广告信息传播中，广告主或广告人发布广告，将企业的产品信息传播给目标受众，叫做“第一传播”。广告主和广告人之外的人看到广告后，将广告进一步传播给目标受众之外的更多的人，称为“第二传播”。在某种意义可以理解为口碑传播，按照“互联网＋”的思维，其实就是用户与用户的融合。在贵州新形象的塑造过程中，一方面是评选贵州民间形象大使，另一方面是在网络上培养意见领袖，实现用户与用户的传播。同时，在重大主题、突发事件时请他们进行解读，他们的话语传播和表达方式更加贴近百姓，接受度高。

（八）借船出海，利用公共场所、地标、重大活动和节庆传播贵州新形象

在公共场所如火车站、机场、大型商场等地方张贴贵州新形象宣传语和 LOGO，开展扫码有奖活动，让更多的人了解贵州。在地标建筑上安装 LED 广告屏幕播放形象宣传片或者安装城市吉祥物。

重大活动举办是充分利用 WiFi 入口、二维码扫描通行证等信息技术，收集用户信息，精准推送活动信息，信息中隐形植入贵州文化宣传。

贵州节庆活动比较多，要根据每个节庆特色进行针对性的策划设施。本地特色的节庆活动就是最好的形象传播，这种情况就可以利用节庆＋媒体进行文化传播。

（九）跨界的融合传播，精准推送

跨界融合是“互联网＋”的核心要求，在某种意义上是“媒体＋”，城市形象的塑造与传播可以联合移动运营商、旅游公司、气象局、知名网络门户进行形象塑造。一是利用手机的漫游功能进行城市欢迎语的广告问候，只要是外地手机进入本地区范围立马发短信问候，提供旅游和天气资讯。二是利用手机应用软件的 LBS 功能,定点推动本地资讯,给用户一种温馨的问候。三是在城市公共设施上运用互联网的产品,比如二维码等,在火车站用手机一扫就能查询本地地图、公交线路、交通情况等。

(十)打造"互联网＋"型的卓越传播人才

归根结底,人才才是贵州新形象的塑造与传播关键。我们必须打造具备互联网思维、掌握互联网技术、国际化的,还懂得新闻传播规律的复合型人才。我们可以从以下几个方面进行人才培养和挖掘:一是传统新闻采编人才转型升级;二是其他专业人才融合发展;三是联合高校培养。总之,我们必须建立优秀人才培养体系,打造"互联网＋"型的卓越传播人才。

结　论

"互联网＋"背景下,贵州需整合各方资源,合力推进城市形象的对内对外传播。在城市形象的传播中,则需更互联网思维,以新的眼光认识媒体,以新的姿态善待媒体,以新的思维借助媒体,以新的技巧直面媒体,深化信息透明度,提升传播时效性和精准度,建立省级媒体数据监测中心,加强舆论引导和信息维护,在危机事件中及时修复和重塑形象。塑造贵州新形象、传递贵州好声音、讲好贵州好故事,不是一蹴而就的,是需要一段时期的累积,更需要志同道合的人一起努力,愿贵州的明天更美好。

参考文献

[1] 董经纬. 媒体在城市形象塑造中的传播策略浅析 [J]. 中国记者,2015(2).
[2] 文春英,张婷婷.城市形象传播进入 3.0 时代[N]. 中国文化报,2015-2-28.
[3] 陈柳钦.城市形象的内涵、定位及其有效传播[N].光明网一光明观察,2010-7-15.
[4] 谢海光."互联网＋"与传播变革[N]. 人民网,2015-7-2.
[5] 杨向华,周杰.城市形象、价值定位与设计[J]. 科技信息(科学教研),2007(26).
[6] 郭小霞. 城市形象的网络传播探析[J]. 传媒广角,2015(5)下.
[7] 刘慧. 全媒体语境下南京城市形象传播研究[M]. 南京大学出版社,2014:3.
[8] 吴奇凌. 新媒体环境下城市形象的塑造与传播[J]. 贵州社会科学, 2013(5).

新媒体新技术给新闻出版人从业生态带来的影响

陆高峰

（浙江理工大学文化传播学院）

摘　要：新媒体、新技术的快速发展，给人们的生活方式、媒介接受习惯和新闻出版人的从业生态都带来了深刻影响。主要表现为新媒体新技术给新闻出版人带来了职业与技能危机和职业转型焦虑，新媒体和新的传播手段也使得传统新闻出版人面对着信息生产加工和甄别信息的巨大压力。与此同时，新技术、新技术发展，导致了新媒体职业伦理出现了一些新情况、新问题，给新闻出版人如何处理媒体和公众利益上的矛盾带来了新的困惑。如何处理好这些问题，对改善新闻出版人的从业生态，促进新闻出版人的职业发展和新闻出版产业的发展，都具有很强的现实意义。

关键词：新媒体　新技术　新闻出版人　从业生态　影响

新的媒介技术推动了新的媒介形态的产生，也给人们的生活方式带来了深刻的影响。传播学家麦克卢汉所提出的“媒介即讯息”论认为，从长远的角度看，真正有意义的讯息并不是各个时代的媒介所提示给人们的内容，而是媒介本身。因此，对于社会来说，真正有意义、有价值的“讯息”不是各个时代的媒体所传播的内容，而是这个时代所使用的传播工具的性质、它所开创的可能性以及带来的社会变革。在麦克卢汉看来，每一种新媒介产生都开创了社会生活和社会行为的新方式，媒介是社会发展的基本动力，也是区分不同社会形态的标志。

在新媒介影响社会和生活的同时，也对新闻出版人的从业环境和生存状态带来了挑战。新的媒介技术和形态，使得传统的新闻出版人不得不改变传统的生产加工信息和传播信息的方式，在这种转变过程中不得不面临着技能转换，甚至职业转换所带来的职业素养提升的种种压力。同时，新的媒介形态和传播方式，又使得新闻出版人不得不面临着新的职业伦理环境与要求。

“如果你还在报纸工作，赶紧考虑一下跳槽的可能性吧。虽然中国还没发生美国《新闻周刊》《个人电脑世界（*PC World*）》,《德国金融时报》等著名纸媒停刊的标志性事件，但那只是维持的表象，这种麻木的钝痛对你未来的伤害更大；如果你还有身家压在报刊发行的生意上，赶紧想办法脱身吧。当报亭上时尚类杂志不赠送礼品就一本也卖不掉，当摊主无奈地接受购买者对售价仅4元的当期《读者》、4.5元的《知音》讨价还价时，你似乎已无法等到这个行业的复苏。”2013年7月30日，品牌策划人李光斗在英国《金融时报》FT中文网发表一篇题为《纸媒的窘境》的文章这样写道。该文作者接下来写道，“笔者走访了北京各区的多家报

本研究系浙江理工大学科研启动基金项目（编号：13122189-Y）、浙江理工大学专业建设项目新闻学院共建专项（编号：xwzx）部分成果。

刊亭，切身体会到了纸媒的窘境。2013年北京的报刊亭日均营业额较去年下降超过50%，而报亭从业人员对行业前景的绝望，就像曾经的打字员与Call台传呼员，这是一个即将消失的职业。”①

在笔者所做的“转企改制背景下新闻出版人从业生态现状调查”中发现，新技术、新媒体快速发展是影响新闻出版人生存状态与从业环境的三大主要因素之一，仅次于单位内部制度与管理文化和宏观体制对新闻出版人产生的影响。接受调查的新闻出版人中，选择新技术新媒体作为影响新闻出版人从业生态主要影响因素的人员占总受访人数的64.22%。

当前，新媒体新技术的快速发展对新闻出版人从业生态所带来的影响，主要体现在以下方面。

一、新媒体新技术给新闻出版人带来的职业转型焦虑

在新媒体、新技术不断挤压传统媒体和传统信息生产传播方式的情况下，新闻出版人也面临着巨大的生存和职业转型压力，如何准确把握媒体走向，如何在适应新媒体发展的职业转型过程中实现华丽转身，既关系到自己的职业稳定，也关系到自身的生存发展。

在新媒体、新技术不断发展过程中，形势最为严峻、压力最为巨大的当是传统报纸、期刊等纸媒从业人员。近年来，接连看到纸媒停刊破产的消息，甚至连全球最畅销的《读者文摘》和中华全国新闻工作者协会主办的《中华新闻报》也难逃厄运。“什么东西是黑颜色加白颜色而且快要完蛋了呢?”美国电视主持人约翰·斯图尔特在脱口秀节目中给出的答案是：“报纸!”

不仅如此，电视也开始衰落。在新媒体冲击下，很多家庭的媒体接触习惯正在不知不觉中发生改变。新浪科技北京时间3月12日午间消息，美国市场研究公司尼尔森周一发布报告称，全美约有500多万家庭不再观看传统的有线电视或卫星电视，较2007年的300万大幅增加。尼尔森将不再观看有线电视或卫星电视，转而通过PC、智能手机或平板电脑观看流媒体视频的家庭称作“零电视家庭”。而且这类家庭数量虽然占比不大，但出现了大幅增长。尼尔森还发现，零电视家庭通常较为年轻，约有半数低于35岁。

国内调查机构艾瑞咨询的数据也显示，中国人观看电视的时间正在逐步减少，电视观看人群的年龄结构也开始“老龄化”，主流人群已在40岁以上。其中，去年北京地区电视机的开机率已跌至30%，而这一数据在2009年还维持在70%。

在报刊电视业出现颓势的同时，传统书店发行业和纸质图书业也面临巨大生存和转型压力。据全国工商联合会书业商会统计，10年来全国有将近50%的民营实体书店倒闭。从2007年到2009年，中国共有1万多家书店停业。特别是近两三年来，国内一些大型民营实体书店相继关张。与书店萎缩相似的还有书报亭，一些地方的报亭已沦落到靠卖水、饮料、电话充值卡来勉力维持的境地。

不仅实体书店，在数字化信息化的冲击下，连音像店也难逃厄运。据媒体报道，鼎盛时期曾占全国唱片销量五分之一的江苏市场如今已经全面萎缩，过去动辄几万甚至几十万张的销售数字如今已锐减至不足千张，超过八成的音像店由于经营难以为继，不得不关门大

---

① 李光斗．纸媒的窘境．http://www.ftchinese.com/story/001051657/unreg.

吉。笔者所在的一个规模不大的老旧小区曾经有两家专门经营图书出租和音像制品租售的小店，如今均已改成了水果店。

与实体书店同病相怜的，还有纸质书业的萎缩。资料显示，2011 年美国实体书市场萎缩 9%。2010 年，美国图书总销量为 7.176 亿册，同比下滑了 4.5%。2009 年，下滑幅度为 3.3%。从近几年美国图书业的数据来看，实体图书市场下滑幅度呈加速增长趋势。

不仅报纸、期刊、图书、电视和实体书店、书报亭这些被称为传统媒体和传统发行渠道开始衰落，曾经被称为新媒体的门户网站在微博、微信等社交性自媒体和手机媒体等移动互联网产品快速普及发展的情况下也开始变成“旧媒体”，出现了“没落”。

“前两年还以新媒体人自居，现在都成了旧媒体了。”一位门户网站的高层透露，去年主要门户网站的广告任务都没完成，每个门户网站都面临自我变革的挑战。在过去两年内，四大门户都进行了战略性调整，它们越来越多地出现在手机上，更互动，说话更有态度，也更像个个性鲜明的人。微博、微信、新闻类 APP 等带有社交元素的移动互联网产品，彻底改变了信息单向度传播的模式，老门户“满足大众一切资讯需求”的使命被迫终结。

从五大门户网站腾讯、新浪、搜狐、网易和凤凰网 2013 年第一季度财报来看，虽然都保持了同比增长，但季度环比数据都在下降。排名首位的腾讯更是环比连续三个季度下降。

为了应对微博、微信等自媒体和移动客户端等移动媒体带来的冲击，某大型门户网站对沿袭了 15 年的门户模式进行了全面调整。

原本只负责制作旅游、体育、财经等子频道变身为事业部，开始自负盈亏。与此同时，员工的考核方式也变了，过去的固定薪酬变成了绩效考核。一名员工的月工资过去是固定的 9000 元，但现在基本工资是 1000 元，其中 8000 元是绩效工资。记者与编辑的绩效有流量考核，而主编与总监会背着广告任务。与此同时，某大型门户网站开始了最近几年来规模最大的一次裁员，被裁员的员工占到门户总人数的 10% 到 15%，主要涉及视频、读书等频道。[①]

在新媒体和新技术的冲击下，传统媒体和传统发行渠道的快速萎缩，使得传统媒体的从业人员不得不面临着较大的职业转换压力。

二、新媒体新技术给新闻出版人带来的职业技能危机

新媒体新技术的发展改变了传统媒体采写编评，或编辑、校对、印刷、发行等传统的生产加工流程和传播发行方式，而新媒体新技术不断挤压传统媒体的生存空间，使得面临职业转换的新闻出版人不得不面对新的内容生产技术和信息传播方式。这给早已习惯传统媒体生产方式、不得不面临职业重新选择的新闻出版人带来了巨大的职业技能压力。

在传统媒体工作 10 年以上的新闻出版人，他们大都是中文、新闻和其他一些人文社科专业毕业，不仅当时学校的教学内容偏向于采访写作和其他人文社科专业方面，缺少或根本没有传播技术方面的训练，更无法预测到当今日新月异的新媒体新技术发展，而且，技术也不是这些传统新闻出版人的兴趣点和强项。这使得这些大多只具备开机、关机、打字、发邮件等简单计算机技术应用的传统新闻出版人，根本无法适应当前新媒体新技术的发展需求，

---

① 佚名. 新媒体成旧媒体 门户网站在没落. http://jb.sznews.com/html/2013-08/04/content_2576442.htm.

面对新媒体的新需求，其职业技能存在空前危机。

以某门户网站一个区域内容中心编辑招聘要求来看，其工作职责包括负责网站区域门户内容发布、新站筹建、内容监控和流程管理等工作，除了要求“统招本科以上学历，3—5年以上优势媒体成熟经验；曾在大型传媒或网站有过内容采编方面的工作经验，能独立进行内容策划和制作等”，还要求“能够熟练运用电脑和网络，熟练掌握photoshop、dreamweaver以及熟悉html优先”。这些图形处理和网站设计等软件运用是大多数传统媒体从业人员在工作中很难用到、也很难具备的专业技能。但是，这些技能又都是新媒体从业者所必须的最基本技能。

一家网站的视频媒资库内容编辑，其工作职责技术性要求更高，包括视频内容的寻找、获取及录制视频的按要求拆条；必要的遮标、打码、压制、转码等基础处理；视频加标签备注、起标题、分类入库；执行对应频道的临时需求。工作要求除了一些最基本的编辑技能和素养，还要求“具备视频基础处理能力，熟练掌握Permiere等视频处理软件，了解并会使用Dreamweaver、Photoshop等网页编辑和图形处理软件，能独立完成视频制作、有一定AE包装能力者优先”。另一个百科内容编辑还要求“熟悉国家有关信息安全管理规定，了解互联网运营的政治现状与政策风险”和“熟练掌握excel、outlook等office办公软件的使用，精通excle常用函数和图表的使用”。这其中涉及的视频编辑、数据统计分析等软件技能也都是传统媒体从业人员在工作中不需要、也不具备的技能。

至于新媒体与传统媒体截然不同的信息分享、运行盈利与发行传播方式，同样也都是传统媒体从业人员所面临的新课题。

三、新媒体新技术给新闻出版人带来的工作强度压力

新媒体和新的传播手段使得传统新闻出版人面对着信息生产加工和甄别信息的巨大压力。

首先是信息生产时效压力。新媒体快速及时，突破时间空间传播限制的传播特性，以及新媒体同行之间在信息发布时效上的激烈竞争压力，使得新媒体信息生产必须具备随时随地的24小时、365天的全天候生产能力。这对新媒体从业人员的工作休息时间提出了更加严格的要求，工作与休息的界限更加模糊了，工作时间的弹性要求更高了。传统媒体在与新媒体竞争的过程中，不得不通过网站、微博、手机报等方式滚动发布信息，不得不尽可能利用传统媒体与新媒体抢时间、抢信息，这给传统新闻出版人的工作生活带来了前所未有的压力。

其次是信息生产数量压力。新媒体新技术的发展，使得传播活动极为活跃，一些在传统媒体时代没有使用媒体和传播信息、发表言论可能的普通人，也都有了属于自己的信息传播门户或自媒体。与此同时，新媒体新技术的发展使得信息传播、生产和储存变得更加便利，信息的数量也开始有了爆炸性增长。

近两年来，人们为了描述和定义信息爆炸时代产生的海量数据开始越来越多地使用“大数据”概念。美国互联网数据中心指出，互联网上的数据每年将增长50%，每两年将翻一番，而目前世界上90%以上的数据是最近几年才产生的。一组名为“互联网上一天”的数据告诉我们，一天之中，互联网产生的全部内容可以刻满1.68亿张DVD；发出的邮件有2940亿封之多(相当于美国两年的纸质信件数量)；发出的社区帖子达200万个(相当于《时代》杂

志 770 年的文字量)……

有研究显示，截至 2012 年，数据量已经从 TB(1024GB=1TB)级别跃升到 PB(1024TB=1PB)、EB(1024PB=1EB)乃至 ZB(1024EB=1ZB)级别。国际数据公司(IDC)的研究结果表明，2008 年全球产生的数据量为 0.49ZB，2009 年的数据量为 0.8ZB，2010 年增长为 1.2ZB，2011 年的数量更是高达 1.82ZB，相当于全球每人产生 200GB 以上的数据。而到 2012 年为止，人类生产的所有印刷材料的数据量是 200PB，全人类历史上说过的所有话的数据量大约是 5EB。IBM 的研究称，整个人类文明所获得的全部数据中，有 90%是过去两年内产生的。而到了 2020 年，全世界所产生的数据规模将达到今天的 44 倍。

庞大的爆炸式信息生产数量，无疑给新闻出版从业人员进行信息甄别筛选和加工采集带来巨大的工作量压力。

再次是信息生产质量压力。新媒体、新技术的发展在给人们的日常生活和信息传播带来各种便利的同时，也给各种劣质甚至虚假信息的传播带来了便利。这种良莠不齐的"信息大爆炸"给传统的新闻出版人获取、选择、甄别和筛选信息带来了巨大压力，而新媒体、新技术传播信息的及时便利，也使得应对新媒体、自媒体竞争的新闻出版人在生产加工和传播信息过程中面临更大的时效压力和甄别把关风险。稍有不慎就可能在时效性竞争上落后他人，也可能因为争抢时效、疏于或忽视甄别信息而导致虚假信息出现。

自从微信、微博等自媒体出现以来，虚假信息数量一直有增无减，造假形式也不断翻新，层出不穷。2012 年有媒体专门总结了"十大微博谣言"。具体包括"吃大盘鸡会得艾滋病""送迷路的小孩回家按电铃会被电晕抢劫""一闻就倒的迷魂药和割肾传说""尸油煮米粉""超可爱小女孩周萌萌被拐""快递公司有你的包裹却不知道地址，是骗你下楼拉你上车""鸡蛋袭击车窗前挡风玻璃不能开喷水和雨刮"等，事实证明都属子虚乌有。其中，一则美国的护照和中国护照的对比的谣言称，"在美国护照中有这样一句话：不管你身处何方，美国政府都是你强大后盾"，而在中国护照中只有这样一句话："请严格遵守当地的法律。"事实上，美国和中国护照上均没有这样的一句话。

微博、微信等网络媒体还对传统媒体的新闻生产流程提出了挑战。网络自媒体在给传统媒体提供很多便利的新闻源的同时，也给传统媒体带来了很多虚假的信息，从而成了麻烦制造者，成了假新闻的源头。2010 年 12 月 6 日，一条关于"金庸先生去世"的消息在微博里广泛流传，《中国新闻周刊》负责新浪微博的编辑在饭否和新浪上看到这条新闻后，未作任何核实草率转发了这条微博。事后被证实是假消息。《中国新闻周刊》官方微博就转发"金庸先生逝世"的假消息曾两次向网友道歉，并最终导致了该刊副总编辞职。后来，有关鲁迅作品被大量踢出中小学教材的"鲁迅大撤退"报道，也是首先在微博发布后被传统媒体不加鉴别加以发布，导致假新闻进一步扩散。

四、新媒体新技术给新闻出版人带来新的职业伦理困境

首先，新技术发展，大数据的应用，给新闻出版人如何处理媒体和公众利益上的矛盾带来了新问题。

不论是报纸、期刊、图书，还是其他数字化媒体，是依靠为公众服务获取生存发展利益，并获得存在价值的。但是媒体的利益并不总是和公众利益一致的，在媒体发展中如何处理自身利益和公众利益可能出现的矛盾和分歧，考验着媒体的责任。在当前媒体处理数据量

日益庞大的情况下，也对新闻出版人提出了新的要求。

一个明显的问题，在各种数据已经广泛渗透到各个行业，成为重要的生产因素，媒体在对于海量数据的挖掘和运用过程中，如何处理合理使用和用户隐私的矛盾就显得尤为重要。近一阶段，媒体广泛报道的斯诺登事件披露的美国"棱镜计划"就是一个很好的例子。

庞大海量数据的使用和占有是传统新闻出版方式不可能出现和想象的，如今却成了新媒体新技术应用下新闻出版人必须面对的，在信息传播、生产和分析研究过程中，新闻出版人如何处理媒体利益和公众利益可能产生的诸如隐私泄露等各种侵犯或损坏用户权益的问题就成了新的压力源和挑战。

其次，由于新的媒体形态出现和新的媒体技术运用，还导致了新媒体职业伦理出现了一些新情况、新问题，也使得传统媒体的职业伦理鞭长莫及、爱莫能助。

1. 新媒体伦理问题更加复杂，界定更加困难

美国学者约翰·V. 帕弗里克在论述新媒介的伦理问题时曾列举过这样一些"棘手"的例子——"一名摄影记者调暗了一名被控性犯罪的名人的照片以使得他的脸在国内一份新闻杂志上显得更阴森而恐怖……一位发行人发表了一幅由高分辨率卫星成像拍摄的一位著名的公主在加勒比私人海滩上度假的照片。"

其实这种新媒体和新技术带来的伦理难题还有很多。比如全景视频摄像技术可以让所有在场的人，不管是否面对镜头，都成了被曝光的对象。臭名昭著的红外摄像机可以穿透人的衣服，使大街上任何一个男女的隐私一览无余。远程成像技术可以轻而易举获取你在家中后院的情景。配有遥控摄像机的无人空中飞车可以从外层空间对你的行动进行拍摄。数字化图像编辑合成技术，可以任意删减增添事件现场的出席人物……这些都涉及新媒体从业人员的职业伦理问题。

2. 新媒体失范的成本比传统媒体更加低廉

美国学者丹·吉摩尔认为，新媒体"对于长袖善舞、欺诈大师、长舌男女，以及爱开玩笑的人来说"简直是"天上掉下来的礼物"——"科技给了我们一个世界，在这个世界中，几乎任何人都能做一个看起来很可靠的网页。只要有电脑或手机，谁都能在网络论坛上发言。只要对 Photoshop 或其他影像处理软件有基本的了解，谁都可以歪曲事实；这些特效甚至让影片也难以信赖"。

和传统平面媒体发布形式和管理的严格不同，在网络等新媒体上发布和删除信息都相对随意方便，传播者的身份和手段也更加隐蔽，这导致了新媒体失范成本远远低于传统媒体。

3. 新媒体出现了一些传统媒体没有出现的新问题

新媒体传播形态的出现和新技术的使用也使新媒体职业伦理出现了一些新的形态。如利用网络和手机信息传播病毒问题，利用网络或手机超链接形式变相传播商业广告和色情网页提高点击率问题。甚至出现了一些专门靠在网络发帖灌水的"网络水军"，靠在网络发帖帮客户攻击他人的"网络打手"，以及专门靠帮助人删除负面消息的"网络公关"或"网络雇佣军"等职业。一些"网络公关"甚至明码标价"天涯帖子比较贵，每条 2200 元；其他网站的帖子每条均价 1500 元，删除百度快照另外加钱，每条至少 300 元"。网络被商业利益操纵的背后都有网络编辑职业道德失范的原因。

不仅如此，新媒体由于一般规模都不大、商业化生存压力大，导致新媒体无法像传统媒

体那样将采编和广告经营的从业人员严格区分。美国《编辑与发行人》的一份调查显示，84%的网络工作人员为他们的广告主制作条幅。新媒体工作者往往由于身兼多职，比传统媒体从业者更难以摆脱商业利益的干扰。

此外，新媒体新技术的发展还对从业人员的人文、自然科学和专业素养提出了挑战。

新媒体的不断更新，新的传播手段的不断出现，传播活动空前活跃，参与传播人员素质的不断提高，对于从事专业信息生产和传播工作的新闻出版人在人文和专业素养方面也提出了新的要求。稍有疏忽和欠缺就会收到来自新媒体、自媒体各种传播者的批评和责骂。

除了必备的基本人文素养，对于一些专业媒体的专业新闻出版信息传播者，还应具备所从事行业和领域的专业专门知识，否则，将会导致说门外话，贻笑大方。

最近，某地一家法院就为自己的微博发布人员缺乏必要的法律专业知识伤了不少脑筋。该法院官方微博针对一名被执行死刑的犯人家属声称，家属连最后一面也没见到，甚至连正式通知也没有的质疑，发表有违法律常识的微博回应称：法律无明文规定犯人死刑前必须和亲人见面。结果这条缺少基本法律专业知识的微博，很快招致本来就对执行死刑没有及时通知犯人家属而不满的网民博友们的强烈反感和广泛质疑。可谓一语激起千层浪。

新媒体时代的新闻出版人除了要具备较高的人文和专业素养，还应具备较高的科学素养。新媒体的发展，特别是微博、微信等自媒体的出现，使得信息传播更加透明，公众参与信息传播的能力和水平都有很大提高，这对新传播技术形势下的新闻出版人的科学素养提出了新的要求和考验。

中国女性传统文化传播特点研究

田玉军

（宁波大红鹰学院艺术与传媒学院）

摘　要：本文以中国女性传统文化的传承为研究对象，研究在历史发展过程中传统女性物质文化和精神文化的产生及其传播方式。概括出中国女性传统精神文化相对独特的传播方式。

关键词：女性　文化　传播　特点

在中国文化发展过程中，女性文化的形成和发展与其他文化有着不尽相同的轨迹，突出地表现在其传播方式上。一般的文化传播是一种文化特质或者一种文化综合体从一群人传到另一群人的过程。例如：宗教文化和儒家文化以及各种制度文化。但中国传统女性文化的传播表现出物质文化的代际传承和精神文化的代际与性别之间传递、扩散并由异性接受、规范由女性再接受、再深化的过程。表现出包括传染扩散、等级扩散、刺激扩散的综合特点（三者分别指文化由中心向周边扩展；在不同社会阶层中扩散；文化接受者抛弃了文化的典型的外在形式，接受了文化的本质）。反映出经济关系是文化传播的决定性因素。

中国女性传统文化同样包含物质、精神、制度三个层面。

一、中国女性传统物质文化传播

传统农业时代物质文化主要表现在衣食住行等方面。

1.饮食

传统中国女性有所谓的“四德”，包含了对女性各方面的要求。其中集中体现物质文化的主要是其中的“功”。

传说中炎帝“遍尝百草，教民稼穑”，是华夏农业之神。嫘祖发明了养蚕，被誉为“蚕神”，成为生活必须的物质生产领域的另一个鼻祖。在衣食两个最重要的生产领域里，女性从一开始就发挥着重要的作用。

由于人类早期生产力的低下，主要的食物来源是植物果实的采集和渔猎所获。远古时期，生产工具的简陋，渔猎方面的收获远不如植物果实的采集的收获。因此，人类早期，女性在解决生活必须的食物采集及其植物果实的加工、食用领域占有重要的作用。

2.服饰

中国古代自进入文明以来，被服生产一直是女性的重要劳作内容之一。从对嫘祖的崇拜到“女工织兮不敢迟。弱于罗兮轻霏霏，号缔素兮将献之”“三日断五匹，大人故嫌迟”和黄道婆等等，不同时代、不同地点的女性因地制宜，用不同的原料解决着先民们蔽体、保暖的基本生存问题。

在中国服装发展过程中有一个很有意思的现象，自唐代制定品色服以来，历代对官吏和百姓的服饰色彩和式样都有一定的规范性要求，但一般只适应于男性，而不适应于女性。如南宋朝廷禁止官员穿戴紫衫或凉衫进入民宅，理由是“纯素可憎，有似凶服”。其结果是女性在自我装扮方面有了更多的自由，因而传统中国女性服装式样繁多、花色丰富多彩。这是从社会生活等级角度对女性要求的放松，本质却反映了古代女性不参与或较少参与社会生活。而中国古代传统纺织及其被服制作经验，都是经由女性在家庭生产活动中代际相传来完成的。

3.交通

车和马在中国古代是两种最重要的交通工具和战争工具。一般而言，除用于战争之外，上层社会男女均乘坐车舆，而女性乘车舆必有帷帐，即所谓的安车。大约出现于4000年前一种人力轿子(肩舆)，在以后的时代，除特殊情况外，一般为女性专用。“古者妇人用安车，其后舆轿代之，男子虽将相不过乘车骑马而已，无轿制也。陶渊明病足，乃以意用篮舆，命门生子弟升之。王荆公告老金陵，子侄劝用肩舆，荆公谓‘自古王公贵人，无道者多矣，未有以人代畜者……’”①王安石为何拒绝乘坐肩舆并以无道者未曾“以人代畜”来拒绝，一方面反映了中国当时士大夫阶族内心深处的平等观念；另一方面“肩舆”自然会比木制车轮的马车舒服些，而为女性专用，似乎体现了男性对女性的体恤，其实问题的本质还是女性社会活动较少、外出较少的原因。这种体恤和后来兴起的缠足实际上有同样的本质含义。王士性曾感叹台州地区民风淳朴，“城市从未见一妇人……及奴隶之妇他往，亦必雇募肩舆自蔽耳。”②

4.人的生产

叔本华论及人类生存的目的曾说，人类生存的全部要义在于种族的延续。女性在繁衍后代方面不可替代的作用和生命的神秘，使得女性从人类出现一开始就成为被崇拜的对象。红山文化以及世界其他文明遗址中大量夸张的女性雕塑；世界各民族历史上普遍存在的处女禁忌及其恐惧等都是很好的例证。这些健壮、夸张的裸体女雕像和处女禁忌绝不是为了表现女性的健美，也不是性诱惑的变态宣泄，而是对女性崇高地位的肯定，是女性崇拜的象征。在文明人看来，这所有的一切都不过是一种野蛮，这当然是正确的，因为野蛮人只能用野蛮的形式表达对生活的敬意和生命诞生的感激，但在野蛮的形式里却表现了并不野蛮的内容，那就是对生命繁衍的关注，对女人的感激和对母亲的膜拜。正是女性在物质生产和人的生产两个领域的巨大作用，使得女性具有崇高的地位。

随着弓箭等工具的发明和使用，原始农业的发展，繁重的农业体力劳动和族群间的争斗与生活资源的掠夺，更加凸显了男性生理条件的优越性及其作为两性主宰的必然性。女性在日常生活领域的地位逐渐下降。在进入父系之后，生产关系中劳动内容的转换，是女性社会地位的第一次下降的根本原因。与此同时，男性采用各种方式方法，如：改变男从女居、创立产翁制等迫使女性逐渐改变、认同生活中的地位。

传统农业时代，生产力越发展，女性天赋体质的局限就越明显地反映出来。这样，女性逐渐地从广阔的物质生产领域退居到服务于社会劳动的辅助性劳动中。支撑女性崇高地位的两根支柱(物质和人的生产)一旦折断一根，另一根不是同时被折断就是会发生畸变。在漫长的人力和畜力为主的农业时代，以女性为主的物质生活领域(被服的制作、食物的加工)

①② 王士性集《广志绎·杂志下》

主要是通过女性代际传承的方式,也正是这个原因,在中国传统文化中,女性被认为具有家庭守护者的功能。

马克思说:"最初的阶级压迫是同男性对女性的奴役同时发生的。"[①]但由于两性生活中无法替代的复杂生理与心理活动及其情感因素,使得无论在怎样的极端的不平等思想模式下,两性之间的压迫存在着一种必然的温情,从而使这种压迫处于一种混沌状态。"甚哉,匹妃之爱,君不能得之于臣;父不能得之于子……子罕称命,盖难言之也。非通幽冥之变,恶能识乎性命哉。"[②]

二、中国女性精神文化的传播方式

物质生活、生产方式的变化必然引起女性精神生活的变化。中国传统女性"四德"中的"德"集中体现了中国传统女性的文化内涵,其中最重要的莫过于贞节观念。

1. 贞节观念的产生

在传统对偶婚向单偶婚过渡的人类两性结合方式和状态下,女性承受着因养育子女、接待、应付到访的异性而产生的巨大的生活和精神压力。为此,女性需要有相对稳定的异性帮手来操劳繁重的体力劳动并协助养育子女,同时也可避免外人过度的打扰。古代孕育、生产又往往是一个巨大的生死考验。在这背景下,女性逐渐产生了拥有相对稳定配偶的观念,这也正是贞节观念产生的核心要素。"……妇女也就迫切地要求取得保持贞操、暂时地或长久地只同一个男子结婚的权利作为解救的办法。"[③]可以说女性贞一的观念是巨大的现实生活压力和人类两性关系发展以及经济关系的必然产物。这种观念最初只能产生于地位相对较高、经济能力和条件相对较好的上层社会女性。西周到战国初期是这一观念产生并逐步发展的时期。只是无论是在上流社会还是民间,都远没有形成社会规范或者说是风俗。两性关系也正经历着由自然、自在状态向一定的规范转化。例如:"宋公子鲍"[④]"燕姞,梦天使与己兰而孕"[⑤]"崔杼弑其君"[⑥]"陈灵公与夏姬"[⑦]"楚庄王、子反、襄老、襄老子黑要、巫臣和夏姬"[⑧]等记载。一方面反映了这一时期尚处于对偶婚的残余阶段,同样反映了这一时期男性根本没有所谓的贞洁的观念。而这一时期"楚庄王夫人、楚平伯嬴、息君夫人、楚白贞姬、楚昭贞姜"[⑨]等都反映了这一观念的产生源自于女性自身。男性认可、接受并畸形化这一观念,是直到理学形成并成为主流社会思想之后才完成的。

从公元前9世纪至前3世纪前后的大约700年间,一夫一妻制才在全国范围内、在庶人,特别是农民中正确地树立起来了,这和女性自身推动分不开。

2. 女性的文化心理萌芽于西周时期

---

① 家庭、私有制和国家的起源.马克思恩格斯选集,4:56.

② 《史记·外戚世家》

③ 家庭、私有制和国家的起源.马克思恩格斯选集,4:48.

④ 《左传·文公十六年》

⑤ 《左传·宣公三年》

⑥ 《左传·襄公二十五》

⑦ 《左传·宣公九年》

⑧ 《左传·成公二年》

⑨ 《列女传》

商周二代是华夏精神与制度文明奠基并逐步确立的关键时期，此间完成了由父系制（商）向父权制确立（周）的过渡，建立在以阶级等级制度，包括贵族内部的规范约束机制的“礼”和以上治下的统治手段“刑”的基础上的性别（等级）制度也相应产生。古籍中记载周代以前著名的女性包括：“尧以二女妻舜，二女不敢以贵娇事舜亲戚，甚有妇道”[①]“有虞二妃者，帝尧之二女也……舜每事，常谋于二女”“有㜪之妃汤也，统领九嫔，后宫有序，咸无妒媢逆理之人，卒致王功。君子谓妃明而有序……”[②]。商朝妇好有好几个，最著名的是武丁的妻子，子姓，曾带兵出征并作为贤妻以阴婚形式配祀于先祖，由此可以看出商代还有内婚制的残存，对偶婚也被普遍认可。一夫多妇，众妇不分嫡妾是商代婚姻制度中一个突出的特点。作为妻妇，商代夫妇、诸妇之间甚至上下辈之间关系比较宽松、平等……妇女们享有较大的权利。商代“重儿不贱女”本质是反映了两性关系的平等和自然状态。周代真正开始逐渐产生了事实上的男尊女卑的习俗和观念。

这种观念虽然起源较早，但在其后的历史进程中并未在短时间内形成社会规范。因为任何时代，理想和现实之间往往存在着巨大的差距，或至少是存在很大的缝隙。社会意识形态的倡导和民众日常生活之间的现实需求往往不能也不可能同步，这也正是汉唐以来中国主流思想虽然一直鼓励并推崇贞节观念，但事实上无论是统治阶层还是普通民众，却还有许多权变之策的原因。从这个角度来看，所谓的“脏汉乱唐”的说法，不过是后世道德伪君子出于自我目的对社会发展过程中不符合自己观念的异化。这种说法的本质恰好反映出汉唐时期正是中国对偶婚残存向单偶婚发展并尚未定型的时期，也是女性贞节观念发展并逐渐巩固的时期。

三、女性制度文化的逐渐形成

“太姜生少子季，季厉娶太妊，皆贤夫人”[③]，“太姜者，王季之母，有吕氏之女。太王娶以为妃……太王谋事迁徙，必与太姜。太妊者，王季娶为妃……惟德之行……文王之母……文王之母可谓知肖化……太姒者武王之母……太姒号文母，文王理阳道治外，文母理阴道而治内。”[④]从古公某事必与太姜，到太姒治内，这只是一种习惯的分工，并未形成制度。但西周逐渐禁止女性从事行军行猎，到后期甚至国君夫人犒赏军队也被认为是非礼和不祥，“丙子晨，郑文夫人芈氏、姜氏劳楚子于柯泽……君子曰：‘非礼也。妇人送迎不出门，见兄弟不逾阈，戎事不迩女器。’”[⑤]和商代已经有很大的不同了。表明逐步在社会生活中有了“内、外”“家、国”之分的观念。

整体来看西周时期，对女子所谓“贞”以及女子“主内”的观念已经出现，但整体要求并不高。《管子·入国》说：“凡国度皆有掌媒，丈夫无妻曰鳏，妇人无夫曰寡，取鳏寡而和之，与田宅而家室之，三年然后事成，此谓合独。”“合独”虽然可能只是用于一般普通民众，其目的是为了减少怨妇旷夫带来的人口流动而导致的社会不稳定，本质上是当时社会各阶层对待两

---

① 《史记·五帝本纪》
② 《列女传》
③ 《史记·周本纪》
④ 《列女传·周室三母》
⑤ 《左传·僖公二十二年》

性关系的正常看法。先秦时期“奔者不禁”同样反映了当时的女性文化正常的现实。

上流社会表现出的对女性贞一的要求在春秋及战国初期逐渐形成。出现了“女无傅保不下堂”“无帷幕不外处”“女不客宿”等习俗。

如果说早期中国女性精神文化产生于女性群体自身，其传播根源则是源于社会生产力发展带来的经济关系的变化。这种观念经历了从女性自我意识产生、由上层向下层、由女性向男性之间的扩散，到统治阶级为了自身的利益，倡导并逐渐形成社会规范的过程。生产力发展需要确立财产、地位的继统。在这一过程中，男性认可、接受并发扬了女性贞一的要求。晋文公曾要求狄妻等他二十五年，但为了取得政权亦然继承了对偶婚中烝报的习俗，来达到自己的目的。陈女夏姬、崔杼和棠公妻、李园女弟、重耳和齐女以及怀嬴最终成为晋文公夫人等记载，说明当时虽然已产生所谓的“内、外，家、国”之分，但女性依然活跃在社会生活中并且有很强的心计和敢于参与社会的能力和技巧，另一方面，女性正在逐渐沦为谋取利益的手段和工具。

战国时代，商鞅在秦国变法，“民有二男以上不分异者倍其赋”“父子兄弟同室内息者为禁”等改革措施，都是出于“始，秦戎狄之教，父子无别，同室而居，今我制其教而为其男女有别”①。一个重要的原因在于增强国力；另一个原因在于扬弃戎狄的生活习俗。秦始皇出于对自身身世的关注，着力肃清吕不韦、嫪毐等的影响，设置怀清台，在巡游各地时以石刻的方式从行政的角度整饬风俗，把产生于女性的观念制度化、法律化。

四、元和清两个特殊时期女性传统文化的传播

越是社会动荡，世风日下，在观念上对贞节的重视程度就越高，对两性的束缚就会越严。因为统治者要通过这种手段以规范舆论，引导民意，把社会纳入他们预设的轨道，进而更好地维护统治。

元朝建立后，蒙古族层顽固地推行蒙元文化。初期曾废除科举考试、将人划分为四类十等等。面对异族对文化传统（习惯）的破坏，生活在广大中原及江南地区的业已形成深厚文化传统的被统治者中原属社会上层士大夫阶族，最担心的莫过于家中女眷的命运。这种情况下，缠足成了约束女性参与社会生活和保证女性贞一的最好也是最现实的办法。而这一时期，作为传统文化重要组成部分的女性文化的传播是一种很典型的刺激传播方式，表现为蒙元贵族在接受汉民族制度文化的过程中，由制度文化向生活文化、精神文化的全面接受与认可。元末陶宗仪《南村辍耕录》记载“高丽氏守节”的故事，反映了元代统治者不仅接受了汉民族女性传统文化观念，同时将这种观念上升到政权稳定的层面来认识，从国家治理的角度否定蒙元烝报等对偶婚时代残存的传统习俗，接受并将传统女性文化视为国家治理的根本之一。

“缠足”是另一个很好的例子，许多文献中提到女性缠足。《南村辍耕录》卷十中有过一条关于缠足的札记：“唐镐诗曰：‘莲中花更好，云裹月长新。’因窅娘作也。由是人皆效之。以纤弓为妙。以此知札裹脚自五代以来方为之。如熙宁、元丰以前人犹为者少，近年则人人相效，以不为者为耻也。”他所处的时代已经非常流行了。但元代早期，一般只有有钱人家的

① 《史记·商君列传》

女子才裹脚。伊世珍《琅嬛记》曾说“本寿问于母曰‘富贵家女子必缠足,何也?’其母曰:吾闻圣人重女而使不轻举也,是以裹其足,故所居不过闺阈之中……”但到了后来,不论贫富,都裹脚了,裹脚成了传统中国一道风景线。

清朝在全面接受了明文化的基础上,对传统女性文化有所扬弃,但作为一种文化心理,缠足依然是汉族地区普遍的现象。据记载,清朝多位统治者明令禁止满族特别是八旗女子缠足。太宗(皇太极)时,已经规定“有效他国衣冠、束发裹足者,治重罪”①。在满清取得对明朝广大地域的统治权后,因为满族没有这种美人的标志,满族女子很沮丧,但是很快她们找到了一个办法,就是穿木屐,因为木屐底部有着小巧的三寸金莲的形状。

五、经济因素在女性文化中的作用

“盗不过五女之门”②。反映出古代社会普通家庭子女中女性的多少成为家庭财富的标志之一。初看,这一说法似乎是对婚姻聘约、彩礼等制度和习俗的悖拗,其本质恰好体现了古代农业时代经济关系下的两性在经济生活中的不同地位。女子需要抚养成人,长大又得出嫁,不能像男性孩子一样为家庭做出更多贡献,正是在这种心理下,出现了中国传统文化中一个奇怪的现象即童养媳的现象。因此,在两性关系中和家庭性别中,哪一方占有经济上的主动,便在日常生活各方面占有主动地位。

陈东源先生引用《三风十愆记》中对元朝灭亡后生活在常熟的蒙古族遗民的描写:“元朝灭亡后,蒙古子孙流寓中国的,令所在编入户籍。在京城的编入乐户,在州郡的编入丐户,生活遂一落千丈……‘丐户多在海边之邑,其隶于常熟者,男谓之贫子,女谓之贫婆。其聚族而居之处谓之贫巷。初无姓氏,任取一姓以为姓,而各以种类自相婚配。其男以索绹为业,常不足以自给,妇则习浆糨缝纫,受役于殷实高贵之家,所获常百倍于男。司晨之事,积重于牝鸡,由来久矣……(女)常以一人营数业……当有事而出,责令其夫或携小囊,或负小筐相随于后。道与所熟,殷勤欢语移时,夫则俯立道旁,不敢与其人举手……日旰,夫则跼蹗伺候于门外,不敢往,亦不敢迫促,必俟妇出乃携归……岁时糕粽,喜庆酒肉,给赏频来,醉之饱之,则拜妇之赐。”③

清人吴震方《岭南杂记》记载:“琼俗甚淫,外江人客于此,欲谋得妇者,琼人必先问,养汉也,汉养也?如汉养,则女无外交,而平日亲串往来馈送,女之饮食衣服,皆取给于男,所费不赀;如养汉,则受聘之后,男子坐食,其衣膳甚丰,往来馈送之费,皆出于女,而不得禁其外交。”

从女性的角度来讲,之所以出现上述元末蒙族江南遗民生活现实和满族女性的心理,实际上是一种典型的文化刺激传播方式,即文化接受者抛弃了文化的典型的外在形式,接受了文化的本质。

总之,传统中国女性物质文化主要是代际传承;而精神文化体现了经由女性产生、上层向下层、中心向周边、女性向男性扩散迁移,由男性接受并从制度上规范化以及在族群间以刺激扩散方式展开传播的历程。表现出比一般的精神文化由文化源点逐渐向周边文化圈扩

① 《清史稿·太宗本纪二》

② 《后汉书·陈蕃传》

③ 陈东源《中国妇女生活史》

散更复杂和曲折的过程。以贞一的观念为代表的中国传统女性精神文化最终成熟于南宋并在明清时代达到了顶峰，成为压在中国女性头上的一座巨大的冰山，体现出经济方式及其两性在经济活动中的地位是女性文化文化传播中的决定因素。

参考文献

[1] 杜芳琴.中国社会性别的历史文化寻踪[M].天津：天津社会科学院出版社，1998：27－44.

我国行业特色型大学之融合学科研究

——以电信传播为例

曾静平　王若斯

（浙江传媒学院互联网与新媒体研究院，北京邮电大学数字媒体与设计学院）

摘　要：在我国建设创新型国家的大背景下，进一步办好行业特色型大学是一项非常迫切的任务。在国家建设"宽带中国"倡导"信息消费"之际和"三网融合"列入新时期国策之时，又适逢"媒体融合"的良好机遇，我国以电信通讯为主的工科院校和以新闻传播为主的文科院校的行业特色型大学，赢来了前所未有的发展机遇。我国行业特色型大学的发展方向，就是走学科融合之路，电信传播正是一个具有创新意义的里程碑式尝试与探索。

关键词：行业特色型大学　三网融合　融合学科　电信传播

行业特色型大学特指高等教育管理体制改革以前隶属于国务院各个部门，具有显著行业办学特色与学科优势的高水平研究型大学。适逢我国大力建设网络强国、构建媒体融合的良好机遇，为我国行业特色型大学以电信传播作为融合学科发展的突破口创造了条件。

2011年10月，北京高科大学联盟(简称北京高科)在京组建，成为一艘行业特色型大学联盟航母。"北京高科"期待更多的有行业特色的高校参与，共享优质教育科技资源，提高人才培养质量，未来能够媲美"巴黎高科"(即在全球享有盛名的巴黎高科技工程师学校集团的简称)。它的建立，为我国行业特色型大学的融合学科发展创造了更为便利的条件。北京邮电大学作为发起创立的理事长单位，有条件充分利用其在信息通讯领域的厚重底蕴，创造性探索电信传播发展蹊径，为我国特色型大学的融合学科发展做出积极贡献。

一、电信传播的融合际遇

电信传播是指通过现代电信通讯网络和专业技术手段，面向个体或大多数受众进行的传播活动。在"4G"技术的推进下，网络空间不断扩展，移动互联网及其融合终端得到广泛应用，电信传播正在高速发展的快车道上。

W.巴内特·皮尔斯(W. Barnett Pearce)早在1979年出版的《传播与人类环境》一书中就说道，"传播主要是伴随着工业化、大企业和全球政治而来的诸如无线电、电视、电话、卫星和计算机网络等传播技术的兴起而产生的"，既指明了传播与技术相伴随生，也让我们看到了学科融合的影子。

2014年8月18日，中央全面深化改革领导小组第四次会议审议通过了《关于推动传统媒体和新兴媒体融合发展的指导意见》。习近平同志就媒体融合发展发表重要讲话，深刻阐述媒体融合的工作理念、实现路径、目标任务和总体要求，对传统媒体和新媒体在内容、渠道、平台、经营、管理等方面的深度融合指明了方向。

当前，全球电信技术迅猛发展，电信通讯网络已经成为信息内容的传播管道，电信通讯与传统广播电视、报纸杂志与互联网等新媒体的融合正在加速，移动互联网的发展速度超乎想象。我国“三网融合”已经成为基本国策，“4G”技术正在逐步运行，电信通讯技术与大众传播已经在很多场景紧密结合在一起，互联网用户逐年增加，手机短信和微博微信的到达率和影响力有时候甚至超越了传统媒体，“三网融合背景下的应急传播体系”已经成为重要命题。所有这一切，给我国行业特色型大学的电信传播学科建设与发展提供了空前的际遇。

当下，电信传播已经在很多层面进入实质性操作阶段，亟须既懂得电信通讯技术又通晓传统广播电视内容与传播规律以及经营管理的复合型人才，这也是现在和将来很长时间内广播电视网、互联网和电信通讯网所急需的紧缺型资源。无论是以电信通讯为主的工科院校还是以新闻传播为主的文科院校，都有责任和义务打破固有办学思路，拆除院系之间乃至院校之间的边界藩篱，尽快发展电信传播这一交叉融合学科，以满足时代的需求。

二、电信传播的发展背景

1993 年，国际电联对“电信”做了如下定义：利用电缆、无线、光纤或者其他电磁系统，传送或发射、接收任何标识、文字、图像、声音或其他信息的系统。

2003 年 7 月 23 日实施的《欧洲电信规制条例规范》指出：广义的电信网络指以信号传输为目的，用于广播电视转播和无线电视的网络，与传输信息的种类无关。这是按国际标准给电信传播的“势力范围”定下了一个基调。

在 4G 施行推进之际，手机音乐、视频下载、手机电视、即时通信、手机游戏、MMS、手机上网、移动支付、可视通话和位置服务等成为电信业务的增值服务内容，电信传播的范畴更为宽广。位置服务与互联网络的融合，诞生出一个巨无霸新型产业——物联网产业，而位置服务与 QQ 技术的结合，让新兴的微信业务势如彤火。2014 年春节长假，微信红包引爆社交圈，赚足了人气。微信红包根植于腾讯的游戏基因和社交土壤，靠娱乐气氛打出满堂彩。

由此可以看出，电信传播的地位日益显赫，融合的范围和内容愈加丰富多彩，社会价值与经济价值益发显著，探研其学科融合的理论意义和学术前瞻性得以彰显。可以期见的是，随着各种移动终端的不断涌现，超高速传播技术的突破与完善，电视屏幕、电脑屏幕和手机屏幕融为一体，移动电视和移动互联网将颠覆现有的传播观念，高速铁路、快速长途客运汽车、快速游艇和远洋客船以及飞机飞船等的高铁电视、客车客船电视及星空电视随时都有可能进入实际运营阶段，电信传播的主角地位甚至主宰未来传播不再是空穴来风。

电信传播融合路径清晰，是电信通讯与新闻传播两大基础学科的碰撞，是文、理、工、艺、体、管等的嫁接。由于电信技术长时期以来是大众传播的传输保障，一直处于辅助性或者配角的位置，没有被学界加以重视，更没有作为一门独立学科展开研究与深入的整体构建。迄今为止，电信传播依然是一个全球范围的全新学术理念，还没有一个明确的权威概念，没有真正意义系统的学术著作。

长期在 IBM 从事战略研究的詹姆斯 · W. 科塔达的著作 *The Digital Hand—How the Computer Changed the Work American Financial Telecommunications, Media and Entertainment Industries* 中指出，电信、金融、教育、媒介、娱乐和运输等几个行业之间存在着很多共性，而支撑与融合这些共性的主轴就是电信通讯技术。

法国学者雅克 · 德里达从政治模式的根本性转变、美国富勒顿加州州立大学教授林恩谢弗 · 格罗斯从电信与广播电视的外延与内涵方面，注意到了电信传播的实际存在与学术价值。

国外学者的上述著论都看到了电信传播对各行各业的影响，但都没有在学理上有着实质性的学术突破，没有将电信传播提炼到与人际传播、群体传播、组织传播、大众传播并驾齐驱的境界，更别奢谈在理论体系和学术高度上有所突破。

我国学者近年来开始关注电信传播。中国人民大学郭庆光教授认为，在传播活动中，从电报、电话时代开始，电信一直充当着重要角色，随着网络传播、移动互联网传播等新媒体传播的大行其道，短信传播、QQ传播、微博传播和微信传播等电信传播在应急事件和危机传播中占据重要位置，其受众人群数量、信息到达率、目标准确率和传播效果甚至已然超过了传统大众传播方式。

我国曾有学者参加1996年在美国夏威夷举行的“太平洋电信传播理事会”，并撰写了《环视太平洋面向新世纪——1996“太平洋电信传播理事会”纪要》，刊载于当年的《国际新闻界》。

2005年11月，在南京召开的以“网络社会：传播与控制”为主题的第二届“中国网络传播学年会”专门开设子论坛“短信时代与电信传播”，开启了我国学界对“电信传播”的关注新风。

2006年，曾静平根据北京邮电大学“信息黄埔”的学科背景，在国内第一个开设了电信传播本科课程。2010年，北京邮电大学开始招收电信传播硕士研究生，并向全校硕士研究生开设“电信传播学”专业课程，选课异常踊跃。

目前，全世界围绕电信传播的学科体系建设与融合发展还处于摸着石头过河阶段，我国新闻传播院系和电信通信等相关院校有机会“弯道超车”，在这一新兴传播领域集中发力，走在全球前列。因此，我国的行业特色型大学要通过各相关高校的专家学者通力协作，发挥各自学科优势和团队重力，遵循融合发展的科学规律，构建具有中国特色的世界一流电信传播学科体系，进而创建世界一流的电信传播院系。

三、电信传播的融合方向

透过电信传播的内涵与外延，我们可以从中感悟到扑面而来的“U时代”的全球性国家战略，洞悉到“ICT”的深邃内蕴和广阔市场，触摸到“4G”技术的推演、“三网融合”的提速及其势不可挡的无穷魅力。因此，找准电信传播的学科融合方向至关重要。

首先，我国行业特色型大学的电信传播建设，要有创新意识和果敢决策精神，勇于提出概念并且明确概念，占据学术制高点，创建出具有中国行业特色型大学的电信传播学整体框架。同时，将“电信传播学”放置于我国高等教育尤其是行业特色型大学的显学高度，设置专门的研究机构、专业院系和课程体系，开展相关的本科硕士学位教育，在条件成熟的高校可以尝试博士研究生培养，形成一个完整的学术研究与培养序列。

例如，“北京高科大学联盟”的北京邮电大学和北京交通大学可以在高铁列车和长途客车上开展移动电视媒体的超高速引动终端的技术研究和新型移动终端的内容定位与广告开发，北京邮电大学可以与北京林业大学联合展开在园林传播、风景名胜传播与电信通讯技术的融合研究，华北电力大学的智能电网设备与技术可以与三网融合成功对接为“四网融合”，而中国地质大学和中国矿业大学的珠宝玉器可以导入物联网技术，科学融入到整个电信传播的大范畴之中。

其次，电信传播的学科融合是一个系统工程，在构建出大框架、形成独立学科之后，可以逐渐融入计算机、物流工程、广播电视学、哲学、文学、美学、管理学、法学、心理学、伦理学和体育学等等，丰富完善其学科体系。

与大众传播不同的是，电信传播与技术创新亲和力极强，涉猎的范畴更为广泛，与市场的关联度更为紧密，涉及的学科门类几可无所不包。一些在大众传播领域受到局限的学科如文学、美学等，在电信传播领域可以无拘无束自由翱翔，短信创作与网络文学的勃兴，博客、播客、D客与网络游戏网络动漫的繁荣，微博、微信的潜滋暗长，无不印证了这一点。

与大众传播严格的“把关人”制度不同，电信传播充满着自由，充满着想象力。在电信传播学科体系中，想象和创意扮演着重要角色。电信传播与未来学相形相伴，并将融合催生出崭新的想象力学科。例如，电信传播从宏观层面可以派生出电信传播学、电信传播采编、电信传播产业、电信传播管理、电信传播语言、电信传播素养和电信传播社会学等新兴学科，从中观层面则有颇具活力的体育网络传播（体育与电信传播融合）、具有广泛群众基础的音乐网络传播（音乐学科与电信传播融合）、已经在动漫游戏等方面大行其道的时尚艺术网络传播（时尚艺术与电信传播融合）以及前文所述的园林景观风景名胜网络传播和智能电网嫁接生长的“四网融合”等等，从微观层面可以在网站传播、电子邮件传播、博客微博播客传播、QQ传播、短信传播、微信传播等方面拓展传统传播学科没有涉及的新内容新命题，还可以通过深究“电视人”“容器人”的时代背景，在全球领先一步创新性提出“网络人”“微博人”“QQ人”“短信人”和“微信人”的中国特色传播理论。

再次，电信传播的学科融合可以有多种形式。结合我国行业特色型大学的学科布局基础和特点，电信传播的学科融合既可以在只有电信通讯和新闻传播其中一门的高等院校，施行“创新性融合”，也可以在具有双重学科背景的高等院校，开展“挖潜性融合”，还可以综合“创新性融合”和“挖潜性融合”，进行“复合性融合”。

我国现有大学中，一些院校已经具备了开办电信传播专业方向的基础和条件，只要挖掘学术潜力，整合学科力量，就可以在很短时间内开展电信传播人才培育，北京邮电大学、浙江传媒学院、首都体育学院和浙江理工大学等已经做出了良好的探索。北京邮电大学“电信传播学”全校选修课渗透到了信息工程学院、计算机学院、自动化学院、电子工程学院、数字媒体与设计艺术学院和人文学院等各个院系。在传播学硕士研究生培养方面，北京邮电大学实行学校内部“挖潜性融合”，将电信传播发展成为以传播学为学科依托，纵贯电信通讯、计算机、法学和艺术学的学科亮点。浙江传媒学院发挥跨越地域边际和校园边际，充分利用媒体传播优化协同创新中心的平台效应，优化多方资源，筹建了国内第一个电信传播研究院，作为特色学科发展方向，在电信传播学科体系建设中迈出了实质性的更大步伐。首都体育学院瞄准电信传播领域颇具活力的体育网络传播，正在积极联合北京邮电大学、中国传媒大学、清华大学和浙江传媒学院等的深度资源，与浙江传媒学院南北对接，锻造中国第一个体育网络研究院。浙江理工大学正在深度挖潜，筹建国内第一个“时尚传播研究中心”，其发展目标就是以电信传播为主线的新媒体与时尚艺术的融合发展。

第四，我国行业特色型大学的融合发展，要紧扣国家发展脉搏，把学科融合落实到实处，做细做精做深做透。精心研究与解读“宽带中国”和“信息消费”的基本要义和人才发展需求，分层级建梯队成体系塑造既懂得传统报纸杂志广播电视又具备电信通信技术的融合型复合型电信传播的教授专家和开拓型的专业人才。

学科融合应该以技术创新为先导，将理论探讨与实证研究相结合，重视科研成果的转化效能与效率，追求“产学研用”的一体化跃进。比如QQ传播既有技术变迁带来的传播层级变化，又蕴含着不同层级的产业内容、产业集群、产业业态、产业模式和产业规模，而贯穿QQ传播产业的核心就是高精技术发展变化。

结　语

创设电信传播学科体系，是我国行业特色型大学“多学科发展”的创新之举，是我国新闻传播院系和电信通讯院系在全新领域接轨国际一流、创造中国学术特色的当务之急，是衔接“信息消费”时代我国“三网融合”人才需求的重要举措，是培养媒体融合前沿人才的重磅利器。

传播学属于舶来品，我国的传播学教材主要依靠引进翻译原版著作，这类著作占整个传播学教材的比例超过了70%。这些看似欧美等西方国家专家学者的传播学精髓，选入的大家之作未必代表了世界传播学最高学术水平，加上翻译过程中的理解偏差，造成不少地方的误解和曲解。电信传播的学科体系建设，在教材选择方面需要慎之又慎，既要全面接轨国际最前沿的传播学和电信通讯理论研究的最新成果，又要结合这一新领域的实际运用状况，并且考虑到我国的实际情况。

电信传播是当下传播领域的新成员，相关研究方兴未艾，国内的专业培养和学科建设刚刚起步，市场前景未可限量，有望成为我国行业特色型大学学科融合发展的一枝奇葩。

浙江城市形象宣传片内容形式探讨

潘祎辰　程旭兰

（宁波大红鹰学院艺术与传媒学院）

摘　要:中国城市形象宣传片是传播广影响大的影像形式，浙江城市群的城市形象塑造进程中，城市形象宣传片以其生动形象的特点颇受瞩目。本文选取浙江11个地区的城市宣传片作为样本，进行分析对比研究，探讨其内容形式和效果。依内容将城市宣传片分为四类，分别进行探讨。以典型宣传片为例，详析内容、画面及视觉表达。依优酷网点击率及专家点评进行深入剖析。总结效果良好的宣传片的共性及目前浙江城市宣传片存在的问题。

关键词:　浙江　城市形象　宣传片　内容形式　效果

城市形象宣传片是为了塑造“城市形象”而拍摄的展示城市的自然人文景观的一种视听影像形式。

宣传片的内容包括三个方面的内涵：第一，自然现实景观，丰富多彩的文化，社会政治经济发展水平，生动的社会氛围，现实的生活场景；第二，在研究城市历史现状的基础上，提炼凝聚形成集中概括的解说词，反映城市的精神面貌和气质，彰显城市的影响力；第三，用现代科技手段和新颖独特的构思，将影像资料和素材与解说词进行科学合理且优雅完善的编辑合成，形成具有良好观赏效果、最佳影像表现形式的影像作品。

一、中国城市形象宣传片的发展及类型

1999年4月，中国第一部真正意义上的城市形象宣传片《威海，CHINA》（图1）在中央电视台播出后，通过展现威海独特的地理位置和自然风光，带动了威海的旅游业，促进了经济快速发展。

2001年，张艺谋导演的申奥宣传片《新北京，新奥运》用独特的视觉重新介绍了北京，使北京走向了国际，掀起了第一波城市形象宣传片的热潮。2004年，中央电视台举办“中国魅力城市”活动，参赛的城市拍摄了许许多多的城市形象宣传片，将热潮推向巅峰。从2008年的北京奥运会到2010年的上海世博会，国际赛事类的城市形象宣传片代表着中国城市的形象走向了世界。

（一）城市宣传片的内容形式分类

李伊娜的《中国城市形象片的变迁与发展研究》，通过城市宣传片的内容形式将其分成了四大类：第一类，城市综合形象宣传片；第二类，城市招商形象宣传片；第三类，城市旅游形象宣传片；第四类，与大型活动或赛事相配合的宣传片。

城市宣传片的时间长度与内容相关。第一类，极短篇：2分钟以下的城市综合形象宣传片；第二类，短篇：2分钟至3分钟的城市招商形象宣传片；第三类，中篇：3分钟至10分钟的

图 1 中国威海 1999 年城市宣传片《威海,CHINA》

城市旅游形象宣传片;第四类,长篇:10 分钟以上的大型活动或赛事相配合的宣传片。

(二)城市宣传片的播出范围分类

第一类,在全国电视媒体播放的宣传片,中央电视台播放,省级卫视上播放的宣传片;

第二类,在地区媒体播放的宣传片,在各级省电视台播放的宣传片;

第三类,在地市媒体播放的宣传片,在各地县市播放的宣传片。

第四类,在网络上播放的宣传片。

上述视频播出平台有三类:电视台播出,网络播出,移动终端播出。

(三)城市形象宣传片的意义作用

1. 塑造城市品牌特色

"春城"昆明通过 2000 年的城市形象宣传片的传播,成功地塑造了昆明"彩云之南、四季如春"的城市特色。上海世博会的城市宣传片则是塑造了上海国际大都市的城市形象。城市形象宣传片准确的城市差异化定位,使其塑造了城市独一无二的品牌地方特色。

2. 促进城市经济发展

从央视播出的井冈山宣传片到现在许多中小城市的形象宣传中可以发现,招商类、旅游类的城市形象宣传片通过展示城市的硬件优势和人文优势吸引投资者和旅游者,从而促进城市的经济发展。

3. 增强市民凝聚力

城市形象宣传片往往体现了城市人民的生活习惯和当地习俗,反映了这个城市的城市精神和文化内涵。城市形象宣传片的播出,会使观看到的当地市民产生强烈的地域共鸣,感染市民,从而增强内部凝聚力。

4. 提高城市竞争力

城市形象宣传片可以提高城市竞争力(就是之前几项特点和功能的最终效果)。对内增强市民凝聚力,对外提高经济实力,最终达到提高整个城市的竞争力作用。

二、浙江城市形象宣传片基本概况分析

浙江重视城市形象宣传片拍摄，目前浙江 11 个地区都有城市宣传片在全国播出。

城市综合形象宣传片一般由城市政府机关拍摄，以视听媒介与高科技结合，展示地域自然人文景观，其中包括丰富多彩的文化、社会政治经济发展水平，生动的社会氛围，现实的生活场景。浙江 11 个地区城市宣传片在央视和省级卫视播出的同时，更多在互联网上播出，本文研究了优酷网上浙江城市宣传片的点击率以及播放率数据。

表 1　优酷网上浙江城市宣传片的点击率以及播放率数据

（数据采集时间点：2015 年 12 月 6 日）

城市	宣传片名	最高点击率/播放率	最高播放记录	总播放次数
杭州	魅力杭州	32135	51543	95238
	杭州旅游宣传片——中国古都	9716		
	杭州申办亚运会宣传片	1844		
	印象杭州	51543		
宁波	中国宁波	18231	18231	31463
	香约宁波	13232		
舟山	海上城市	47000	47000	61527
	魅力舟山	4432		
	谁在舟山群岛约了你	10095		
温州	今日温州	32589	32589	47674
	浙江温州旅游宣传片	12206		
	温州生态园	2879		
绍兴	中国绍兴	51918	51918	70631
	寻梦·绍兴	4066		
	中国城市榜之绍兴宣传片	14647		
丽水	浙江最美的城市——丽水旅游宣传片	132987	132987	132987
金华	魅力金华	25837	25837	28285
	金华城市风光	2448		
嘉兴	走进嘉兴	15521	40787	88029
	嘉兴城市宣传片	31721		
	舞彩嘉兴——最佳城市旅游宣传片	40787		
湖州	湖州城市形象宣传片	17039	17039	30612
	南太湖明珠湖州	13573		

续表

城市	宣传片名	最高点击率/播放率	最高播放记录	总播放次数
衢州	神奇衢州	7816	7816	8733
	衢州城市宣传片	1547		
台州	台州江南长城宣传片	6501	16291	22792
	魅力台州	16291		

表 2 优酷网上浙江城市宣传片的点击率最高最低统计

	片名	最高最低点击率
总计最高(单片)	浙江最美的城市——丽水旅游宣传片	132987
总计最高(城市)	丽水	132987
总计最低(单片)	衢州城市宣传片	1547
总计最低(城市)	衢州	8733

由表 1、表 2 数据可以发现,在浙江省 11 个地区城市宣传片中点击率最高的是丽水的《浙江最美的城市——丽水旅游宣传片》132987,排名第二的是杭州的《印象杭州》51543,排名第三的是舟山的《海上城市》47000,排名最落后的是衢州城市宣传片 1547。

(一)浙江城市综合形象宣传片内容形式分析——以杭州形象宣传片为例

杭州是中国历史文化名城,八大古都之一,中国茶都,丝绸之府,是生活品质之城。“城市的情感美是一座城市精神文明、物质文明以及政治文明建设的综合体现。”在有限的时间内抓住观众的视觉,激发观众的情感,表达城市的风貌,需要对主题的提炼和内容的把握。

《大杭州》是由风雅颂扬文化传播集团于 2010 年 7 月 25 日拍摄制作完成的总共时长为 8 分30 秒的杭州城市宣传片,完整而深刻地诠释了品质之城的杭州。宣传片以“东方休闲之都,品质生活之城”为主题,用“品”“质”“生”“活”四字来构建章节,整部宣传片摒弃了传统的解说旁白,以音乐和章节的内在节奏串联,是第一部采用高清格式的杭州城市形象宣传片。

杭州形象宣传片将很多中国传统元素融入其中,江南的丝绸文化、中国女子的旗袍、太极拳、戏剧等,使内容更具有历史底蕴。(见图 2、图 3)

宣传内容中出现了不少城市景观。杭州形象宣传片选取了杭州西湖、富春江、灵隐寺、宋城等多个著名的自然景观及建筑之外,还出现了现代化的商场、公路,江南风格的建筑,象征着杭州城市的历史文化。

画面出现饮茶的老人、骑车的年轻人、购物的女性、穿旗袍的女人、跳芭蕾舞的小孩、唱戏的演员等各个年龄段的人,人们生活得多姿多彩,反映了杭州城市适合居住的地域特点。

在城市的整体风格中,城市色彩往往增强城市的辨识度,杭州主要以绿色作为城市色彩。画面主要以绿色为主色调,绿色是春天的颜色,表达了杭州城市的生机盎然。

画面先由幽静配合自然景点后转变成轻松活泼、动感十足配合时尚概念,现代的女装文化以及动漫文化的出现给整个宣传片带来了现代时尚的气息,同时音乐也是起伏有变化。

图 2　杭州城市宣传片

图 3　杭州城市形象宣传片

画面也采取了运动镜头，通过镜头的推、拉、移等，引导着观众的注意力。镜头的运动增加了静态建筑的逼真性，强调画面的景深。

(二)浙江城市招商类宣传片内容形式分析——以《中国宁波》为例

城市招商类形象宣传片侧重于城市经贸的发展介绍，集中展现城市资源优势以及良好的经济投资环境，体现了这个城市的经济实力。季靖、陈静的《传播与城市品牌塑造》就是从城市营销角度对城市宣传片的宣传作用进行分析。这类城市宣传多采用理性的叙事方式，常通过列举成功的例子吸引投资者。

宁波是浙江第二大城市，浙江三大经济中心之一。《中国宁波》城市宣传片是由宁波市人民政府新闻办事处与宁波电视台创办，由中央电视台著名制作人周兵担任拍摄的 10 分钟的完整版宁波城市宣传片。运用先进的拍摄技术，主要介绍了宁波的历史文化、蓬勃的经济活力、对外交流、良好的投资环境，起到了宣传推介的作用。

从2011年3月起，《中国宁波》剪辑的15秒宣传片在央视一套、新闻频道的《朝闻天下》《新闻30分》以及央视四套《中国新闻》三个栏目中共播出3个月。宣传片以"书藏古今、港通天下"为主题，该片的定位是借助宁波的历史文化，展示现代经济的发展，宁波港口，交通的便利，与"港通天下"相呼应。

画面开始出现的是一轮红日徐徐升起，镜头切换到天一阁、老外滩、天一广场、三江口、北仑港等地方，用了排序的手法，意在用现代的手段对外交流，希望体现宁波地理位置的优势以及海上交通经济的发达，来吸引内外投资者，从这一层面上可以认定这是一部招商类城市宣传片，但是这部作品不仅体现了现代的城市环境，还重现了宁波的历史，河姆渡遗址等的出现则表达了宁波是座历史古城这一特点，一定程度上旨在吸引游客，因为认为《中国宁波》这部城市宣传片是一部以招商为主的城市宣传片，整部片子这样的表达方式是否恰当，这一疑问也在当时引起了热议。

图4 《中国宁波》城市宣传片

（三）浙江城市旅游形象片内容形式分析——以《谁在舟山群岛约了你》为例

城市旅游形象宣传片，由城市的政府机关或者是城市旅游部门主持，对城市的山水风光、景观建筑做游历性扫描。陈叙在《构建城市旅游形象的思考——兼论打造成都城市旅游形象》一文中将城市旅游形象理解为城市文化和城市形象的集中体现。在浙江省11个地级市中，有过半的城市形象定位为旅游形象，每个城市的地区都会有旅游类城市宣传片。成功的旅游形象宣传片不仅可以带动城市经济的快速发展，还可以塑造城市形象。特色的地方旅游资源决定了不一样的叙述风格和语言。

城市旅游宣传片一般采用理性与感性相结合的表达方式，在众多游历性的旅游宣传片中，舟山的《谁在舟山群岛约了你》独树一帜，由舟山市旅游委员会于2012年2月拍摄完成，采用了剧情式的爱情故事为情节发展，讲述了作为游客的男子爱上美丽的舟山姑娘的故事。

首先，这部宣传片主题凝练出挑出彩，"谁在舟山群岛约了你"，在众多旅游形象片中脱颖而出。开篇影像是舟山群山环绕，广阔无垠的海岸线，千船靠岸的壮观，淳朴善良的渔民，蓝天白云，宏观地交代了故事发生的地点：舟山的地理环境优势。音乐空灵回转，余音袅袅。

图 5 《谁在舟山群岛约了你》城市宣传片

接着宣传片以男女主角视觉分别入手，男主角作为旅游者，体验着舟山各式各样的旅游项目，从而表达舟山旅游资源的丰富多彩，金光灿灿的沙滩、壮观的沙雕展、各式各样的帆船模型、可口的海鲜排档。

图 6 《谁在舟山群岛约了你》城市宣传片

《谁在舟山群岛约了你》60 秒的剪辑版本按照时间顺序进行剧情编排，画面节奏更紧凑。15 秒的版本则主要由几个镜头组成，舟山标志性的沙滩，水天相接的海岸线等的全景镜头，以及听海螺的女主角的特写。最后夕阳沙滩上出现的情侣剪影点明了故事的主题。每一种版本都以唯美的爱情故事为主线，充分展现了舟山“海上城市”的旅游形象特色，赋予冰冷的自然景观感情色彩、爱情温度，创新了城市旅游形象宣传片的内容形式。

三、与大型活动或赛事相配合的浙江城市宣传片内容分析

汤筠冰在《视觉建构——以申奥片为例的视觉文化传播研究》一书中提到利用申奥大型赛事活动为基础的城市形象宣传片在视觉角度方面非常值得研究。与大型活动或赛事相配合的城市宣传片一般通过活动赛事前后的宣传，获得国内外观众的注意力，同时展现举办城

市的实力和魅力。这类宣传片成功之作有北京奥运会宣传片、上海世博会宣传片，正是由于这些活动赛事本身的高关注度和通过城市宣传片塑造举办城市的经济实力从而使得北京和上海两大城市走向了国际。

杭州申办亚运会宣传片与上海申博宣传片属这类宣传片，下文将对比研究两部此类宣传片，分析其内容形式特点。

(一)《上海申博宣传片》内容解读

2002 年 12 月由张艺谋担任导演的申办 2010 年世博会的一部仅有 5 分 13 秒的宣传片，成功地将古老灿烂的东方文明中现代化都市的精彩瞬间诠释得淋漓尽致。

短片主要以大量的短镜头快速的切换来展现上海现代化进程的同时传达了“城市，让生活更美好”的理念，这部申博宣传片，节奏紧凑，内容丰满，以强烈的视觉效果向国内外观众展现了一个大上海经济发达、充满活力的立体概念。

上海申博宣传片没有任何旁白解说，主要请来了大量的各个年龄段、各个职业、各个民族、各个国家的具有特色的人物，全片以“人”为中心，同时利用一首海内外耳熟能详的中国民歌《茉莉花》贯穿全片曲调，不仅具有强烈的民族性，同时也具有广泛的国际性。

张艺谋擅长利用传统文化与现代化科技的交替对比增强视觉冲击力。作为上海地域特征的东方明珠配合着太阳的升起展现上海新一天的开始。上学的学生、上班的大人、晨练的老人，慢慢地镜头就将早上紧张的生活节奏转移到了古朴清新的江南古镇，与城市中生活的对比，突出了古镇生活的悠闲自在。

图 7　上海申博城市宣传片

上海的生活不单单是机械化的生产工作，高科技的现代化生产，它还是充满着故事性的。片中多次出现不同人的笑脸，用最简单的笑传递这个城市在紧张繁忙的生活节奏中存在的人与人之间的情感，赋予宣传片浓浓的人情味。

上海申博宣传片将传统文化与现代化都市的图像结合，使得这座东方文明之城走向了国际。特色古镇、浦江夜景、传统昆剧、现代化生活等一幕幕古老而又现代、文明而又美丽的瞬间，留在了许许多多国内外友人脑海之中。该片在申博陈述现场，先后 5 次引起了观众的热烈掌声。

(二)《杭州申办亚运会宣传片》内容解读

2015 年 9 月杭州申办亚运会成功，丁炯称“5 分 13 秒的宣传片拍得大气磅礴，现场播放效果非常好。片子刚一播出，亚奥理事会就目不转睛地看着”。

短短几分钟的宣传片中涵盖了很多杭州的地方特色。开篇是节奏明快、便利发达的交通轨道地铁海运配合快节奏音乐，表达了杭州城市的现代气息。宏伟的现代化建筑配合现代化城市生活传达“智慧杭州”城市概念。

风景如画的自然风光西湖和著名的灵隐寺、中国大运河等旅游历史文化景观表达了杭州是一座美丽且有文化底蕴的城市。戏台上越剧江南少女曼妙的舞姿与古老的文明交替出现。利用千古情的历史故事承载这座城市的“情”。鼓声的出现又将片子的镜头切换至各种赛事活动现场，将城市的活力与亚运会的主题相结合。最后将杭州体育馆的宏伟与大自然的美丽相叠加，用杭州市民快乐的生活展现杭州城市方方面面的优势。

图 8　杭州申办亚运会宣传片

(三)从内容上对两部宣传片对比分析

解说词：必要的文字说明对画面还是起到了提示性的作用。

上海申博宣传片整部片子没有旁白的解说，只有简短的字幕，不方便国际友人的理解和对内容的准确把握；杭州申办亚运会宣传片全片配合流畅简洁的中英结合的旁白解说，便于国际友人的记忆和解读。

内容构建：霍尔提出对视觉文本解读的三个重要阶段和语言构建的意义。

虽然上海是个历史悠久的文明城市，但是结合申博主题，片中大量镜头以人物为主体，主体选择特别，使整部片子十分亲切，文化与人情的交替，传达进步的同时，展现了国人的善良形象；杭州申办亚运会宣传片则没有摒弃历史，反而以历史文化来展现这座城市的魅力，追求视觉效果。

虽然上海申博宣传片输在了大气，却赢得了更多的人心。

内容主题：宣传片的内容主题决定着所有画面、情节和声音。

上海申博宣传片主要利用“人”展示上海惊人的变化以及大都市的生活节奏，使得整部片子有了主体后更为完整和谐；杭州申办亚运会宣传片的主题就是将城市与生命联系在一起，符合“亚运会”这一赛事主题。片子中宣传城市形象主要依附于城市文化、历史建筑等。两部片子的侧重点不同。

如果站在赛事宣传片的角度，笔者认为杭州申亚宣传片更为贴切。

情节：情节发展与故事的编排至关重要。

上海申博宣传片在情节上看似很平淡，无逻辑，实则是历史与现代的交替，充分传递了上海城市的成长与进步，人物背景的选取视觉冲击力强，画面强烈而使人记忆深刻；杭州申办亚运会宣传片分段式的内容编排显得比较普通，前半部分快节奏地展示杭州的经济、交通优势，中间部分展示杭州城市文化底蕴，后半部分通过城市赛事表达杭州之“运动活力”，无创新，镜头画面感不强，传达的意思比较明确，但是缺乏创新，视觉冲击较弱。

四、从传播优化专业模型视角分析浙江城市形象宣传片效果

（一）用 Ameritest 模型分析浙江宣传片效果

Ameritest 模型是在 1989 年由美国著名广告人 Chuck Young 提出的衡量广告效果的专业模型，先后七次获得奥美研究奖。Ameritest 模型评估传播效果主要有三个指标：注意力、与品牌之间的联系以及传播的说服力。

根据本文研究的需要，将其三个指标进行重新的理解。

注意力：主要数据收集来源于优酷网上浙江各城市形象宣传片的点击率/播放率。

品牌联系：城市形象宣传片是否与该城市紧密联系。通过专家评价分析总结浙江城市形象宣传与城市之间的联系。

说服力：宣传片创造了多少宣传效果？对观众的影响又是什么？

主要分析浙江成功旅游类城市宣传片播出前后经济实力的变化。

（二）浙江城市形象宣传片注意力指标与品牌联系

1. 优酷网点击率最高城市宣传片

表 3　优酷网点击率最高城市宣传片

城市宣传片片名	最高点击率
长春城市宣传片	2869115
锦溪古镇形象宣传片	1385144

表4 优酷网点击率最高最低浙江城市宣传片

	浙江城市形象宣传片片名	点击率
最高	浙江最美的城市——丽水旅游宣传片	132987
最低	衢州城市宣传片	1547

2.点击率、播放率第一的城市宣传片个案分析原因

(1)优酷网点击率最高城市宣传片原因简析

从表3中看出优酷网最高点击率的城市宣传片是:长春城市宣传片和锦溪古镇形象宣传片。

本文对其原因的简单总结:都属于旅游类城市形象宣传片,都突出城市地方特色,善于利用独特的自然风光,独特的文化内涵,独特的生活状态,打造专属于该城市的形象名牌;城市形象宣传片定位明确,主题鲜明;旅游城市知名度高;画面融入城市历史,视觉上有美感,阐释城市情感。

(2)《浙江最美的城市——丽水旅游宣传片》高点击率原因分析

《浙江最美的城市——丽水旅游宣传片》是一部长达18分29秒的旅游城市形象宣传片。宣传片分别从“山水古文明”和“丽水好风光”两方面表现丽水旅游资源的丰富多彩。

内容亮点:开篇先声夺人,利用了当地方言歌谣的呐喊声,衔接视觉与听觉。全片将丽水得天独厚的神秀山水、清新雅丽的休闲净土以及底蕴深厚的人文历史用画面配以解说表达得清清楚楚。片中出现了具有号召力的语句,比如:青春,就该到远方去走走!片中采集了大量真实的数据,比如丽水的森林覆盖率是80%,负氧浓度在生态环境综合评价中9个县市进入全国50等,使得整部宣传片更具有科学依据和说服力。片中多次出现诗词歌赋,用以调节气氛,打动观众。整部片子运用了许多丽水的荣誉称号,如“中国生态第一市”“江浙第一高峰”等,力证丽水独一无二的旅游资源优势,对观众更具有说服力。

这部宣传片之所以有如此高的点击率,得力于丽水本身地理风光的优势以及人文历史的底蕴,较早吸引有旅游意向的受众,较早明确地将丽水定位于旅游城市是丽水得以经济发展的一大因素。

(3)衢州城市宣传片低点击率原因简析

原因总结:衢州城市GDP低,城市发展的品牌形象不够成熟;地方特色不够鲜明,缺乏宣传;情节简单,画面普通,实用与创意没有结合;编排过于松散、冗长,容易产生视觉疲劳。

3.专家对杭州和宁波两大经济城市宣传片的看法与评价

本文收集业内专家对浙江省两大经济城市杭州和宁波宣传片的点评与建议。

浙江大学传媒学院的张雷博士主要对两个城市的镜头画面分别作了评价,他认为杭州的旅游宣传片“给人的感觉很亲切,但是对历史和文化的强调不够”,而宁波的宣传片“片中开始的镜头就与历史文化息息相关,整部片子整体又不失江南的古韵,相对比较完整”。

旅委在对欧洲市场的调查发现,对于杭州他们的兴趣不在于西湖,而在茶文化和佛文化。因此,杭州旅委副主任王信章认为杭州宣传片的缺点就在于其文化内涵没有表达得很清楚,让人产生不了印象。

复旦大学新闻学院教授、博士生导师,国际公共关系研究中心主任孟建在城市宣传片上颇有研究。他对两部片子的评价也不同,他说杭州城市宣传片“洋气”,认为杭州的片子是通

过市场细分后进行定位和拍摄的，而宁波的宣传片采用的是普罗式的表现手法，没有对应的旁白，略显苍白。最后，他也表示可能是宁波地区在拍摄这部宣传片时定位的观众比较广泛。

摄影家祝辰洲在看完宁波的宣传片后，表示了他希望给杭州再拍一部，他的纪录片曾获得国际环保记录金奖，他表示“城市宣传片就好比是一道饭菜，好看的基础上还要考虑到顾客的喜好”。他表示如果他拍摄的话，希望杭州的旅游宣传片不仅要拍得漂亮，还要内容精炼，不追求内容复杂化，自己会做减法。

4.部分观众对杭州和宁波两大经济城市宣传片的看法与评价

博友@尚忍评价道：片子节奏太快，都没看清楚宁波的标志性特征，没有特色，就只是宁波本地元素的组合，毫无新意。

@简小芷说：现在城市宣传片都一个模式，丝毫没有考虑我们观看者的心理，辨识度太低。

@叫我CC公主：片子中的摆拍镜头太多，我们的城市哪里是这样的，生活中可能会出现这样的场景吗？有人会在天一阁打太极拳、走秀吗？

@在线小施主是个欧美控：美国的宣传片都是以人为拍摄中心的，但是杭州、宁波的宣传片都是以城市为中心，一味宣传经济怎么好，环境怎么好，都忘了所有的主体，都是老百姓啊！

还有大量专业相关的人表示，自己拍出来的城市宣传片可能效果更好。

（三）浙江城市形象宣传片的说服力——以丽水旅游城市宣传片为例

丽水的第一部旅游城市宣传片是在2009年播出的。2011年7月初，《浙江最美的城市——丽水旅游宣传片》在央视一套播出。每天早上6点57分到7点之间，《朝闻天下》期间，每天播出一次，第四季度以《资讯全接触套装》3次/天：央视一套播出一次，央视13套播出2次，时间分别为早上6:30—6:45;7:30—7:45;7月12日，丽水总投资高达100亿元的生态旅游项目全面启动，把休闲旅游业打造成“第一支柱产业”。

表5　丽水市2008—2015年国内外游客接待量数据

年份	年均增长率(%)	年末总接待量(万人)
2008—2010	25%	2010
2011—2015	10%	2600

表6　丽水市旅游产业游客人数与总收入

年份	游客总数(万人)	旅游总收入(亿元)
2007	863.46	49.4
2010	1600	100
2015	2600	170

表5、表6数据说明，从2010年开始，丽水市旅游业不断发展，经济收入也相当可观，2009年第一次播出的旅游宣传片作用有所体现，从2010年至2015年旅游收入更是达到了前所未有的增长，也说明了2011年在央视播出的丽水宣传片配合着2011年丽水生态项目

的开展带动了丽水的旅游行业走出浙江省，走向中国乃至世界。

五、总　结

(一)点击率排名靠前的城市宣传片共同点总结

1. 宣传片定位准确，目标明确，效果明显。

不管是从排名第一的丽水城市宣传片，还是杭州城市宣传片，舟山城市宣传片来看，整部宣传片的定位相当明确，无论是旅游，还是历史文化、人文，让人产生统一的印象。

2. 自然依托，人文历史构筑，主旨鲜明，创意出挑，引人瞩目。

每一部高点击率的城市宣传片都有一个统一且贯穿整部片子的主题，例如：山水好文明，丽水好风光；东方休闲之都，品质生活之城等。明确的定位加以统一的主题，将城市的方方面面凝聚成具有代表性的特性，便于观众记忆及传播。

3. 构思新颖，编排紧凑，虎头凤尾熊腰，要言不烦。

杂乱无章、没有编排特色的城市宣传片对城市形象的塑造没有作用，真正好的宣传片一定具有内容的重组、画面的构思以及简洁的编排，使其完整而具有可观性。

4. 画面赏心悦目，故事凝练有趣，镜头语汇起承转合流畅。

画面美丽、赏心悦目、辨识度高、利用镜头语言和特效彰显城市视觉艺术特色是城市宣传片的关键，善于用色彩传递情感，用画面夺人眼球。

5. 其他因素影响效果。

城市地区知名度、城市经济水平、城市旅游圣地等等。

(二)浙江城市宣传片存在的问题及建议

1. 自然景观与人文历史素材选择，内容要精粹、精选、精致、精益求精，不求面面俱到，但求一鸣惊人。

浙江每个城市都具有丰富的历史背景以及美丽的自然景观，一味地将城市的一切一五一十地呈现在城市宣传片中，旅游、招商、人文等所有城市元素强加在一个短短几分钟的宣传片中，浮光掠影的表达方式很难使其有效果。

清晰焦点，在内容上做减法，在形式上做加法。

2. 内容是根本，真实是宣传片的生命，真实真切真情真美真动人。

假大空的听觉表达，模式化的视觉传递，是城市宣传中的通病。城市宣传片的传播中心是观众，以“人”为中心，描绘真实生活会出现的画面，增加亲切感。

3. 特点特色特别重要，新颖新奇新鲜出炉最诱人，雷同平庸是宣传片的大忌。

浙江省有着江南水乡的建筑风格，山清水秀的特点，浙江省具有着江南这一地域的所有元素，因此，浙江各地城市宣传片应该在其地方上寻求特色与标识，避免同质化。

随着城市宣传片创作理念的不断深入，城市形象宣传片的内容形式也日趋多样化。从对浙江省 11 个地区城市宣传片的解读以及分析中，我们发现优秀的城市形象宣传片在内容以及画面的表现形式上具有城市特色，对于每个制作团队都是一种创新与挑战。

随着社会的发展，拍摄技术的成熟，视觉感受的丰富，新媒体的崛起，城市宣传片的发展，城市形象宣传片的效果影响因素太多，但是目的都是为了打动观众。作为中国东部经济发展迅速的浙江省来说，浙江的城市宣传片侧重宣传其城市现代化的优势，对城市文化的内涵诠释还需要强化，尤其忌讳宣传片换掉画面在各个城市都可以宣传。不同的城市在城市形象的塑造过程中，不要一味地追求“高大上”的视觉效果，实际上“接地气”的创作表达才是最能打动观众心的。

一部成功的城市形象宣传片应该有其共性，具备定位明确、内容统一、编排创新的特点，配合好的宣传时间以及人和等因素才能达到最佳的效果。但是，浙江每个城市的关注度以及城市自身的效应具有很明显的差异性，所以不能一概而论，还存在着许多需要进一步研究的地方。

参考文献

[1]编辑部. 城市问题[OL]. 北京市社会科学院，1982.

[2]菲利普·科特勒. 地方营销[M]. 上海：上海财经大学出版社，2008.

[3]赵红香. 城市形象片视觉传播分析[J]. 新闻窗出版，2012(6).

[4]翟臣. 提升城市宣传片中画面表现力的几点思考[J]. 艺海，2009 (3).

[5]陈寿. 三国志[M]. 北京：中华书局，2007：5.

[6]王憬晶. 论中国电视广告叙事中的缺失[J]. 浙江万里学院学报，2008(6).

[7]朱岚. 用文化建设打造城市“名片”——成都城市文化建设的几点启示[J]. 四川行政学院学报，2007(1).

[8]王方，周檏. 打造城市和地域文化的“视觉”名片[N]. 新华日报，2007.

[9]王洁松. 中国城市形象片对于城市形象的建构与塑造[D]. 西安：西北大学，2012.

[10]陈徐彬. 广告大观(综合版)[J]. 广告大观，2013(5).

[11]周鸿铎. 文化传播学通论[M]. 北京：中国纺织出版社，2005：8.

[12]李伊娜. 中国城市形象片的变迁与发展研究[D]. 兰州：兰州大学，2010.

[13]张丹青，吴黎中. 电影镜头画面[M]. 济南：山东美术出版社，2008：1.

[14] 汤筠冰. 视觉建构——以申奥片为例的视觉文化传播研究[M]. 南京：南京出版社，2009(6).

[15]季靖，陈静. 传播与城市品牌塑造——以杭州、上海为例[J]. 浙江工业大学学报，2008(21).

[16]陈叙. 构建城市旅游形象的思考——兼论打造成都城市旅游形象[J]. 中共四川省委党校学报，2014(5).

[17] Chuck Young. Ameritest 模型[M]. 美国，1989.

基于 CiteSpace 的微信阅读热点研究的综述

丁　琪

（南京大学信息管理学院）

摘　要：微信从 2011 年推出以来，发展迅猛。“微信阅读”的兴起，恰好顺应了当下社会生活节奏快、闲暇时间少给人们精神生活上带来的新变化——需要在间断、短暂的时间内迅速获得有效的信息和足够的娱乐资源。本文基于 CiteSpace 软件分析微信阅读的现状和热点问题，重点在于对微信阅读研究的热点和前沿问题进行总结和归纳。

关键词：微信阅读　现状　CiteSpace　热点

一、微信阅读的现状

在移动互联网、智能手机的催生作用下，腾讯于 2011 年推出手机聊天软件微信。随着微信迅速发展，人们的日常生活在很大程度上受到了微信的影响和改变。阅读，也不可避免地受到影响。所谓的“微信阅读”是指微信用户阅读朋友圈内公众号或好友分享的文章，并在阅读过程中可能开展的系列互动或分享活动。

根据中国新闻出版研究院 2015 年发布的第十二次全国国民阅读调查显示：有 34.4% 的成年国民在 2014 年进行过微信阅读，在手机阅读接触者中，超过六成的人（66.4%）进行过微信阅读。人均每天微信阅读时长为 14.11 分钟。[1]另据腾讯科技频道披露的 2014 年 9 月的调查数据，微信阅读用户中，有 20% 的用户每天阅读 6 篇到 10 篇，15% 的用户每天阅读 10 篇以上。[2]

二、基于 CiteSpace 的“微信阅读”分析

以“中国知网”为检索平台，以“微信阅读”为主题，并在主题排序下共检索出 1340 条相关文献信息，剔除关联性小的文献，共导出 449 条文献，进行 CiteSpace 分析，结果如下：

（一）关键词共现分析

由图 1 可以看出，关键词“微信”“阅读量”“自媒体”“微信公众平台”“高校图书馆”“浅阅读”“二维码”“朋友圈”“腾讯”“新媒体”“阅读推广”“数字阅读”“新媒体时代”“微信公众号”“大学生”“移动阅读”“通微”“新媒体传播”等处于高频词汇。并且，从提取的聚类术语中，我们还要关注“媒体营销”“写作知识”“微小说”“传播力”“web vs app””经济增长”“愉悦感”“阅读内容”等重要信息。

（二）作者合作网络

由图 2 的“作者合作网络分析”可以看出，关于该课题发文量较多的作者有：朱沙、刘芳、李武、刘阳、陈鹏、叶宏玉等人。

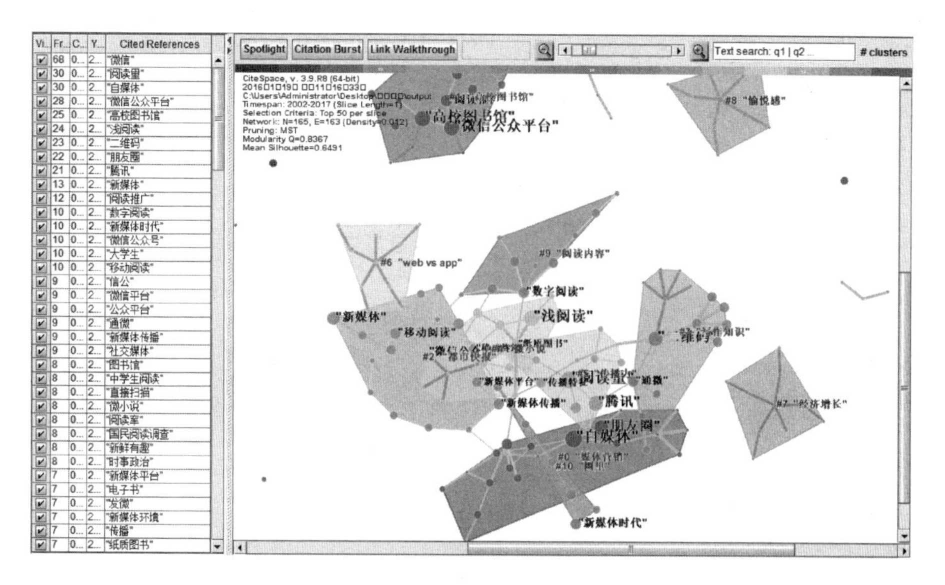

图 1　关键词共现分析

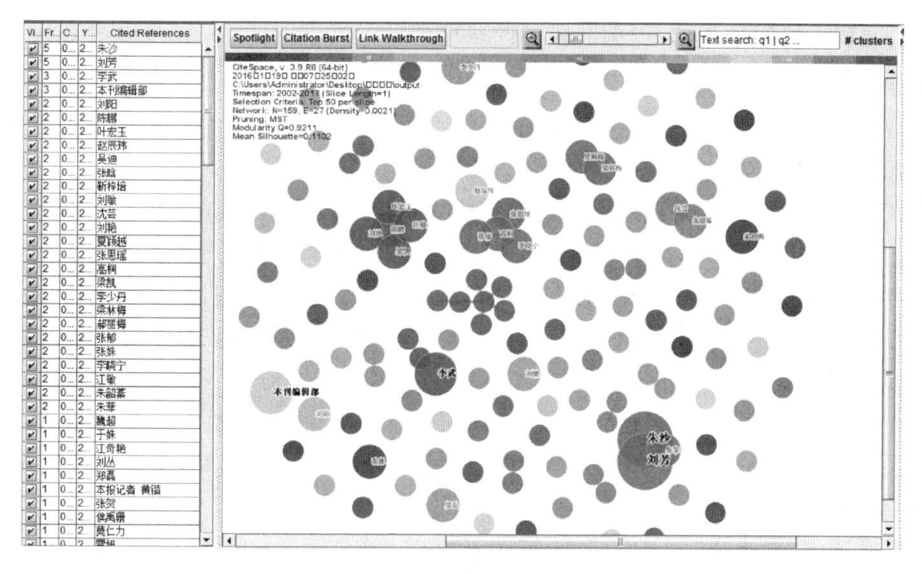

图 2　作者合作网络

（三）机构合作网络

由图 3 的“机构合作网络”可知，发文量较多的机构有三峡职业技术学院图书馆、三峡大学图书馆、都市快报、上海交通大学媒体与设计学院、中国人民大学新闻学院、遵义医药高等专科学校图书馆、闽南师范大学文学院等。

三、微信阅读的热点研究总结

由以上 CiteSpace 分析，选择该课题核心作者群的文献进行阅读，参考出现频次最高的关键词，总结得出“微信阅读”的研究热点和问题如下：

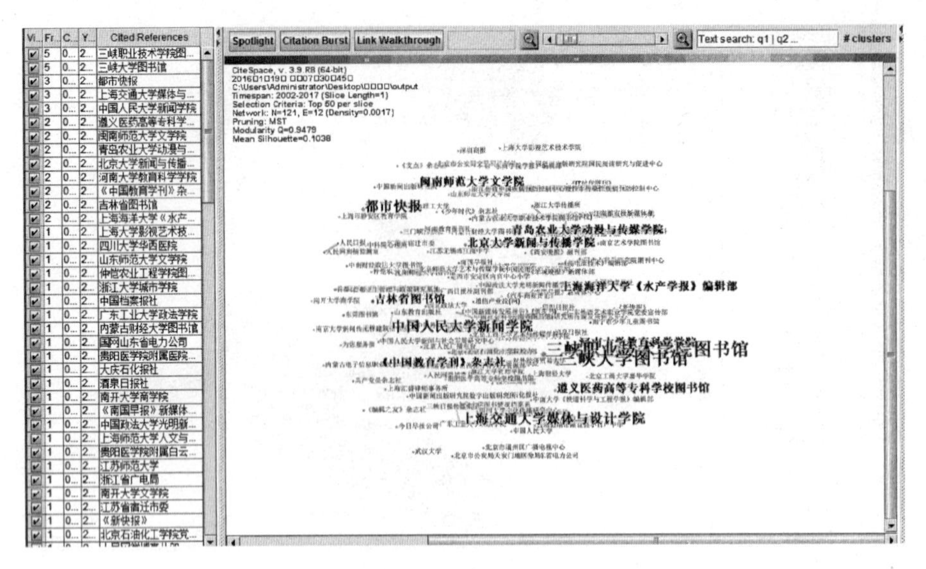

图 3　机构合作网络

(一)怎样进行微信阅读/微信时代阅读新理念

针对微信时代阅读的理念探讨,主要有以下 3 种意见:

1. 微阅读弊端论,主张回归传统阅读。一位来自北京师范大学中文系的学生提出,如果人们一味沉溺于“微阅读”时代带来的简单、浅表的愉悦中,就会失去思考、创新和扪心自问的能力。中央编译出版社总编辑刘明清也指出,在这个阅读功利化日益明显的时代,更应该强调“读无用之书”的意义。恰恰是那些看似无用的书,才能让我们享用一辈子。

2. 将微信阅读作为传统阅读的补充。刘阳在《“微时代”怎样阅读》中指出,“微阅读”是一种浅阅读,解决的是传递信息的问题。而传统阅读是一种深阅读,解决的是深层次思考的问题。二者并非不可兼得,相反,“微阅读”作为获得信息最快捷、有效的手段,可以作为传统阅读的有效补充。[3] 中南民族大学文艺学专业研究生丁楠说,由于硕士论文写作需要阅读大量的文献,平时阅读的纸质书大部分都是跟论文写作有关的专业书籍,闲暇时间的阅读主要是借助微信阅读公号。[4]

3. 打造微信“深阅读”。著名诗人、翻译家黄灿然曾表示,微信同样可以做深度阅读,只是平台不一样。在他看来,“现实世界中有严肃的文学,深刻的思想,微信等平台上也可以有,只要你想读书,读深度的东西,就可以把它当成一个小图书馆,一本杂志。”记者朱林也认为,微信阅读依然可以严肃而深刻。[5]

根据第十二次全国国民阅读调查显示:2014 年我国成年国民人均纸质图书的阅读量为 4.56 本,与 2013 年的 4.77 本相比,减少了 0.21 本。人均阅读电子书 3.22 本,较 2013 年的 2.48 本增加了 0.74 本。此外,成年国民人均纸质图书和电子书合计阅读量为 7.78 本,较 2013 年纸质图书和电子书合计阅读量 7.25 本增加了 0.53 本。对我国国民倾向的阅读形式的研究发现,57.2%的成年国民更倾向于“拿一本纸质图书阅读”。可见,传统阅读仍然占据重要的市场,“浅阅读”与“深阅读”相辅相成已成趋势。[6]

由此我比较赞成第二种观点。微信阅读,作为一种新的阅读方式,以其轻松、愉悦、简短吸引读者,打造深度阅读平台也有极大的可能性。但是,传统阅读不会因此消失。

“微时代”大学生应树立的阅读新理念是:1.塑造积极进取和创造意识,提倡深度阅读和潜心研究。2.坚守理性判研,借助扎实的阅读功底提高明辨是非的能力。3.科学地定位求知和求学,提高阅读量,尤其是从经典名著中提取养分。[7]

(二)大学生微信阅读动机研究

进入21世纪后,基于互动和分享的社会化阅读日益成为一种备受读者青睐的阅读方式。而微信阅读作为新兴社会化阅读方式之一,备受关注。所谓阅读动机是指由与阅读有关的目标所引导、激发和维持的个体阅读活动的内在心理过程和内部动力过程。[8]国内外针对未成年人阅读动机研究,提出一系列的动机量表,Wigfield 和 Guthrie 提出了“阅读动机问卷”(Motivation for Reading Questionnaire,MRQ)。利用多样本交互验证的方式,Watkins 提出了未成年读者阅读动机的八维度结构。[9]蔡少辉通过对大陆大学生的网络阅读情况进行实地调查,指出大学生网络阅读动机是多维度的,包括社会交往、情感抒发、信息获取、个人修养和阅读兴趣五个方面。一项针对台湾高职生的研究指出,高职生开展网络休闲阅读主要是为了展现自我效能,迎接阅读挑战,与朋友分享信息。

2014年,李武以上海初高中生微信阅读为例,确定了青少年社会化阅读动机的三大类别和六个维度,即内在性动机(包括“信息获取”“情感抒发”和“兴趣爱好”三个维度)、社交性动机(包括“社会交往”和“他人认同”两个维度)和成就性动机(指向“个人发展”维度),并得出社交性动机是青少年开展社会化阅读活动最为重要的动机因素。另外,在李武等人发表的“大学生移动阅读的使用动机和用户评价研究,基于中日韩三国的跨国比较”中发现在互动性需求方面,韩国大学生显著强于中国大学生,而中国大学生又显著强于日本大学生。[10]

(三)微信阅读呈现新的传播特征

刘思佳、刘欣在《微文化背景下的新阅读范式研究,以微信阅读为例》中提出微信时代阅读范式的四个特征:阅读方式呈半私密化特点;阅读内容向多杂散匿分布;阅读渠道呈“病毒式”的用户推广;阅读习惯形成“个人品牌杂志”。[11]

李天龙、李小红在《微信传播特征探析》中解读微信传播特征:微信传播具有精准高效传播多媒体信息的特征;微信传播集传播者与受传者为一体,强化了作为具有双重性质的主体人的角色;微信传播涉及社会生活的多方面,呈现出内容的多样化、时间的碎片化特征;微信传播采用先进的信息传播技术,主要依托于智能手机;微信传播应用广泛,是一个强大的媒介融合传播体系。[12]

王眉在《微信公众平台的传播特点及趋势分析》一文中指出微信与其他社交网络最大的不同是它单向环状私密传播的特点。这一特点改变了以往的网络传播生态,主要体现在三个方面:缺少“围观”不易产生集中性的引爆节点;“沉默的螺旋”更加弱化,真实意见表达成为可能;“广场效应”消失,客观、理性声音增多。[13]

吉林长春电视台的李冬则认为微信具有四个特点:内存、低流量,界面简洁、功能多元;即时性、互动性、广泛性;强半熟社交,弱圈内社交;趋同性沟通趋势,同步与异步相结合。[14]

王育楠在全媒体时代中发表文章认为,微信在中国的发展特点及趋势是:差序格局凸显意见领袖,群体传播信息过载带来隐优,微信商业化比国际化更现实。[15]

总结以上不同学者的观点,我们可以找到以下共同点:内容多样化、功能多元化、时间碎片化、社交半私密化、推广“病毒式”等。

(四)利用微信进行阅读推广

1. 应用于图书馆

微信的网络覆盖广、服务定制佳、开放 API 接口等诸多优点为图书馆移动服务的开展提供了很好的解决方案，高校图书馆将书目查询、续借预约、阅读推广、FAQ 等服务嵌入微信公众号，打造一个图书馆和读者之间 O2O(offline to online)交流平台，能够让图书馆与读者之间的关系更加紧密。牛波在《图书馆微信阅读推广探析》一文中也指出图书馆利用微信推广阅读的可行性：1. 微信拥有庞大的注册用户群；2. 微信推广不受时空、地域限制且资费低；3. 微信立体化的传播手段，便于阅读推广表达丰富的信息内容；4. 阅读推广信息可以通过微信实现精准传播；5. 微信的转发功能，扩大了阅读推广信息的有效传播。

微信在我国图书馆界利用率不算高。通过调查，发现图书馆应用微信提供的服务主要有以下几种：馆情介绍、信息发布、图书推荐（借阅排行榜)、参考咨询，还有的与本馆业务管理系统做了关联，可以提供书目查询及图书续借、预约服务。总的来说，大多数图书馆的微信都有图书宣传、阅读推广的功能，其中深圳少儿图书馆还注册了专门的阅读推广公众号“深圳少儿图书馆——喜悦 365”，另外还有一些公益图书馆也注册了微信公众平台专做阅读推广，如“小鬼当家图书馆”等。可见，不管是图书馆还是一些阅读推广机构，都意识到了微信是阅读推广的重要手段和途径。[16]

2. 应用于出版社，实现“微出版”

任文京和甄巍然在《微信社交化阅读困扰与突破路径，兼论“微出版”的可能性》一文中提出了“微出版”是一个基于互联网思维的新概念，专指以经过认证的微信公众号作为出版主体，以微信长文为形式，从而实现内容资源的生成、推送、阅读、复制、转发的全过程。基于微信社交化阅读呈现出的信息垃圾隐患、内容浅薄化与虚假信息泛滥等困扰，“微出版”将是传统出版业通过移动网络把用户重新培育为读者、实现数字化转型战略值得尝试的重要路径。[17]

3. 应用于科技类学术期刊

建设微信功能服务平台，利用微信来拓展学术期刊宣传途径、优化期刊宣传手段已成为近几年的行业热点。梁凯等人在《微信平台在科技类学术期刊中的应用现状》一文中提出了微信平台在期刊发展中的优势，即申请简单，使用方便；受众多，传播快；服务多，阅读方便；功能全，利于后台数据的统计和分析等。截至 2015 年 5 月 11 日统计数据，百种杰出学术期刊中有 54 种期刊开通了微信号，而且此数字还在不断增加，其中绝大部分采用的是“订阅号”模式。[18]

4. 辅助高校教学

随着 3G、4G 网络和校园 WiFi 的普及以及网络资费的下降，学生通过手机上网已经成为一种潮流，而微信以其免费、便捷、可移动等特征，成为大学生学习、生活和沟通的新型工具。利用微信辅助高校教学，促进高校教学水平和质量的提高成为值得高校教育者研究的热点问题。刘阳在《微信辅助高校教学探讨》一文中指出了利用微信平台进行教学的可行性：利用微信进行教学符合交往教学论的基本思想，微信可增进师生之间的了解；微信的普及提供了现实基础；符合高校“90 后”大学生的不成熟、从众心理特点等。[19]

(五)微信公众号运营存在的问题探讨

总之,利用微信进行阅读推广已经是大势所趋。但是在运营和操作的过程中也引发了一些问题,包括信息过载导致垃圾隐患、微信阅读内容同质化、"标题党"现象暴露微信内容的浅薄化,虚假阅读量、微信安全问题、版权问题等。"微信阅读"的种种困扰让我们看到,微信公众号所提供的内容服务亟待提高。

1.信息过载导致垃圾隐患

由于缺少必要的把关,以致微信内容资源庞杂多样、良莠不齐,诸如伪科学内容、星宿命理的测试、无聊的"接龙"游戏等,浪费用户阅读的时间,造成微信社交空间的信息垃圾污染。这种状况无论是令转发者还是阅读者都备感无奈与疲劳。

2.微信阅读内容同质化

微信内容资源的"同质化"主要表现在题材类型的重复性、表述语言与风格的娱乐化等。每个人的社交圈不同,但转发最多的题材集中于生活健康类、处世哲学类、女性励志类等,涉及某一主题的文章虽然冠以不同的标题,但内容大同小异,如《真的很美,她这样说女人》《女人应该有的习惯》《女人要这样,活得才有范儿》等。

3.微信"标题党"现象,暴露微信内容的浅薄化

进入互联网时代以来,各种资讯如恒河沙数,让人眼花缭乱。许多网站为吸引眼球,往往在标题上狠下工夫,或制造悬念,或夸张渲染,或词语挑逗,不一而足。到了微信流行时代,这种"标题党"做法变本加厉,跌破道德底线。这类文章不管内容是否确实值得阅读,单就标题而言,就足以显示其浅薄之意。而这类题目的文章往往缺少深刻的主旨和丰富的知识,给读者留下的也不过是瞬间消遣而已。

4.虚假阅读量

从2014年微信公开阅读量的那一刻起,"买阅读量"便应运而生,成了一门生意,甚至成为不少人工作上的救命稻草:瞒老板也好,骗客户也罢,哪怕仅仅是贪图虚荣,有人在意数字,便有人贩卖数字。一次阅读量的造假,通常能够在10—30分钟内完成,只要你愿意留心观察,这些文章往往有以下特点:在短时间内阅读量飞增,往往以每秒钟30—50的数量增长,这个过程的长短主要取决于买了多少,到量即止,紧接着阅读量便是一潭死水;另一种可能是阅读量间歇性的疯涨。

5.微信安全问题

一些别有用心的人利用微信注册不需要实名认证,可以通过别人的手机号码或者编造的手机号码、邮箱、QQ号来注册等特点,注册虚假信息;利用"查找附近的人""摇一摇"等功能,从显示的众多人中通过选项查看对方是男生还是女生,查看最新发布的信息和10张照片等安全薄弱区,来迷惑受害人的判断能力,进而在现实中实施犯罪行为。

6.微信版权问题

目前,微信中主要有三种侵权行为:第一,不注明作者,不注明来源媒体,未经授权转载他人作品。第二,转载内容注明作者,注明出处,但未经作者或媒体授权。第三,不经允许摘录、整合媒体的报道也属侵权。微信带来版权保护新难题:第一,微信作品形式新颖、繁杂,涉及主体广泛,给司法判定造成了困难。第二,微信作品的传播渠道多、传播速度快、传播范围广,导致侵权行为不宜被发现,取证、举证的难度较大。第三,维权意识薄弱,维权成本高,效果差。

(六)微信阅读的影响/困扰

1.手机微信阅读分享使人们交往方式变得媒介化。网络的出现为人们打造了一个虚拟空间,人们可以在同一个场景中进行同步或非同步对话,这种与真实环境相似的社交场景创造了面对面人际传播的环境,手机、移动互联网与社交网络三者的完美结合,更是彻底改变了人们交往的方式,使得人们之间的交流突破了时空的限制。人们之间的联系交往变得十分简单易得,只要你想联系某个人,通过网络你可以和他进行文字、语音、图片甚至是实时视频交流。[20]

2.微信用户沉迷于手机阅读中不能自拔。不论是微信公众账号的内容,还是朋友圈朋友分享的东西,现代社会,人们如果不放下手机,几乎不能做任何事情。这种手机瘾,这种"网瘾",其根本是在现代社会中对人与人感情的渴求与交往的需要形成的一种习惯,外在表现为对微信的依赖,疯狂刷朋友圈、点赞、渴求接收消息。[21]

3.微信阅读成为一种心理慰藉。过多过频看微信深层次的原因,源于人们的安全需要,包括人们对安全的物质环境和情感环境的渴望。一般人总是害怕孤独,且常常厌恶孤独,一旦孤身一人或独处便觉得不安全。一遍一遍地刷,就是想看看微信朋友圈里的"朋友们"在干什么,将自己置身于微信的环境中,就不会感到自己的孤独,这就满足了人们对安全感的需要。[22]

4.微信阅读影响 HR 成长轨迹。2015 年智联招聘发布的一项调研指出,其调查的人力资源管理者中,科班出身占 20.64%,非科班出身占 79.36%。其中,对于近 80%"半路出家"的 HR 来说,急于构建职业技能与知识体系。这种学习一方面来自于工作,另一方面便是移动互联网时代的碎片化阅读。而微信朋友圈成为众多 HR 提升技能的重要渠道之一。参与调研的人群中,有 49.74%的受访者表示会通过朋友圈获取人力资源相关信息。[23]

四、总　结

Hartnett 提出过阅读具有双重属性:个人独立的阅读体验和基于互动的分享体验。[24]微信阅读是一种伴随数字化文本和社会化媒体发展,基于互动和分享的社会化阅读方式,既能满足个人快速阅读信息的需求,也能起到社交互动的作用。要想充分利用这一新兴平台,我们不仅要关注微信的内容生成,更要关注其平台建设。并且,我们要意识到相较于微博,在微信这种半私密的舆论空间中刻意放大社会"痛点"的危害更大,微信舆论自净机制还未成熟。因此,要加强微信阅读舆论引导,做国民心态的压舱石。

参考文献

[1][6] 2015 年全国国民阅读调查报告[EB/OL]. http://baogao.cnrencai.com/diaochabaogao/11508.html.

[2][4][5] 朱林.微信阅读,依然可以严肃而深刻[N].工人日报,2015-10-26.

[3] 刘阳."微时代"怎么阅读[N].人民日报,2013-05-02.

[7] 张雷.微信时代大学生阅读理念的现状分析及思考[J].新西部,2015(33):143-146.

[8] 宋凤宁,宋歌,佘贤君,等.中学生阅读动机与阅读时间、阅读成绩的关系研究[J].心理科学,2000,23(1):84-87,127.(Song Fengning,Song Ge,She Xianjun,et al. Relations of middle school students' reading motivation,reading time and reading grades[J]. Psychological Science,2000,23(1):84-87,127.

[9] Watkins M W,Coffey D Y. Reading motivation: multidimensional and indeterminate[J]. Journal of Education Psychology,2004,96(1):110—118.

[10] 李武. 青少年社会化阅读动机研究:以上海初高中生微阅读为例[J]. 中国图书馆学报,2014(11):115－128.

[11] 刘思佳,刘欣. 微文化背景下的新阅读范式研究[J]. 编辑学刊,2015(6):59－62.

[12] 李天龙,李小红. 微信传播特征探析[J]. 现代教育技术,2015(3):95－100.

[13] 王眉. 微信公众平台的传播特点及趋势分析[J]. 互联网天地,2014(5):28－34.

[14] 李冬. 微信的特点和应用趋势[J]. 科技传播,2013(11):46.

[15] 王育楠. 微信在中国的发展特点与趋势的相关分析[J]. 新闻前哨,2014(5):76－77.

[16] 牛波. 图书馆微信阅读推广探析[J]. 晋图学刊,2015(4):29－32.

[17] 任文京,甄巍然. 微信社交化阅读困扰与突破路径[J]. 中国出版,2015(07):36－39.

[18] 梁凯,陈鹏,江敏,叶宏玉,刘艳. 微信平台在科技类学术期刊中的应用现状[J]. 学报编辑论丛,2015(9):223－227.

[19] 刘阳. 微信辅助高校教学探讨[EB/OL]. http://www. cnki. net/kcms/detail/11. 3571. TN. 20150909. 1004. 002. html,2015-09-09.

[20][21] 张路路. 手机微信阅读分享探究[J]. 新媒体研究,2015(07):89－90.

[22] 郝旭光. 微信阅读何以成为一种心理慰藉[J]. 读写天地,2015(4).

[23] 子闽. 微信阅读影响 HR 成长轨迹[N]. 中国劳动保障报,2015-7-18.

[24] Hartnett E. Social reading and social publishing[EB/OL]. [2013-10-03]. http:/ /appazoogle. com/2013/01/03/social-reading-and-social-publishing.

高等院校政治思想文化传播在新媒体环境下的研究

高建华

（宁波大红鹰学院艺术与传媒学院）

摘　要：新媒体环境下思想政治文化教育传播面临着前所未有的机遇和挑战，思想文化的教育传播呈现出内容复杂多样、方式开放互动、受众广泛普及等特点。因此必须加强高等院校影视精品和政治基地文化建设，丰富传播内容；注重虚拟环境与现实生活有机结合，创新传播形式；结合实际制定出科学可行的改进措施，坚持系统规则和循序渐进，努力实现政治思想文化在院校的可持续发展，具有重要的理论价值和实践意义。

关键词：院校　新媒体　政治理论　思想教育　传播

伴随着互联网时代的到来，新媒体环境强烈吸引和改变着院校大学生对文化的认知与需求。作为中国共产党在长期革命斗争和建设实践中所形成的伟大革命精神及其载体，政治理论课与思想政治教育在新媒体环境下的教育传播将面临前所未有的机遇和挑战。要让政治文化与思想政治教育在院校永葆生机，就必须适应形势发展的需要，注重思想文化传播与新媒体手段的有机结合，不断增强政治理论在院校的时代感，赋予思想政治教育新的生命力。

一、高等院校思想政治教育在新媒体环境下的传播现状

为解决新媒体环境对政治理论与思想文化教育传播的影响，我们以新媒体环境下的大学生群体为例，对位于山东省的山东大学等15所高校的大学生随机发放调查问卷3000份，收回2960份，有效回收率为95%。调查显示：院校对大学生的政治理论与思想文化教育方面比较重视。在“学校是否运用新媒体手段宣传政治理论与思想政治文化”这一问题上，有2035人选择了建立教育网站，占总人数的51.75%。说明学校希望通过教育网站等新媒体平台来加强学生对政治理论与思想政治文化资源的了解，使学生树立正确的价值观和人生观。在对山东“唱、读、讲、传”活动的满意程度中，有2748人选择了满意，占94%；在“上网是否浏览过政治教育网站”这一问题上，1960人选择了偶尔浏览，占51.6%；在“学校对思想政治文化的宣传多少”和“学校、院系、班级是否组织过思想政治文化活动”等两个问题中，分别有2580人和2380人选择了偶尔组织，占总人数的85%和74.2%；面对“学校是否有必要对时代精神等驻地资源进行大力宣传”这一问题时，有2180人选择了非常有必要，占63.4%，仅有6%的人认为没有必要；在“时代精神是否会对你产生一种吸引力和震撼感”这一问题上，有1965人选择了“会”，占52%，有1756人认为没有感觉，占40.6%，仅有179人认为不会，占9.6%；在“你是否愿意参观甲午海战纪念馆、烈士墓、戚继光故居等红色遗迹”这一问题中，有2520人选择了愿意，占87.7%，仅有164人选择了不愿意，占3.4%，说明大多数同学对时代精神的宣传是认同的。

在家庭和社会对政治理论与思想政治文化的认知方面，经调查显示：家庭对思想政治文化，一方面表示关注，在“你的亲戚朋友喜欢看何种类型的电视节目”这一选项中，有 2150 人选择了战争、历史片，占 71.8%，这说明尽管在社会不断发展变化的时代，家长还是对传统的、历史的东西更为青睐，这对整个家庭的红色文化熏陶极为重要。另一方面，家长对红色文化的宣传力度不够，谈论的不多，在“你身边的亲戚朋友是否会经常探讨驻地资源方面的内容”这一问题上，2200 人选择了不会，占 64.5%。经调查，社会对政治理论文化的宣传力度不够，宣传方式不灵活，没有让驻地文化真正融入到整个社会中，47.9%的学生觉得当前开展的运用手机传箴言活动效果一般，36.1%的学生认为是形式主义，只有 14.1%的学生认为效果很好。电视等传媒对红色资源的宣传不多，在“你认为媒体对驻地资源的宣传多不多”这一问题上，有 1870 人选择了少，占 46.8%。媒体是沟通人们和社会的重要纽带和桥梁，媒体的宣传对人们的思想和行为起着很大的影响，媒体宣传得过少是造成人们对驻地经典与思想政治文化了解不多的重要原因。方世南等在《高校马克思主义思想政治理论课程改革创新研究》一书中，着重阐述了高校思想政治理论课的重要性与发展现状，而且提出了对其进行改革创新的路径。

二、新媒体环境下思想政治文化在高等院校传播的基本特征

新媒体是以现代信息技术为基础，以信息网络、无线通信网、卫星等作为平台，以有线和无线作为传送方式的一对一、一对多、多对多的传播媒体形态。截至 2015 年 6 月底，中国网民规模达到 6.85 亿。在校大学生人人都有手机，时时都在上网，可以说各种新媒体手段的广泛运用和普及进一步推动了思想政治文化的教育与传播，并呈现出一些新的特征。

（一）教育传播的内容在高等院校更易复杂多样化

院校在新媒体环境下的思想政治文化教育，内容在弘扬主旋律的同时表现出更易复杂多样化。特别是影视翻拍方兴未艾，诠释经典的偏差，表现出对人物想象塑造上有走向泛人性化的极端。2015 年是抗战胜利 70 周年，中国举行盛大阅兵式，2016 年中国将迎来建党 95 周年，以普及红色文化、深化民族记忆为主题的影视剧翻拍也风行起来。尤其是作为集公众性、传播性、针对性、亲民性等特点的各种新媒体，在众多宣传主流价值的媒介形态中脱颖而出，掀起了思想政治教育题材为主的电视剧播出热潮。但在教育题材电视剧中泛人性化趋势却十分明显，在让英雄走下神坛的同时，赋予他们一些不良习气；在展示反面人物卑劣行径的同时，往往又细致刻画其中有情有义的一面。例如电视剧《林海雪原》中，杨子荣一出场展现在观众面前的形象是其貌不扬、地位低微、自由散漫、意气用事，还时常哼着小调、抿着烧酒、搞恶作剧、使绊子，杨子荣的剿匪行为也被赋予了为爱情而战斗的现代色彩；座山雕这样的老奸巨猾、极为凶残的土匪形象，改编后竟成了一位颇具人情味的慈父。再如《烈火》中的主人公不仅有迷药“坦白剂”这种奇物，而且还是江湖道上和警察局黑白两道通吃的奇人，一边是言行低俗、一身匪气的痞子豪杰，一边是无所不能、令日军闻风丧胆的神秘大侠。这些传奇故事中的另类英雄和对反派人物的人性刻画不仅模糊了观众对英辈先烈的正确认知，也模糊了人们的价值观和是非观。

同时，依托新媒体技术恶搞各种历史经典并通过新媒体环境进行传播的现象也普遍存在。如果说影视剧翻拍中对英雄形象及其光辉事迹的误读是剑走偏锋的话，恶搞历史经典

则是直击要害，是对历史人物事迹的颠覆。在百度视频中搜索“红军”二字，首先映入眼帘的竟是“红军版《beat it》”“红军版《nobody》”“红军版《忐忑》”等恶搞的视频连接，甚至曾有“红军版陈冠希《还记得我吗》”。这些恶搞视频的制作者将音乐片《长征组歌》中的片段按流行歌曲的节奏进行重新剪辑、配乐，看上去就像是红军在唱摇滚或动漫歌曲一样。甚至还有一些靠计算机网络和手机等新媒体广泛传播的伟人轶事，大多是胡乱编排臆造的荤段子、冷笑话，歪曲史实甚至是子虚乌有。这些现象导致误读经典、误传历史、丢弃精神。

（二）高等院校教育传播的方式更具开放互动性

随着新媒体时代的到来，手机、互联网等新媒体成为集视听、娱乐、文本于一身的多元化媒体。在很多社会重大事件的传播过程中，新媒体借助定制短信、分享视频，以个体传播等方式用最快的速度、在最广的范围使受众完成信息的传递行为，在第一时间抓住了公众的注意力，大大提高了公众对社会信息传播的参与性。诸如红色短信、红色经典翻拍、红色电视频道、红色动漫制作甚至红色角色扮演活动等，这些多种多样的教育传播形式由于开放和互动等特征，它得到在校大学生的认同和接受。例如，目前宁波大红鹰学院思想教育活动已覆盖所有新媒体平台，陆续开展了“QQ 天天传箴言”“电子贺卡传箴言”“特色文化微博传箴言”活动，并将特色箴言写在校园户外横幅、黑板报、墙报、电子显示屏等处。传统媒体与新媒体的交叉融合，使媒体与大学生在互动频度和互动内容的丰富性方面达到前所未有的高度，受众对媒体各项内容的参与度空前提高。

（三）教育传播的受众在高等院校更趋广泛普及性

传统媒体和文艺形式对政治思想和特色文化的传播在吸引受众方面往往处于被动地位，思想理论专业的学生和感兴趣的群体会主动去寻求和参与，但是对于没有兴趣和不愿追寻那段历史的人群来说，则很难实现在校大学生的全覆盖。当西方大片和洋餐薯片，以及同样带有浓厚西方印记的“韩日风”刮来，部分学生常常陷入崇洋媚外的漩涡里难以自拔，将西方世界的“游戏规则”奉为圭臬，认为西方的一切都是那么美妙；少数学生更在居心叵测的错误思潮蛊惑下，从内心里排斥政治说教，厌恶思想政治理论课，认为思想政治教育是虚伪的、教条的、空洞的，是禁锢自由思想的，从而给思想政治理论教学带来极大的挑战。现在全国各大院校都非常注重对学生的思想政治教育，都搭建了教育平台，与手机对接，随时随地服务，填补了受众的离散时空，它通过非连续、间歇和零散的时间与空间来吸引受众的注意力，以获得教育传播的最佳效果。

三、新媒体环境下思想政治文化在高等学院的传播途径

（一）加强影视精品创作与文化基地建设，丰富思想文化在高等院校中的传播内容

思想政治文化的教育传播，丰富内容是根本。我们应该理性看待当前政治思想教育被冷落的现象，并非当代大学生“背叛”或者冷落了思想文化，而是当今文化的多元化使文化经典不再像以往那样占据人们精神生活最主要的位置，随着新媒体环境的形成，精神文化产品日益丰富和多元化，人们的选择更加多样，而一些红色经典严肃、一成不变，传播方式没有与时俱进，作品中那种“高大全”的形象无法得到年轻读者的认可，自然激发不了年轻读者的兴趣。革命英雄铁骨铮铮的一面能感染人，柔情似水的一面更能感动人，在人物塑造中，有血有肉的人才更贴近生活，更深入人心。在这方面，电视剧《纯真年华》《亮剑》就很好地为我们

探索出了一条承接传统的创新之道，那种青春靓丽的唯美风格，以及平实、平易、平视角的表达方式很容易给人一种贴近性与亲切感，堪称把革命历史题材剧与青春偶像剧完美融合的改编典范。

任何文化的传承必须要以一定的载体为依托。我们应紧密结合地域文化特点，积极探索建立红色教育基地，使红色主题教育网络化、常态化、阵地化、持续化。例如山东，就可把胶东烈士陵园、中日甲午战争纪念馆、杨子荣纪念馆等通过新媒体等方式固化为特色文化教育基地，扩大其影响力和覆盖面。因为民族精神和爱国情感是一个国家赖以生存的强大精神支撑，是一个国家不断发展的不竭精神动力。一个人只有具有坚定的民族精神和爱国情感，才能为党和国家、为人民作出积极贡献。高等院校应从制度规范、队伍建设、校园氛围、服务管理等方面来构筑全覆盖、多交叉、立体化的新媒体教育新体系，为特色主题教育提供组织领导和制度保障。

（二）注重虚拟环境与现实生活有机结合，创新高等院校思想文化的传播形式

新媒体环境下，虚拟与现实的关系是一对突出的矛盾。处理好这对矛盾，注重虚拟环境与现实生活的有机结合，就能使双方产生共振，增强新媒体为我所用的效果。比如，近期在全国各大电影院上演的电影《魔兽》，是根据暴雪娱乐公司推出的经典作品《魔兽争霸》改编的。90%的大学生都欣赏了这部电影，因为他们是暴雪娱乐公司的玩家。以《暗黑破坏神3》为例，他们可以在《风暴英雄》中购买英雄，在《魔兽世界》中购买座椅，在《炉石传奇》中购买卡片。他们花钱如流水，并且沉迷此道。我们从中不难获得启示，文化产品在新媒体环境下处理好虚拟与现实的关系，几乎可称为一种获胜的重要模式。在传播频率上，除了持续性之外，还应该注意频率和覆盖的适度，尽量避免长时间的一片红，以免造成受众审美疲劳甚至逆反心理，降低传播效果。

（三）遵循系统规划和循序渐进原则，实现思想文化在高等院校可持续发展

近年来，随着市场经济发展，在文化事业大发展大繁荣的喜人局面下，“庸俗、低俗、媚俗”之风的盛行引起人们广泛关注。戏说文化经典、炒作负面新闻、曝光不雅照片、明星吸食毒品、代言虚假广告等种种有违传统文化中真善美品德的不良现象，弱化了人的思想境界和道德追求，侵蚀着整个社会的核心价值观念，这必然会造成社会公德的萎缩和社会风气的鄙俗。从更深的层面来讲，任由这种低俗之风泛滥，就会阻滞文化发展和社会进步。因此，努力抓好特色文化进生活，抵制“三俗”之风，对促进在校大学生思想政治文化健康发展显得尤为重要。

由于文化的断层和外来文化的侵蚀，思想政治文化在大学生心中的地位逐渐缩小，新时代的思想文化阵地的争夺战，应当承袭特色传统文化，稳扎稳打，步步为营，循序渐进；同时还要注重在校大学生接受教育的系统性和科学性。因此，特色文化教育必须是系统性的开拓创新，从终极教育目的到具体的教育目标、教育过程、教育方法和教育评价等方面，以系统的理念、知识体系和实践标准显现在世人面前。不断创新特色文化在院校传承的方式和手段，增强思想政治文化的鲜活性。新媒体环境下的思想文化和政治理论教育传播，必须坚持弘扬主旋律、倡导多样性。弘扬主旋律就是必须坚持马克思主义的指导地位，形成积极向上的主流舆论；倡导多样性，即针对不同的对象，创新形式与手段，改进方式与方法，形成不同的特色文化教育工作风格，使之更加贴近实际、贴近生活、贴近师生。要坚持管建并用、以建为主，始终坚持以建设为主旨、加强建设、做好管理，努力实现特色文化主题教育的开展。充分发动社会一切力量，完善政府、学校、社会、家庭相结合的四位一体的教育体系，建立全员全方位、多途径的教育模式，努力实现特色文化在全国院校的可持续发展。

参考文献

[1]中共中央宣传部、教育部.关于进一步加强和改进高等学校思想政治理论课的意见[M].北京：中国人民大学出版社，2003：213.

[2]方世南，等.高校马克思主义思想政治理论课程改革创新研究[M].北京：人民出版社，2007：18.

[3]张小飞.高校思想政治理论课教学与大学生思想政治工作[M].成都：西南交通大学出版社，2005：49—53.

[4]中共中央宣传部编.毛泽东邓小平江泽民论思想政治工作[M].北京：学习出版社，2000：14.

期刊的数据战争与出版专业主义

——美国《科学》杂志引发的思考与启示

郜书锴

（河南理工大学建筑与艺术设计学院）

摘　要：专业主义是人类在长期的出版实践活动中形成的共同信念、价值标准和行为规范，是贯穿于出版活动之中的精神状态、思维方式和行为规范，体现科学研究和出版活动中的思想或理念。历经136年历史的《科学》杂志始终秉持专业主义理念，积极迎接科学伦理与科研生态急剧恶化的严峻挑战，打响了守卫科学精神的“数据战争”，继续以世界顶级期刊的荣耀引领人类科学的未来。

关键词：《科学》　数据战争　科学精神　数据审查

美国的《科学》(*Science*)杂志是全世界最权威的期刊之一，从1880年创办以来已走过130多年的历史，主要发表最好的原始研究论文、科学综述和前沿研究与科学政策等分析报告。最近几年，随着网络技术的进步和科技发展的加速，人类科学的发展迈进前所未有的繁荣时期，同时伴随着科学伦理与科研生态急剧恶化的严峻局面，大量的数据造假论文呈现愈演愈烈之势，《科学》杂志不得不打响保卫科学精神的“数据战争”。

1. 面对数据造假，积极予以应对

数据造假始于何时很难考证，但集中爆发的时间却可追溯，标志性事件也不过10年时间。2002年，世界顶级期刊《科学》杂志集中撤销了8篇由德国物理学家舍恩(Jan Hendrik Schön)发表的论文，原因是文中很多数据由作者捏造杜撰。时隔2年，2004年，《科学》杂志发表韩国生物学家黄禹锡(Hwang Woo-suk)的关于人体干细胞克隆胚胎的研究论文，被韩国首尔国立大学调查，结论是蓄意数据造假，被杂志撤稿，这一事件成为《科学》杂志乃至人类科技的标志性负面事件。

自然学科数据造假已经不是新闻了，社会科学的数据造假也有“罪证”。就在2015年5月，美国社科界的造假丑闻浮出水面，《科学》杂志半年前发表的一篇论文被质疑数据造假，作者之一的哥伦比亚大学著名政治学家唐纳德·格伦(Donald Green)已经要求撤稿。这一丑闻促使《科学》杂志采取应对措施，在原有审稿规则的基础上，加入专业统计学家对论文数据审查这一环节。主编玛西娅·麦克纳特（Marcia McNutt)指出，数据审核的做法不是《科学》的首创，国际上许多科技期刊已经实行数据审核的审稿环节，虽然原因相当复杂，除了明显的故意造假之外，一个最重要的原因是期刊编辑发现，越来越多的论文提供的数据无法“可重复性验证”，测试性试验也证明无法从论文提供的数据中得出相同或一致的结论。在科学飞速发展和科研生态恶化的今天，《科学》杂志以实际行动呼吁全球期刊界必须携手努力，推进数据审核的标准与制度建设，维护科学的求真精神和科学的尊严。

2. 强化数据审查，敬畏科学精神

实际上，早在德国物理学家舍恩的论文被撤稿之后，《科学》杂志就决定改变学术界实行多年的审稿惯例，采取对可疑性的成果论文“先试验、再发表”的做法，但限于试验手段和实效性的要求，这一措施实际上没有严格付诸实施。杂志编委会还采取过其他手段强化审稿责任，提出建议把收到的论文稿件分为“无争议性稿件”和“争议性稿件”，以使存在争议的文章数据能够更严格地接受审查和重复性验证。事实证明，结果并不理想。“道高一尺，魔高一丈”，《科学》杂志需要更有效的举措。

2014年7月，面对已经到来的“数据战争”，应战并制胜是《科学》唯一的选择，杂志终于正式向全球宣布，开始对投稿论文进行数据检查，具体的做法是在原有审稿规则的基础上，加入专业统计学家对论文数据审核这一新环节。主编玛西娅·麦克纳特对每一位编辑提出如此严格甚至有些苛刻的要求。“《科学》杂志每一篇论文的结论必须为读者认可，而不被质疑。”[1]数据审核是一项耗时、复杂、难度极大的任务，一些新的科学发现甚至超出现有的认识与科技水平，要想发现其中的问题或进行重复试验，几乎是不可能完成的，但对科学保持谨慎的科学精神确是必要的。2016年2月11日，美国科学家LIGO执行主任戴维·赖茨宣布探测到引力波，立即引爆全球科学界，爱因斯坦一个世纪前的结论得到验证，他与期刊之间的一段审稿故事也随即传为佳话。1936年6月1日，国际权威刊物《物理学评论》(*Physical Review*)收到爱因斯坦和他的助手合作的一篇稿件，题目是《引力波存在吗?》(*Do Gravitational Wave Exist*?)，返回的审稿意见足足10页，认为“稿件有严重问题，必须大修”，这个“严重问题”就是结论错误。审稿专家没有因为作者是爱因斯坦的投稿而盲从，对论文的推导数据和结论保持谨慎和质疑，发现论文的结论竟然是错误的，因此要求论文“必须大修”，因此避免了爱因斯坦本人以及科学发展史上发生重大错误的机会。

3. 成立数据编委，明确目标任务

正是基于对科学数据的重视与负责，《科学》杂志决定聘请美国统计协会的7位科学家组成数据编辑委员会，专门负责论文的数据审查任务。一般稿件的审核有三种方式：一是杂志编辑的审核，二是杂志固定审稿专家的审核，三是杂志特聘审稿专家的审核。杂志主编玛西娅·麦克纳特表示，成立数据编辑委员会的目的主要有两方面：一是大量的科学研究需要用数据说话，数据的科学使用关系到科学发展的未来；二是《科学》不仅仅做科学传播工作，更愿意通过可重复试验和验证科学数据推进科学进步。数据编委会成员之一、哈佛公共健康学院的生物统计学家乔凡尼·帕玛嘉尼教授与编委会一致认为，《科学》杂志的数据编委会是数据科学的先行者,数据编委会必将是期刊未来发展的必然选择,对期刊行业的发展将产生深远影响,《科学》杂志因此将更加强化科学意识,期刊行业也因此改进科学方法,这是科学的进化和人类的福音。

成立数据编委会的探索也不是一蹴而就的,数据审核的想法由来已久。《科学》杂志前主编布鲁斯·艾伯茨(Bruce Albert)曾提出过一个设想:"成立一个类似于'出版社千家计划'(Publishers Faculty of 1000-F1000)的数据平台,所有的科学研究论文与试验数据在线公开,很像现在流行的公示一样。论文在线发表不进行审稿,期刊编辑只审核论文的试验方法,随后公开上网接受全球任何人的评议,对有造假嫌疑的论文数据进行专门审查,以确保所有发表论文无可置疑,数据可进行重复性试验,维护科学的尊严和纯洁。"[2]近年来,对数据的质疑越来越多,顶级期刊《科学》与《自然》更是造假的"重灾区"和世人瞩目的焦点阵地,问题触手可及。2012 年第 335 期《科学》杂志发表的论文[3],关于癌症治疗药物对老年痴呆症有治疗作用的结论,受到多位重量级科学家的质疑,需要进行药物的临床验证,以此验证数据的真实性。2010 年第 467 期《自然》杂志发表的论文[4],关于蛋白的治疗作用,也被科学家质疑。针对这一严重危及科学的问题越来越严重,《科学》杂志审时度势组建了数据编辑委员会,《自然》杂志也及时实施类似的举措。

4. 科研数据公开,点亮科学未来

《科学》杂志的新举措引起了国际知名学者的关注与推崇,美国斯坦福大学物理学家约翰·艾尼迪斯教授认为,数据编委会是科学的福音和未来的方向。事实上,国际上大多数期刊因为忽略数据审查,结果造成数据失真甚至结论谬误,严重危及到论文的质量和科学态度。毫不夸张地说,在某些领域,数据审查比专业审查更为重要,尤其是医药领域、物理领域、生化领域等莫不如此。澳大利亚知名细胞生物学家戴维·沃认为:"全球期刊上科技论文的数据错误触目惊心,对审稿专家提出了更高的要求,需要他们具备数据分析的能力。因此,对期刊而言,必须挑选有数据素养的专家担任审稿,招聘的编辑要求具备数据推理与审查能力。"[5]

"科学共同体的主要任务之一就是进行可重复性试验,以保证科学研究的公正性与数据的真实性。任何点滴努力,看似微不足道,实则善莫大焉。"英美神经科学领域的领军式人物里卡多·多尔梅齐(Ricardo Dolmetsch)如此看待科学研究中数据的重要性。[6]多位国际学者断言:科研数据公开已经大势所趋,除了特殊情况之外,所有的科学数据都要及时公开,通过共享机制以推进科研进步。美国的国家科学数据公开平台 Zika Open 已经呼之欲出,联合国教科文组织(WHO)公开予以支持,希望所有相关数据在 24 小时内在网上公开。[7]

2014 年 1 月 13 日,我国国务院总理李克强在中南海紫光阁会见《科学》杂志主编玛西娅·麦克纳特时表示,尊重科学、尊重知识是中华民族的优良传统。当今时代,科学技术不仅关乎经济社会发展,而且事关民生改善。希望《科学》杂志继续支持中国科技事业进步,促进基础科学研究,向国际社会积极传播中国科学界的声音,扩大中外科研成果交流互鉴。

新的时代,数据战争已经打响,期刊改革号角声声不息,国际顶级期刊的行动大幕开启。2013 年 4 月,《科学》杂志正式公布第一批数据标准清单,供投稿者和研究者与自己的研究数据进行对照,以追踪数据偏差的根源和进行可重复性验证。同时,《自然》也决定将聘任统计学家"担任审稿顾问、编辑业务指导和稿件争议仲裁"。[8]《科学》与《自然》作为国际顶级期刊,在引领科学发展和发扬科学精神的道路上不谋而合,勇于探索,奋力开拓,做科学精神的卫士,燃科学的创新之光,值得我国期刊出版领域深入思考和虚心借鉴,以努力把我国从科学出版大国变成科学出版强国。

参考文献

[1] W. S. Hwang et al. Science 303,1669－1674(2004).
[2] Monya Baker:Biotech Giant Posts Negative Results,Nature 530(11),141(2016).
[3] Cramer,P. E. et al. Science 335,1503-1506 (2012).
[4] Lee,B.-H. et al. Nature 467,179-184 (2010).
[5] Vaux,D. L. Nature 492,180-181 (2012).
[6] Monya Baker:Biotech Giant Posts Negative Results,Nature 530,141(2016).
[7] Editoral:Benefits of Sharing,Nature 530,129(2016).
[8] Anonymous. Nature 496,398 (2013).

网络传播文科实践教育基地的探索与实践

何海翔

（浙江越秀外国语学院网络传播学院）

摘　要：紧密型校外实践教育基地建设是应用型大学校企合作、产教融合的重要载体。网络传播文科实践教育基地通过项目化建设为载体的应用型网络传播人才教学改革，基地管理机制的建构，基于资源优势的小语种网络传播人才培养探索，构建紧密型的校外实践教育基地。它的启示在于优势共享是基地建设的前提，机制建设是基地建设的保障，项目运行是基地建设的重点。

关键词：实践教育基地　网络传播　探索　启示

《国家中长期教育改革和发展规划纲要(2010－2020)》提出："牢固确立人才培养在高校工作中的中心地位，加强实验室、校内外实习基地、课程教材等基本建设，支持学生参与科学研究，强化实践教学环节，创立高校与科研院所、行业、企业联合培养人才的新机制。"① 大学生校外实践教育基地建设日益成为大学生提高专业实践能力、提升创新能力、增强就业能力的重要手段。本文以浙江越秀外国语学院与中国互联网新闻中心共建的网络传播文科实践教育基地为典型个案，分析探讨紧密型校外实践教育基地的作用和成效，以期对进一步深化大学生校外实践教育基地建设提供借鉴。

一、大学生校外实践教育基地概述

"大学生校外实践教育基地"是教育部出台的《关于开展"本科教学工程"大学生校外实践教育基地建设工作的通知》文件中提出的概念，目前学术界对于"大学生校外实践教育基地"内涵尚没有权威界定。根据学术界对原有社会实践基地的界定，结合教育部对大学生校外实践教育基地的目标、任务和内容。大学生校外实践教育基地是指紧密围绕专业建设，充分利用区域发展优势，由高校与企事业单位共建，通过企事业单位的挂靠，具备大学生培养功能、专业指导功能和产学研合作示范辐射功能的教育机构。它是在特定的人才培养目标和规格下，共同组建师资队伍，协同教学内容、课程体系、培养过程、管理制度和评估反馈，实现校企合作培养人才的新机制。

教育部启动大学生校外实践教育基地建设的目的是通过"建设实践基地，承担高校学生的校外实践教育任务，促进高校和行业、企事业单位、科研院所、政法机关联合培养人才新机制的建立。推动高校转变教育思想观念，改革人才培养模式，加强实践教学环节，提升高校

浙江省高等教育学会 2013 年度高校实验室工作研究项目《紧密型校外实践教育基地的探索与实践——以某高校文科实践教育基地为例》(项目编号：Y201338)最终成果。

① 中华人民共和国教育部.国家中长期教育改革和发展规划纲要(2010—2020)[Z].2010-07-29.

学生的创新精神、实践能力、社会责任感和就业能力"[①]。通过近几年的探索与实践，已经取得了比较明显的成绩，主要表现在：初步实现多元化的协同育人模式；高校实践教学改革深入推进；创新合作育人运行管理机制。但也有需要进一步改进的问题，主要体现在：大学生校外实践教育基地可持续发展机制尚未形成；校企合作培养专业人才能效尚未完全呈现；校企共建资源共享优势尚未形成。[②]

浙江越秀外国语学院与中国互联网新闻中心合作共建的网络传播文科实践教育基地是基于中国互联网行业的迅猛发展，以及对既具有中国特色社会主义核心价值观的新闻"把关人"政治素养，又具有跨学科综合知识的互联网新闻、管理、技术和经营人才的强烈需求，在充分利用浙江越秀外国语学院多语种优势和中国互联网新闻中心多语种对外信息发布的"超级网络平台"优势而建立的"系统全面合作模式"。这一系统全面合作模式是覆盖网络传播人才培养全过程、全方位、立体化的校企联合培养模式，是一种紧密型的大学生校外实践教育基地模式，它突破传统蜻蜓点水式的短时实践教育模式，改革只在规定实践岗位进行局部训练学习的习惯模式，真正实施贯穿于整个大学学习过程的人才培养实践教育体系，把学生实践与专业课程教学以及实验项目结合起来，有力促进校企合作、产教融合，实现应用型网络传播人才的培养。

二、网络传播文科实践教育基地实践

(一)项目化建设为载体的应用型网络传播人才教学改革

浙江越秀外国语学院与中国互联网新闻中心网络传播文科实践教育基地实行项目化合作方式，以项目化建设为载体开展实践教育，双方通过中国网络传播教育网仿真实践项目建设指导、标准化网络新闻采访直播中心、网络传播人才培养系列教材编写等具体项目建设，实现理论教学与实践教学相融合，实体教学与虚拟教学相融合，真正实施贯穿于整个大学学习过程的网络传播人才培养实践教育体系，培养大学生创新意识，拓展专业技能，促进专业实践能力的提高。

1. 中国网络传播教育网仿真实践项目

中国互联网新闻中心和浙江越秀外国语学院按照国家重点新闻门户网——中国网的架构，投入专项经费，在校内建立中国网分站——中国网络传播教育网，具备新闻信息采集系统、视频音频图片处理系统、论坛管理系统、网络交流平台系统和信息发布系统等。组织新闻传播及相关专业大学生参与网站建设和管理，按频道、栏目分类，组织大学生实操信息门户所需要的新闻信息数据采集、管理和发布等基本技能。同时为保证专业实践质量，制定严格的评估反馈制度，建立三层把关的实践成果评价制度。第一层设置频道组长把关评价，负责最低层面的网络监督管理，负责检查学生实践任务的完成情况和初步评估筛选；第二层设置指导教师把关，指导教师在第二层面对小组长筛选出来的新闻信息再进行检查，并及时对学生进行反馈和讲评；第三层设置网站责编(频道总监)把关，网站责任编辑全面考评学生任务完成情况，决定入选网站的学生实践成果。通过评价反馈制度的建立，激发学生专业实践

---

① 教育部.教育部关于开展"本科教学工程"大学生校外实践教育基地建设工作的通知(教高函[2012]7号)[Z].2012-03-02.

② 成协设.国家大学生校外实践教育基地建设:问题与对策[J].中国大学教学,2015(3).

兴趣，发挥学生主动性。

2.标准化网络新闻采访直播中心项目

网络传播文科实践教育基地为进一步实现资源共享，双方分别在北京中国互联网新闻中心和绍兴浙江越秀外国语学院共同建立标准化网络新闻采访直播中心。通过标准化网络新闻采访直播中心，共享双方师资及社会资源，进行新闻传播类相关课程的技能操作，为网络编辑实务、电脑图文设计、音视频编辑、新闻采访与写作等课程提供示范教学基地和实践平台，将各种相关实验项目及课外教学实践内容与网站实践挂钩，使学生专业技能得到全面提高。学生还结合标准化网络新闻采访直播中心的项目建设、网站运营和技术开发等开展科学研究和毕业实习，通过科学研究、项目实践拟定毕业论文选题，紧密结合行业和企业发展需求，使毕业论文更好地体现人才培养目标和规格，促进学生知识结构的整合。学生通过边学习、边实践、边研究、边提高的方法，开展学习实践，建立与教学密切结合、与人才培养目标一致的实践教育体系，取得明显成效。近年来，通过网络传播文科实践教育基地的大学生获得《数字媒体工作室模式：高校“工作室”的转型与市场开发研究》《大学生网络学习社群实践研究》等国家级、省市级大学生创新创业项目近50项，获得首届两岸微电影大赛、浙江省大学生多媒体竞赛等省市级奖项100多项，学生在《新闻研究导刊》《传播与版权》等学术期刊公开发表论文50余篇。

3.网络传播实践系列教材项目

网络传播文科实践教育基地在实践教育过程中将相关课程实验项目纳入实践教育系统，把课程实验和实践教育结合起来，把网络操作运行与实验课程学习内容结合起来，按“基本型实践项目”“综合设计型实践项目”和“研究创新型实践项目”三个层次组织实践教育，将电脑图文编辑、网页设计制作、摄影摄像等课程的实验内容纳入基地实践教育范围，全面建构并完善课程学习与实践教育的结合模式，编写网络传播实践系列教材，提高人才培养的效果。网络传播文科实践教育基地编写由武汉大学出版社出版的网络传播实验示范教材一套，包括《网络新闻编辑实务》《网络媒体经营实务》《网站类型指导实务》《网站多媒体制作实务》等4本；网络经营与管理系列教材一套，包括《网站运维与管理》《电子商务理论与实务》2本。另外编写实验教材《新闻写作案例教程：范例、思路与技巧》《图书选题策划案例教程》《网页设计与制作》《计算机网络技术及应用》等实践教材5本，其中获列浙江省重点教材1部、绍兴市重点教材3部。

（二）建构网络传播文科实践教育基地管理机制

浙江越秀外国语学院和中国互联网新闻中心共同建立网络传播文科实践教育基地管理委员会，探索建立校企全面合作，共同负责大学生校外实践教育基地管理机制。

1.共同合作建立实践教育基地

浙江越秀外国语学院在北京设立网络传播文科实践教育基地办事处，并委派网络传播学院一名副院长任办事处主任，专门负责与中国互联网新闻中心联系和合作，负责安排赴北京实习实践学生管理。中国互联网新闻中心按要求提供实习实践条件，并为学生实习实践教育提供专职指导教师，学生则通过在中国网的实习实践完成训练任务，掌握网络传播技能。同时推荐优秀学生就业。

2.完善实践教育基地管理办法

浙江越秀外国语学院与中国互联网新闻中心共同建立网络传播文科实践教育基地管理

委员会，由校长任管理委员会主任，企业负责人任副主任，全面负责实践教育基地的监管以及基地管理运行。同时，中国互联网新闻中心充分利用其在学界和业界的影响力，建立由网络传播业界和学界权威专家组成的网络传播文科实践教育基地专家指导委员会，负责实践教育基地的指导和评价。在此基础上建立网络传播文科实践教育基地建设工作小组，全面负责实践教育基地的具体建设工作，研究决定基地建设、人才培养实践教育模式、实践教学体系、课程体系、实践教育配套产品、教师学生管理等重大问题，确保实践教育基地的正常运作。

3.加强实践教育基地设施建设

合作双方完善基地建设，提升基地设备配备档次，增强基地实力，扩大基地作为校外实践教育场所的容量，以吸引容纳更多相关学科的学生进入实践基地学习，并准备逐步向社会开放。

(三)基于资源优势的小语种网络传播人才培养探索

中国互联网新闻中心是国家重点网站、国家多语种对外宣传平台，它用中、英、法、阿、韩、俄、德、西、日、世界语等10个语种向世界传播中国。浙江越秀外国语学院开设英、日、韩、法、俄、德、西、意、葡和阿拉伯语等10个外语语种，是浙江省开设外语语种最多、外语人才培养规模最大的外语类本科院校。双方充分利用各自的外语优势，共同探索培养能够进行国际传播的小语种网络传播人才培养，通过小语种专业开设网络传播方向，针对小语种专业开设网络传播辅修专业，开设小语种专业学生网络传播技能培训班等方式培养具有小语种优势的网络传播人才。

三、网络传播文科实践教育基地建设启示

(一)优势共享是前提

校企合作、产教融合是应用型大学建设的根本任务，紧密型大学生校外实践教育基地建设是校企合作、产教融合的重要载体。浙江越秀外国语学院与中国互联网新闻中心共建的网络传播文科实践教育基地在合作过程中获得双方领导高度重视，合作双方都把网络传播文科实践教育基地作为推进各自建设发展的重点内容，一把手作为网络传播文科实践教育基地建设的主要责任人，均把各自拥有的资源优势共享作为双方合作的前提。比如中国互联网新闻中心多语种发布平台实践、作为国家重点新闻网站拥有的学界业界影响力、多年互联网运维的实操经验，浙江越秀外国语学院全校联动、专项基金的扶植保障、多语种语言优势等，通过资源优势共享，相互满足需求，保证网络传播文科教育实践基地的深度推进。

(二)机制建设是保障

网络传播文科实践教育基地的建设特别重视机制建设，特别是长效机制的建设，充分保障实践教育基地的顺利运行。在组织机构建设上，双方共同建立“网络传播文科实践教育基地管理委员会”“网络传播文科实践教育基地专家指导委员会”“网络传播文科实践教育基地建设工作小组”等三级管理机构。在管理办法上，双方签订《网络传播文科实践教育基地协议》《网络传播文科实践教育基地章程》《网络传播文科实践教育基地管理办法》。通过机制建设，使得网络传播文科实践教育基地有规可依，有章可循，保证实践教育基地长效机制。

(三)项目运行是重点

网络传播文科实践教育基地的顺利有效运行,除了资源优势共享、机制建设保障充分之外,最重要的创新点就是建立了项目化运行的方式,使得网络传播文科实践教育基地在运行中有明确的内容。比如基于项目化建设为载体的应用型网络传播人才教学改革,通过共同建立中国网络传播教育网仿真实践项目、标准化网络新闻采访直播中心项目、网络传播实践系列教材项目等具体项目,积极推进建设,取得显著效果。

中小型出版社数字化转型的问题与对策研究

——以宁波出版社为例

侯凤芝　吴　波

（宁波大红鹰学院　宁波出版社）

摘　要：中小型出版社因为在规模、资金、渠道、人力等诸多因素上的制约，在数字出版的浪潮中显得进退两难。中小型出版社要顺利实现数字出版转型，必须更新出版观念，明确自身定位，在营销模式、赢利模式、人才战略、版权保护等诸多方面做深入探索。宁波出版社通过产品与服务转型、编辑与策划转型、营销与渠道转型、管理转型四个方面，努力寻找一条符合自身发展的数字出版之路，为其他同类出版社探索数字出版产业发展之路提供借鉴。

关键词：中小型出版社　数字出版　转型策略

一、中小型出版社数字化转型的时代背景

数字化、网络化是出版业发展的大潮流、大趋势。2010 年，国家新闻出版总署发布了《关于加快我国数字出版产业发展的若干意见》，文件明确提出“加快推动传统出版单位数字化转型”。高速发展的数字出版已经成为新闻出版业新的重要经济增长点。

近几年来，数字出版产业发展一路高歌。《2014—2015 中国数字出版产业年度报告》[1]显示，中国数字出版产业在 2014 年的产值达到 3387.7 亿元，比 2013 年增长了 33.36％。但是，高涨的行业数据掩盖不住一个尴尬事实——在看似巨大的数字出版蛋糕中，与传统出版业密切相关的领域，即电子书、互联网期刊和数字报纸只有 69.8 亿元，仅占总产值的 2.06％；而其他大部分份额由互联网广告、移动出版（手机彩铃、铃音、手机游戏等）与网络游戏所占据。以上统计数据说明，数字出版增速快，但单纯地将纸质出版物数字化而缺乏原创内容，难以在市场上立足。

面对中国出版业数字化进程的飞速发展，中小型出版社因为在规模、资金、渠道、人力等诸多因素上的制约，显得进退两难。中小型出版企业如何迎着数字出版的浪潮扬帆前进，是摆在每一个出版人面前的重大课题。数字出版经过不到十年的高速发展，取得了令人瞩目的成就，但与传统出版业相比，仍然处于发展的初级阶段，不可避免地面临着许多新问题、新困难。当前国内数字出版主要存在着以下一些突出问题[2]：尚未形成成熟的商业模式；传统出版单位自主研发能力不足；数字出版标准建设问题突出；人才培养与产业发展脱节；版权问题依然面临挑战。

宁波出版社是一家兼具城市出版和媒体出版双重特色的综合性出版社，经多年探索，形成了区域文化、社科、教育、少儿四大类品牌图书特色。在全国经营性出版单位等级评估中，被国家新闻出版总署评为二级出版社。2011 年宁波出版社平稳顺利完成转企改制，在新一轮的发展目标中，宁波出版社将发展数字出版放在重要位置，并将其作为新的经济增长点和提高核心竞争力的重要工作来抓。虽然开展数字出版的时间还比较短，也遇到了资金不足、人才短缺、赢利模式不成熟、研发能力有待提高等问题，但宁波出版社全社上下对开展数字

出版有着坚定的决心和信心。

二、中小型出版社数字化转型的现状与关键要素分析

进入21世纪以来，随着数字技术的不断发展，学术界对数字出版的关注度逐渐增高。在中国知网数据库中，以“篇名”为条件，以“数字出版”为关键词，检索到5007条记录；以“篇名”为条件，以“中小型出版社”&“数字出版”为关键词，有9条记录，发表年份为2008年至今。通过梳理相关文献发现，国内关于中小型出版社数字化转型的研究主要集中在出版理念、营销模式、赢利模式、人才培养和版权管理等方面，其中关于如何转型的研究(问题与策略研究)最为集中。

(一)数字出版发展现状分析

传统的出版业正经历着风起云涌的变革，数字化技术的突飞猛进和网络的大行其道，为数字出版提供了前所未有的技术支撑。郭常斐[3]通过对数字出版观念的转变、与传统出版的技术融合、体制创新与人才培养及其政策法律的支撑方面认真的审视和思考，发现我国的数字出版业还不够成熟，其繁荣有序发展还需要一个逐步实现的过程。

张金[4]将出版社数字出版发展阶段分为：心动观望阶段、谨慎合作阶段、积极探索阶段和自主运营阶段，而我国中小型出版社多数处于第二和第三阶段，能够实现自主运营的中小型出版社还比较少。

赵立新、谢慧玲[5]认为数字时代对传统出版社的冲击主要有：阅读习惯的迷思、编辑技术的门槛、电信资源的控制、收费权力的制约、数字人才的稀缺、网络行销不足等方面。

梁宝毓[6]就地方出版社开展数字出版业务所面临的主要问题归纳如下：第一，动力不足，缺乏数字出版长期规划；第二，认识不到位，观念落后；第三，缺乏有效的赢利模式，缺乏足够的资金支持；第四，信息化建设水平低，缺乏数字出版专业人才；第五，在版权获取上受到很大的制约。

由此可见，数字出版认识不深入，缺少资金、技术与人才支持，产业链与商业模式不成熟，数字版权管理不科学，数字内容监管不到位，标准化水平低等问题是制约中小型出版社开展数字出版业务的关键所在。

(二)数字出版转型关键要素分析

通过文献分析可知，传统出版企业，尤其是中小型出版社要顺利实现数字出版转型，必须解决好以下问题：

1.更新出版观念，提高对数字出版转型的重视程度。

中小型出版社应结合自身实际，有意识、有规划地对新型出版产品形态积极尝试，以寻求适合自身特点的发展模式和路径，并从出版社长远发展的高度制定数字出版战略规划。

2.要明确自身定位，必须制定适合单位特点的发展战略。

中小型出版社开展数字出版一定要找准自己的定位，从内容资源集成商或经营商的高度来统筹规划传统出版与数字出版，并制定相应的制度、流程，以保障规划的实施。中小型出版社要明确自己的定位，不能片面追求“大”和“全”，而是要实施小品牌经营战略，走“专、精、特、新”之路，找准市场定位，集中优势资源与自己所擅长的领域，做出特色，形成专业领域的小品牌，并与技术提供商、终端营销商合力打造数字出版的产业链。

3.要在数字出版的营销模式、赢利模式、人才战略、版权保护等诸多方面做深入探索。

积极寻找社会资金,以项目方式申请与募集资金,增加对数字出版的投入。搭建数字出版内容管理平台,建立索引数据库,突出出版特色。建立数字出版业务流程,包括生产流程的数字化和内容资源管理的数字化,成功实现出版转型。通过实施人才战略,培养数字出版复合型人才。通过有效获取数字版权,实现作者资源、读者资源、内容资源的整合,实现从单一的内容出版商向内容制作商—内容生产商—产品提供商的转换,最短距离地贴近市场和用户,实现数字出版业务的新突破。

借鉴其他出版社开展数字出版的成功经验,中小型出版社要成功地实现数字化转型,就要转变出版理念,明确自身定位,实施小品牌策略,探索完善的运行体制和有效的赢利模式。

三、宁波出版社数字化转型的实践与探索

在开展出版数字化转型的道路上,宁波出版社积极探索,努力在以下几个方面有所突破。

(一)产品与服务转型

产品转型就是生产什么样的书。数字出版提供的阅读产品不仅仅是纸质图书的数字化,还包括网络文学作品、数据库出版物、多媒体读物等。在出版媒介融合发展的背景下,出版资源应该实现一次制作、多元发布,根据用户需求形成不同介质的产品和服务,满足不同受众群体的消费需求。

宁波出版社在生产纸质图书的同时,加工面向网络和手机媒体的数字产品,将纸书、光盘、互联网、3G手机等媒体捆绑起来,实现跨媒体、跨终端的立体化出版,最大限度地实现资源的充分利用。同样,对于某些受到热捧的网络书,将选题进行形态转换,出版纸质图书和手机读物。

服务转型就是为读者提供什么样的阅读体验。数字时代,读者的阅读需求、阅读方式与兴趣取向的变化,要求出版者不能仅仅提供书本结构的知识体系,还要关注读者的阅读体验,提供个性化服务。比如,编辑可以为了满足读者的特定需求,对同版图书的某些方面进行创新,形成具有批量性质的个性化图书产品。电子出版物内容的可更改性使相同的信息可以采取不同的外在表现形式,如采用不同的字体、背景、颜色和图片等。又如,一本书既有实体书,又有电子书;既为读者提供电子阅读文本,又为其提供有声读物;既可以在线阅读和收听,又可离线下载,从而满足了不同读者的个性化阅读需求。

(二)编辑和策划转型

编辑工作是出版工作的核心环节。编辑人员作为编辑工作的主体,在出版与科技融合的进程中,肩负着义不容辞的历史使命,在产业转型升级中必将发挥主力军的作用。数字出版时代,编辑应具有掌握跨媒体技术的综合编辑能力、适应数字出版策划的能力、处理好电子出版物著作权属关系的能力、主动参与营销策划的能力等,而这些能力不是一朝一夕就能练就的,需要长时间的磨练。

为了实现编辑能力的转型,宁波出版社对内采取"师徒帮带"制度,对外采取"走出去"战略。为了更好地帮助年轻编辑快速成长,出版社制定了"师徒帮带"制度,经验丰富且具有中级职称以上的中青年编辑担任导师,年轻编辑则可自愿选择指导老师,实行双向选择模式。

出版社多次外派编辑参加数字出版相关的研修班和专题研讨会，通过和业内专家、其他出版社的同行交流，汲取他们在数字出版产业发展之路上的成功经验，从而为编辑的成功转型提供学习平台。

选题策划是出版流程的第一步，无论是传统出版还是现代信息技术条件下的出版，选题策划始终是核心。数字时代的出版选题策划凸显了全方位、立体化的特点。数字出版时代，编辑进行选题策划时可以充分利用网络资源丰富、查找便利、互动交流方便等条件，提高选题策划的效率。

宁波出版社高度重视编辑的选题策划能力，提出编辑要善于发掘网络资源，并策划相关的数字出版的选题，可以从名人博客、各类文学论坛、社交群等网络社交媒体中寻找优秀选题，并根据内容的侧重点不同进行类型划分，比如可分为教育类、情感类、亲子类、生活类、军事类、历史类等。编辑要在选题的细分市场中找到自己的定位，做细做精，而不能只一味地求大求全。另外，编辑要善于在繁杂、海量的网络资源中发掘优秀作品，并积极与作者联系，根据内容特点，设计合适的表现形式，策划制作成电子书或纸质书出版。

（三）渠道和营销转型

渠道转型解决谁来卖的问题。电商对传统渠道乃至对出版社的挤压效应将进一步体现，市场将会青睐那些渠道转型成功的企业。宁波出版社计划分两个阶段逐步实现渠道转型，第一阶段主要与渠道提供商合作，第二阶段为自主运营阶段。

目前，宁波出版社已与当当、亚马逊等网络销售平台，与超星、万方、豆瓣读书、百度阅读、腾讯读书等阅读平台建立合作关系，并积极与电信、移动等网络运营商合作，接入天翼阅读基地和移动阅读基地，进军手机阅读领域。出版社依托丰富的内容资源，并将这些内容资源进行数字化加工后，借助技术服务商提供的网络销售平台、在线阅读平台和手机阅读基地开展数字出版产品的销售，出版社与技术服务提供商等合作方按照合同约定的比例进行利润分成。

在与渠道提供商合作的同时，宁波出版社不断开拓创新，寻找新的产品和营销渠道，推动出版社的数字出版走上自主运营的新阶段。在未来三年的发展规划中，主要在古籍数字化、网络原创作品开发、教育资源数字化等方面积极探索，实现自主运营，形成成熟的数字出版赢利模式。古籍数字化方面，将依托“天一阁古籍珍本”数字出版工程，与天一阁博物馆合作，完成天一阁古籍珍本的整理（包括录入、点校、勘误）、主题词编辑、点校本精装书出版、关键词检索数据库的开发等，探索古籍数字出版的赢利模式。在开发原创作品方面，依托盛世原创文学网站，通过优厚的福利和奖励机制、优秀的网编团队、以网站为平台举办小说征文比赛等多种方式，吸引越来越多的优秀作者，不断开发优秀原创作品，为开展付费阅读业务和“盛世原创文丛”的纸质书出版积累内容资源。在教育资源数字化方面，建设教育资源数字化中心，开发电子书包、学习资源库、数字图书馆、益智类游戏软件等，实现教育资源的立体化开发。

产品的价值和独特性不再是影响销售的最重要因素，而性价比合适的营销措施才是最关键的，营销转型将解决怎么卖得更好的问题。数字化时代，编辑的营销策略更加多样化。出版社不能仅仅依赖传统的营销模式，在图书的宣传方面更需要探索出一种全新的、适合全媒体时代的营销措施。比如，编辑可以在出版社官方网站以书摘的形式对部分新书和重点图书进行推介，并以连载的方式提供部分图书的在线免费阅读服务，这些方式都可以扩大出版物在市场上的影响，吸引更多的读者阅读和购买。当前，微博、微信、网络阅读、手机阅读大行其道，在各大受欢迎的新媒体平台上为新书开展宣传活动不失为一种与时俱进的好方法。通过微博互动、转发赠书、豆瓣试读、论坛连载、提高百度搜索排名、手机报重点推荐等手段，进行全方位网络、新媒体营销，成为当前效率高、效果好的新的营销手段和营销渠道。

(四)管理转型

对于国内大多数出版社而言，管理转型是实现数字化转型的基础。一方面应大力进行内部管理改造，创新内部组织结构和形态，成立专门的数字出版部门，从机制上确保数字出版的顺利开展；另一方面做好战略规划与布局，搭建好业务发展的框架，积极抢占数字出版发展的各类要素资源。

2011 年宁波出版社平稳顺利完成转企改制，并成立了数字出版部，负责出版社所有数字产品的策划、制作和营销工作。数字出版部高效、务实，坚持定期例会制度，制定了出版社数字出版的中长期发展战略规划，并重点搭建四大职能管理平台，保障出版社各阶段战略方案的有效落实和顺利实施。

其一，搭建战略管理平台。由社长、副社长和各部门主任等组成评审专家组，对战略制定的科学性、客观性和可操作性进行评估，在战略执行过程中负责监督与管理，规划期结束后进行成果的检验与绩效考核。

其二，搭建编务管理平台。选题开发、立项及相关的服务应充分考虑与数字出版的结合，由书稿档案管理逐步向数字内容资源管理转变，建立完善的数字出版流程及审读规范，根据数字出版流程的特点，将传统的平面、线性的管理转变为立体、发散的全方位管理，完成包括知识结构、工作方式及工作思路的转变，重视作品信息网络传播权的授权，加强数字出版物的版权获取与管理。

其三，搭建营销管理平台。加强数字选题和数字产品的开发，拓展营销渠道，完善市场营销和销售管理的规范性，建立对外合作人员的绩效管理制度，营造高绩效的执行文化。

其四，搭建人力资源管理平台。建立一套科学、高效的人力资源管理体系，识别和培育核心人才，支撑企业的持续健康发展。采用“走出去，引进来”的人才战略，建立完善的数字出版及新媒体业务培训机制，加强社内编辑的数字出版业务培训；建立合理的薪酬制度和激励机制，注重数字出版复合型人才的引进。

四、结　语

目前，宁波出版社开展数字出版业务的时间还比较短。在克服了人员少、经验不足的困难下，数字出版部相关人员不懈努力，在电子书开发、古籍数字化、网络原创文学、教育资源数字化、移动阅读等方面不断探索，努力走出一条符合出版社发展的机制灵活、精耕细作、高效的立体化数字出版发展之路，不仅有利于出版社自身的发展，也为其他同类出版社的数字出版转型提供参考和借鉴。

参考文献

[1] 中国新闻出版研究院. 2014—2015 中国出版业发展报告[M]. 北京：中国书籍出版社，2015.

[2] 牛勇，王树伟. 数字出版时代需要通才编辑[EB/OL]. http://www. bkydw. cnHtmlArticle/

20120824/16795. html,2012-08-24.
[3] 郭常斐. 数字出版“热”背景下的冷思考[J]. 编辑之友,2012,(2):87－89.
[4] 张金. 出版社数字出版发展阶段及对策[J]. 出版参考,2012,(10):16－17.
[5] 赵立新,谢慧玲. 试析数字出版的图书产业链转型[J]. 出版发行研究,2012,(8):52－55.
[6] 梁宝毓. 简谈地方出版社开展数字出版业务的策略探讨[J]. 出版发行研究,2008,(12):65－67.

新媒体时代编辑出版专业实践教学创新探索

黄奇杰　侯凤芝

（宁波大红鹰学院　艺术与传媒学院）

摘　要："互联网＋"行动计划与融媒体时代复合型传播人才的市场需求，对高校编辑出版学专业教育产生了巨大影响，编辑出版人才培养必须实施差异化、定制式培养模式。根据所在高校面向区域和企业传媒培养应用型多媒介生产能力人才的目标，本文从创新实践教学理念、构建应用能力实践课程体系和建设仿真型专业实践教学环境等方面进行实践教学探索，通过"项目驱动＋师生互动＋校企联动"等技能训练，培育符合市场需求的高素质、应用型传播人才。

关键词：融媒体　出版专业　实践教学

党的十八届五中全会提出了实施网络强国战略和"互联网＋"行动计划，媒介融合趋势将日益明显，报刊图书等传统纸媒数字化转型步伐将进一步加快，媒介之间的互动合作将更加频繁深入。"互联网＋"行动计划和媒介融合的时代需求，对高校编辑出版学专业教育产生了较大影响，基于同一内容资源的多媒介、多形式开发，对传统纸媒的编辑出版学专业高等教育提出了更高要求，所培养的专业人才不仅要具备开发纸媒形态的综合能力，还要拥有媒介产品营销能力和运用网络、电视、广播等多种方式再现内容产品的能力。

目前，我国编辑出版学专业高等教育主要还是围绕图书出版进行教学，全媒体时代人才需求的融合性特征没有得到很好体现，而且理论性教学比重较高，实践教学环节比较薄弱，同质化现象比较严重，差异化的编辑出版学专业人才培养模式还没特别显现。这样的教育方式难以培养出符合市场需求的具备多媒介生产能力的人才。因此，本文结合所在高校编辑出版学专业面向区域和企业传媒培养应用型多媒介生产能力人才的培养目标，从加强媒介内容生产的"采写编评摄"基础训练、数字出版技术运用和实践教学改革创新等方面进行了初步探索。

一、创新出版专业实践教学理念

《国家中长期教育改革和发展规划纲要（2010—2020）》指出："创新人才培养模式，建立学校教育和实践锻炼相结合的开放式培养体系，加强实践，注重复合型人才培养。"[1] 培养复合型新闻传播与编辑出版专业人才，增强其全方位、跨媒体工作的实践能力，前提条件是改变传统新闻出版教育理念，拓展教学工作的多维空间。

（一）实施"跨界传播"教学计划

编辑出版学专业，属于新闻传播学学科 7 个专业中的"小众专业"，开办时间较短，招生人数较少，应用性和实践性较强。多数高校专业人才培养目标是培养具备系统的编辑出版理论知识与技能、宽广的文化与科学知识，能在图书期刊出版、新闻宣传和文化教育部门从事编辑、出版、发行的业务与管理工作以及教学科研的编辑出版学高级专门人才。

编辑出版学专业学生职业规划和毕业生就业方向主要面向各类出版社和书店。随着媒介融合形势的发展，按照原来专业教学计划远远适应不了媒介融合下的传播业界人才需求，培养出来的学生就业空间和渠道越来越窄。比如，浙江大学出版社2015年秋季招聘“社科图书编辑”的第一个要求是“全日制高等院校经济、管理、法律、教育、传媒、文博及其他人文社科类相关专业，硕士研究生及以上学历”[2]。

在由全球化、数字化和ICT(信息与传播技术)革命推动的新闻传播业变革中，传统新闻传播业和图书出版业基于“把关人”模式的新闻出版生产路径正在被彻底重构。面对从小使用YouTube和优酷，Google和百度，Twitter和微博、微信长大的新一代受众，新闻和图书生产的理念、目标、方式，一切都在变。[3]为适应其变化，新闻工作者和书刊出版经营者的素质和能力养成，对新闻传播类教育机构提出更高的要求。所培养的编辑出版学专业人才不仅要具有社会责任感、国际视野、科学思维方法和专业技能，同时具备开发纸媒形态的综合能力，还要拥有媒介产品营销能力和运用技术、网络、电视、广播等多种方式再现内容产品的能力。这就是所说的跨媒体、跨学科、跨文化、符合科学的“跨界传播”实践教学理念。[4]跨界传播以用户体验为核心目标，为大众提供多元化、全方位的信息传播。[5]

(二)突出“差异竞争”定制模式

1978年北京印刷学院成立，标志着我国出版学高等教育的开端。经过30多年发展，全国有80多所高校开设了编辑出版学专业，传统出版专业教育已经初具规模，为编辑出版行业输送了大量人才，推动了编辑出版的快速成长和发展。

近年来数字技术快速发展引起行业巨变，传统出版环境下培养出的编辑出版人才已经无法适应市场的需要。如何根据行业和技术发展对人才的现实需求和人才培养目标进行课程体系设计、实践教学改革创新，是编辑出版业界和教育界共同探究的重要问题。根据区域新闻传播业、书刊出版业发展和受众需求实际，在课程体系设置、实验教学平台、实践教学环节、师资技能和教学管理等方面，推行专业人才差异化定制培养模式，不断提升编辑出版人才服务产业发展能力，这是解决编辑出版学专业学以致用的有效途径。

浙江作为民营经济大省，中小企业是经济发展的基石，民营经济占80%以上。截至2015年9月底，浙江省共有各类市场主体456.6万户，其中民营企业和个体工商户占70%；民营经济提供了90%以上的就业岗位、60%以上的税收。

浙江又是新闻传媒大省，县市区域媒体和企业传媒发展快速，其中公开发行的县市区域报有17家，占全国县市区域报总数的1/3，企业内部报刊1450家，多数企业建立了网站和客户端，县市区域和企业传媒大量的人才需求为编辑出版学专业人才培养提供了较大发展空间和机遇，成为本专业毕业生主要就业去向之一。

宁波大红鹰学院编辑出版学专业开设于2012年，所在的新闻学科为浙江省重点建设学科，我们着力构建企业传播学学科体系框架，在专业人才培养目标定制方面，避免同质化，突出差异化。根据浙江省民营企业发达、区域传媒众多的实际和学校人才培养目标以及生源特点，我们将专业人才培养方向定制为企业传媒、县市区域融媒体和数字出版，培养具有企业报刊选题策划、新闻采写编辑评论、企业文化宣传营销等专业核心能力，能在企业和媒体从事报刊、网络编辑与营销、文化宣传等方面工作的高素质、应用型人才。

(三)强调“内容为王”技能训练

“内容为王”是传媒业界最为人熟知的从业理念之一。其提出者维亚康姆公司总裁雷石东是这样阐述的:“传媒企业的基石必须而且绝对必须是内容,内容就是一切!”

新媒体时代虽然强调“技术为重”,但内容依然“为王”。传统媒体和网络媒体融合传播的7个阶段即新闻传播的“钻石模型”,分别是 Twitter Alert(快讯)、Post(草稿)、Article/Package(报道)、Context(背景)、Analysis(分析)、Conversation(互动)和 Customization(定制)。[6]而报道、背景和分析涉及的正是内容,是传统媒体远在互联网之上的独特优势。

新媒体时代,内容的生产已经高度多元化,如今不是担心看不到、找不到内容,而是看不到“想看”的、找不到“想找”的内容。这是媒体人或出版人千百年来始终如一的职责和使命,其任务就是从众多的内容中,筛选、整合出特定的内容,去奉献给读者。媒体融合生态下的新闻传播专业教育,就是提高学生媒介应用能力,训练提升策划、采写、编辑、评论、摄影等扎实的基本功。

二、构建应用能力实践课程体系

融媒体时代是以媒介融合为特征的,图书、报纸、期刊、广播、电视、电影、网络、移动媒体互相融合,共享出版资源,以谋求范围经济利润。所以,作为一名出版专业学生必须熟练掌握出版专业所需的平面媒介知识和动画制作、制图软件等计算机软件知识、多媒介运作管理知识,同时还需要学生具备多学科的背景知识体系,例如:传统的数学、物理、化学、英语、文学、生命科学、电气工程科学等。全媒体时代的出版专业教育,必须以市场为导向,以就业为起点,以全面培养学生全媒体出版能力为目标,我校编辑出版学专业在制订教学计划时,提高实践教学的比重,教学计划总学分为160学分,总学时为3040课时,其中实践环节1536课时,占总学时50.53%,加强实践教学,使学生树立创新、创意、创造思维和熟练掌握应用操作能力,在毕业时就具备一定的工作经验。

(一)组建特色鲜明的实践教学课程群

我校编辑出版学专业人才培养目标定位特色鲜明,突出“地方性”“应用型”“服务企业和区域传媒”等,培养具有企业报刊和区域传媒、选题策划、新闻采写编辑评论摄影、数字出版、企业文化创意、品牌宣传营销等专业核心能力,能在企业和媒体从事报刊网络编辑营销、文化宣传等方面工作的高素质、应用型人才。

为了落实人才培养目标,结合学生的职业生涯发展规划,我们采用了应用型人才培养模式,在人才培养方案和课程设置上,夯实基础知识、突出实践教学,以报刊图书编辑和数字出版能力为培养目标规格组建相关课程群(图1所示)。通过报刊图书编辑和数字出版专业课程群建设与教学,使学生掌握扎实的专业理论与基础知识,全面提高学生的综合素质和专业技能。

报刊图书编辑和数字出版课程群涉及5门课程,其课程内容模块与目标建设主要围绕以下方面开展:

1.企业报刊编辑内容模块:企业报刊产品设计、企业通讯员队伍建设、企业新闻采写编辑评论、企业报刊版面设计等;建设目标是提高学生的企业文化宣传能力。

2.报纸编辑理论与实务、编辑应用写作内容模块:报刊编辑基本原理、新闻策划与组稿、

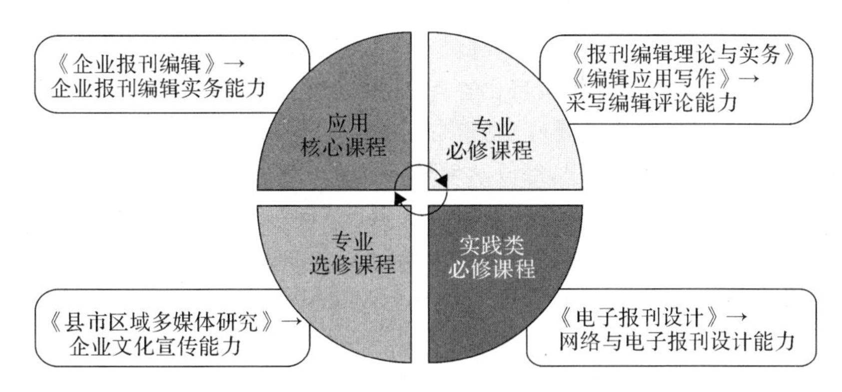

图1 报刊图书编辑和数字出版能力培养目标规格支撑要素结构图

稿件选用与加工、标题制作与图像编辑、版式设计与创意、编辑应用文写作等。

3.电子报刊设计(实践教学)内容模块:排版软件基本操作、文字图元图像处理、表格颜色公式编辑、编辑专业综合实训等;建设目标是提高学生的电子报刊和企业网站设计能力。

4.县市区域传媒研究内容模块:浙江县报发展历史、县报转型拓展发展空间、县市区域报纸案例评析、县市区域网络媒体创新研究等。

(二)制订提升核心能力的教改实施方案

1.有效重组支撑核心能力培养的课程内容

为了实现培养学生企业报刊编辑核心能力的课程组建设目标,我们将对现有课程内容进行重组,《企业报刊编辑》《报纸编辑理论与实务》《编辑应用写作》课程将重组为"企业报刊编辑理论与实务"模块课程组,以培养学生企业报刊编辑业务能力。《电子报刊设计》《县市区域传媒研究》课程将重组为"电子报刊设计与县市区域传媒研究"模块课程组,以培养学生网络编辑与电子报刊设计能力、县市区域传媒编采能力。

2.有机融合能力目标培养的理论与实践教学

本课程组建设,突出"应用型""实践性""服务地方中小企业与媒体"的学校办学特色和理论教学与实践教学有机融合的教学理念。

3.有力建立实践课程和应用型教师团队

本课程群5门课程总学时为208课时,其中理论学时120课时,占总学时57.6%,实践学时88课时,占总学时42.4%。在师资配备上,具有专业理论与实践经验的专任应用型教师3人,企业兼职教师2人,占课程群8位教师数的62%。

4.加强适应媒体融合的特色教材建设

根据我校编辑出版学专业人才培养教学计划,满足课程建设需要,我们组织编写出版专业特色教材《企业报刊编辑实务》《报刊图书营销案例评析》《县市区域传媒创新研究》等系列教材,本教材的特色在于选题比较创新、内容比较创新、体例比较创新、应用比较广泛。其中《企业报刊编辑实务》已于2015年12月份正式出版。

(三)改革教学组织形式和教学方法

1.课程教学组织形式多元化

在教学方法改革方面,构建能力型课堂。所谓能力型课堂的构建,就是紧扣我校应用型人才培养的定位,以实践教学、技能训练为核心,以项目与竞赛为抓手,体现实践性、应用型的特点，全面提高学生的实战性的职业技能。在《报纸编辑理论与实务》《电子报刊设计》等课程教学过程中，将办报办刊作为项目化管理，学生全员参与，例如《电子报刊设计》课程将《宁波工艺美术》等企业项目作为课程实践项目，学生以小组协作方式全员参与。改进考试方法，《报纸编辑理论与实务》课程，每位学生编辑设计1份4开4版的报纸，作为期末考核成绩。能力型课堂的教学，取得了较好的教学效果。

在课程教学组织形式上，运用多媒体现代教学技术，采取翻转式、互动式、案例式、启发式教学，校内课堂与校外基地、学校专职教师与企业兼职教师联动，提高学生报刊编辑专业技能。

2.教学方法改革突出应用型、实践性

实行"三结合"的综合教学改革，即理论教学与实务实训、课堂教学与社会实践、专业认知与学科调研三者相结合。

选择与课程教学目标相一致、与学生基础相适应的教学模式，即采用"任务驱动＋师生互动＋校企联动"的教学模式。教学任务驱动：按照教学计划实施，保质保量完成教学任务和企业报刊编辑任务。师生教学互动：专兼职教师全程参与指导学生完成企业报刊编辑的实训。校企联动：结合具体的中小企业报纸和期刊的采写编辑业务，在校内专任教师和企业兼职教师的指导下，学生参加校内工作室和校外实习基地实训。

3.建立成果导向的课程评价方法

成果导向型课程评价方法，就是根据学生的学习成果对学生进行绩效考评的方法，主要包括目标管理、直接指标、绩效标准、成绩记录等实施步骤和基本方法。健全考核评价机制，即变单一的期末考试为平时综合考察、期末作业、师生共同评教等多种形式。《企业报刊编辑》《报纸编辑理论与实务》《电子报刊设计》等专业必修课，期末考核由学生编印报纸、期刊或创刊方案，增强学生的报刊编辑能力。

三、建设仿真型专业实践教学环境

（一）突出校内仿真型实践教学环境建设

1.企业报刊编辑工作室

我校的企业报刊编辑工作室主要用于开展校企合作项目，学生科技竞赛指导和教师教研科研创新等活动。我校已与宁波企业报协会建立战略合作关系。我们还与宁波市广电新闻出版局建立项目合作关系，工作室成员负责宁波市企业报的年度评估和月度审读工作。组织学生参与宁波中小企业报刊网站编辑工作，提升学生的报刊编辑业务操作能力。

学科竞赛是培养学生创新思维与创新能力的重要途径，将工作室作为实践创新基地，通过组织学生参与校科研项目、新苗计划、挑战杯等科研项目的申报与课题研究，参加全国大学生出版创意大赛、全国大学生新媒体创意大赛、浙江省大学生摄影大赛等相关学科竞赛等形式，培养学生的创新精神、专业技能与问题解决能力，提升学生企业报刊编辑应用与研究能力。

同时工作室还提供教师科研成果孵化、编辑出版人才培训、出版产业创新与咨询决策等方面的服务，本工作室旨在建设成为校内产、学、研创新实践基地。

2.编辑出版学专业实验室

我校的"现代报刊编辑技术实验中心"是以企业传播和数字出版为特色的专业实践教学平台，是学生在校内完成专业课程实践与实训的主要场所，也是培养学生专业核心能力、实践能力、创新能力的重要场所。实验室配备的硬件设备和软件系统较为先进，不仅可以开展传统书报刊的编辑制作与输出，也可以满足数字出版的素材采集编辑、数字出版物编创、转换及内容管理和跨平台出版发布等相关实验，编辑出版学专业的实践教学均在该实验室完成。以企业项目案例库为依托，学生在专业教师指导下，以团队方式完成出版物的选题策划、采编、出版过程。一方面，将实验室建成企业在高校的项目孵化地，项目成果服务于合作企业；另一方面，通过项目引导，实现媒体与学校的深度融合，从而完成编辑出版学专业人才培养与用人单位需求的无缝对接。

实验室先进的设备、浓厚的学术科研氛围及良好的育人环境为教师实施教学改革与科研工作提供物质保证和精神支持。因此，本专业实验室除了承担相应专业课程的实验教学外，还能够为教师开展教学改革与科研创新服务。2013 年至今，本专业教师围绕混合式环境下的项目化教学模式、互联网环境下以数字出版与企业传播人才为核心的课程群建设、中小企业人才标准与基础理论课程改革、新媒体环境下报刊编辑实务能力培养等多个方面开展研究，有多项教学改革项目和科研课题立项，并取得了较为丰硕的研究成果，从而更好地服务于专业发展。

（二）校企合作共建校外实践基地

1.积极构建出版专业校外实践"梦工场"

我们在校外已与新华社新华网股份有限公司、宁波中青华云科技有限公司、宁波企业报协会、现代金报、慈溪日报等 10 家传媒和企业建立了紧密型校外合作实习基地，每家实践基地各有 1—3 名指导教师负责学生实习实训，为学生提供课余、假期、毕业等常态化实习。从 2013 年起我们加强了与宁波企业报协会的战略合作，通过该协会在其会员单位建立教学实习实训基地，协会所属 176 家企业报刊可作为本专业的真实项目案例库，本专业与协会共同培养学生和中小企业需要的报刊编辑与数字出版人才。

2.实践教学活动鼓励流动性和跨区域性

出版产业的发展在区域上具有一定的差异性，有些地区出版环境还比较传统，所以学生就没有机会接触到新技术，那么其课程设计中的专题实践任务就无法完成，其理论学习也将成为一纸空谈。所以，本专业实践教学活动在实习基地进行的同时，鼓励学生自行联系实习单位，到出版产业发展迅速、经济发达的地区单位去锻炼自己的新媒体开发以及运作能力。这种流动性和跨区域性会有效激发培养对象的工作潜力和社会适应能力。

2014 年、2015 年暑假，编辑出版学专业已安排 2012 级和 2013 级 4 个班 153 名学生全部到实习基地，或者回家乡就近进入企业和报社、网站实习，统一要求提供《实习日志》和实习单位鉴定。学生的实习成果显著，通过参与公司实际项目运作，提高了专业技能，学生的表现也得到了合作企业的认可。

（三）校企联动联合培养学生和企业传播人才

首先，聘请企业兼职教师参与实践教学。企业兼职教师分别担任专业必修课《企业报刊编辑》《报纸编辑理论与实务》的主讲教师，其授课量（实践指导）占课程教学总量的 30%，达到 62 课时。兼职教师在专职教师的指导下共同完成课程的教学计划、课堂组织和期末考核。兼职教师参与企业报刊编辑工作室的仿真型实践教学指导。兼职教师主要负责学生的校外实习实训。

其次，专职教师挂职企业锻炼。本专业教师到宁波企业报刊挂职学习，帮助宁波中小企业培训企业文化传播人才。同时，积极开展社会服务工作，为中小企业培训企业传播人才。我校与宁波市企业报协会联合开展了企业报刊业务培训 6 期，受培训的全市企业报刊主编、宣传骨干 1000 多人次，提高了企业文化工作者的业务水平。

四、结 语

"互联网＋"行动计划下的媒介融合时代，以内容为王、技术为重、基础为本的传媒出版产业发展势头强劲，基于信息资源运用的多媒介、多形式开发，对传统编辑出版学专业教育提出了更高要求，所培养的专业人才不仅要具备开发纸媒形态的综合能力，还要拥有媒介产品营销能力和运用网络、电视、广播等多种方式再现内容产品的能力。这些能力的培养需要实践教学环节的合理设计来支撑，更需要专业教学团队和学校企业合作共同发力，以市场职业需求为导向，培养适合全媒体时代亟须的复合型、应用型、多媒体编辑出版专业人才。

参考文献

[1] 中华人民共和国教育部. 国家中长期教育改革和发展规划纲要（2010－2020 年）[EB/OL]. http://www.moe.edu.cn/publicfiles/business/htmlfiles/moe/moe_838/201008/93704.html,[2010-07-29]/[2015-12-7].

[2] 浙江大学出版社. 诚聘英才—招聘公告[EB/OL]. http://www.press.zju.edu.cn/cpyc-type/31000010502.html,[2015-12-7].

[3] 陆晔，曾薇. 互联网究竟为新闻业带来些什么？——以在线视频新闻网站 VICE News 为个案的讨论[J]. 新闻记者，2015(9)：24－32.

[4] 郑泽川. 报媒跨界传播报告出炉[N]. 浙江日报，2014-11-11 (1).

[5] 张洁. 跨界营销的精髓[J]. 国际公关，2014(8)：50－51.

[6] Bradshaw, P. (2007). The news diamond: A model for the 21st century newsroom[EB/OL]. http://onlinejournalismblog.com/2007/09/17/a-model-for-the-21st-century-newsroom-pt1-the-news-diamond/,[2007-09-17].

以 SBS 电视台为例探求韩剧风靡的原因

江翠平　钟玲玮

(浙江工商大学人文与传播学院)

摘　要：近年来，韩剧受到了亚洲乃至全球观众的追捧。许多走红的韩剧，都出自韩国 SBS 电视台。本文将以 SBS 电视台的发展为例，探求 SBS 电视台在推动韩剧畅销中所起到的作用，以期能给中国文化产业的发展带来一些借鉴。

关键词：韩剧　SBS 电视台

1992 年第一部韩剧《嫉妒》在中国上映，20 多年的时间里，韩剧一直受到中国观众的热捧，"韩流"这股热潮愈演愈烈。不难发现，《继承者们》《来自星星的你》等一系列热播的韩剧都是韩国 SBS 电视台的作品。韩国 SBS 电视台是一家私营的电视台，出产大量的娱乐节目、综艺节目以及电视剧，其作品以新颖、独特的特点，颇受广大海内外年轻观众的青睐。

一、韩国 SBS 电视台的发展简史

韩国广播电视的发展经历了日帝时期的转播时期、美国军政统治时期、国营广播时期、民营广播电视时期、商业化广播时期、公营广播时期、多媒体多频道时期等不同的历史发展时期。[1]从这些时期的发展可以看出政府的主导力量在逐渐减弱，市场在电视产业的影响在不断的增强，可见韩国民营电视台有其强大的生命力，而 SBS 作为韩国第一个民营电视台也正彰显出其优势。

韩国 SBS 电视台全称 Social Broadcasting System，是韩国三大电视台(另外两家 KBS、MBC)之一。SBS 创建于 1990 年，恰逢韩国新闻放送界大改革时期，其创立之后，作为韩国唯一覆盖全国民营网络的民营无线电视台，SBS 又为韩国放送市场创下了数次重大变革。比如，1991 年 SBS 广播局的正式成立使韩国放送市场进入了"广播多媒体时代"，1995 年，SBS 又开设了多个地区分部，[2]使电视广播的发射真正实现了全国一体化。随着数字化信息技术的不断发展，2000 年开始试行数字电视放送。电视放送信号的发射又一次推动着韩国电视放送机构的发展，使其从此进入了公、民营并存的"混合时代"，这也意味着韩国媒体迎来了竞争更为激烈的时代，政府对电视台的主导作用开始减弱，市场发挥着越来越重要的作用。

SBS 是韩国第一家商业电视台，标志着韩国电视产业正式进入商业化阶段。作为民营电视台，SBS 具有更强大的灵活性和市场敏锐性，受制度的制约更小。SBS 开办之初就打破了长期以来电视台在晚上 9 点播出新闻的惯例，它把新闻提前了 1 小时，在 9 点时却播放电视剧。由此可见，SBS 高度重视电视剧对电视台的作用和影响，致力于通过制作高品质的电视剧来增强电视台的影响力，有利于电视台的品牌建设。SBS 电视剧内容增加了大量娱乐

元素，同时电视剧类型也得到了细分，更有利于针对不同的收视群体，扩大市场消费层次。韩国 SBS 电视台以后来者的身份与其他两大电视台并驾齐驱，并逐渐彰显出其独特的风格和魅力。SBS 的成功离不开韩国文化环境和政府政策的支持，更离不开其企业文化、战略等自身因素。下文将进一步探究 SBS 成功的原因，希望能为我国文化产业的发展提供一定借鉴。

二、SBS 电视台推出的韩剧成功秘笈

1997 年的东南亚金融危机使韩国经济濒临崩溃的边缘，这场金融风暴使韩国政府深刻地认识到了传统产业结构的局限性。21 世纪一个国家的综合国力不再仅仅依靠军事和经济两大因素，文化产业将是 21 世纪国家经济发展的新兴战略支柱产业。1998 年，韩国总统金大中正式确立了“文化立国”的战略方针，将发展文化产业上升为国家发展战略，并积极构建促进文化产业快速发展的法律制度和财税支援体制。[3] 到 2004 年，韩国成为世界第五大文化产业强国，在短短几年的时间里，韩国的文化产业能迅速发展成为亚洲文化产业强国的后起之秀，这与韩国政府对文化产业的重视和推动密不可分。

韩国政府对电视台等文化产业资金扶持上主要采用以直接加大政府财政预算为主，以税收、信贷等经济杠杆和优惠措施进行间接资金支持为辅。韩国政府同时设立各种专项基金，如文化产业振兴基金、出版基金等重点发展相关文化产业；还积极运作了“文化产业专门投资组合”，形成以动员社会资金为主，官民共同融投资的运作方式。[4] 政府在经济上的大力支持为韩国文化产业，尤其是电视剧的发展提供了强大的物质力量，同时也唤起了人们对文化产业的重视，激起了韩国人民的民族自豪感。

从 2013 年的韩剧收视率情况来看，韩国三大电视台自制剧海外收视率达 15%以上的共有 9 部，其中 SBS 电视台就占了 5 部，KBS 和 MBC 两家电视台分别占有 2 部，SBS 电视台自制剧以每一部电视剧收视率都保持在 20%以上[5] 的优势，远远领先于其他两家电视台。从这一系列数字中我们可以清晰直观地得出 SBS 自制剧的海外销售业绩在韩国电视台中处于领先地位。SBS 电视台根据本国形势和电视台的自身特点和运作方式，创造出了一条适用于韩国电视台的、高效的生产运作制度。SBS 电视台下属拥有多个优秀的制作公司，电视台和这些制作公司之间是一种订购关系。在一部电视剧即将拍摄之前，电视台会根据预算付给制作公司 30%左右的拍摄资金，这有利于制作公司在拍摄电视剧时排除了资金上的问题，不用顾虑资金的投入，为出产优质的韩剧提供了保障，有利于韩剧走“精品化”路线。

1. 内容为王，占领海外市场

韩国国土面积狭小，只有 5000 多万人口这一先天因素决定了其国内市场相对比较狭小，只针对国内观众的消费已经满足不了各大电视台的激烈竞争。正如 SBS 电视台下属制片公司制片人尹夏林所说：“韩国电视剧制作程序已经实现了时代的接替——从过去电视台下单子，按部就班制作的第一代，转变为从计划、发行、营销就明确瞄准海外市场的第二代。”

韩剧之所以能受到广大观众的追捧，最主要的原因是类型的多元化生产，以满足不同层次受众的需要。例如《浪漫满屋》《继承者们》《屋塔房王世子》等属于年轻人喜爱的青春偶像剧。有反映生活、诉说家长里短的家庭剧，如《妻子的诱惑》《搞笑一家人》《家族的荣光》等，这些则迎合了中年妇女的需求。还有的就是历史剧，如《大长今》《奇皇后》等展现了韩国的

历史文化，不但能吸引不同年龄阶段的观众，也吸引了男性观众。近年来，为了使电视剧产生出更多的衍生品，植入更多广告，带来更大的经济效益，SBS电视台开始注重对都市、时尚类电视剧的投入、制作和播出，比如《你们被包围了》《doctor 异乡人》等。SBS对收视群体进行细分，抓住了不同层次受众的消费需求，驱动韩剧类型多元化生产，为电视台带来了高收视率。

2. 跨国销售，放眼全球营销

近年来，SBS在兼顾韩国国内市场的同时，更是将目光投向了亚洲乃至全球。SBS将自己投资的韩剧在国内播放，通过收视率赚取广告份额，来填补成本投入，然后将其投放到国际市场，获取外汇。为了推行其海外战略，加强国际竞争力，SBS不断构建自己的国际输出网络，创办了海外子公司(SBS International)，与泰国、新加坡、日本、中国台湾、中国香港和中国大陆等地区建立了长期的合作关系，同时致力于建设庞大的海外分局网络，如纽约分局、华盛顿分局、洛杉矶分局等。与各个国家和地区建立良好的合作关系，扩散其分布网络，增强其电视剧的辐射力是SBS进军海外的第一步，也是关键性的一步，另外，SBS还与外国代理商开发直销、合作经销等多种形式的销售方式。只有拥有了这样一个渠道，才能实现其文化的输出，打造良好的品牌，增强其国际影响力和竞争力，长期稳定地占据国际文化市场。

SBS是一家综合性很强的电视台，其主要由综艺板块、新闻板块和电视剧板块构成。其中娱乐节目是SBS电视台的一大特色，受到了国内及海外年轻人的追捧。当一部电视剧即将上档或大结局时，SBS电视台会要求旗下高收视率的综艺节目配合电视剧进行宣传。比如，在《继承者们》即将播出前，SBS电视台就邀请该剧中的主要演员参加综艺节目*Running man*，在综艺节目中对该电视剧进行宣传，但是在宣传过程中很少会对作品的内容进行介绍，只会在节目后期制作的过程中添加一些有关该作品的字幕或者背景音乐。SBS这种利用旗下综艺板块和新闻板块对电视剧进行密集宣传，促使其两大板块的受众可以直接转为潜在的收视群体。值得一说的是，SBS的综艺节目在海外也拥有颇高的人气，其试图将这种潜在的可能性扩大到了亚洲乃至全球。SBS正是利用了全球性的整合营销，提高了其自制剧的知名度和影响力，在全球电视市场和网络市场掀起了一股又一股的韩剧热潮。

3. 购买高科技系统，顺应科技发展趋势

韩国使用互联网的家庭高达97%，从小熟悉网络的“数字原住民”(digital native)在韩国也占较高的比例。[6]据韩国放送通信委员会发布的《2012年放送媒介使用形态调查》结果显示，将近93.1%的受众选择智能手机、互联网等新媒体来收看韩剧。2002年，韩国SBS卫视在其高尔夫和戏剧频道成功地应用了第一个端到端全数字广播系统——数字卫星自动系统(DSAS)。[7]该系统的应用使素材可以直接遥控方式采集和编辑，实现了制作的节目可以直接播出，这为“边写、边拍、边播”的制播方式奠定了基础。这种制播方式有利于与观众之间形成互动，提高电视剧的受关注程度，将观众的观点、见解融入到剧中。SBS电视台放下以往权威、强硬的姿态，以更体贴亲近的服务质量，创造出更加喜闻乐见的作品来赢得收视群体。

互联网和手机媒体的不断普及和发展，给传统电视台带来了巨大的冲击。以韩国为例，在2010年一部电视剧的收视率要达到20%至30%才能算得上是成功，但是现在能接近15%就已经不错了。[8]传播渠道的多元化加之人们生活节奏的变化，令受众不再满足于被动的接受传统电视台所播出的电视剧，更倾向于自由选择收看时间和收看地点，选择自己喜欢的电视剧。SBS 清晰地认识了这一点，利用新媒体大数据的特点建立了网站，专门收集收视群体的意见，然后把这些意见告知编剧，让其对接下来的剧情根据收视群体的反馈意见加以修改，在拍摄过程中及时对导演和演员存在不足的地方进行指导和纠正，满足收视群体的要求。在每部电视剧接近大结局时，电视台也会采纳受众合理的意见，最终决定以怎样的方式结局。比如，2011 年 SBS 播出的《城市猎人》原定以男主角中枪身亡为结局，但遭到了众多观众的反对，引起了热烈的争论，最终编剧放弃了悲剧结尾，采纳了观众的意见，为 SBS 获得了高收视率。另外，SBS 积极与互联网接轨，开设看多国语言网页，及时更新电视剧及相关动态，与国内外各大视频网站建立合作关系，例如在中国与优酷、搜狐、爱奇艺等视频网站建立合作关系。SBS 积极利用各种高科技方法，为传统电视台的发展注入了新的动力，吸收了更多潜在的顾客。

4. 全面发展，增强综合性

电视台要想拥有庞大的收视群体，就要增强自身的综合性，实现全面发展。一个电视台不能把新闻板块、综艺板块、电视剧板块独立开来，而是要在兼顾各板块发展的同时，强调各板块间的整合发展，促进三大板块之间的交叉影响，进一步打造电视台自身品牌。SBS 的电视剧板块发展得很出色，其综艺节目也展现出相当的实力，如 *Running man*、《强心脏》、《人气歌谣》等，不论是在韩国国内市场还是海外市场都相当的受欢迎，并拥有大量长期稳定的受众。SBS 最受欢迎的综艺 *Running man*，有 7 位固定的主持人，这 7 位主持人并非都是专业主持人出身，他们有歌手、演员等，但是他们在节目中其实是和嘉宾一起比赛，参与到活动中的。主持人角色的淡化使得整个节目更加的自然、活泼，打破了刻板僵化的传统模式，为年轻人所喜爱。每到年末，SBS 会举行 SBS 演技大赏和 SBS 演艺大赏，分别表彰这一年 SBS 自制剧中优秀的演员和综艺节目主持人。在这两大盛典中会邀请众多出演了该年度 SBS 自制剧的明星参加。这两大年度表彰大赏在评选优秀演员、主持人的同时也为电视剧和综艺做了宣传，更有利于 SBS 电视台品牌的打造，增强了其影响力。

新闻板块、电视剧板块、综艺板块、年度大赏就像是四块木板组成了 SBS 这个大的木桶。正如“木桶效应”一样，要想木桶能盛满水，这四块板都要差不多高度。中国电视台应借鉴韩国 SBS 电视台的发展经验，各个板块都要全面发展，使之形成互动作用，相互影响，最终壮大电视台的建设。我国电视台的发展应该汲取韩国电视台的优势，提高自身国际影响力，实现跨文化输出，同时立足我国国情，促进我国文化产业的健康、快速、繁荣发展。

参考文献

[1] 田景，白承镐. 韩国文化论[M]. 广州：中山大学出版社，2010.

[2] 百度百科. 韩国 SBS 电视台[EB/OL]. 2014-06-23.

[3] 安宇，沈山. 日本和韩国的“文化立国”战略及其对我国的借鉴[J]. 世界经济与政治论坛，2005(4).

[4] 齐春燕. 日韩文化产业发展模式比较研究[J]. 科技与出版，2012(12).

[5] 百度百科. 2013 年韩国电视剧的收视率排名[EB/OL].[2014-07-6].

[6] 中国网. 韩国蝉联全球互联网普及率榜首，中国位居第 7 名[EB/OL]. 2014-06-26.

[7] 佚名. 韩国 SBS 数字卫星自动系统采用 Matrox NBS 技术[J]. 电视字幕(特技与动画)，2002(6).

[8] 高艳鸽. 华策香港论坛探讨“华剧梦 · 国际风”[N]. 中国艺术报，2014-04-09.

基于城市公共交通系统的地域文化传播研究

——以宁波市为例

蒋　欣

（宁波大红鹰学院人文学院）

摘　要：城市公共交通系统作为城市重要基础设施之一，不仅承担了城市交通运输的重责，也是一种具有特殊内容和表现手段的文化载体，在城市文化传播中起着不可替代的作用。随着宁波市轨道交通的迅速发展，轨道交通的文化传播作用也日益彰显。本文通过实地调研宁波市地铁客观的形象要素结合问卷分析，剖析城市文化在地铁中的传播现状及存在问题，进而针对性地提出相关意见建议，从而提高城市文化传播影响，增加城市综合竞争力。

关键词：城市公共交通系统　宁波市特色文化　文化传播

随着高歌猛进的现代交通网络发展，宁波凭借自己港口发展的优势，充分彰显了城市在整个长江三角区域中交通枢纽的地位。面对未来，交通发展仍是重中之重。在《宁波市城市总体规划概要(2004－2020)》中指出，综合交通规划旨在规划建立高效、舒适、安全、环保的现代化综合交通运输系统，建立以轨道交通为骨干、常规公交为基础、出租车为辅助的多种客运交通方式相结合的公共交通体系。据《宁波市城市快速轨道交通网线规划（修编）》，宁波市轨道交通线网规划以三江片为核心，跨三江（甬江、姚江、奉化江），连三片（三江片、镇海片、北仑片），沿三轴（商业轴、水轴、公建轴），形成三主三辅6条线、放射状的轨道交通线网。线网全长247.5公里，共设换乘站20座。这200多公里地下里程的开拓不仅会为城市格局带来深刻变革，而且必然会为城市居民的交通生活与文化生活注入新的活力。对于具有丰厚历史文化底蕴的宁波来说，通过地铁文化的营造，无疑为城市以浙东文化为主线融合宁波商帮文化与海洋文化的特色文化传播带来新的契机，抑或将宁波地铁打造成如莫斯科、巴黎地铁般富有浓厚城市文化气息的地下“宫殿”，成为宁波的一张特色文化名片。

一、宁波地铁城市文化传播现状分析

目前，宁波轨道交通已经建成两条轨道交通路线：轨道交通一号线以及轨道交通二号线。一号线（一期）为贯穿城市中心东西走向的骨干线，现有车站20座。二号线为西南—东北向的重要骨干线，沿奉化江、甬江城市发展水轴布置，贯穿三江片，并串联了市区多个重大交通枢纽、大型客流集散点和北高教园区，共设有22座车站。笔者以拉斯维尔（Lasswell）构成传播过程要素的“5W模式”为理论基础，实地调研了现有41座地铁站（因鼓楼站为两条线路的交汇换乘站，故不重复记站）中的地铁客观的形象要素（理念形象、视觉形象以及声音形象），并结合简单的问卷调查分析。调研发现，宁波地铁文化传播主要存在以下四个现状：文化传播内容商业化、文化传播信息凌乱、文化传播方式多样化以及文化传播影响表面化。

(一)文化传播内容商业化,文化传播主题不鲜明

地铁是一座城市地下的延伸,它不可避免地会成为一个典型的商业化的公共场所(commercialized public space),其商业化的进程往往随着地铁网线的发展而潜移默化地渗透着整个地下城市。在宁波轨道交通文化传播调研中,文化传播的内容亦呈现明显的商业化趋势。而这趋势则集中表现在地铁站的视觉形象要素中,即地铁站内的各类平面广告、电子广告,以及各类灯箱墙贴、橱窗展示柜、隧道广告等各类广告。笔者在宁波市41个地铁站共记录的5023份视觉形象拷贝中,只有975份非商业类的宣传海报(广告),仅占约19.4%。而975份非商业宣传广告中,也存在较多商业化的痕迹。例如一些社会活动宣传或公益事业宣传主题的广告中,会有若干社会营利企业的冠名,甚至有些营利机构的宣传篇幅远远大于公益事业宣传。

宁波轨道交通非商业类宣传主要有八大类主题,而涉及城市文化宣传的主要有城市风貌宣传、地铁文化墙以及城市旅游文化宣传。其中城市风貌宣传主要集中了宁波地标性"三江口"的繁华、新建南部商务区以及东部新城的新貌,还有特色老街的宣传。地铁文化墙也以"一站一主题"的设计理念,同时映射地面主要历史文化古迹。而城市旅游文化主要选取了中心城区周边的地区风景作为宣传主体。但无论从宣传内容、宣传设计、宣传元素、宣传基调来看,城市文化宣传的主题都显得分散且不够明确,而且城市文化宣传也与轨道交通动感的"甬"标志理念未有密切联系。而寓意宁波海港城市特点的宁波轨道交通标志"海洋蓝"在宁波城市文化宣传中也鲜有踪迹。总体来说,宁波地铁文化宣传中,还未呈现十分鲜明的主题,许多文化宣传内容都是各自为营,进而缺少一个相对凝练的主题统率。

(二)文化传播信息较凌乱,城市特色文化较缺失

为了进一步调研宁波城市文化在地铁文化中的传播现状,笔者将975份非商业性广告归类为45个宣传设计稿(表1、图1为每个地铁站收集的非商业宣传拷贝的总数量),并对其作了进一步的分析。将每一份设计宣传拷贝以宁波文化元素为参照物,区分出代表宁波文化元素的"N元素"(表2),以及"非N元素"("非N元素"主要指无法体现宁波文化的视觉元素,例如国际化元素抑或是典型的传统中国元素等),进而对每一幅设计中的"N元素"都进行了比例评价(评价结果如表3)。由"N元素"评价表可以看出,"N元素"所占比例相对较高的主要有城市风貌宣传、地铁文化墙以及城市旅游宣传。但其中的"N元素"都呈现凌乱分散的分布,很大程度上由于目前宁波地铁站的文化元素与该地铁站地面的历史建筑或人文故事相关,但地铁站的选址主要从市民出行以及城市交通规划角度出发,并未考虑到文化层面的覆盖。以至于目前宁波市地铁站文化传播的信息会呈现较分散的布局。

表1 收集的975份非商业宣传拷贝主题分类及设计数量 单位:个

主题	各主题的数量	各主题下的宣传设计	各设计稿的数量
社会主义核心价值观	256	12种设计图解社会主义核心价值观,主要以中国传统文化元素为主	48,18,20,11,12,16,19,14,29,22,25,22
城市风貌	187	5种设计宣传城市风貌	41,44,32,31,39

续表

主题	各主题的数量	各主题下的宣传设计	各设计稿的数量
地铁文化墙	12	6 幅地铁文化墙，以介绍宁波传统历史文化为主 4 幅地铁文化墙，以介绍城市发展为主 1 幅抽象主义文化墙象征宁波市市花"茶花" 1 幅抽象主义文化墙象征梦想	1,1,1,1,1,1 1,1,1,1 1 1
城市旅游宣传	192	7 种设计宣传城市旅游	31,24,21,28,32,30,26
公益事业宣传	97	1 种设计宣传"爱宁波" 1 种设计宣传公益献血 1 种设计宣传环境保护	52 23 22
城市主办活动	72	1 种设计宣传宁波购物节宣传 1 种设计宣传大学生摄影艺术大赛宣传 1 种设计宣传进口商品年货展	28 31 13
乘客守则	83	1 种设计宁波轨道交通吉祥物"畅畅"宣传乘客守则	83
智慧地铁宣传	76	2 种设计宣传宁波智慧地铁	40,36

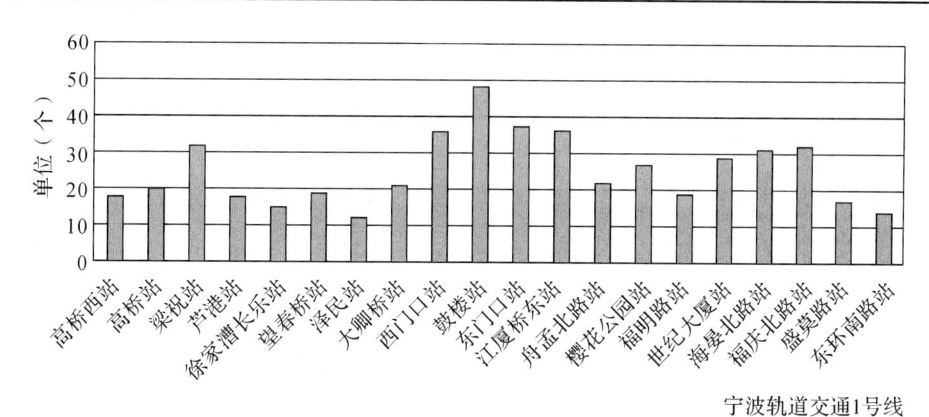

图 1　每个地铁站收集的非商业宣传拷贝的总数量

表 2　宁波文化元素"N 元素"说明

宁波文化元素	宁波文化元素类别	具体表现
N 元素	图片	人："宁波帮"商人形象、宁波名人 景：宁波地标建筑、宁波城市或周边的风景 事(俗)：体现宁波文化的故事或习俗，如十里红妆等 物：展现宁波传统文化的物品，如宁波特产、历史建筑等

表 3 选取的 45 份宣传设计中"N 元素"的比例

宣传设计序号	1	2	3	4	5	6	7	8	9	10	11	12
"N 元素"比例(%)	0	0	0	0	0	0	0	0	0	0	0	0
宣传设计序号	13	14	15	16	17	18	19	20	21	22	23	24
"N 元素"比例(%)	40	40	40	75	50	75	80	100	80	100	100	70
宣传设计序号	25	26	27	28	29	30	31	32	33	34	35	36
"N 元素"比例(%)	60	75	50	50	0	60	60	60	60	60	60	60
宣传设计序号	37	38	39	40	41	42	43	44	45			
"N 元素"比例(%)	0	50	20	20	50	60	60	20	40			

在对每个设计稿中"N 元素"比例评价之后，为更直观地表现宁波地铁站中城市文化传播现状，笔者利用统计学公式，引出"N 元素"的指数"I_N"来表示"N 元素"在整个地铁文化(视觉元素)传播中所占的比例。计算公式如下：

$$I_N = \sum_{i=1}^{n=45} R_{Ni} \times A_i / \sum_{i=1}^{n=45} 1 \times A_i$$

其中 n 代表现有设计稿的总数，R_{Ni} 代表"N 元素"在每一份设计稿中的比例，1 代表"N 元素"可以达到的总比例上限值，A_i 代表每一份设计稿的数量。经过计算，I_N 的最终值为 0.34，换言之，目前在宁波地铁站的非商业类视觉元素中，宁波城市文化所占的比例约为 34%。虽然从数值上看，这个比例并不算低，但正如上文所提到的，所呈现的宁波城市文化仍然缺乏凝练的主题，文化内容也较为松散。如果把"N 元素"的范围缩小到特色文化，即浙东文化为主加之宁波商帮文化与海洋文化，则 I_N 的值则不到 0.2。由此可见，虽然目前宁波市地铁文化元素中，城市文化元素占了一定比例，但城市特色文化的元素则相对较少，而且有的已经同化入传统中国文化。这会对城市文化的传播与发展带来非常消极的影响。

(三)文化传播方式多样化，传播媒介利用率不高

轨道交通作为城市公共交通之一，因其特殊的地理位置与营运特点，在文化传播中也有其独特的优势。换言之，地铁站或轨道列车是一个相对封闭的空间，这就迫使轨道交通乘客在一定的时间内浸没在轨道交通所营造的世界中，进而主动或被动地接受外界所呈现的各类信息，其中包括商业广告抑或城市文化。而地铁站所呈现的文化传播往往从视觉上以丰富鲜明的色彩抑或强烈凸显的对比来吸引乘客。鉴于此，地铁文化传播的方式大多集中于图片、文字、印刷、电子媒体等。经调研，宁波地铁文化传播方式亦呈现明显多样化的趋势。宁波地铁文化传播方式最主要还是依靠视觉的传播途径，利用各类灯箱、橱窗等空间进行平面宣传，其次则利用移动电视媒体或各类电子显示设备来进行传播。此外，还有利用地铁信息宣传或地铁票等的印刷媒体来进行文化信息传播。值得一提的是，笔者在调研中发现，宁波地铁正在建设完善"智慧地铁"项目，并开设了相关微博微信等电子平台账号，增加与乘客间的互动，而这类手机应用媒体也会是文化传播中不可忽视的网络媒介力量。

虽然目前宁波轨道交通文化传播中已经发展了较丰富的文化传播媒介，但笔者在调研中发现，对于这些媒介的利用率却不高。从平面媒介中看，由于地铁站新建年份并未久远，许多灯箱广告还处于空窗，或被地铁广告公司的招商广告代替。这个现象在离市中心较偏远的地铁站则更为普遍。从移动媒介看，目前宁波轨道交通的候车层都设有若干个电子显示屏。屏幕右侧会滚动显示列车到站的相关信息以及一些基本的生活信息，左侧则通常播放广通传媒提供的节目。但这些节目大都是新闻或盈利商家的广告宣传，在笔者收集的217份视音频材料中，没有一条完整涉及城市文化传播。收集的视音频材料大都是列车的双语报站信息抑或是商家广告宣传信息。此外，在宁波轨道交通的微信“宁波地铁go”、微博“宁波轨道交通”、宁波地铁App等新媒体应用中也很少有涉及城市文化传播的推送。种种调研结果表明，现阶段宁波轨道交通在文化传播媒介的利用率方面还有待提升。

(四)文化传播影响表面化，文化传播宣传欠深度

在传播学理论中，文化传播的影响(效果分析)一直是传播学研究中最有现实意义的研究内容。笔者为了研究宁波地铁文化传播的影响，采用了问卷调查的方式，共发放600份问卷，回收有效问卷537份。问卷提问内容主要选取了宁波轨道交通专列中比较有文化特色的三辆专题列车，其中包括旅游文化3D专列、“六色宁波”3D旅游专列、“海丝文明”号专列。问卷设计主要针对调研受访对象的年龄、他们对于文化主题专列的了解程度、信息获取的渠道以及他们对于此类文化传播方式的喜好。调研结果表明：1.受访者对于文化主题列车的了解大多是停留在文化列车展现的实物认知表层，即是什么，但却对其内在的城市文化内涵或寓意知之甚少。2.在文化传播的效果分析中，受访者也呈现出较大的年龄层特点。地铁文化在青少年与老年人中的传播效果明显高于在中青年人群中的传播效果。而从其获取信息渠道中发现，他们大多是在报纸或媒体上汲取了较多地铁视觉文化传播中被局限的信息，而非源自地铁站本身。3.80%以上受访者表示对于此类文化传播方式比较喜欢，并希望能够借此获得更多相关的文化信息。

宁波轨道交通目前还面临一项比较大的挑战，即文化传播宣传欠深度。这点不足主要体现在两方面。其一，文化传播的内容宣传不到位。正如上文问卷调查的结果所示，目前轨道交通内城市文化宣传往往只呈现了视觉层面的传播，但对于视觉文化信息的深层含义或是设计理念则解释得较少，以至于文化传播受众需要借助其他渠道(报纸、电视新闻等)才能对其有深入的了解。例如，轨道交通一号线沿线的6幅地铁文化墙周围就没有任何解说或指示；而所有的文化专列车厢内亦无相关解说。如此，文化传播的效果就会大大受挫。其二，语言宣传不到位。随着城市的发展，近年来生活工作在宁波的外籍人士已经越来越多，宁波轨道交通地铁站也按照国际标准，在列车站点信息、指示标语等相关信息完全使用双语指示。但笔者在调查中发现，除了这些标准的地铁站台信息和指示标语是采用完整的双语，其他的例如乘客守则或是城市宣传大多只是在标题上采用了双语，而具体的内容则完全只有中文。这样的语言障碍也为地铁文化传播的深度方面带来了消极的影响。

二、宁波地铁城市文化传播对策建议

正如著名教育家陶行知所言，创造始于问题，有了问题才会思考，有了思考，才有解决问题的方法，才有找到独立思路的可能。面对轨道交通城市文化传播中所面临的问题，笔者从传播学角度提出了五个针对性较强的对策建议。

(一)结合城市特色，凝练文化传播理念

拉斯韦尔“5W”传播理论认为，传播者是一切传播活动的起点，也是传播活动的中心之一。传播者或“把关人”在大众传播早期处在相对主导的地位，他们受各种文化、社会、个人因素的制约，选择过滤传播的信息。而要达到信息的有效传播，则要求传播的信息有高度统一的灵魂，即特色。如伦敦地铁的“历史悠久”、巴黎地铁的“艺术集市”、莫斯科地铁的“革命宫殿”、蒙特利尔地铁的“艺术涂鸦”等等。宁波轨道交通城市文化传播也要有自己独特的文化名牌。这就要求宁波的城市文化“把关人”结合城市文化的特色，打磨出适合城市公共交通系统传播的文化理念。

地铁文化发展与城市政治影响力、经济实力、创新水平、文化魅力内在统一。宁波地铁文化建设应该服务于城市文化建设、服务于地域文化建设、服务于民族文化建设，进而加速宁波向文化都市迈进的步伐。社会主义核心价值体系是兴国之魂，是社会主义先进文化的精髓，决定着中国特色社会主义发展方向。社会主义核心价值体系也是宁波城市文化建设的精髓。因此，作为城市文化的浓缩和凝练的地铁文化建设也应该以推行社会主义核心价值体系建设作为指导思想，不断丰富城市地铁文化建设的内容与内涵，从而更好地为宁波城市文化建设服务。

在社会主义核心价值体系指导下，宁波地铁文化建设也需要形成独特的指导理念。一方面，宁波地铁城市文化传播理念要结合城市特色文化。宁波的特色文化的核心是博大精深的浙东文化精神。它为宁波人的伦理思想和互助、慈善行为提供了理性基础，同时也造就了一代代务实诚信、乐善好施的宁波人。而宁波商帮经营理念的文化基础就是浙东文化的“工商皆本”和“经世致用”的思想。海洋文化是宁波文化的主线。宁波作为在河姆渡文化的发源地、宋元时期的海上丝绸之路的起点，早就与海洋文化结下不解之缘。不同于农业文化为主的大陆文化，它是一种秉持大海特性的商业文化，勇于创新，善于包容，兼容并蓄。宁波有着良好的经商传统。而商帮文化是宁波特色文化的重点，它对宁波的地域经济文化的发展起着积极的推动作用，也为宁波区域经济提供了精神文化因素。另一方面，宁波地铁城市文化传播理念要结合宁波轨道交通特点。在城市文化宣传中，可以结合宁波轨道交通标志——“海洋蓝”动感的“甬”字，或引出宁波轨道交通吉祥物“畅畅”。

（二）统筹文化主题，规划文化传播内容

在确定轨道交通城市文化传播理念后，则需要进一步统筹文化主题，规划文化传播内容。宁波地铁正处于建设初期，许多新兴的地铁线路、地铁站点正随着地铁系统的发展不断建立开发，而地铁文化也随之孕育而生。良好的文化发展需要系统的统筹发展。将地铁文化纳入到城市文化发展的统筹规划中。基于地铁系统的发展规划，将地铁文化的发展分期、分区、分阶段实施规划，实现地铁建设与地铁文化建设的同步推进。

城市特色文化的传播规划可以选择若干主题进行。首先，可以在城市的每一个地铁站设立一个或若干个专门的展示橱窗作为主要媒介来传播城市特色文化。橱窗的设计可以结合宁波轨道交通的标志设计，加入“海洋蓝”的边框，或是“畅畅”的形象。其次，确立以城市特色文化为主线的若干文化宣传主题，比如“浙东文化起源”“浙东文化精神”“河姆渡文化”“海上丝绸之路”“宁波帮商人”等。在每一个主题下可以规划六至八个分支点，可以是主题内容下的著名人物、故事、习俗等。通过“以点带面”的形式，将城市特色文化依次展示。最后，对每个主题展示的时间、车站进行系统的规划。就如同流动的城市文化图书展馆一样，每一个主题都可以在一定时间内在不同的轨道交通车站展出，而乘客也可以在往来不同地铁站时欣赏到同一文化主题或是不同文化主题的城市文化。

此外，还可以增加地铁文化产品创作产生，塑造良好的地铁文化品牌。地铁文化产品是城市地铁文化的重要组成部分，也是城市文化的重要名片之一。通过挖掘、整合城市文化资源，努力创造一个具有城市风格、展现时代精神、品位高雅的地铁文化产品，充分发挥地铁文化产品娱乐大众、陶冶情操的作用。比如，依托城市地铁品牌资源、票务资源等建立地铁文化产品的旗舰店，同时利用客服中心等销售网络开展地铁文化车票、特色纪念品经营等等。在地铁文化产品的创造过程中，也要时刻关注文化的多样性与包容性。以史为鉴，世界优秀的地铁文化都市大都融合了多样的文化特色及博大的包容精神。也正因其内容丰富、风格多样的文化景观，让城市地铁文化更具文化魅力和辐射能力，进而对异域文化下的人们产生了强烈的吸引力。此外，地铁文化产品建设要充分利用城市公共文化资源及文化信息的共享工程，将城市地铁文化产品与文化服务平台结合，实施地铁文化的品牌战略。通过科学规划，努力创新，加强文化品牌策略管理，确定品牌打造的思路和重点，改善经营管理理念，打造一批创新能力突出、核心竞争力强的文化产品，为地铁文化的高起点运作奠定基础。

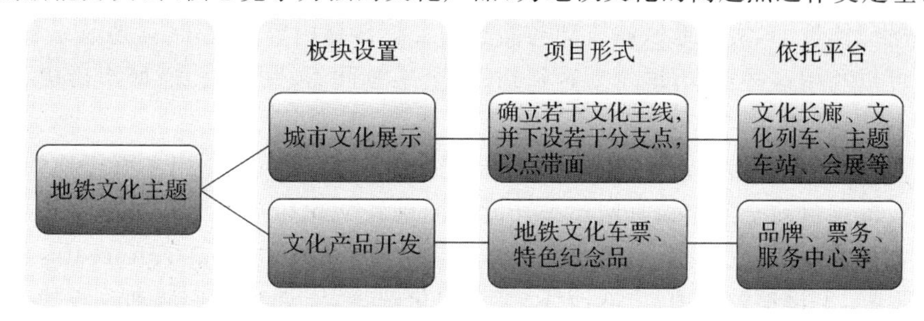

图 2　城市地铁主题文化传播规划布局图

（三）利用传播媒介，加深文化传播深度

充分利用传播媒介，对于有效的文化传播是必不可少的。目前宁波轨道交通的城市文化传播媒介非常丰富，城市文化传播更应当充分利用各传播媒介的优势，加深文化传播的深度，从而达到更有效的文化传播。首先要进一步完善信息媒介的多样化平台建设，让传播媒介大众化，让基础设施真正成为文化传播与沟通的良好中介。其次，要拓展多种创意展示渠道。此外，还应不断创建拓展网络增值平台。

其一，完善媒介多样化平台。1. 整合现有平面媒体。利用平面媒体的特点，拓展平面媒体的传播内容，对其中文化传播不够深度的地方进行补充与深入。比如在地铁文化墙旁边加入相应的解说，让文化受众者了解这是什么。也可以在文化专列中安放一些宣传册，简单介绍文化专业的设计理念或文化含义。2. 完善电视声讯媒体。目前的电视声讯媒体往往局限于中英文车站到站的内容提示，还未能满足客运营销、文化传播等方面的需求。故应结合列车停靠车站特点及周边设施，丰富完善地铁站的语音及视频服务内容，实现地铁客运延伸增值服务。另可以利用媒体特点增加地铁文化传播与乘客之间的互动。比如举办城市文化短片大赛，号召全市人民一起来参与城市文化短片制作拍摄，全程记录比赛进程，展示选手作品，并在电视传媒上播放。这样既能让市民主动去挖掘城市文化，也可为地铁城市文化宣传带来积极的影响。3. 开发网络新媒体。在新媒体日新月异的今天，越来越多的市民成为“手机一族”，据调查显示，大多数的市民有超过三分之一的时间花在手机上。由此可见，新媒体的潜在力量不容小觑。但目前，宁波轨道交通的微信、微博以及 App 都还不够完善，除了基本的信息查询，似乎没有更多的信息。在城市文化传播中，可以借助新媒体力量，开发相关应用资源，比如扫地铁文化宣传内容的相关二维码，可以连接其文化解说；开发地铁文化宣传小游戏；开展地铁文化宣传互动论坛等等，以此来加强与文化受众间的互动，从而达到更有效的文化传播。

其二，拓展多种创意展示渠道。1. 地铁文化墙建设。完善现有的12幅地铁文化墙建设，对现有的地铁文化墙附加一定的文化说明，既可以利用传统纸媒体作为宣传媒介，也可以利用“宁波地铁go”等App扫码查阅相关文化墙的设计文化理念。创建地铁文化长廊项目，以地铁文化窗品牌为主导，利用地铁站的闲置空间资源，建立文化产品的展示交易渠道。2. 地铁文化列车建设。加深现有地铁文化主题列车的文化传播宣传，利用新媒体增加文化主题列车互动区，丰富地铁文化创意展示渠道的表现形式。有计划设计投入更多体现城市特色、结合时代特色的主题列车，利用列车动态传播性的手段，实现地铁文化主题宣传活动中地铁创意展示的效益最大化。3. 光影传输互动项目建设。结合车站主题，借鉴国外成熟的光影传播载体技术，实现地铁站流动与静态的文化传播内容播放，加强地铁系统与乘客间的互动。可以利用这些技术，展示乘客须知、安全乘车问答、列车信息、城市历史、城市特色文化故事等信息。

其三，创建拓展网络增值平台。1. 规划建设地铁网站及手机应用中城市地铁文化专栏项目建设。鉴于目前宁波地铁官网还未开设任何地铁文化相关的专栏，可以借鉴国内较成功的地铁文化网站案例（北京地铁文化 http://www.bjsubway.com/culturedtzs）设计宁波地铁文化专栏，下设地铁知识、宁波地铁文化、文化纪念品、创意文化活动等板块，结合地铁站实际展览活动，共同营建地铁数字文化长廊，建立以与乘客互动为主的网络平台，并为地铁文化网络宣传营销提供途径及支撑平台。2. 增加建设乘客数字导向项目。目前宁波地铁站内乘客导向主要有两大内容，即地铁线路图以及车站出口导向图。规划在原有的地铁乘客导向图中合理布局添加数字检索信息，通过信息检索下载等方式，提升地铁增值服务的效益。

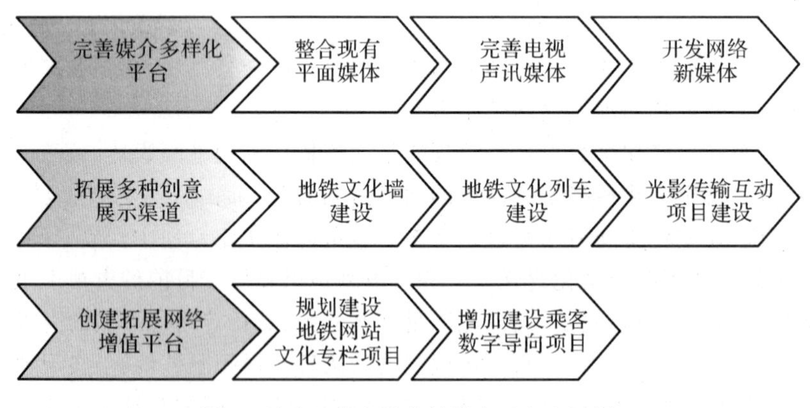

图3 城市地铁文化传播媒介开发布局图

（四）深度开展调研，了解文化传播受众

地铁城市文化传播的受众是一个复杂而又独特的群体，他们既是城市公共交通系统中的乘客，又区别于普通文化传播中的接受者。首先，他们是轨道交通的乘客，他们的首要目的是利用城市公共交通系统来达到出行的目的，以至于在一定程度上，他们都是被动的地铁

文化传播受众。其次,他们注定成为文化传播的受众者。在乘坐轨道交通时,在一段时间内他们会被充满信息量的有限空间所包围,从而或多或少会被周围的环境所影响,主动或被动地接受信息的传递。再次,他们也是“孤独”的乘客,各自沉浸在自己的世界中,地铁传递的信息也许在他们步出地铁站的那一刻已迷糊不清。为了进行有效的城市文化传播,应该对地铁站的文化受众有较多的了解。可以邀请专业机构定期对地铁站的文化受众进行调研,从他们的年龄层、职业、文化喜好、意见建议等方面入手,在了解文化受众的同时,也让他们参与到地铁城市文化传播的建设中来。

在地铁文化基础设施建设中要注重乘客的年龄代沟、文化需求层次、信息接收与反馈差异性的划分工作,既要尊重不同地域之间、不同地区之间、不同城市之间文化水平差异的总体特征,还要兼顾中年及以下群体(尤其青少年)的信息更新加速、媒介升级加快这一个体性特征,更要保护老年群体的物质文化与精神文化双重需求的基本权益。针对群众视觉、声觉、心理的审美限度,综合专家调研报告与乘客问卷结果,制定信息传播、接收与反馈的合理频次,为乘客提供良好舒适的交通环境,保障群众身心健康。

综上所述,在城市公共交通系统中传播城市特色文化,不仅要考虑到城市特色文化的特点,更要考虑到公共交通系统的地域特点、文化传播特点以及乘客(文化受众者)的因素,只有这样,才能进行相对有效的城市文化传播。宁波轨道交通特色文化传播也应该考虑城市的特色文化,同时结合宁波轨道交通的理念,并在调研文化受众后,综合规划轨道交通城市文化传播的内容,并充分利用各类传播媒介优势,加深文化传播深度。建立有效的文化传播影响评价机制,适时修订改进,让宁波特色文化在宁波轨道交通中有效传播。借此加强城市特色文化品牌建设,进而提高城市综合竞争实力。

参考文献

[1] Augé, Marc. Non-Places: Introduction to an Anthropology of Supermodernity[M]. trans. Jone Howe, Verso: London. 1995.

[2] Augé, Marc. In the Metro[M]. trans. Tom Conley, Minnesota: The University of Minnesota Press. 2002.

[3] Gilboa, S., Jaffe, E. D. and Vianelli, D. A summated rating scale for measuring city image[J]. Cities, 2015, 44: 50-59.

[4] Hu, P. and Pack, M. Visualization & visual analytics in transportation[J]. Transportation Research Part C: Emerging Technologies. 2014, 47(2): 193.

[5] Lasswell, Harold. The Structure and Function of Communication in Society[M]. New York: Harper & Bros. 1984.

[6] Lewis, S. W. The potential for international and transnational public service advertising in public spaces in American and Chinese global cities: Conclusions from a 2010 survey of advertisements in subways in Beijing, New York, Shanghai and Washington, DC[J]. Public Relations Review. 2012, 38(5): 765-778.

[7] Liao, P. H. Image consumption and trans-local discursive practice: Decoding advertisements in the Taipei MRT Mall[J]. Postcolonial Studies. 2003, 6: 159-174.

[8] Xue, X., Zhang, R. and Zhang, X. Environmental and social challenges for urban subway construction: An empirical study in China[J]. Cities. 2015, 33(3): 576-588.

[9] Zhu, H., Qian, J. and Gao, Y. Globalization and the production of city image in Guangzhou's metro

station advertisements[J]. Cities. 2011,28(3):221-229.

[10] 陈曙,王传宝. 特色文化、文化品牌与宁波城市综合竞争力的提高[J]. 经济师,2003(12):236－237.

[11] 黄义务. 关于宁波特色文化的若干思考[J]. 浙江工商职业技术学院学报,2008,7(3):21－23.

[12] 李睿,王强,曹传明. 论地铁文化与城市文化之间的关系[J]. 沈阳建筑大学学报(社会科学版),2006(3):248－250.

[13]《宁波市城市总体规划概要(2004－2020)》.

[14]《宁波市城市快速轨道交通网线规划(修编)》,2015.

[15] 许伯初,王超,向泽锐. 考虑地域文化的城市公共交通系统形象研究[J]. 美术观察,2014(8):130－131.

[16] 许伯初,章勇. 城市公共交通系统地域文化研究[J]. 观察·阐述,2013(6):163－164.

[17] 张文元,李德荣等. 提升宁波城市综合竞争力研究[J]. 中共宁波市委党校学报,2004(4):48－52.

[18] 周昉,王传习. 公共交通对城市基础设施和城市格局的影响——以19世纪末至20世纪初上海和纽约为个案的比较研究(英文)[A]. 都市文化与都市生活——上海、纽约都市文化国际学术研讨会论文集[C]. 2008.

产业融合背景下网络与新媒体专业建设与人才培养研究

——基于浙江传媒学院的视角

李新祥

（浙江传媒学院）

摘　要：基于产业融合发展背景与浙江传媒学院的实践经验，分析了网络与新媒体专业的建设背景、发展现状和面临的挑战，介绍了专业建设与人才培养的思路、目标与任务，提出了专业建设与人才培养的六个举措。

关键词：网络与新媒体　专业建设　人才培养

网络与新媒体专业是教育部新版本科专业目录中新设的新闻传播学类专业，专业代码为050306T。随着网络与新媒体产业的迅猛发展，社会各界对于网络与新媒体传播人才的需求大大增加，而传统的新闻传播类专业建设与人才培养思路又适应不了这一形势，这应该是特别设置网络与新媒体专业的基本出发点。

浙江传媒学院于2008年设置媒体创意专业，是全省第一个设置媒体创意本科专业的院校，也是继中国传媒大学、上海戏剧学院之后全国第三家设置该专业的院校。为适应社会发展需求和教育部本科专业目录的调整，进一步优化专业结构，浙江传媒学院以媒体创意专业为基础，从2013年开始面向全国招收网络与新媒体专业本科生。2013年招生45人，2014年招生50人，2015年招生51人，目前在校生共146人。2016年拟招80人，分两个自然班。本专业现为校级重点专业和省级新兴特色专业。本文基于产业融合发展背景与浙江传媒学院的实践经验，分析网络与新媒体专业的建设背景、发展现状和面临的挑战，介绍专业建设与人才培养的思路、目标与任务，尝试提出专业建设与人才培养的六个举措，以求教于各位专家和朋友。

一、开展网络与新媒体专业建设与人才培养的社会背景

网络与新媒体的发展不仅改变了社会文化信息的生产、传播与阅读机制，同时也引起了新闻传播教育的变革。网络与新媒体专业不再以培养记者作为主要方向，主攻方向是培养能适应网络与新媒体发展态势的宽口径、复合型、应用型泛媒体新闻传播人才。这一专业设置的改革不仅适应了经济发展的需要，同时也引发了新闻传播教学理念的革命与创新，创办网络与新媒体专业已成为时代的需要，经济发展的必然，高校适应社会发展的新起点。概括而言，开展网络与新媒体专业建设与人才培养基于以下三个方面的社会背景：

（一）传统媒体与新兴媒体融合发展

互联网已经改变了媒体的生产方式和生存形态，图书、报纸、期刊、广播、电视、电影等传统媒体纷纷探索与新兴媒体融合发展之路。由媒体技术带动的新媒体的发展已经渗透到媒

介的每一根神经，网络与新媒体逐渐成为采集、传播和消费信息的主要渠道，互联网已经改变了人们的生活方式、生活习惯、思维方式，融合传统媒体的先进成分同时用现代传播技术推动的新媒体已经成为信息时代新闻传播的基本方向，新媒体人才成为媒介机构的时代新宠。

（二）政府、企事业单位需求网络与新媒体传播人才

信息也是生产力，信息传播是任何组织维持正常运转，建构组织形象、扩大自身知名度，拓展业务范围的关键策略。政府机构、事业单位需要网络与新媒体传播人才。信息的准确、快速、全面、整合传播在各类企业中的经济价值体现得日益突出，综合信息人才已经成为企业发展的迫切需求。新媒体人才已成为企业的“生产要素”，不仅是传统意义上的广告和宣传，还涉及公司产品、服务、消费人群的组织结构、社会环境等多个方面。利用现代传播技术调查、分析、研究，为企业的发展提出科学规划已成为企业竞争的“无形资产”。

（三）网络与新媒体已成为产业融合的催化剂

产业融合是指不同产业或同一产业不同行业相互渗透、相互交叉，最终融合为一体，逐步形成新产业的动态发展过程。产业融合可分为产业渗透、产业交叉和产业重组三类。产业融合已经不仅仅是被作为一种发展趋势来进行讨论，当前，产业融合已是产业发展的现实选择。理论分析表明，产业融合是在经济全球化、高新技术迅速发展的大背景下，产业提高生产率和竞争力的一种发展模式和产业组织形式。集中体现着信息技术发展趋势的网络与新媒体的发展已成为当今产业融合发展的催化剂。

二、网络与新媒体专业建设的已有基础、特色与面临的挑战

（一）已有建设基础

第一，明确了专业定位和培养目标，制订了比较科学的人才培养方案。依托学校的办学优势，结合行业发展动向，将本专业定位为：培养具有扎实的新闻传播学学科背景，系统掌握网络与新媒体专业的基础理论、基本技能和基本方法，具有一定的人文社科知识底蕴和拥有广阔的国际化传媒视野的人才。2013 年版人才培养方案，致力于培养能掌握网络与新媒体信息传播的理论知识与实践技能，能熟练运用网络与新媒体展开信息搜集、分析、策划、制作与传播，兼具新媒体项目运营和管理能力的复合型、应用型传媒人才。学生毕业后可在各类网络与新媒体机构、机关企事业单位从事信息传播、内容创意与制作、项目策划与运营等工作。2017 年版人才培养方案将以 2013 年版方案为基础，进一步优化专业课程体系，进一步强化实践教学，进一步彰显在线教育特色。

第二，师资队伍建设初具成效。成立了网络与新媒体系，组建了以李新祥教授为系主任的师资团队。成员共 10 人，其中，博士 6 人，教授 2 人，副教授 2 人。聘任了 3 位客座教授和 20 名业界导师。近期，拟考察引进一名网络与新媒体实践经验丰富、擅长新媒体产品设计与运营的教师。

第三，教学内容建设与实验教学体系初步形成。已建成网络与新媒体应用创新实验室。图书资料建设步伐较快，基本能够满足教学。探索形成多种实践教学方式，包括以众创空间带动实践教学、学生模拟和教师实战相结合、项目制管理、积分制考核等。本专业实习大纲、实验实施方案等教学文档较为规范，实训教学安排较为妥善。校外实习基地建设步伐较快，

在已有学校、学院基地的基础上，已建设 9 个专业实践基地。

第四，教学管理制度完备，执行良好，效果较好。教学规章制度覆盖了课堂考勤、平时成绩考核、实践教学、考试管理、毕业论文与设计等各个教学环节，已经比较完备。教学质量监控与保障体系比较严密。

第五，本专业学生创新实践能力较强，服务经济社会能力也比较突出。2013－2015 级学生大学英语四级通过率分别达到 80%、82%、85%。已有多名学生在各类专业大赛中脱颖而出。杜建松同学在完美世界的游戏视频制作大赛中进入全国 10 强。专业教师的社会服务能力十分突出，成果显著。2013－2015 年完成横向课题 5 项，累计到账资金 130 万。

（二）已有建设特色

第一，内培与外引、专职与兼职相结合，组建了一支结构比较合理的师资队伍。以网络与新媒体系的专业师资为核心成员，吸收广告学、公共关系学、媒体创意等专业及新媒体学院的部分教师共同承担专业课程的教学任务。聘请的客座教授为专业建设提供指导。切实落实双导师制度，已聘一批业界导师，例如新华社浙江分社副社长、总编辑何玲玲，人和网 CEO 黄伟，虾米网 CEO 王皓，19 楼 CEO 林煜，社群专家唐兴通，微贷网姚建宏，脉旺资产於敏建等。

第二，实施项目教学法，推进“导师工作室”建设，使之成为培养学生的重要载体。李新祥成立基于网络与新媒体应用创新实验室的创新工坊；杨吉老师充分利用社会资源，成立了互联网法律工作室；曾静平组建了电信传播与新媒体创意工作室；宋哲成立了新媒体营销工作室；陈珂成立了陈珂工作室；陶冶、周良兵、毛飞飞等指导学生成立了 HALO 影视工作室。这些工作室之间协同合作，在与社会对接的同时，也为学生搭建了非常好的专业实践平台。

第三，建立“创意精英班”，在学院层面规划培养超越固有人才培养方案模式的新媒体创意人才。“创意精英班”培养有两个层次：第一层次面向所有“创意精英班”学生开设，旨在激发他们的创意思维，理清创意思路。文化创意学院为此专门成立“创意精英班”师资团队，成员由浙江传媒学院讲师团、业界精英讲师团与外校知名教师讲师团三部分组成。第二层次是以项目为纽带，学员加入“广告创意”“媒体创意”“公关策划”“网络与新媒体”等“学生创意工坊”，由导师进行有针对性的培养。

第四，教学管理制度扎实有效，专业文化建设有序推进。探索以培养创意人才为核心的一套行之有效的教学管理制度。既要积极倡导传统的学风建设，又要适度地激发学生打破常规的创意思维。本专业积极开展专业教师讲座、影片观摩推荐和读书分享活动。积极参与基于雷锋服务公司的“创意公益传播”校园文化建设，塑造网络与新媒体的专业文化。雷锋服务公司是文化创意学院开展“创意公益传播”校园文化建设的重要载体。网络与新媒体专业学生积极参与创意公益网、雷锋服务公司微博和微信的建设，一方面是践行“以创立意、以德塑品”，另一方面是塑造网络与新媒体专业 T-ABC 文化的重要方法。

（三）面临的挑战

第一，师资队伍建设上面临着一定的困难。首先，承担专业核心课程教学任务的师资数量还是不够。整个师资团队数量不少，有 16 名。但有 9 名教师归属其他专业，他们主要承担网络与新媒体专业的选修课。网络与新媒体专业是文科中的工科专业，许多核心课程对师资要求较高，不仅要有人文素养、内容策划能力，还要有商业开发意识，同时还要有技术和艺术能力。这样的师资要求目前情况下只能采用团队授课的方式加以解决，但团队授课不仅涉及协同融合的难题，而且在师资数量上也提出了新要求。

第二，行业发展变化迅猛，对专业建设要求高，一定程度上增加了专业建设与人才培养的难度。包括课程建设、教材建设、实验室建设等方面。可以说，业界、学界和教育界大家都处在探索之中，没有成型成熟的模式。

第三，办学地点在县级市桐乡，而且办学时间较短，对实践教学、师资引进、业界导师的指导、学生的校际交流、就业等诸多方面提出挑战。世界互联网大会永久落户桐乡乌镇，这为本专业带来重大利好。但专业建设与人才培养如何与这一高大上的大会对接，如何与桐乡这一“互联网特区”对接，还有待探索。

第四，网络与新媒体专业属于新兴专业，在全国乃至国际范围内，可资借鉴的经验都比较少。网络与新媒体专业的教学改革可谓刚刚起步。

三、专业建设与人才培养的基本思路、目标与任务

(一)基本思路

基于对行业发展情况、本专业办学情况、毕业生就业情况、教师走访用人单位以及用人单位招聘信息与录用要求的调查分析，结合区域网络与新媒体产业发展规划，在充分了解行业企业对本专业人才的需求动态与学生的成长成才需求动态的基础上，明确人才培养目标与规格的定位，再针对人才的定位要求设计培养方案，并根据人才培养方案实施专业建设项目(参见图1)。依循上述思路，实施“围绕一个中心，发展两个方向，突出三大特色，培养四种能力”的“1234”网络与新媒体新兴特色专业的建设工程，构建多层次、多类型、全方位的创新人才培养体系，为浙江乃至全国输送具有“四种能力”的复合型、高素质、应用型网络与新媒体人才。

1.围绕一个中心

“围绕一个中心”，是指坚持以“提高教学质量，促进学生成长成才”为中心。对专业建设所及培养目标、课程设置、教学内容和教学方法、教材、培养方式、科研训练、社会实践等方面开展全方位、立体化改革与创新，提升教师队伍素质，提高办学条件，以提升教学质量，促进学生成长成才。

2.发展两个方向

“重点发展两个方向”，是根据本专业的实际办学情况，重点发展网络与新媒体内容创意与制作、网络与新媒体项目策划与运营两个专业方向，着力培养视听(广电)新媒体、电商新媒体、企业(广告)新媒体、政务新媒体等领域的人才。

3.突出三大特色

本专业建设着力突出的三大特色是：网络新媒体与传统媒体的融合创意特色，“政产学研”协同创新特色，依托行业、服务地方经济社会发展的应用服务特色。

突出融合创意特色，即以传媒为依托，加强传统媒体与网络新媒体的融合教育，既要加强新闻出版广播电影电视等传统媒体的内容与网络新媒体内容的互动嫁接，也要加强网络新媒体原生内容的创意与策划，同时还要加强非媒体机构的网络新媒体应用教育。

突出协同创新特色，即加强学校、企业、研究所(机构)和行政管理部门四方共建，形成协

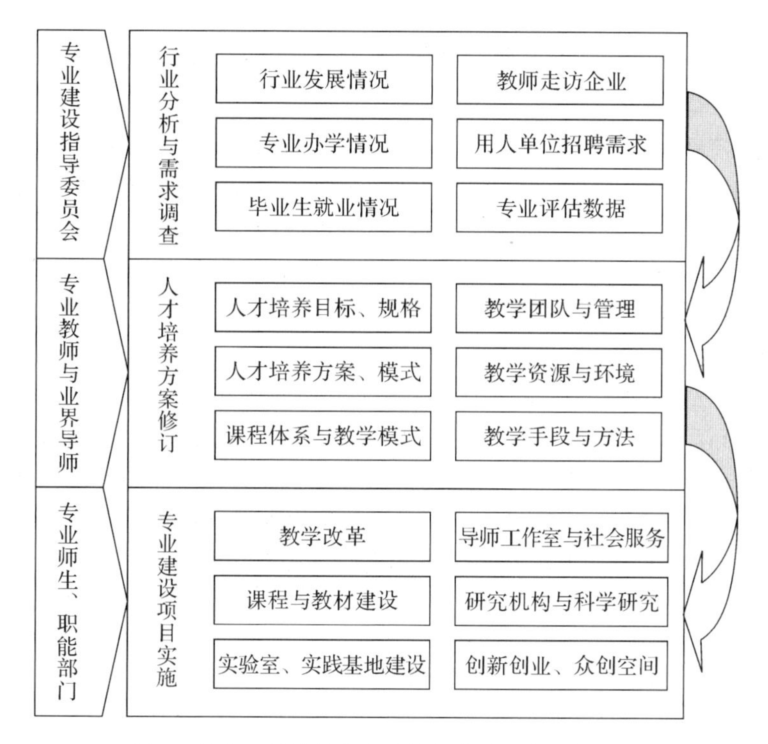

图1 网络与新媒体专业建设与人才培养基本思路

同创新机制，坚持专业发展与网络新媒体行业发展紧密相连，师资建设和学生培养与政府管理部门、企事业单位、研究机构紧密合作，坚持理论教学与实践教学紧密结合、互为提升的特色办学模式。充分利用校内外、省内外多个实践基地，充分利用浙江传媒学院互联网与新媒体研究院、创意传播研究中心、互联网与社会研究中心、数字娱乐研究中心、英国格拉斯哥卡利多尼亚大学——中国浙江传媒学院联合公益传播创新研究中心等研究机构，坚持协同创新办学理念，立足浙江、面向全国的网络与新媒体行业抓好专业建设与人才培养。

突出应用服务特色，即本专业建设定位于能够为地方和行业提供人才供给和智力支持，贴近地方和行业发展的需要，明确为地方经济发展提供合格人才的培养任务，及时对地方现在及未来人才市场的需求不断跟踪调查分析，对社会资源、学校资源与行业资源形成清晰的认识和准确把握，充分考虑学生的整体、个体差异，因人而异、因材施教，突出自主学习、自我进步，人无我有、人有我优，为地方经济社会发展提供有力的人才支持。

4. 培养四种能力

网络与新媒体专业的毕业生应该具有扎实的新闻传播学学科背景，系统掌握网络与新媒体专业的基础理论、基本技能和基本方法，具有一定的人文社科知识底蕴，拥有广阔的国际化传媒视野。为此，本专业建设要“着重培养四种能力”，是指通过创新教学观念、整合教学资源、优化课程体系、丰富教学内容和改进教学手段，力争培养出思想品德优秀、专业素质过硬、知识结构合理，具有技术应用能力、艺术创意能力、市场拓展能力和文化创造能力（T-ABC）的网络与新媒体人才。

(二)专业建设与人才培养的目标与任务

1.基本目标

网络与新媒体专业建设坚持以服务学生、服务社会为宗旨,以学生成长成才为导向,以教师团队建设为支撑,致力于培养能掌握网络与新媒体信息传播的理论知识与实践技能,能熟练运用网络与新媒体开展信息采集、策划、制作、传播,兼具网络与新媒体项目运营能力的复合型、应用型传媒人才。力争通过3～5年时间,将网络与新媒体专业建设成为“优势明显、特色鲜明、省内领先、国内知名”的新兴特色本科专业。

2.基本任务

实现上述“特色化”的建设目标主要面临五个方面的任务:

第一,动态修订并有效执行与网络与新媒体技术及产业发展相吻合的人才培养方案。

第二,建设一支教学科研型专任教师和实践指导型业界导师相结合的高素质师资团队。

第三,实施基于T-ABC(技术、艺术、商业与文化四维耦合)理念的课程教学模式创新。

第四,构建与创新创业能力培养要求相适应的实践教学体系。

第五,形成旨在跟踪前沿、促进教学、服务社会的学术创新机制。

四、专业建设与人才培养的六项措施

(一)提升专业建设与经济社会发展的契合度

本专业虽然面向全国招生,但近年来浙江省生源还是占到近25%。从就业看,70%的毕业生首选在浙江就业,尤其是在杭州就业。也就是说,本专业的发展内生于浙江地方经济建设的需求,因此,本专业培养人才的数量、质量、结构上必须紧紧契合浙江经济建设的需要。同时,浙江省科技文化大省建设方向是推动浙江省从文化大省向文化强省迈进,其中一项推进文化强省建设的主要举措是鼓励科技创新,构建文化与科技融合的文化创新体系。网络与新媒体专业非常契合浙江省文化强省建设的需要。

为提高本专业与经济社会发展的契合度,主要做法包括:

第一,建立动态专业发展机制。要跟踪研究区域网络与新媒体产业发展规划,尤其是产业集群规划,加强与人才市场、行业协会、企业的联系,紧紧围绕市场办专业,努力培养“适销对路”的人才。

第二,加大校企合作办学力度。探索与桐乡市政府及企事业单位开展全方位深度合作的渠道和机制,建立校企双方合作“双赢”机制,探索开展高水平的“定制”教育机制,建立教师定期到企业专业实践和出国出境访学的刚性制度,制定政策吸引业界专家来学校从事讲座或教学。

第三,加强科研合作。设想并扎实推进以下合作:与中国互联网协会合作成立网络文化与新媒体工作委员会;与业界对接共建高端智库,与世界互联网大会对接共通策划承办论坛;与杭州日报报业集团、浙江日报报业集团、浙江出版联合集团、浙江新闻出版广电局等单位开展战略合作;与中国移动手机阅读基地等单位合作成立数字阅读实验室;与省内外开设有相关专业的高校联合成立浙江省网络与新媒体专业教育研究会等等。通过科研平台和实验平台的建设,提升本专业对地方经济社会发展的服务能力,提升专业建设与经济社会发展的契合度。

(二)优化人才培养方案

深入研究网络与新媒体人才的需求规律，紧跟学术前沿，立足产业融合、地方经济、学校定位开展网络与新媒体人才的培养。在知识结构上，本专业要求学生具有扎实的新闻传播学知识，了解本学科的发展前沿；系统掌握网络与新媒体专业的基础理论、基本技能和基本方法，具有一专多能的知识结构；拥有广阔的国际化传媒视野和全球化的人才竞争力；掌握一门外语(达到学校规定的合格要求)；掌握并能熟练应用计算机、新媒体基础知识与应用技能，要达到全国或浙江省高校计算机等级考核二级水平。

在能力结构上，本专业旨在培养学生既懂得传播规律，也懂得市场规律；具备对当今互联网业和数字传媒业运营的整体性、综合性把握的能力；具备将知识转化为创意、策划和执行能力；具有良好的自学能力、书面与口头表达能力和社交能力；具有较强的综合运用专业知识发现问题、分析问题和解决问题的实践能力；在专业领域内具有较强的创新意识和一定的创新与整合能力；掌握借助科技手段完成文献检索、资料查询的基本方法，具有初步的科研能力；具有在IT、传媒领域和相关的文化传播行业策划、推广、运营的能力。

在课程设计上，本专业的课程由通识课程、学科课程与专业课程组成。学科课程主要有：社会学概论、传播学概论、新闻学概论、新媒体概论、美学原理、经济学原理、艺术心理学等。专业核心课程主要有：策划学概论、新媒体数据分析与应用、数字媒体技术与应用、新媒体活动策划、新媒体内容策划、新媒体产品设计与运营、互动营销、移动媒体产业、网络与新媒体实务、新媒体舆情监测与分析、互联网媒体研究等。

(三)加强师资团队建设

本专业成立了专业建设指导委员会和业界导师库，前者以具有副高以上职称或具有博士学位的校内外学术专家组成，后者以网络与新媒体实践经验丰富的业界专家组成。计划建设起一支集理论教学、实践教学和媒体策划、传播及运营于一体的结构合理、能力全面的一线专业创新教学团队，聘请国内外网络与新媒体行业专家学者参与专业建设和课程建设。师资队伍建设具体措施包括积极引进高水平教师、加强青年教师培养、加强业界实践导师队伍建设。整合国内外专业与校友资源，聘请国内外网络与新媒体行业专家学者，利用教师的社会资源，加大兼职师资、业界导师的队伍建设，连接理论与实践，实现与专职教师的知识与优势互补。

(四)深化教学方式方法改革

立足学院总的教改宗旨与目标，网络与新媒体专业将进一步深化教学改革，组织教师投身于教学研究和课程体系、教学内容、教学方法、教学手段的改革中，不断更新教学内容，更新教学方法，注重将当代科技和社会发展的最新成果以及多学科间的知识交叉与渗透及时充实到教学内容中来，突出实践能力、创新精神和人文素质的培养。

开发能适应并引领社会需求和学科发展的新课程。将新知识、新成果、新技术引入教学内容，选用内容新颖、特色鲜明的高质量教材，编写符合社会需求和学科发展、具有鲜明特色的新教材，引进、消化和使用国际优秀教材(双语课程使用英文版)，教学方法与手段的改革实现方向性转变——以知识传授为中心转向以能力培养为主。

大力倡导并实施项目教学法、案例教学法，继续实施并完善“创意精英班＋创意月＋创意大讲堂”的教学方式，强化第一课堂与第二课堂以及课堂外专业类活动的三者互通互融的特色，并以项目制作为依托，深化强化专业知识的传播。

将人才培养的重点从传统的知识传授向侧重自主学习能力、引导创新能力和综合能力的培养上转移，建立基础知识—实践—传播创新的人才培养模式，加大实践教学内容和手段的改革力度，构建由课堂授课、实践教学、学生科技创新项目与学科竞赛、校外实习实训和毕业设计组成的多层次、多方位的能力培养体系。针对每个层次，建设实践内容，改进教学手段，改变考核方式，以利于学生实践能力的培养。

（五）强化实践教学环节

继续完善有网络与新媒体专业特色的“五个四”实践教学体系：一是建立以课程实训、集中性实践、毕业实践、第二课堂实践四个环节为重点的实践教学体系；二是实施基础实践、学科实践、专业实践、创新实践四个逐层递进的分层次实践教学；三是形成理论与实践相结合、课内与课外相结合、校内与校外相结合、集中与分散相结合四种实践教学模式；四是搭建实验室、校内学生创新中心、导师工作室、校外实践教学基地四大实践教学平台；五是坚持实践教学四年不断线，把实践教学贯穿到本科阶段的整个学习过程。在人才培养方案中明确学生实践能力培养的标准和要求，厘清实践教学与理论教学、不同阶段实践教学的相互关系，构建“横向互动，纵向递进”的进阶式实践教学模式。紧跟网络与新媒体技术，发挥行业性高校的办学优势，依托“大传媒”传媒学科，建设“全方位、立体化”的实践体系，搭建基于网络与新媒体的社交互动式创新实践平台，培养高素质网络与新媒体人才。

网络与新媒体专业实践教学环节的课程学分占第一课堂总学分（160 学分）的比例达到 33％（52 个学分）。课程实践教学方面，第一，将网络与新媒体实务设置为单独开设的实训课程。第二，课内实训课程学分按课时比例分配学分，并在人才培养方案中明确标注。课内少量学时的实训课，尽可能通过整合开设综合实训课程或者课程设计。增加综合性、设计性、创新性等实验，确保这类实验的比例在 90％以上。

集中性教学环节包括基础实践、专业实践和综合实践。基础实践旨在培养学生基础性技能，主要包括军训等；专业实践旨在培养学生掌握基本的专业技能和方法，促进学生的科学思维能力的提高，主要指网络与新媒体识别、网络与新媒体营销策划、网络与新媒体运营执行等专业实习；综合实践旨在提高学生综合运用知识、分析解决专业和社会实际问题的能力，包括毕业实习、毕业论文等。认真制订各集中性实践教学环节的教学计划，以集中性实践教学环节为重点整合、提升相关单项实验（实训）的效果，真正做到理论与实践相结合。

创新创业教育体系由第一课堂所开展的创新创业教育课程与学生在第二课堂所开展的社会实践活动、创新创业训练与实践活动等组成。创新创业教育不同于传统课堂，其最大特点是充分利用高校、社会和行业多种育人环境，激发学生的学习潜能，实现第一课堂与第二课堂的有机结合。第二课堂所开展的创新创业教育内容分为三个模块，包括素质拓展模块、创新实践模块和创业训练模块。具体项目分必修项目与选修项目两类，共计 10 学分，其中素质拓展模块不少于 5 学分，创新实践模块不少于 2 学分，各选修项目学分可累加。

搭建具有本专业特色的实践教学平台。实践教学平台包括实验室、校内学生创新中心、导师工作室、校外实践教学基地四种类型。在网络与新媒体专业实验室没有建成之前，有效利用已有实验室即多媒体广告实验中心开展教学。参与建设公益广告创作研究室、媒介创意研究室等，重点进行媒体品牌策划与包装和媒介特色研究，依托广告实验室、视频工作室，把影视广告创作方向做实做强。同时，把创意精英班作为拔尖学生的孵化器，争取与包括浙江新华移动传媒有限公司在内的合作单位培养精英人才，探索合作培养的新模式。尽快建设专业实验室——网络与新媒体应用创新实验室，以此为基础推动学生创新中心的建设，带动导师工作室的发展，并实现与校外实践教学基地的对接。

（六）创新教学管理与政策保障机制

为网络与新媒体专业构建全方位的教学质量保障机制，重在运用评价手段，关注学生学习过程，提升学生学习成效。主要采取如下有特色的做法：第一，改革传统的班主任制度，探索并实施双导师制。基于专业兴趣与个性特征，双向选择，1 名专业导师在每届学生中指导 6～10 名本科生，大三开始由专业导师联合业界导师共同培养本科生，由此实现更加紧密的师生互动机制。第二，针对学生课堂学习习惯问题，制定《课堂学习质量评价表》，针对实际情况，选择现有的 1 个班级的 10 门课程进行学生课堂学习评价，促进学生课堂学习良好习惯的养成。第三，为了提高大学考试对学生学习的帮助和提高作用，制定《课程考试反馈方法》，选择相应课程进行专门的学生对课程考试的反馈。

为网络与新媒体专业构建全方位的专业建设政策保障机制，重在落实责任制，主要做法包括：第一，组织保障。成立“网络与新媒体新兴特色专业”建设领导小组，专业负责人全面协调专业建设，包括建立专家指导委员会、师资队伍建设、人才培养方案的修订等。第二，经费使用，严格做到专款专用。第三，建立特色专业建设责任制。以项目制方式，建设与管理新兴特色专业，给专业负责人权利的同时，要求承担相应的责任。学院将与专业负责人签订协议，规定权利与义务，使专业建设落实到人。真正发挥本专业的示范和带动作用，推动全省网络与新媒体专业的创新发展。

融媒体时代我国电视媒介经营的机遇

——以《女神新装》为例

刘佳依

（贵州民族大学传媒学院）

摘　要：“T2O”是指电视与电商跨界合作，将产品从电视转到线上销售的创新型商业模式。本文以东方卫视频道下的《女神新装》为例进行分析，探讨“电视＋电商”的“T2O”商业模式在实现跨界合作中的商业特点，并具体分析“T2O”商业模式在电视媒介中的发展方向及启示。

关键词：女神新装　T2O 模式　电商　电视媒介

随着电子商务的不断发展，品牌电商已成为电视广告的重要投放者，传统电视媒体面临着电视台之间激烈的竞争。如何使电视节目更具有创新性和竞争力成为电视媒介经营者们的难题所在。东方卫视开创电视与电商合作，在探索创新“T2O”的模式作为一种崭新的商业模式受到用户的高度关注。

一、电视＋电商＝《女神新装》

《女神新装》通过跨界合作，使产品从电视转化到线上销售，它更强调“即看即买”：喜欢哪件衣服，参与互动，在节目内容上用互联网思维直击消费者购买心理，让用户深切参与到节目环节中，将消费者引到线上旗舰店直接进行消费。

《女神新装》是集真人秀、T 台秀、电视综艺形式于一体的新型秀，更是时尚与商业的紧密结合。《女神新装》首次将传统电视、时尚综艺、明星、平台、商家、消费者跨界进行颠覆性合作。[①] 在这档节目里，明星不再单纯充当衣服架子，而是联合设计师们完成“新装”的设计、制作、创意展示和竞拍的全过程。除此之外，节目为 72 小时跟拍明星，即从明星接到任务、开始制衣到 T 台展示的全过程。作为国内首档时尚真人秀节目，《女神新装》的硬件、技术也达到了行业巅峰。东方卫视首次在电视节目中运用全息影像视觉呈现技术，将裸眼 3D 应用在 60 场 T 台秀中，并加入水幕、投影纱、动态捕捉系统以及全动态舞台技术，极致地呈现了美轮美奂的舞台视觉，强大的视觉特效也让观众获得极为震撼的视觉体验。

虽然我国电视媒体“T2O”模式还处于初始阶段，但崭新的节目形式、独特的跨界营销和火爆的网络销售引发了业内的强烈关注。“T2O”这种“电视＋电商”的商业模式对我国电视媒介的经营有着重大的启发意义。

---

① 百度百科. 女神新装. http://baike. baidu. com/link? url＝_qzt_GXOvlW Rq1m8tTn HSzYMBvf MHq2fYmuHj XunaofbbduRpcPPx1f0lA50-u.

二、《女神新装》商业模式运作特点

“T2O”是指“TV to Online”，指的是产品从电视营销（TV）到线上销售（online）。这个过程涉及的关键问题是如何促进产品从电视端转化到网上消费，电视传媒显然在“TV”端具有传统优势，而电商更熟悉网上销售渠道，两者创新的合作将有利于商品的营销，从而达到促进销量的目标，笔者结合《女神新装》的实际运作过程，总结出其节目模式具有以下特点：

（一）利用“娱乐营销”

娱乐营销就是借助娱乐的元素或者形式，将产品和客户的情感建立联系，从而达到销售产品的目的。[①] 其创新性、参与性、整合性和个性化的特点能更好地吸引观众的注意力和参与感。节目中知名度较高的明星例如尹恩惠、张馨予、郭碧婷等，本身就具有一定的话题，能最大程度地吸引目标人群。同时结合明星走秀的方式达到明星的舞台效应，即粉丝互动营销，并且“明星同款”话题经过人际网络的病毒式传播，会达到节目和产品最大的推广效应。

除此之外，竞拍环节的激烈程度以及可能出现的戏剧性结果也在一定程度上吸引着人们的关注，《女神新装》的最终排名及谁会被淘汰的悬疑更是引起了人们的广泛讨论。因此，《女神新装》的娱乐营销极易引起观众的兴趣，从而促使观众成为潜在的消费者。

（二）带动其他平台发展

作为国内首档时尚真人秀节目，《女神新装》这个节目的合作品牌众多，服装类品牌包括：欧时力、FIVEPLUS、D2C、茵曼等；APP 软件类包括：聚美优品、明星衣橱、天猫等；播放平台包括：爱奇艺、腾讯、乐视芒果 TV 和华数 TV；其具体营销过程如下：商家服装品牌买手竞价后，联手天猫进行线上销售，播出当天在天猫旗舰店同步销售，线下可实现迅速增产，同时观众可通过移动 APP“明星衣橱”进行线上和线下的互动。在“T2O”多方联动模式参与的基础上，《女神新装》在网络销售平台上势不可挡，在激烈的电商战争环境中，天猫已参与了多个 T2O 模式的项目，不管是投资回报还是品牌营销，天猫都拿到了大量的广告效益。另外，《女神新装》节目中出现过的服装都同步上架手游《奇迹暖暖》的服装店，全方位展示推广节目中的服装。

不得不说，服装品牌、APP 运营、网站构建、视频点击率等众多合作商在“T2O”的模式下，通过《女神新装》这个节目实现了共同发展。

无论是电视媒介带动电商的发展，还是电商带动电视媒介的发展，线上线下共同互联网化将是大势所趋。传统的销售为主导的电商平台已经开始新的行业探索，其中一个最显著的标志就是电商平台不再纠结“O2O”的闭环，而是开始参与线上线下的融合。总之，能够带动电视媒介的互联网化发展才是未来媒介的发展方向。

（三）产销一体带动产品增值

电视节目的整个运转过程都起到了为服装进行宣传的作用。明星穿着新衣进行 T 台走秀，立体展示服装的穿着效果，为服装设计进行宣传。电商竞拍及最后新衣的排名都在一定程度上引导着消费者的品味。电商将竞拍到的服装放到网站进行销售，很多消费者在观

---

① 百度百科. 娱乐营销. http://baike.baidu.com/link? url=oQr5idPOlv ZaXTiprKnU5iUWy05StrFVRv.

看了节目后被吸引到品牌电商的网站进行购买。[1] 因此，整个过程实现了产品生产、产品宣传和产品销售的全过程，实现了价值的快速实现。

在《女神新装》中，电视传媒与电商的紧密合作，使得产品从电视端迅速转移到网上并且使实现销售成为可能。尤其是在手机上网越来越便利的情况下，观众可以边看节目边刷手机，如果看到自己喜欢的衣服和设计，可以直接利用手机进行网上购买，从而实现“即看即买”。

三、“T2O”模式对我国电视媒介经营的启示

虽然“T2O”商业模式面临很多挑战，但是仍然有很多的发展机会。《女神新装》只是“T2O”商业模式尝试的第一个实例，这种电视媒介与电商合作，引导商品从电视端到网上销售的“即看即买”的模式还有更广阔的发展前景。

（一）更加积极引导“T2O”模式

在《女神新装》中，电商在节目中主要参与竞拍环节，竞拍结束后，将竞拍到的服装放在网络上销售。但是电视传媒和电商的合作可能存在于节目制作和运转的各个环节，合作形式也可以多种多样。比如电商也可以直接参与产品制作或亲自参与产品展示等。

电视媒介与电商的合作，可以更全面、更深入地挖掘和实现节目的价值；电商通过参与节目，借助传统媒体的传播能力，有助于自身品牌的价值提升。跨界合作将各取所长，实现双方价值的提升，前景广阔。电视传媒和电商的合作除了在服装领域之外，其实还有很多领域可以开展。有的电视台已经开始尝试旅游行业的“T2O”商业模式，预期在绝大部分消费和服务领域都可以开展“T2O”商业模式，而且依据不同领域的特点，合作形式也可以灵活多变。

在联合了媒体、企业、电商平台、明星、设计师、行业专家和互联网等多方资源，形成了跨界资源整合与跨界合作的产业联盟平台，最终从收视率直接实现投资回报率。T2O 模式正是将技术、资金、市场、媒体评论等方面整合在一起，整合产业资源，形成产业联盟，实现多方共赢。

（二）建立独立的节目研发体系

在各种媒体共生发展的今天，观众究竟喜欢什么内容的电视节目对媒体受众市场的精确解读和精准定位已经成为下一轮媒体竞争产业经营中最为关键的环节。在同质化背景的电视节目中，各类相亲类、真人秀类节目层出不穷，观众已经对电视产生视觉疲劳，如今各媒体都已经意识到建立自己的节目研究发展体系的重要性。毫无疑问，东方卫视把握电视媒介发展趋势，将“T2O”模式运用到电视媒介之中，为中国电视媒介的创新提供了有益的经验。

作为上星电视台，搭建属于自己的节目研发体系，并注册品牌。从模仿到创新，不断挖掘本土内容资源，培养和锻炼出一支创新的队伍，才能更好地促进电视产业的可持续发展和良性运作。

---

① 杨森.女神的新衣引爆 T2O.销售与市场，2014.

结 语

任何媒介的经营与发展都离不开自身的创新，当今已经诱发了一种新的组合形式——网络社会。它震撼了各种制度，转变了各种文化，创造了财富又引发了贫困，激发了贪婪、创新。当然，创新不会孤立地发生，在信息时代，媒介是他们的主要战场和战斗工具，只有不断运用新的生产功能，利用新的组织与管理，对信息的制造进行严格把关，提高商品与服务的再生产能力，才能在同质化背景下预知新的技术潜力，走得更远，更有市场和竞争力。

参考文献

[1] 杨淼.女神的新衣引爆 T2O[J].销售与市场，2014.
[2] 王琳.数字时代中国电视媒体经营模式创新[D].北京：对外经济贸易大学，2014.
[3] 范晔.中国电视产业跨媒体经营策略研究[D].长春：东北师范大学，2010.
[4] 程蕾."电视＋电商"的"T2O"商业模式分析[J].中国商贸，2014(10).
[5] 曼纽尔·卡斯特.千年终结[M].北京：社会科学文献出版社，2006.

媒介传播中的环保意识植入

娄未梦
（宁波大红鹰学院艺术与传媒学院）

摘　要：随着环境的日益恶化，公众环保意识的形成和提高已列入到当前的社会议程中。而在环保意识的形成过程中，环保认知起着关键性的作用。媒介传播的主要能效优势在于信息普及快、舆论指向明以及教育灌输性强。媒介传播中的环保意识植入，使生态危机在最短的时间内走入公众的视野，从而推动合理制度机制出台，促进环保行为的发展。

关键词：环保意识　媒介传播　环保传播

一、环保意识的内涵梳理

环保意识是一种表现形式，是人们对环境危机的认知以及对此采取的行为措施。环境危机的产生，使人们从体验中产生了认知，从而对环境做出保护的行为。

公众环保意识的形成过程一般认为是一个由弱势到中势再到强势的渐进演变过程。[1]环保意识的弱势阶段主要表现为：对环保的关注度不够，没有主动接收相关环保信息的意识，以至于缺乏对环保的认知。第二阶段，也就是中势阶段主要表现为：反被动为主动，接收并掌握了大量的环保知识，开始关注环境问题带来的威胁以及危害，从而产生一系列的心理活动，例如紧迫感以及焦虑感。但处于此阶段的个体还是会把经济利益放在首位。第三阶段，从中势阶段走向强势阶段表现：发现生存环境和人类发展的依存关系，站在环保的角度，身体力行，使命感萌发以及角色代入。

普通来讲，具备较多环保行为的个体，其环保意识较强；反之，环保行为较少的个体，其环保意识也会相较薄弱。所以说，环保意识是环保行为的基础，两者密不可分。而为促进个体的环保行为，应适当加强其环保意识的摄入。[2]

合理安排个体的决策组织信息以及利益组织信息，影响到个体的环保意识是否能顺利地转化为环保行为。例如个体的环保意识较好，但相关部门机构没有出台任何有益于城市文明建设或可持续性发展的决策、制度或利益机制，无法刺激个体进行积极主动地配合，最后也达不到预期的结果。这就是缺少合理决策机制或制度机制而导致的环保意识及环保行为的不统一，甚至是相背离。通俗地讲，当你在遵从较强的环保意识，按照法规进行垃圾分类的环保行为时，却发现，本应更加规范执行的环卫工人不假思索地将所有你已分类的垃圾混合地扔进了垃圾回收车。环卫工人作为社会制度机制的执行人，却不认可你的行为，你的环保行为便会遭到自我质疑。这就是外部因素的不匹配。

所以，在环保意识的形成中，环保认知起着关键性的作用。同时，也受到外部决策机制、制度机制以及利益机制的影响。

二、媒介传播能效分析

媒介包括报纸、杂志、广播、电视以及网络等，是指以社会公众为对象，运用先进技术进行大批量的信息生产和传播，受众的范围广、数量多。信息传播、舆论指向、教育灌输、娱乐休闲是媒介传播的主要功能。[3]

当我们通过媒介，把环保意识传达给公众时，不同的媒介扮演着各种不同的角色。由于其各自的优缺点，环保意识的推广传播会有不同的效果。因此需要通过对媒介的能效分析来寻找正确的推广媒介。

（一）报纸、杂志等印刷媒介，也称之为视觉媒介。印刷媒介的特点在于，阅读的自由度是主动地摄入，而非被动地强制灌输。再加上纸质的保存性较强，使信息可以深度化地被传播。但是印刷媒介的缺点也很明显，时效性较差，相比其他媒介，感染力不够强，受众的范围也较小。所以在传播环保意识时要避免出版间隔较长的期刊。

（二）广播有听觉媒介之称，其特点也较为明显，因为广播本身的技术简单，制作成本相对较低，又可以随身携带，所以普及率高，覆盖面广。且广播本身从表达手法上来讲，声情并茂，受众的互动性较强，参与度高，所携带的信息量也较大。但广播储存不易，信息随言语表达转瞬即逝，对要传播的信息需有较强的针对性。因为信息传播速度快，受众容易误解。所以，需要有针对性地制作环保意识推广的广播内容。

（三）视听兼备的媒介——电视，电视优势在于既有视觉传播，又有听觉传播。虽然电视和广播的缺点一样，不易储存且受限于电视播放时间，但其直观的视觉冲击既形象又震撼，而且信息传播的时效性强。

（四）网络作为新媒介时代的产物，相比前三种媒介，其成本更为低廉。网络媒介集视觉媒介、听觉媒介以及电视媒介等优点于一身。最大的优点在于其环保意识推广的多元化、全球化以及环保行动双向互动的传播模式。网络媒介的唯一缺憾在于其必须处在有网络设备的环境中。

三、环保意识在媒介传播中的植入

随着日益加重的环境危机，环保意识的传播已迫在眉睫。环境社会学家汉尼根发表的言论中指出，在环境状况演化成环境问题这一过程中，相关制度机制将会被激化。而推动这一过程的关键在于媒介传播。中国媒介传播中的环保意识植入这一过程漫长，且经历了由浅到深的几个阶段。[4]

（一）20 世纪 70 年代，这个时期的记者带着特有的敏感，对生存的土地有着强烈情感。《风沙紧逼北京城》就是这时期的环保意识首次植入的典型代表，通过对生存环境细微变化的点滴记录对国人作出环保的警示。

（二）1987 年《中国青年报》刊登了引起大规模舆论反响的“大兴安岭火灾”系列——《红色的警告》《黑色的咏叹》《绿色的悲哀》。文章中首次直击生存环境和人类发展的依存关系，点醒大众转移关注点，直面日益恶劣的环境问题。同时，有中国卡逊之称的诗人徐刚，通过读本《伐木者，醒来！》给国人敲响了第一声环境问题的警钟。在徐刚发表此读本之前，国人的环保意识只停留在城市环境卫生、节约用水等浅表性的生活态度上。是诗人徐刚给当时的人们一记棒喝，对生态环境遭到的破坏进行沉痛的反思，对人类愚昧和贪婪的控诉，激发了国人对环保意识的重视。

（三）20世纪90年代初期，环保意识的植入出现在了《焦点访谈》等社会问题曝光类的电视节目中。直到1998年，国内的环境问题全面爆发并由媒介广泛传播——社会震惊的世纪大洪水、盗猎集团猎杀珍稀物种惨象、持续三年不间断的超强沙尘暴肆虐等，这些可怖的文字描写以及震撼的画面深深撞击了国人的心脏。于是，国家开始出台环保政策——大规模禁止砍伐、全面退耕还林，媒体也开始通过媒介传播一系列环境问题的新闻报道，一时激起强烈反响。至此，环保意识的植入终于起到了一定的作用，从而走出一批环保志愿者。

（四）2000年以来环保意识开始植入到了互动类的媒介传播中，如环保NGO参与的"怒江保卫战"、圆明园事件以及反PX项目事件等。通过媒介传播的能效，人们渐渐感受到了愚昧贪婪和利益至上带来的环境危机，开始生出对无污染资源的强烈渴求，出现了对公共环境维护的环保行动。

中国媒介传播的环保意识植入经历了以上粗略划分的四个阶段，从隐性到显性，使得环境生态问题被提到了社会议题上，成为了当今的重要社会问题。

总之，环保认知的普及绝大部分还是依赖于媒介的传播。环保意识借助媒介传播的能效优势及其信息的快速、广泛扩散，使得生态环境的窘迫状况在最短的时间内走进公众的视野中。因我国大规模发生生态失衡的时间还比较短，而这种媒介传播的技术优势，使人们在还没有对环境危机有足够深刻认识之前，被动灌输了环保的紧迫性和保护生态的使命感，这种使命感无疑对今后环保议题的落实更添助力。

参考文献

[1] 王芳.行动者、公共空间与城市环境问题[D].上海大学，2006.

[2] 王凤.公众参与环保行为影响因素的实证研究[J].中国人口资源与环境，2008(6).

[3] 康安娜. 媒介传播对图书馆品牌推广的影响[J]. 北京大学学报（国内访问学者、进修教师论文专刊），2006：191—194.

[4] 贾广惠.中国环保与传媒议题[J].传媒观察，2009(18).

人类学视域下的纪录片《人生七年》解读

——兼论西方人类学纪录片创作演进

毛逸源

（宁波大红鹰学院艺术与传媒学院）

摘　要：《人生七年》不单是杰出的纪录片，它用影像进行历时性的民族志写作、编纂了20世纪中叶以来英国社会的编年史，同时，《人生七年》也是西方人类学纪录片自诞生以来不断发展的一个典型案例，历时性的创作特点也使它比一般的同类作品更能承载和反映西方人类学纪录片创作演进的轨迹。

关键词：人类学　纪录片　创作演进

《人生七年》是由导演迈克尔·艾普特自1964年开始拍摄的系列纪录片，他选择12位来自英国不同阶层、出身各不相同的7岁孩子，每隔7年对他们进行回访，记录他们的成长过程。截至2012年，该系列纪录片已经完成至第八部《人生七年·56UP》。

《人生七年》不单是杰出的纪录片，在人类学研究领域亦享有盛誉，导演以超乎寻常的恒心毅力，用影像进行历时性的民族志写作、编纂了20世纪中叶以来英国社会的编年史，同时，《人生七年》也是西方人类学纪录片自诞生以来不断发展的一个典型案例，历时性的创作特点也使它比一般的同类作品更能承载和反映西方人类学纪录片创作演进的轨迹。

一、记录视角：从"远方轶事"到"门前故事"

人类学纪录片最初的发展，是由殖民者、探险家和科学家等所推动，拍摄多关注边缘民族，记录对象集中在北极、非洲、美洲、澳洲和亚洲的原始部落与土著居民，例如1895年病理学家雷诺拍摄的非洲沃勒夫妇女制陶影像素材，1922年公映的人类学纪录片开山之作《北方的纳努克》等，这些早期的人类学影像记录，充满对异文化的好奇，而较少人类学意味的创作意图。弗拉哈迪带有诗意的影像如同"观照自然的镜子"让人们看到了远方的纳努克们的情感与精神，但他的学生格里尔逊却把纪录片用作"打造自然的锤子"，学习媒介传播的经历和进行社会工作的生涯使格里尔逊深刻地认识到记录影像首先不是一种艺术形式，而是一种影响公众舆论的媒介手段，他领导的英国纪录电影运动不但推动了电影制作技术的革新，更重要的是把记录的内容从狭窄的视野扩展到对现实社会各个方面的关照。"镜子"与"锤子"的观点对立了很久，对"远方轶事"的关注也持续了很长时间，边缘题材作为拍摄的主要内容未曾中断，但人类学、社会学的发展促使人们对自身所处的社会进行了愈发深刻的反思，西方人类学纪录片的题材取向也逐渐变化，从热衷边缘民族的猎奇转向对西方民族自身的生活状态的关注，能够用一种更加理性和成熟的态度审视自身。

《人生七年》将记录的视线从天涯海角拉回到了主流民族的社会现实中，这部在人类学研究领域享有盛誉的民族志纪录片，建构了时间简史般的影像时空，折射出英国社会个体存在的人生百态。对这12个自社会不同阶层的孩子的记录，持续了半个多世纪，记录用的胶片也从黑白变为了彩色，浓缩于其中的英国社会呈现越来越多元、立体。

二、创作方法：与人类学理论共鸣

自20世纪初叶开始，作为人类活态文明的记录者与守护者，人类学家与纪录片人始终并行在同一条道路上，各执所长，共同描绘着文明的图景。一个多世纪以来，西方人类学纪录片的兴起和演进，与欧美学术界对于人类文化的探索和描摹，有着近乎一致的发展曲线。随着学科之间相互渗透的深入，越来越多的人类学理论和方法应用在人类学纪录片创作中，许多纪录片作品也成为了人类学思想的观照。

约翰·奥莫亨德罗在其著作中提出的11个人类学关键问题之一，即“社会——结构性问题”。他认为，人类群体具有自己的结构，这种结构由人类互动形成，从静态角度更易看清楚社会结构，但事实上它经常变动不居。《人生七年》用影像跟踪记录数十年，以群像方式记录一群处于英国社会不同阶层个体的生存状态、命运变化，这是一项以纪实影像手段完成的富于人类学和社会学意义的实证调查，是用历时性人类学纪录片进行的一次围绕“社会——结构性”命题的探讨。

《人生七年》最初的主题构想，是通过影片来揭示、批判英国社会的阶层固化现象：富人的孩子还是富人，穷人的孩子还是穷人。导演甚至寓言式地宣称“把一个七岁的孩子交给我，我会展示他成年时候的样子，这也是英国未来的缩影。”此后每隔七年进行一次跟踪拍摄，在2012年迎来了第八个七年的综述《人生七年·56UP》，半个多世纪的影像记录似一部活文献，其中很大部分印证了导演当初的预言：富人孩子的成长基本没有偏离制造社会精英的“传送带”，进入顶级名校学习，从事精英行业工作；而出生于社会底层的穷人孩子，很难突破命运的桎梏，辍学、早婚、失业等一系列经历仿佛冥冥中注定按部就班。这也恰恰和拉德克利夫-布朗的“社会结构”观点相互映证，布朗将整个社会视为一个大的系统，我们看到的社会现象并非个人本质的直接产物，而是把单个的个人联结在一起的结构的产物，社会结构即为一个社会中各个个体的组合，也包括其组合中隐含的结果。影像捕捉并记录了这种“隐含的结果”，生于社会不同结构层中的孩子，大多很难跳脱出社会结构对他们的定位，因为将社会个体连接在一起的一整套社会关系网络太过复杂而强大，它是客观化的社会事实，对社会个体成员具有制约性。

然而，人类学家注重静态分析的同时也十分关注对社会进行历时性研究，他们认识到社会结构呈现动态的连续性而非静止的，个体社会角色、社会关系及社会地位的变迁，使社会结构具有了能动性，因此，布朗承认社会结构是动态的，以个体的社会地位的变化、阶级群体的变化作为动力。《人生七年》中记录的尼克就是很好的实例，这个原本家境贫寒的乡村孩子，通过不懈努力考上牛津大学物理系，后来当上大学教授。这个例子表明了社会结构和社会个性之间既相辅相成又互为因果的关系，在结构和制度既已形成的复杂社会中，作为个体的人不应仅是一种社会关系客观组合的结果。

作为一部纪录片，《人生七年》在学理性之外深具人文内涵。历经一个又一个七年，导演创作之初的政治主题逐渐淡化，沉淀出了人生况味和对命运的沉思与观照。贵族家庭出身的约翰，14岁时就立志从政，咄咄逼人地反驳另一个孩子关于工人集会自由的提问，此后如愿以偿地念剑桥、出国、参政，可是到了49岁他却表情温和地微笑着说乐于享受园艺生活，

56 岁时则更加热衷于慈善事业，纪录片追逐和记录了时光，带领观众一起探索生命的意义。

三、影像语言：从“记录观察”到“阐释分析”

早在 1901 年和 1912 年，鲍德温 · 斯宾塞拍摄了澳大利亚土著居民的舞蹈和仪式，鲁道夫 · 伯奇则于 1904 年和 1907 年分别在新几内亚、西南非洲拍摄了纳尔逊海角舞蹈、少女取水以及一个男子用黑曜石剃刀刮胡子等，这些经由深入当地环境、与当地人一起生活而拍摄到的珍贵影像资料，不单在当时引起了世界范围的关注和震动，时至今日更是具有对已消逝文化形态抢救式记录的卓越意义。但是，人类学影像记录不应只停留在对当地环境、人物行为、活动仪式等现象的记录，还应对诸多行为、对象或表述的意义和缘由进行解释。20 世纪 60 年代后，单纯记录观察式的人类学影像语言在人类学表述危机后被反思，阐释人类学观念的兴起和“深度描写”理论的提出，使人类学纪录片的影像写作有了新的符号手段，“影像深描”以探求意义为目的，将镜头深入到对象的行为、语言等表象之下，对深刻的文化内涵、意蕴进行阐释，实现文化沟通。在“表述危机”之后的新民族志影像思潮中，随着“分享人类学”的理论被主流人类学界认可，这一理论也成为了让 · 鲁什倡导的民族志写作基本伦理准则，彼得 · 罗伊佐斯在《民族志电影的创新》中肯定了让 · 鲁什“拍摄者与研究（拍摄）对象应是平等合作关系，让被拍摄对象在影像记录中发出自己声音”的倡议对影视人类学承前启后的贡献。此后，人类学影像作者不再视自己为近似“上帝”的权威，而是与被拍摄对象或文化持有者进行对话，和他们一起开展人类学影像的书写，完成真正意义上“影像深描”的阐释。《人生七年》的记录对象特殊，他们既是镜头里的被拍摄者，也是和拍摄者持同一文化的人群，但是导演非常克制自己对记录的干预，让被摄主体进行“主位”阐述：被拍摄的主人公们，有的历经颠沛流离，有的通过努力成为中产阶级，有的在事业中寻找生活意义，有的靠信仰渡过难关。从幼童到老年，影像阐释了漫漫时光浸润下每个人生命中的缺憾、挣扎和收获。

以阐释为目的的影像深描与作为书写方式的纪实风格之间并不冲突，“深描”避免了记录的表面化和碎片化，“纪实”则保证了记录的真实性。20 世纪 60 年代，电影设备上的技术进步，促成了一种新的纪录风格——“直接电影”在美国诞生，这种拍摄理念的核心是：尽量让镜头前原生态的事实在影片当中进行直接表达，俨然不同于《北方的纳努克》拍摄中的“再现”手法。“真实电影”提倡的手持摄影机拍摄、同期录音、利用自然光线等创作手法的运用，使被拍摄者的“主位”阐释更加生动和深刻，也保障了影像的真实性和文献性，升华了人类学纪录片的纪实品格和学术价值。《人生七年》继承了人类学纪录片最主流的一贯拍摄方式，极少地干预和介入，客观地观察、记录。随着年岁增长，采访和问答已不再是当年的童言无忌，面对恋爱、婚姻等涉及隐私的敏感问题，许多女孩表现出保留和抵触，甚至有的愤怒直言“关你屁事”，导演没有去扭曲这些真实的情绪，而是在作品中呈现了它们的原貌。当有人在中途退出拍摄，导演充分尊重了生命过程的不确定性，没有强行限制和要求他们继续参与拍摄，时隔 30 多年后，退出人员之一的彼得出人意料地返回了拍摄，这段插曲本身就是生命鲜活的痕迹，在时光的淘洗下为人生故事增添了精彩。

参考文献

[1] 约翰·奥莫亨德罗. 人类学入门:像人类学家一样思考[M]. 北京:北京大学出版社,2013,177—179.

[2] 李光庆. 影视人类学理论探究[M]. 北京:民族出版社,2011,48—50.

[3] 庄孔韶. 人类学概论[M]. 北京:中国人民大学出版社,2006,55—56.

[4] 保罗·霍金斯. 影视人类学原理[M]. 昆明:云南大学出版社,2001,452—455.

[5] 拉德克利夫-布朗. 原始社会的结构和功能[M]. 北京:中央民族大学出版社,1999.

浅析视频类网络媒体的品牌营销

——以爱奇艺网站为例

裴淑雯

(贵州民族大学传媒学院)

摘　要:相比传统媒体,网络媒体产业发展备受瞩目。爱奇艺网站为代表的视频类网络媒体产业在功能、内容方面的丰富性和受众互动性等方面具有较高的优势。此类网络媒体通过自身的品牌建立,提供不同程度的用户体验、私人订制等业务,继而进行自身品牌的推广和延伸.从其品牌的营销策略中我们可以得出较多启示。

关键词:网络媒体　爱奇艺　会员专享　品牌营销

与传统媒体相比,网络媒体发展备受瞩目。爱奇艺网站为代表的视频类网络媒体在功能、内容方面的丰富性和受众互动性等方面具有较高的优势。此类网络媒体通过自身的品牌建立,提供不同程度的用户体验、私人订制等业务,继而进行自身品牌的推广和延伸。本文通过对其品牌的营销策略的分析中得出一定的启示。

一、网络媒体的发展概况

(一)网络媒体的内涵

随着网络技术的发展,以网络媒体为代表的新媒体产业被称为"第四媒体"。网络媒体是主要依托网络平台,为用户提供及时且丰富内容的一种媒体形式。网络媒体与传统媒体不同的地方除了体现在其传播信息海量、快速以外,内容方面的优势也在其不断发展中不断体现,众多网络媒体除了是传统媒体节目的载体,也逐渐成为了自制节目汇聚影响力的平台。另外,网络媒体也逐渐成为传统媒体推行全媒体战略最重要的载体。

网络媒体与传统媒体之间的不同点是,网络媒体除了内容和形式外,还具有非常强的社交属性,即用户之间的互动性得以充分实现。目前,众多网络媒体在内容传播上除了将传统媒体的内容进行重复传播,也逐步开始进行内容生产,如爱奇艺等视频类网络媒体,在自制节目上获得了极大的成功。

(二)爱奇艺网站的发展概况

爱奇艺号称是中国领先的视频门户,坚持"悦享品质"的品牌理念为用户提供高质量的高清影视剧、网络视频在线观看等业务,在 2013 年的 5 月份与 PPS 合并,拥有了强大的网络视频资源,同时也将成为我国最大的网络视频平台。与优酷、土豆等其他视频网站不同,爱奇艺不注重做 UGC(用户生产内容),而是注重 IPGC(互联网专业内容生产),在页面设计、用户体验等方面提升自己的竞争力,更专注于视频质量,如视频的流畅性、清晰度等,力求正版高清的视频品质。2015 年 6 月 16 日,爱奇艺会员发布"轻奢新主义"的品牌口号。

轻奢"与财富多寡、地位高低"无关，代表着对高品质生活细节的追求。推崇精致而实用的生活态度，倡导格调与乐趣的双重质感。

除了购买正版授权的高清影视作品，使影视作品在电视平台上播出后继而在网站播出，满足用户对节目的重复多次点击收看，爱奇艺还面对以年轻人为主的受众群，开始逐步推出自制剧、自制综艺节目等自行制作出品的视频作品。

爱奇艺从内容播放平台跨到了内容制作平台，成为了网络媒体产业的一项重大突破。爱奇艺网站在进行内容播放的同时继而进行内容生产。这一优势使网络媒体能充分吸引不同需求的受众。尤其是目前，电视节目所具有的吸引力大不如从前，在节目形式和内容上使受众生成了一定的审美疲劳，而爱奇艺等网络媒体在内容制作上开始成熟，自制节目逐渐成为平台一项重要的广告来源。另外，爱奇艺能够充分得到百度的资源支持和来自 PPS 原有的大量视频资源支持。

(三)视频网络媒体受众的需求

互联网时代的受众与原来传统媒体受众相比的最大特点是需求更加多样化。视频网站更多使用功能的出现，使受众的参与意识、互动性得以增强。

1. 习惯性分享

麦奎尔在《受众分析》中指出，媒介的使用本身带有一定的社交性，受众在对媒介的使用过程中，常常与身边人分享媒介使用经验和对时事问题的讨论。传统媒体的受众在分享互动方面很困难，只能通过口述的形式进行，而在网络媒体中，信息的分享功能变得更加便利。视频网络媒体的出现，让这种社交属性更加突出，受众间的分享更加便利。

由于受众通常喜欢把喜欢的内容分享给身边的朋友，加之网络媒体为内容的分享提供了便利的途径，所以引起众多人关注的内容将会像波浪一样广泛传播。受众遇到喜爱的信息后，都会收藏、保存或者转载，而且有分享给朋友看的冲动，视频类网络媒体能够把握好互联网时代受众的需求，以此需求作为产品开发的侧重点。

2. 受众追求个性化和自主化

正如马克思主义的经典作家所论述的："每个人的自由发展是一切人的自由发展的前提。每个人有其个性特征，因为每个人都是一个独特的个体，独特的个体就有独特的需求。"在互联网时代，同一终端上，信息形式的多样，使受众的选择余地越来越大，受众的个性化不断突出。受众也不再去关注那些对自己没有意义的信息。面对大量的网络内容，受众有了自主化选择的能力，不再像传统媒体一样，被动接受内容。这种自主选择性的出现，能使受众对于一种内容的关注从无意间注意到主动固定关注的产生。

二、爱奇艺等网络媒体的品牌营销

(一)视频网络媒体使用功能的多样性

1. 搜索和分类点播功能

视频网络媒体均为用户提供了站内的搜索和任意点播功能。对有目的性需求的用户来说，用户能通过模糊的字句或关键词同时获得大量与需求内容相近或精准的视频，方便用户对所需内容的即时浏览。对于浏览视频网站没有固定需求的用户来说，分类点播功能能使用户在不同种类的视频中寻求喜爱的观看内容。这种分类的功能，便于不同需求的用户从不同的类型中获取观看内容。

2. 评论和弹幕功能

视频网络媒体为用户提供了一个互动平台，方便用户在对内容的获取后，对内容进行进一步的交流，满足了用户的意见表达方面的需求。故每个内容界面的下端或旁边都会有评论区，方便用户间的交流互动。

而各视频网络媒体弹幕技术的出现更是让受众之间的互动变得及时且频繁。弹幕可以令受众在网站观看节目时，使自己对节目的观点同时出现在视频的播放中。目前，各大视频网络媒体均有这方面的功能。虽然这种功能对于年纪较大的受众来说很难接受，但用户也可以选择关闭。这种功能提高了视频本身的娱乐性和交流性，将原本一对一的交流，变成了一对多，实现了视频观看者之间的互动。

3. 多平台延伸

目前来看，大部分的网络媒体不再仅依靠电脑这个平台推出自己的产品和服务，而是建立了更多的平台，如手机、PAD终端等。凭借互联网络的进一步普及，针对用户对媒介的使用习惯，将网站的功能尽可能多地转移到手机终端，甚至在手机端中进一步提供更多与电脑平台不同的功能。

4. 电商

网络媒体的功能开发逐渐开始面向电商领域。如爱奇艺把电商产品放到了视频的节点中，在视频播放中不时出现，提醒用户购买，而且把商品链接放在了与选集、片花并列的位置。优酷视频将节目选集和边看边买放在相邻的位置，其功能是通过视频截图搜节目中的明星同款，直接链接到淘宝、天猫等电商平台。这种与电商领域的直接相连，形成了用户到消费者之间角色的转换，直接提高了视频的消费属性。

5. 私人订制功能

针对受众追求个性化和自主化，视频网络媒体为用户提供了“私人订制”功能。受众在面对大量的视频内容时，能够进行自我把关，针对有关注倾向的视频进行收藏，方便以后的持续观看。网站通过对用户喜好的统计分析，能够针对用户的喜好进而主动向用户推送类似内容。所以，视频网络媒体在进行产品功能开发时，注重为自己的用户提供更加个性化和订制的内容服务。

(二)爱奇艺等网络媒体的品牌特点

网络媒体最突出的特点首先是在能够为用户提供高品质的内容的同时使用户进行频繁的互动，另一特点是其内容大部分以娱乐为主。对大部分用户来说，网络媒体的娱乐功能被使用的程度占很大比重。各网络媒体在开发网络产品和用户服务时也一直考虑这项功能。除此之外，爱奇艺等网络媒体还具有以下的品牌特点：

1. 提供不同的用户体验

(1)视频清晰度

针对用户网速的不同，爱奇艺等网络媒体将视频质量分为了流畅、高清、超清等几种不同的清晰度，为用户提供了不同清晰度的体验，用户可以针对自己的观看需求和网速的快慢选择合适的视频进行观看。这种细分功能，充分考虑到用户的需求，为用户提供了不同的功能体验。

(2)会员特权

对用户的分级可以使视频网络媒体找到自己的精准用户。一方面,对于普通用户而言,对视频网络媒体的使用具有较大的随意性和不确定性,他们可随意变换使用视频网络媒体。而网站会员用户则是对此网站忠诚度较高的一个群体;另一方面,将视频网络媒体的部分优质内容,如高质量的自制节目等,变为会员专享,能够吸引普通用户成为网站会员,从而达到培养忠诚度高的用户的目的。

爱奇艺是中国付费用户规模最大的视频网站,其倡导"轻奢新主义"的 VIP 会员理念,主张人们对高品质生活细节的追求,坚持为广大 VIP 会员提供专属的海量精品内容、极致的视听体验以及独有的线下会员服务。

2. 推广自制作品

爱奇艺等视频网站从内容播放平台跨到了内容制作平台,成为了网络媒体产业的一项重大突破。各视频网站面对以年轻人为主的受众群,开始逐步推出自制剧、自制综艺节目等自行制作出品的视频作品。如爱奇艺的自制剧《灵魂摆渡》的两季评分均在 9.0 以上,第一季上线仅在一周内突破 1.2 亿的播放,第二季上线一周点击量超 2 亿,领跑网剧点击量。目前的《余罪》又一次引起了新一轮的关注。新一季自制综艺《奇葩说》,在一群巧舌如簧的"奇葩"的辩论中同样以数亿的点击量赚足眼球。再如优酷推出的网络综艺《火星情报局》《喜剧人联盟》等节目,网络元素更多,有特色的自制视频作品积极迎合年轻人的兴趣,提高了网站流量,带来了众多的广告。

这种网站自制剧凭借其在网站中独家、成本低、可广告植入等优势让网站从开始的只求点击量逐渐开始进入网站品牌战略的行列当中。从题材上来看,网站自制剧题材更加丰富,可以随意拓展。电视媒体的电视剧题材以谍战、家庭和古装为主,但是玄幻、穿越、校园、犯罪心理、鬼等题材的电视剧在电视媒体上不允许播放,网络上却可以。网站自制剧具有与传统电视剧不同的题材,比如二货生活的嬉笑怒骂,心鬼比真鬼还可怕的侦探系列,还有在灵魂驿站专门摆渡灵魂的摆渡人。丰富的节目题材更加迎合了喜欢各类题材的受众对节目的需求。

3. 高清多屏直播

网络媒体直播的开发具有最大的商机。首先,网络媒体与电视媒体具有相同的节目播出功能,但在互动性上有所突破。其次,通过移动网络的延伸,用户不仅能够通过电脑端观看直播节目,甚至能够通过手机、PAD 等移动端进行直播节目观看,空间属性有所突破。另外,电视直播有一定的局限性。以体育赛事为例,同时进行的体育赛事有很多场,但电视由于节目的编排和频道等的限制只能选择其中一场进行直播,而网络直播从一定程度上说,可以避免电视直播的局限。同时开展多场直播,便于受众的自主选择。如爱奇艺通过对大量体育赛事、颁奖晚会等节目的直播,为受众提供了多种选择的途径,扩大了受众的选择空间,建立了直播节目的影响力。

4. 广告形式多样

视频网站的广告不再仅仅存在视频的开始、结束以及中间,广告呈现形式不断推陈出新。优酷对广告在自制节目中的表现形式进行了创新制作。以其近期最热门的自制综艺"火星情报局"为例,节目中的广告除了以背景的形式随时出现和主持人的播报,甚至在节目中专门为广告产品制作舞蹈、音乐,通过嘉宾演唱的方式体现出来,于是,广告的长度由原来的几秒钟变成几分钟。另外一种呈现形式是将广告融入到节目剧情中，变成了节目的一部分。

5. 品牌主题色

各视频网站将自己品牌的主题色体现在整个网站的设计中，通过颜色的体现，有利于用户的辨识。如爱奇艺的LOGO为绿色，网站的文字为绿底白字，在整个网页中，搜索按钮、播放按钮、标题颜色、视频进度条等都为绿色。搜狐视频的LOGO为黑色和红色，在网页中，搜索、播放按钮、进度条均为红色，这种颜色较为醒目，便于用户关注。而腾讯视频的LOGO颜色有橘黄、蓝、绿、白，但整个网页中的标题、进度条等为橘黄色，相比蓝绿，橘黄在醒目程度上仅次于红色。乐视视频LOGO为红色，但进度条、视频分类标题均为蓝色。其他视频网站中，土豆为橘黄色，优酷为蓝色。

(三)网络媒体的品牌传播策略

1. 借助传统媒体宣传

传统媒体在信息传播上依旧具有庞大的影响力。为了电视节目通过网络媒体再次播出时能够持续保持节目原有的关注度，需要节目在电视播出的同时进行相关的网络媒体宣传。

网络媒体需要借助电视媒体逐渐形成自己的影响力。从湖南卫视与爱奇艺共推电视剧《天天有喜》收视连续第一的结果来看，电视台与互联网的联动，形成了新的宣传方式的突破。随着网络媒体节目制作和创新能力的提升，网络媒体与传统电视节目逐渐转变为全方位合作，传统电视与网络视频凭借着各自的覆盖网络与制作能力进行互补式合作。

2. 品牌主题推广

视频网络媒体在进行自己的品牌构建时，通常设立主题的推广。爱奇艺的品牌理念为“悦享品质”，注重为用户提供高质量的视频内容。为了吸引固定用户推出的VIP会员也设立了“轻奢新主义”的推广主题。“轻奢”顾名思义是“轻度奢华”，其想向用户展示的是成为爱奇艺的VIP会员用户低价就可以享受到高质量的内容。而当爱奇艺有一定的优质节目自制能力后，将更多的“爱奇艺出品”的自制节目加入到了会员用户专享中，使这些优质内容成为提高自身品牌能力的利器，从而建立起更大的品牌影响力。

3. 品牌延伸

品牌延伸，是将已成功的品牌要素完全或部分地延伸至其相关的新产品中，以品牌优势快速切入新市场，达到节省市场进入成本的目的。以此来拓展活动半径，扩大生存空间，强化品牌升值，增强企业活力、生命力，从而达到提高企业整体利润的目的。

网络媒体在继承整体品牌共性的基础上根据自身产品特点确立产品品牌个性，构建新产品品牌的全面、立体的品牌塑造模式。爱奇艺利用独有的高清视频资源树立自己的品牌形象之后，再次利用这些品牌优势进行高清独播方面的宣传，进而将自制的优秀作品与重播的优质电视节目放到并列的位置。

三、视频类网络媒体品牌营销的启示

(一)建立品牌竞争力的必要性

品牌竞争力的建立对网络媒体的发展极为重要，通过制作特有的品牌节目，以品牌得关注，“马太效应”下，优质的品牌节目会拥有更强的竞争力和更长的生命周期。通过爱奇艺所建立的“品牌优势”来看，形成自己的品牌竞争力是吸引受众的极为关键的方式。通过品牌内容的建立，不仅能够实现内容的二次传播，建立内容影响力，而且能够促成普通用户到固定用户，固定用户到消费用户的转变，提升了网络媒体的盈利。

（二）实现媒体形式延伸

网络媒体在发展进程中不仅专注于网站的建立和维护，同时也进行了其他媒体形式的拓展和延伸。爱奇艺的各个栏目皆开通新浪微博、微信等多种媒体，在提高了节目关注度的同时进行了宣传。同时，随着移动互联网的发展，移动终端的使用率开始超过电脑端，网络媒体也应不断专注于APP的设计。通过各种延伸的媒体形式，扩大受众分布，进行不同类型受众的延伸。

（三）提高差异化网络产品的产出

目前各大网络媒体存在的问题首先是趋同化形式严重，各大网站的排版、内容、搜索方法等形式相同，这种情况不易使网络媒体培养忠诚度高的用户，于是，对于同一内容的索取，用户会随意索取。另外，网络媒体在留住受众方面有必要提高用户体验，通过开发具有差异化创新性的网络产品，进行用户忠诚度的培养。

爱奇艺通过提供高品质的视频和成本低质量高的独播剧，不仅通过品质优良的节目建立了良好的用户体验，更重要的是培养了用户的视频观看习惯，建立了自身的固定用户群。爱奇艺通过独播节目和自制节目共同推广的方式，逐步建立自制节目的竞争优势，将一部分电视节目受众发展为自制节目的受众，实现了对网络媒体用户的培养。

（四）广告与节目内容的契合度

从网络媒体的广告时常变化上可以看出，越来越多的广告主选择网络媒体进行广告投放。但原本用户选择网络媒体的原因有一部分是因为其广告较少，节目播送过程中不会被广告中断，而随着广告主在网络媒体投放广告过多，节目在网络媒体播出时如果插入过硬，用户体验容易受到影响。各网络媒体的广告也在不断根据节目内容寻求契合度。如唯品会配合电视剧《芈月传》制作播出了多个“战国版”的广告。这种广告形式具有新意，在一定程度上减轻了受众对广告的反感。

网络媒体不同于传统媒体的高度要求，相对宽松的创作环境，使得网络媒体虽然吸引了众多受众，但其在内容上更需要自我约束。另外，在建立品牌竞争力、做好用户体验、进一步培养忠诚度高的受众等方面，做好对移动终端的开拓，使视频类网络媒体实现更好的发展。

参考文献

[1]丹尼斯·麦奎尔(Denis McQuail).受众分析[M].刘燕南，李颖，杨振荣，译.北京：中国人民大学出版社，2006.

[2]唐友明.我国企业品牌延伸的问题及对策分析[J].企业导报，2012(18)：125－126.

[3]徐智鹏，阎亮.“自拍模式”已启动——从百度爱奇艺看视频网站的影视发展之路[J].当代电影，2015(1)：153－156.

[4]中国中关村十大新锐品牌诠释创新原动力[N].北京商报，2014-01-20.

浅论传统媒体与新媒体的融合

秦　双

（宁波大红鹰学院艺术与传媒学院）

摘　要：传统媒体报道严谨、权威性强，但是面对新媒体的挑战，存在时效性差、互动性差、宣传功能过多容易引起读者反感等弊端。网络宣传效率高、速度快，但是存在虚假报道多、转载报道多、控制手段滞后、舆论导向混乱等问题。数字化时代，应努力实现新媒体、传统媒体的融合，挖掘传统媒体潜力，延展服务功能，为媒体客户提供更多的优质服务，进而巩固、提高传媒集团的影响力和服务力。

关键词：新媒体　传统媒体　融合

一、新旧媒体不同特点分析

网络宣传效率高、速度快，但是存在虚假报道多、转载报道多、控制手段滞后、舆论导向混乱等问题。网络新闻宣传属于及时传播方式，只要这边一上线，手中就可以立刻看到，几乎不存在时差的问题。在网络传播方式下，新闻真正成为新闻，传播的效率和范围都大大提高，提高了传媒的影响力。但与此同时，因为必须借助网络、手机等现代工具以及新媒体竞争的加剧，媒体的载体变薄，媒体的利润受到削弱。

近两年来，随着微博的迅猛发展，更多的人成为传播者，而且有各自的粉丝，对传统媒体形成了进一步的削弱。但是在网络传播中，由于业余作者的传播水平有限，而且缺少把关，一些垃圾信息大量进入读者的生活，甚至出现诸如赵本山去世这样的假新闻，影响了人们对于新媒体的信任度。在新媒体尤其是微博、微信大量发展的情况下，政府部门对网络新闻进行监管和处罚力度不够，导致控制手段处于滞后状态。

传统媒体报道严谨、权威性强，但是面对新媒体的挑战，存在时效性差、互动性差、宣传功能过多容易引起读者反感等弊端。作为专业的信息传播机构，传统媒体不仅在信息收集上具有优势，而且由于专业训练，制造出的“新闻产品”一般都是符合要求的合格产品。按照传统媒体的专业化流程，来自各种不同信源的信息经过把关、筛选和加工，制作成符合标准的产品后再传输给受众。在这个过程中，传统媒体基于其背景、社会责任感，在某些重大事件上往往发挥舆论导向作用，甚至通过评论等方式来突出这种导向，发表其所代表组织的立场和观点。

由于报纸所代表的组织具有广泛的社会影响力，因此，其发布的重要新闻、民生新闻、政策导向、路线方针就会受到一定区域或系统内民众的重点关注，但与之无关的民众则可能更关注一些民生报道、娱乐报道、体育报道、社会新闻等，而且由于传统媒体传播效率稍显滞后、互动性也较差，因此，如何提高传统媒体的影响力、增强时效性、增加和读者的互动，成为传统媒体需要认真面对的问题。

二、新旧媒体融合策略

当前我国处于市场经济尚未完全规范期，分配出现多极分化，思想出现多元化，正确宣传党的最新路线、方针、政策，不断提升新闻宣传水平，是新闻机构必须承担的社会责任。网络媒体、传统媒体各有优势，如何加强两种媒体、两种传播途径的融合，切实担负媒体责任，需要扬长避短，与时俱进，不断改进，最终可以通过两种媒体的互相结合达到更好的宣传效果。

如果谈到网络媒体的最大缺点，应该就是其可信度差。综观网络媒体的内容，大量时事新闻及社会新闻主要是转载传统媒体的“网络文摘”，而网络自身的报道，主要是娱乐新闻、行业新闻，甚至是没有经过把关的道听途说。

网络媒体比传统媒体更吸引人，主要在于其“自由度”比较大，但也正是由于其“自由度”过大，垃圾新闻、虚假新闻通常在网络上发生较多。加上一些明星或想出名的人、网络推手等利用网络“自由度”的缺点，制造新闻、制造卖点，而网络为了提高自己的点击率，对这些炒作的东西不仅不加排斥，而且争相加入，到最后，一旦事情的真相败露，网络也会成为受众反感的对象之一。

在众多网络争相炒作的情况下，加强网络监管、提高专业水准、严肃宣传纪律、提高审美情趣，设置网络把关人就显得十分重要。传统媒体的编辑记者都经过多年的专业训练，有严格的纪律作风和较高的道德情操，有较强的社会责任感和政策理论功底，吸引他们加入新媒体，成为网站各个板块的把关人，将可以大大提高网络媒体的专业化水平，大大减少网络媒体假新闻、垃圾新闻，从而净化网络环境，提高网络在群众心目中的可信度和美誉度。只是与传统媒体的把关人相比，更应发挥新媒体的互动功能，这样可以开辟渠道，让广大群众充分利用留言、短信等方式发表观点，延伸报道，从而提高报道的深度和吸引力，切实提高与群众的融合力。

同时，网络管理员应及时删除有明显错误和含有人身攻击等内容，尤其是重大新闻事件要核实其消息来源的准确性，从而防止假新闻借助网络渠道进一步扩散，防止假新闻给当事人造成不必要的损失，从而发挥网络管理员的监管力度。

传统媒体也应与网络等新媒体融合，借助新媒体的手段达到扩大宣传、服务客户、挖掘潜力的效果。一是挖掘传统媒体优势，学习商业网站，提高报业网站的服务力和影响力。经过电子版、增加专业频道、打造读者服务平台等几个发展阶段，报业网站已经成为传统媒体有效的延伸平台。但由于起步晚，改制不彻底，机制不够灵活，力量配置不够强大，经营问题一直都是制约报业网站发展壮大的主要瓶颈。如今，随着众多报业集团向多元化集团的发展，报业网站又找到了新的发展方向。学习西方一些媒体网站，国内一些媒体网站也开始为受众提供全方位的信息及物流服务。如 21 世纪经济报网站过去是以新闻为主导内容，而目前已完成了向“读者服务”及“物流配送”的转变，为各界人士提供全方位的信息及物流配送服务。通过功能延伸和拓展，相信传统媒体网站必将可以借助综合服务网站，进一步挖掘自身原有的优势，吸引更多的客户，提供更多的优质服务。

二是发展在线点击广播，让广播重新回到受众中。随着手机的普及，过去体积较大的收音机如今被智能手机所取代，广播拥有大量的音乐资源，且提供免费的新闻和歌曲自选，不但可以克服传统广播稍纵即逝的特点，而且还可以跨越时空限制，扩大传播范围，使广播媒体传播效果加强。

对于传统广播来说，网络广播是一种"适时广播"，数字化条件下，则可以做到"你点我播"。受众可以利用网络强大的搜索引擎找到自己喜欢收听的广播节目、音乐、广播剧等。大量的数字资源，将大大开拓广播的业务发展空间，从而将自身所掌握的信息资源的价值发挥到极致，吸引受众。

三是发展数字电视，融合电视与新闻。尼葛洛庞帝在《数字化生存》一书中向我们生动而形象地解释互动电视："6 点钟晚间新闻不仅能在你需要的时候传送给你，而且能专门为你编辑，并且让你随意获取。如果你想晚上 8 点 17 分收看汉弗莱·鲍嘉的老电影，电话公司通过双绞线，就可以提供你想要的节目。"随意性、互动性、多媒体性打破了传统电视"点对面"的新闻宣传方式，实现了点对点的非线性新闻宣传。

数字电视，是通过卫星、有线网、ADSL 等宽带介质传送的具有信息交互功能的新型电视，它具有宽带上网、大屏幕显示和数码电视三位一体的功能，它可以通过宽带或电话线实现电视上网，并采用图像叠加技术，在不中断电视节目的同时提供图文信息服务，其简单、快捷、高清晰、互动等特点，使它明显优于传统电视。现在的高清电视更是加强了数字电视的发展。

三、结　语

加强新媒体与传统媒体的融合，不仅可以增强新闻报道的影响力、吸引力，而且通过提供更多的、更优的服务，可以更加牢固地锁定传统媒体自身原有的读者群、客户群、消费群，媒体融合、媒体延伸，不仅提高新闻信息服务，而且提供免费下载、免费点播等服务。传统媒体经过数字化改造，真正成为适应数字化时代的传媒服务商，不仅具有宣传功能，而且还将为客户、读者、消费者提供更多的服务和功能，从而有利于传统媒体与新媒体的有效融合。

2015 年中国数字出版发展回顾

宋嘉庚
（中国传媒大学）

摘　要：2015 年国内数字出版的顶层设计思路清晰，政策推动作用明显；产业规模持续增大，产业间合作日益密切；出版机构转型升级依然艰难前行，平台作用渐趋明显；IP 经济异军突起，多种市场要素被激活；关于数字出版专业的人才培养需求指向更加明确，对数字编辑的职业评价体系开创了历史先河。

关键词：数字出版　数字阅读　转型

一、政策助力产业升级，顶层设计利好频现

2015 年"互联网＋"和大数据重塑数字出版的发展环境，国家相继出台《关于积极推进"互联网＋"行动的指导意见》《关于促进大数据发展的行动纲要》《关于推动国有文化企业把社会效益放在首位、实现社会效益和经济效益相统一的指导意见》《中共中央关于繁荣发展社会主义文艺的意见》等文件，聚焦到数字出版产业，3 月 31 日，国家新闻出版广电总局和财政部联合发布《关于推动传统出版和新兴出版融合发展的指导意见》，文件明确数字出版"融合"的方向和路径，将在"内容生产创新、加强平台建设、扩展内容渠道、拓展技术业态、完善经营机制、发挥市场机制作用"等方面进行重点突破。为增加数字出版行业的转型动力，"2015 年国家财政下达文化产业发展专项资金 50 亿元，共支持项目 834 项。其中用于推动出版业数字化转型升级的项目增加，由 2014 年的 77 项增加至 2015 年的 98 项。"[1]

二、产业规模持续扩大，抱团取暖渐成趋势

根据《2014－2015 中国数字出版产业年度报告》数据：2014 年我国数字出版产业收入为 3387.7 亿元，数字出版产业收入在新闻出版产业收入的总比为 17.1%。用户规模保持平稳增长，数字出版产业的累计用户规模达到 12.47 亿。据"第十二次全国国民阅读调查"数据显示：2014 年数字化阅读方式（网络在线阅读、手机阅读、电子阅读器阅读、光盘阅读、Pad 阅读等）的接触率为 58.1%，较 2013 年的 50.1%上升了 8.0 个百分点，首次超过了图书阅读率。巨大的网络阅读用户得益于互联网和移动互联网技术发展，网络阅读行为产生的大数据精准指导了网络营销，无论是传统出版机构还是新生数字出版企业，都将读者或用户数据作为实现盈利的"压箱宝"，在不同的出版机构和组织框架中，"数据分析"部门的重要性日益显现，编辑大数据中心、营销大数据中心、用户行为大数据中心等部门纷纷成立。参照美国传统新闻出版机构的转型之路，对用户数据的分析已成为机构转型升级的必选项和必备项，国内出版企业的首席数据官（Chief Data Officer）也呼之欲出。

大部分传统出版单位转型，选择了成立数字出版部门的方式。借助于传统出版资源和

新技术手段,联合新的渠道资源,以实现合作多赢的目的。2015 年 7 月,继 2013 年首批 100 家传统出版单位转型示范名单之后,公布了第二批 170 家转型示范单位名单,目前转型示范单位已达到 170 家。在这些示范转型的传统出版单位中,有部分机构选择了成立数字出版部门,再加入联盟的方式,实现转型突围。人民出版社、商务印书馆等出版单位成立了"中国数字出版联盟"。7 月 15 日,中国新闻出版研究院联合中国人民大学书报资料中心、"中国出版国际化按需出版数字平台"、众书网等单位共同发起,成立"中国学术数字出版联盟"。这种"抱团"优势,已经在期刊集群化和数字化发展的过程中得以验证,2015 年中华医学会迎来百年诞辰,中华医学会系列杂志成为 131 种纸质期刊的"大联盟",成为了国内医药卫生界数量最多、影响及权威性最强的医学期刊系列。这种组成"联盟"的方式,在 2015 年的数字出版进程中成为了"非典型性"的特殊转型方式。此外,清华大学出版社的"书问搜索"和"文泉书局",分别在图书搜索和电子书平台建设方面做出了积极探索。

联盟方式的根本目的,是形成强大的平台的力量,借此推动学术出版和专业出版走向数字化。这种趋势也反映了数字出版平台的本质特征:学术出版和专业出版在生产产品的同时,更加注重提升服务质量。形成紧密合作的联盟,正是集成了生产环节中和各类生产要素,在现有平台提供的系统、品牌、社交网络中完成生产和升级。

诞生于互联网技术环境的数字出版企业,自从出生之日就有了自然的"互联网基因",成长速度惊人。2015 年 1 月 7 日,北京时代华畅文化有限公司正式揭牌。1 月 21 日,"中文在线"登陆深交所创业板,成为国内"数字出版第一股"。10 月 9 日,湖北首家少儿出版集团在武汉成立,将探索线下业务与数字化融合,实业与资本融合。11 月 26 日,中信出版在新三板挂牌上市,新三板中迎来出版"国家队"。

新数字出版企业的"互联网基因",体现在内容生产机制上更具灵活性。凭借移动网联网提供的技术便利,在互联网环境下生产的阅读内容,能够在第一时间精准推送至潜在的阅读群体,这就使得出版力量不仅可以直接进入大众出版的市场,同时,那些有潜力的小众市场也同样会被激活。站在互联网的"天梯"之上,新数字出版企业的升级,还更加注重关系要素的培养,3 月挂牌成立的阅文集团,就是凭借原有盛大文学占据的网络文学内容资源,又深度整合了腾讯提供的社群资源,这种结合在满足读者信息构建需求的同时,更增强了内容资源在社群传递中的力量。

三、转型升级迫在眉睫,平台作用日益凸显

1 月 10 日,第十届全国网络编辑年会暨数字出版与新媒体研讨会召开。国家新闻出版广电总局数字出版司王强概括融合发展现状为"专业社领跑,教育社跟随,大众社迷茫。产业规模不断扩大,数字内容依然偏低,转型升级步伐加快,数字阅读渐成趋势,集聚效应不断增强"[2]。

政策的推动,加快了数字出版示范项目的建设速度和规模的扩大。自 2008 年 7 月首家国家级数字出版产业基地——上海张江国家数字出版基地挂牌以来,截至 2015 年年底,全国已有 14 家国家数字出版基地。3 月 26 日,杭州国家数字产业出版基地正式挂牌。6 月 5 日,江西国家数字出版基地揭牌。11 月 23 日,全国 14 个国家数字出版基地中唯一的民营园区——江苏睿泰数字产业园在镇江国家高新区开园。数字出版基地的建成和运营,为地方发展数字出版提供了更多的机会和平台,在数字内容生产、创新技术应用、出版人才培训、

版权集中运营等方面，数字出版产业基地发挥的作用将日益凸显。

另外，随着国家数字复合出版工程全面启动和专业知识资源数据库建设起动，可以预见数字出版的政策趋势："下一步将加大力度，推动出版发行企业运用大数据、云计算、移动互联网、物联网等技术，加强出版内容、产品、用户数据库建设，加强关键性技术的转化和应用以及生产技术体系和相关标准建设。将进一步支持重点平台建设，推动模式创新，探索出版业生产流程再造。将加大财政投入力度，转变财政投入方式。"[3]

四、IP 经济风生水起，市场要素全面激活

根据中国互联网络信息中心发布第 36 次《中国互联网络发展状况统计报告》数据，截至 2015 年 6 月，网络文学用户规模为 2.85 亿，占网民总数的 42.6%。巨大的网民基数培养了依靠粉丝力量的 IP 经济。2015 年网络文学改编影视作品市场可谓"火爆"，IP 概念持续热化，使用 IP 改编的游戏和影视剧占比逐年提高，优质的网络文学 IP 价值越发显著。4 月《何以笙箫默》的电影版权被光线和乐视影业竞相追捧。7 月《花千骨》的手机游戏版权纠纷将多家公司卷入其中。10 月《新鬼吹灯之摸金符》的网络剧版权再次掀起争抢风潮。不仅是社会资本对网络文学的兴起予以关注，越来越多的互联网公司对网络原创文学内容的追求，可谓"星星之火"已呈"燎原"之势。4 月，国家新闻出版广电总局启动重点网络文学网站作品阅评。阅评主要对网络文学作品导向、格调及内容质量等进行抽查点评，这将成为主管部门为规范和引导网络文学健康发展而设立的一项长效管理机制。4 月 23 日，阿里巴巴推出新业务阿里文学，以内容生产、合作引入以及版权产业链的双向衍生为主。4 月 30 日，凯撒(中国)股份有限公司发布公告，拟以自有资金 5.4 亿元收购杭州幻文科技有限公司 100%股权。11 月，湖南电广传媒股份有限公司宣布以 7.95 亿元的价格，收购成都古羌科技 79.25%的股权，对内容原创网站的估值再创新高。产业之间基于资本、版权、渠道的合作日益深入，数字版权运营开发、创新盈利模式等方面的合作正在逐步形成。

回顾 2015 年的智库建设和论坛研讨，都紧密围绕数字出版的 IP(知识产权)运营、学术出版走出去、融合路径选择等热点问题建言献策，通过智库和论坛的平台作用，起到了传播新观点、聚焦新趋势的推动作用。以 IP 运营为例，研究者密切关注到：数字内容产业布局，离不开大量社会资本注入，若要实现吸引资本的目的，就必须在内容、用户、流量、渠道、平台、社群等多方面深度的整合和升级，唯有如此，才能摸索出更有创新价值的商业模式。

五、人才培养同步升格，评价体系开创先河

优秀网络文学作品的不断涌现，反映了作品创作者和编辑者也在伴随着互联网技术的发展而不断进步。2015 年 5 月 15 日，第九届茅盾文学奖参评作品目录公布，《嗜血的皇冠》《太太万岁》《战长沙》《战起 1938》等网络文学作品位列其中。国家新闻出版广电总局数字出版司副司长宋建新在接受《中国新闻出版广电报》时说："网络文学作品也能与名家名作同台竞争，网络文学也能出现伟大作家、伟大作品。"[4] 可以预见，随着网络文学进入快速发展期，网络文学作品的数量剧增，其中高质量的伟大作品也将随之诞生，伴随着高质量文学作品的传播，网络文学的伟大作家群体也呼之欲出。

从文学史的发展脉络看，伟大的作品离不开伟大的作家，伟大的作家离不开伟大的编

辑。在数字出版的版图中，编辑也体现出优秀作品创建者和发现者的角色特征。11月，以“编辑名家与出版精品”为主题的中国编辑学会第十六届年会在镇江召开。国家新闻出版广电总局副局长吴尚之提出：“编辑人才是编辑出版事业发展的核心力量，没有一流的编辑人才，就没有一流的出版物，更谈不上一流的出版社。”对编辑是核心力量、核心作用、核心环节、核心资产的论述在2015年成为主流，业界对编辑群体抱以新的期待和关注。

数字出版编辑的考核评价机制日趋完善，北京市将数字编辑职称评审纳入了全市职称评审序列，为全国数字编辑职称评审工作开创先河。同时，在《北京市“十三五”时期新闻出版业发展规划》征求意见稿中，将加强人才队伍的培养和建设，推进数字媒体准入资格考评体系，完善人才激励机制作为“十三五”时期推进北京市新闻出版发展的重要举措。数字出版相关人才的培养计划方案已经在着手制订中，数字出版人才体系将得以丰富，数字出版人才培养和培训机制将逐步完善。

事实上，只有经过专业编辑系统化整理之后的信息才能成为优质的内容，数字出版内容的分类、规范、引导、筛选、整合都离不开编辑的工作，有“温度”和“个性”的内容，离不开有“温度”和“个性”的编辑。数字出版的优势是更加有效地实现了人机结合，在运用网络技术抓取读者节点信息的同时，还将要编辑“文学的感性、艺术的灵性、哲学的悟性、史学的智性、科学的理性、伦理的德性”加入其中，才会使数字出版的阅读产品更具有可读性和传播价值。

六、结　语

2015年，国内数字出版上层建筑频出政策利好，精准激活出版转型先进生产力。数字出版单位或借助政策发力，或借力新技术环境，或依托传统出版资源，不断上演“突围”与“涅槃”的升级大戏。伴随着数字阅读率首次超过纸书阅读，IP版权运营风生水起，产业规模空前增长。智库建设和研究视角聚焦于融合态势和核心问题。网络作家、网络编辑群体备受关注，随着伟大网络作品逐渐增多，伟大网络作家和编辑也呼之欲出，新的编辑评价体系已开创先河。告别“十二五”，迎接“十三五”，一幅壮美的数字出版画卷正徐徐打开。

AR 增强现实技术在幼儿出版物中的应用

陶琳娜

（宁波大红鹰学院艺术与传媒学院）

摘　要：本文介绍了 AR 增强现实技术的概念及其主要的应用领域，并论述了 AR 在幼儿出版物领域中的优势，以及在 3D 实景互动书籍与创意 3D 填色画这两类幼儿出版物中的实际应用。

关键词：增强现实　3D　出版物

一、增强现实技术的简介与应用

AR 就是增强现实技术，它是英文 Augmented Reality 的缩写，它是一种将真实世界信息和虚拟世界信息“无缝”集成的新技术。增强现实技术，不仅展现了真实世界的信息，而且将虚拟的信息同时显示出来，两种信息相互补充、叠加。也就是说，增强现实技术并非制造一个与现实隔离的虚拟化世界，而是让用户体验到虚拟与现实在同一个空间的结合。

自 20 世纪七八十年代诞生以来，AR 技术已经在医疗、军事和工业制造等领域得到了广泛的应用。随着移动媒介技术的发展与普及，增强现实技术再度火爆起来。它的基础是现实世界，却可以突破我们在现实世界中看到的内容，并且丰富我们对于信息的获知体验。而且由于它具有能够对真实环境进行增强显示输出的特性，它不仅在与 VR 技术相类似的应用领域，还在军用飞机导航、工程设计和远程机器人控制等领域，具有比 VR 技术更加明显的优势。比如在电视转播领域，通过增强现实技术可以在转播体育比赛的时候实时地将辅助信息叠加到画面中，使得观众可以得到更多的信息；在网络娱乐领域，增强现实游戏可以让位于全球不同地点的玩家，共同进入一个真实的自然场景，以虚拟替身的形式进行网络对战。

二、增强现实技术在幼儿出版物中的应用优势

当今，在数字媒体时代的冲击下，传统纸质媒介出版物显示出表现形式单一、互动性较弱等特点，特别在幼儿出版物这块显现得更为突出。随着移动通讯技术的发展与普及，现在的幼儿对于手机、平板这些电子媒介已经不再陌生，电子书能更好地提供视觉和互动性体验等优势也越来越明显。接触过这些表现形式多样的媒介后，传统图书的吸引力明显要弱化许多。可是纸质书籍对于培养幼儿良好的阅读习惯、耐心和专注力上有很好的优势。因此，我们可以寻找一种传统媒体与数字媒体的融合方式。

幼儿阶段的教育有着生活化、游戏化、直接性和潜在性等特点。这一阶段的教育应当以游戏为主体，注重兴趣的培养，充分利用其模仿能力和好奇的心理。传统的纸质图书在内容的表达上会比较单一，那么我们可以使用增强现实技术把书籍内容可视化、动态化，提高幼

儿的兴趣，使书籍的内容更加地形象，而立体化的表现形式会增加幼儿的好奇心。其次，AR技术不仅是在视觉上，同时在听觉上给予信息，这样会更利于幼儿在独立阅读书籍的过程中理解书籍内容。

三、增强现实技术在幼儿出版物中的应用

(一)3D 实景互动书籍

3D 实景互动立体书，是指幼儿在阅读纸质书籍的时候，通过下载相应的应用程序到电子设备上，采用了 AR(增强现实)、光学动作捕捉及三维影像制作呈现等先进技术，在虚拟空间里创造出独特的阅读体验，用全新阅读方式提升儿童的想象力和创造力。通过产生动画、音效等各种多媒体的声光电效果，与孩子们互动中把传统印刷形式的知识生动展现出来。

中信出版社出版的“科学跑出来”系列图书让 AR 技术与儿童科普图书完美结合，给孩子们全感官学习体验，让科学知识从书中跑出来、在你眼前动起来。还可以拍下遛恐龙、行星环绕你旋转或是火星车攀爬上你的腿的奇妙照片，并把它分享在社交媒体上，增强书籍的互动性(如图 1 所示)。

图 1 “科学跑出来”系列图书

(二)创意 3D 填色画

创意 3D 填色画是指幼儿在对纸上的卡通形象填色之后，通过下载相应的应用程序到电子设备上，利用 AR 技术，配以动画、音效，让卡通形象动起来。它将增强现实技术同填色

书籍结合起来，当孩子们看到自己绘制的卡通形象在电子设备上显示出来时，会提升幼儿的填色兴趣并激发幼儿的创造力。

云眼科技出品的“Fill”是一款创意 3D 填色画，在完成自己的绘画作品后，通过软件 Fill 扫描，就会发现如同神笔马良一般，你的画作也都动起来了。画的是什么样，变出来就是什么样，把孩子的作品变成绘声绘色的立体动画（如图 2 所示）。

图 2 “Fill”创意 3D 填色画

四、结　语

将 AR 增强现实技术融入到幼儿书籍领域，极大地丰富了书本内容的表现形式和扩张力。幼儿可以更为直观、形象地获取书籍中的知识，与之互动，让孩子们在轻松愉快的氛围中接受创新、科技、知识的熏陶。增强现实技术将会大大促进电子出版物的发展，并能引领传统出版物的革新。

中国连环画的数字出版探索

王　鹏
（宁波大红鹰学院艺术与传媒学院）

摘　要：中国连环画从其萌芽至今，浸润在博大的中国传统艺术营养中，是日本以及其他欧美国家连环画所不及的，在很长一个时期成为出版业的巨头。随着社会的进步和科技的发展，在境外连环画的猛烈冲击下，中国连环画出版陷入低谷。在当今这个数字出版时代，中国连环画运用现代高新技术手段，与原创动画、漫画开发相结合，与有声阅读技术相结合，开创连环画出版的新模式，将作品普及到普通民众的文化生活中去，保护和传承我们的优秀传统文化。

关键词：中国连环画　出版　数字化　文化传承

连环画是一种以多幅画面连续表现一个故事或事件发展过程的绘画形式。这种形式图文对应，生动活泼，为广大读者所欢迎。因其开本、人物较小，俗称“小人书”。一般认为，真正意义上的连环画是从“出相”“绣像”“全图”（即插图）演变而来的。鲁迅先生曾经指出：“宋元小说，有的是每页上图下说，却至今还有存留，就是所谓‘出相’。明清以来，有卷头只画书中人物的，称为‘绣像’，有画每回故事的，称为‘全图’。”

一、回顾中国连环画的出版历史

1. 萌芽起源时期（春秋战国至宋元时期）

在很多历史文献和文章的记载中，中国连环画的渊源可追溯到春秋战国时期的青铜器纹，这些或鱼或龙或人物或花草，连续不断，绕成一圈，是最早的中国连环画的雏形。汉唐时期，不少壁画和画像也都带有连环画的性质。中国连环图画真正开先河是始于北魏时期的一些造像，当时的画作常常分为若干段，每一段表示一个故事情节。北宋崇宁年间，江苏地区刻印的《陀罗尼经》用数幅图版描写一个故事内容；南宋临安府众安桥贾官人宅雕印的《佛国禅师文殊指南图赞》中，连环版画多至 56 幅。从元代开始，连环画开始出现在话本小说中，代表作有《虞氏平话五种》。

2. 蓬勃发展时期（明清至民国）

明清时代，随着雕版印刷的繁荣，连环画越来越多，如明代出版的《胡笳十八拍》和《孔子圣迹图》，清代吴中名工刻的《耕织图》46 幅和《大汕画传》33 幅等都是这个时期的代表作。清末民初，随着石印的传入，上海《点石斋画报》中的大量内容也具有鲜明的连环画形式。民国时期，印刷事业更趋发达，采用胶版、影印、彩色印刷技术，促进了连环画的繁荣。具有这一时期代表意义的是叶浅予的《王先生》和张乐平的《三毛流浪记》等，先后在《神州画报》（日刊）上刊载，后印成单行本，深受欢迎。

20 世纪 20 年代和 30 年代是中国连环画快速发展的时期。当时，上海成为编绘出版连环画的中心，连环画俨然已经成为深受普通大众，特别是少年儿童喜爱的艺术形式，并出现了深受群众喜爱有着广泛影响的连环画家，号称连环画界“四大名旦”的沈曼云、赵宏本、钱笑呆和陈光镒，他们的作品广为流传。“连环图画”一词见诸文献的最早记载，是从1925年到1929年上海世界书局先后出版《连环图画三国志》等五部长篇连环画，封面均有“连环图画”字样。但是当时有一些连环画粗制滥造，宣扬低级趣味、妖魔鬼怪、邪道迷信等，毒害读者，鲁迅先生曾大声疾呼“连环画必须于大众有益”。鲁迅先生指出不要视连环画为不登“大雅之堂”的“下等物事”，对连环画这种艺术形式给予充分肯定。他还说：“我并不劝青年的艺术学徒蔑弃大幅的油画或水彩画，但是希望一样看重并且努力于连环图画和书报的插图。”鲁迅先生以此来激励美术青年、文学青年从事连环画创作。在他的倡导下，一些连环画家绘制了具有积极意义的作品，如赵宏本绘制的《桃李劫》《扬州十日》等表现爱国主义思想、揭露社会黑暗现实的连环画，在社会上引起强烈反响。这个时期解放区的连环画与木刻、戏曲、音乐艺术一样，也发挥了巨大的宣传、教育作用，成为革命文艺阵线不可或缺的一部分。

3. 中华人民共和国连环画发展繁荣时期

中华人民共和国成立后，国家十分重视连环画的发展，文化主管部门对连环画编绘队伍进行改造扶持。人民美术出版社、上海人民美术出版社、河北美术出版社和辽宁美术出版社形成了强大的连环画出版阵容，连环画名家辈出，一些民国时期的画家如赵宏本、胡若佛、汪玉山、钱笑呆等也重新焕发出创作热情。

1957年至1965年是中国连环画的成熟期，一批内容健康向上、艺术上有鲜明特色的作品纷纷涌现，这一时期的优秀代表作品有赵宏本、钱笑呆的《孙悟空三打白骨精》，王叔晖的《西厢记》，顾炳鑫的《渡江侦察记》，贺友直的《山乡巨变》，王弘力的《十五贯》，丁斌曾、韩和平的《铁道游击队》等。这一时期，大量出版代表中国传统连环画的古典连环画，中国现代连环画艺术继承了古代绘画、民间绘画的优良传统，注意骨法用笔，讲求神韵，以传统线描为主来表现内容。其中，贺友直的《山乡巨变》取法于古代陈老莲“博古叶子”及明清木刻版画画法，古为今用，取得了较好的艺术效果；王叔晖的《西厢记》，则采用“兰叶描”和“界画”手法，令人耳目一新。上海人民美术出版社出版了60册的《三国演义》系列，人民美术出版社出版了30册的《水浒》系列和15册的《岳飞全传》系列。还有一些画家大胆地吸收欧洲国家的绘画技巧，极大地丰富了连环画的表现手段，如华三川的《青年近卫军》、顾炳鑫的《渡江侦察记》，运用了铅笔素描或钢笔素描技法。

1966年至1976年，轰轰烈烈的一场“文化大革命”将连环画作品如一大批文艺作品一样，打成“毒草”，许多连环画作品在“破四旧”中连同原稿、样本被大量损毁，一大批作者也横遭迫害。1980年再版的《水浒》连环画，由于原稿不知去向，只好重新绘制，但再版后的《水浒》已不能原汁原味地反映老版《水浒》的特色了，艺术水平就更免谈了。诸多出版社作为政治任务而广泛出版发行了具有强烈政治色彩的“样板戏”连环画。这一时期的连环画内容单调，大都以阶级斗争为纲，为阶级斗争服务，连环画创作人员谨小慎微，不敢越雷池一步；形式呆板，连环画扉页大都冠以“毛主席语录”，深深打上了“文化大革命”的鲜明烙印。不少连环画甚至歪曲历史，把我国古代著名政治家、思想家、教育家孔子刻画成一个丑态百出的跳梁小丑。

20世纪70年代后半期至80年代，随着拨乱反正、改革开放的不断深入，连环画出版终于迎来了春天，这是连环画出版的又一辉煌时期，大批名家名作涌现出来。陈宜明等集体创作的《伤痕》，尤劲东的《人到中年》等，将世人关注的焦点一下转向了连环画这片热土，《连环画报》的发行量在当时一度达到120万册，跻身全国十家超百万期刊之一。这时最有影响力的作品有贺友直的《白光》、费声福的《三个法庭》、白敬周的《最后一课》等。仅1982年一年，全国共出版连环画2100种、8.6亿多册，几乎人手一册，占全国图书出版总量的三分之一。武打题材的连环画如《偷拳》《霍元甲》受捧的热度最高，使出版社成了盈利大户。为极大地激发连环画工作者的创作热情，国家新闻出版署和中国美术家协会连续四年进行了连环画评奖，设绘画奖、脚本奖、套书奖、封面奖等奖项。这一时期出版的连环画有以下特点：(1)故事内容丰富多彩。在原有古代名著、历史故事、人物传记、革命斗争故事的基础上，广泛开拓外国名著、武打故事等多种题材。如：高尔基著的《童年》《人间》和《我的大学》，武打故事如《霍元甲》《陈真》等。尤其是古代名著的编撰一编再编，形成系列，少则四五册，多则几十册。(2)形式多样。这一时期，连环画的绘制手法更是层出不穷，包括白描、工笔、写意、素描、水彩、水粉、油画、剪纸、摄影等古今中外的绘画艺术技法无所不用其极，画面形神兼备，极具艺术效果。1979年上海人美版《不怕鬼的故事》14册分别由著名画家赵宏本、陈光镒、顾炳鑫、刘旦宅、汪观清、凌涛、韩和平等绘制，绘画风格或粗犷，或细腻，或夸张，或朴拙，真是百花齐放，各有千秋，令人叹为观止。连环画的开本也是多样的，从最大的12开、18开，到最小的70开、72开等12种，其中以60开、64开最为常见。(3)出版发行量逐年增大，不少连环画的印数都超过百万大关。就初次印数来看，1984年岭南美术版《鹰拳却贼》初次印数为200.5万册；1979年人民美术版《爱迪生》初次印数为130万册；1979年上海人美版《虎牢关》初次印数为112万册。就累计印数来看，河北人民版《天竺国》累计印数为269万册；1982年河北美术版《薛刚反唐》累计印数为146万册。(4)出版机构之间竞争激烈，不同出版社争相出版同一题材的连环画作品，例如根据《聊斋志异》编绘的连环画系列就有人民美术、陕西人美、江苏人民、四川人民等多种版本；根据《西游记》《三国演义》等四大名著编绘的连环画系列就有更多种版本；一个李存葆的《高山下的花环》，竟然有人民美术、浙江美术、岭南美术、辽宁美术、河北美术、湖南美术、吉林人民、山东人民、广西人民、山西人民等10多种版本。

1985年开始，中国连环画遭受了重创期，连环画的出版发行再次步入低谷。这一年出版连环画约3000种、8.1亿册，但大多数成了积压品，64开通本每种发行量由十几万、几十万册骤降到万余册、几千册。因征订数过低，许多选题迅速搁浅，有的订数甚至连最低的开机印数都达不到。接下来，从1986年全国连环画出版总量下降至1.3亿册，到1987年再降至7000万册，最后在1991年下降到了50种，几百万册，甚至降价都卖不出去。90年代中后期，全国专业连环画刊物仅剩《中国连环画》《连环画报》和《奥秘》等几种，64开为主的连环画“小人书”基本上退出历史舞台。一些老版连环画进入了旧书市场，成了收藏家猎取的对象。

二、中国连环画衰落的外因和内因

中国连环画出版渐趋衰落的原因，首先是市场的问题，其次是随着社会进步和科技发展，娱乐手段多元化的趋势共同作用所造成，但是这些问题都是外因，那么，中国连环画衰落的内因，也是主要原因，是连环画工作者自身受市场和社会影响所产生的关于作品题材手法的问题，这是笔者想要着重阐述的问题。

1. 首先，基于中国连环画衰落的外因，有以下几点：

(1)境外连环画冲击了国内市场。90 年代初期，境外连环画大举进攻中国市场，借电视动画片在中国的热播，表现形式生动的国外卡通连环画以每年亿册的数量进入中国市场，如美国的《超人》、日本的《机器猫》和《怪物太郎》等，有数据表明，1994 年日本漫画在中国连环画市场的占有率高达 90%以上。中国连环画出版者几无招架之力，把连环画市场拱手相让。

(2)随着社会的进步和科技的发展，电视、录像机等电子传媒开始进入千家万户，娱乐手段的多元化，拓宽了人们的眼界，连环画一统天下的地位渐被替代。同时，科技手段的进步，使得出版成本上涨，出版社追求高利润，不愿再出版定价低廉的连环画；而连环画稿酬又偏低，画家不屑为之。最近几年，虽然由"收藏热"引起了短暂的"出版热"，连环画出版似有回升的迹象，出版界刮起一股短暂热旋风。但我们仍不可盲目乐观，大量事实表明，"当今关心'小人书'者，不是'小人'(青少年)，而是'大人'，'小人书'不是供人'读'的，而是供人'藏'的"。小人书，大人买，已是当今一道奇特的文化现象。

2. 笔者着重要谈的是连环画衰落的内因，主要是连环画的选题，我们连环画的内容出现了问题。

(1)故事情节的问题

国外卡通与中国连环画相比，之所以有着这么大的吸引力，究其原因无非有两个：一是国外卡通故事内容独创，注重情节的新鲜、新奇，富于刺激性，而中国传统连环画的选题指导思想是宣传教育，强调作品的严肃性，很少顾及娱乐性。内容多是改编名著、历史故事等，同一题材一画再画，缺乏新意。二是国外卡通漫画采用影视构图手法，从不同角度绘出人物动态，而且构图多变化，注重多维空间、多点透视、多角度，有的采用夸张、突出画法，有的甚至采用电影镜头蒙太奇制作手法。在传播知识的功能上，能够做到经营管理、科学知识、生活知识等方面发挥应有的作用。而中国连环画画面静止，一般在二维空间平面上展开故事，即使有纵深感，也严格遵守透视原则，一丝不苟地布置前后左右、背景与人物的关系，舞台性很强。同一时期的中国连环画与国外卡通相比也存在质量低下、作品粗制滥造，文不精，图不细，绘画粗劣，画面模糊。一些连环画作者缺乏敬业精神，没有深入体验生活，一些绘制低劣的"跑马书"充斥市场，大倒读者的胃口。

连环画绘画的任务就是表演故事，用绘画来表达故事情节，因此，日本把文学性强的连环画称作"剧画"，就是强调画连环画应该注重表演的意思。连环画"高雅"得只能看画，就失去了连环画讲故事的特点和作用，正像著名连环画家贺友直先生说的，连环画是"俗文化"，它的主要特点是以画讲故事，画得必须有情有节。

从故事情节来看，现代中国连环画主要是缺少原创的故事，大多由现成的文学作品改编而来，脚本的选题经常重复，题材狭窄。受到传统中国文化的束缚，中国连环画对于文学题材的改编，始终脱离不了原作的大框架，未能从中发掘出更广泛的题材内容，创作出更新颖的故事，不能不说是一种遗憾。中国连环画选题的狭窄，首先表现在作品多是革命战争、历史小说故事等的现实题材。1949 年建国仅仅三个月，毛泽东同志就亲自指示文化战线应首先占领连环画这块阵地。接下来连环画工作作为一项有战略意义的紧迫任务，轰轰烈烈地发展起来，此时连环画的一大特点就是宣传教育。历史证明，中国连环画的这一时代特点是符合当时社会经济条件下读者的需要的。连环画选题扩大，内容有了较大的改变，有反映现实生活的，有表现文艺的，还有讲述历史的，等等，可以说是应有尽有，并最终迎来了中国连环画的辉煌。但是，时代在变，随着经济的发展，人民的生活水平提高了，视野比以前开阔了，思维更活跃，需要更丰富的文化活动的时刻，中国连环画并不能满足不同层次、不同年龄的读者的阅读需求了。例如校园生活、爱情故事和科幻故事等，这些题材在中国连环画的作品中少之又少，远远不能满足新时代人们对感情的追求、对未知事物的好奇。

其次，过于强调作品的教育性，忽视并缺乏娱乐性。新中国连环画从一开始发展就从未把其娱乐功能放到重视的地位。在中国连环画研究会第二届代表大会上有代表明确提出，连环画选题的要点之一："思想内容好。在政治上与党的路线、方针、政策保持一致。有强烈的时代气息和深远的教育意义，适合广大群众，特别是少年儿童的需要。"但是，连环画的最大特点就是通俗性和娱乐性，读者阅读连环画一个主要的目的就是休闲娱乐。在经济不发达、人民生活贫困的时候，这个目的尚不是太明显，当生活条件提高了，人们每天不再为了吃穿而忙碌时，这就成为一个突出的问题了。

(2)绘画构图的问题

图文结合是中国连环画发展至今一直追求的艺术特点的源泉，同时也成为其发展的阻力。中国连环画从其萌芽至今，浸润在博大的中国传统艺术的营养中的绘图美、文字美，是日本以及其他欧美国家连环画所不及的。正如中国著名旅法艺术家王以时先生说的："精练鲜明，节奏快捷，也许这就是西方连环画的特点。但我以为这往往很难使绘画产生自身的独立欣赏价值，也使脚本失去了文学性，失去了通篇文字的完整性。绘画与文学各自所独具的丰富内涵和各自特有的魅力在这里都不能不相互弱化。"中国连环画的文学和绘画结合的独特审美情趣，以及因此产生的众多优秀作品，世界同行也是钦佩不已，它是中国连环画独特魅力所在。

三、中国连环画数字出版现状

要分析中国连环画的数字出版，需要对整体美术类的数字出版研究分析。对比数字出版整体环境，新技术、新产品、新模式不断涌现，数字出版链条日趋完整，产业规模日益扩大。目前，国内的美术出版社数字出版观念落后，发展步调极其缓慢，也缺乏数字技术、人才和发展策略。这种现状皆因在数字技术的发展初期阶段，由于当时的电子终端阅读器普遍线数较低，影响图片的清晰度，当时的美术出版从业人员对美术图书的数字化也没有迫切需求，以致美术数字出版发展相对缓慢，对美术数字出版的研究也相对落后。

再来看看美术类数字产品的营销状况。从国内最大的网上数字图书馆观测到的数据显示，包括设计类、绘画类、艺术理论在内的电子书籍不超千本。另外，网络电子书阅读平台的数据也显示，在 2013 年 11 月才推出画册专栏。因此，各数字产品销售平台的美术类产品资源稀缺，质量普遍较低，销售市场也远远未被打开。

最后谈谈连环画的数字化发展。某国际最大移动媒体运营商平台下的与连环画相关的APP，几乎都是由小技术公司甚至是个人开发的。在内容上私自盗版扫描各美术出版社出版的纸质版连环画。另一方面，美术出版社自身对连环画的数字化发展不够重视，也仅仅是扫描处理，简单地将连环画的数字出版理解为纸质版连环画的图像化；而且发展资金大多依赖项目基金，申请操作流程缓慢，工作效率低。因此，从整体环境而言，连环画的数字化发展仍处于艰难的起步时期。

四、探索中国连环画的数字出版发展道路

当今是个“读图时代”,连环画本身的表达特色恰巧迎合了这个需求。国内各大出版社都在探寻数字化转型道路,连环画的数字化转型也是连环画再次繁荣的契机。简单地将传统内容复制到数字化终端完全不是连环画的数字化,从内容、互动、产品形态、营销等全方位、系统性的全面数字化转型,才能实现真正的连环画数字出版。

1.故事内容的数字化

数字出版与传统出版相比,有着出色的海量存储、快速查询、方便的阅读、低廉的成本以及更加环保的优点,是传统出版所无法企及的。在故事内容数字化的进程中要做到传统与创新并进,连环画的数字化过程绝不是全部照搬传统连环画的内容,但更不是完全丢弃,而是应该坚持传统内容传承与时代内容创新并进的道路。

出版界有一句最为人熟知的从业理念:“传媒企业的基石必须而且绝对必须是内容,内容就是一切!”连环画是国粹艺术精华、中国的文化符号之一,曾经代表着国人的阅读方式和阅读体验,因此,老版连环画存在一大批潜在读者群。老版连环画的再版工作可通过收购版权、重新包装等方法做好。创新是连环画发展的灵魂。连环画要在艺术创作内容方面不断创新,要与时俱进,可以尝试推出表现现实题材的、有影响力的新作品。人们对快乐的需求是最大的市场。连环画面向的用户群绝不能仅仅局限在少年儿童,应针对不同人群的不同需要开拓多层次全方位的连环画市场,实现连环画的分众阅读。

2.表现手法的数字化

在数字化的过程中连环画内容上实现分众阅读,在表现手法上也应该各具特色。传统的作品画稿本身非常精美,画面刻画细腻,人物描绘栩栩如生,每个场景都很鲜活。如果采用数字手段制作连环画,为了保留这种连环画本质的线条绘本形式,应将连环画画家的传统画作输入电脑进行重新处理,在保持纸质版连环画神韵的同时提高图片的精度和阅读效果。可在原创画作的时候完全采用数字手段绘图,以实现生产过程真正的数字化。还可以把二维动画改造成三维动画,创新加入声音、音效的多媒体互动绘本,让连环画的人物动起来,让故事背景音乐烘托场景气氛。互动设计是表现手法数字化的一个重大创新,为用户创造阅读优化,甚至加入到故事中产生互动,是连环画数字化发展的重要方向。

(1)更适合经典线条绘本的反应式互动设计。尊重用户对绘本的阅读需求,用户操作后,应用程序提供固定的反应,如点击翻页等。设计更方便于用户阅读的细节优化,用户可以根据自己的阅读习惯和速度自主设定自动翻页的时间间隔,甚至可以更智能地根据用户对几个章节的阅读,记录下用户平均翻页的时间间隔,自动为用户调节最适合他的翻页时间。

这些虽然是简单细节互动设计,却是优化用户体验的关键。

(2)多媒体互动设计。在多媒体互动绘本形式的连环画中加入数字双向式交互手段,实现用户在阅读连环画时,自身和连环画均加入到故事发展环节中,双方在互动中相互影响。多媒体互动绘本的表现特点是可以根据内容加入丰富的多媒体元素和互动设计,例如在阅读连环画时设计一些必要的交互动作,点击按钮了解更深入的故事等,使得连环画打破传统思维定式的束缚,开拓新的发展道路。

3.产品形态的多样化

连环画的数字化意味着连环画应该根据阅读终端、产品特点、发布手法而呈现多样化的产品形态。

(1)按照人们传统的阅读习惯,保留传统书籍的形态,采用应用程序内书架的呈现方式供给用户一套完整的主题读物。(2)采取订阅收费模式,制作适合移动媒体的定期更新、定时推送的漫画式连环画。还可以将故事整合再以单本电子书的形式重新发布出售。(3)用影视动画蒙太奇理念重新构架连环画创作,将连环画进行动画制作,迎合手机视频的短而小的特点,重新开辟一种全新的产品形态。(4)利用连环画中人物造型具有的开发价值,制作多元化周边产品形态。构建连环画带动周边产品,周边产品维护连环画的双向发展机制。

4.营销手段的数字化

为了加快传统出版向数字出版转型,让连环画走向世界,连环画的出版营销也要实现数字化。数字化传播最大的特点是时效性,适当淡化连环画的文学色彩,增强时代可读性。建立良好的用户互动平台,积极鼓励用户原创,积聚用户贡献的力量,打造一个国内外连环画爱好者交流的平台。连环画本身图片的展现形式更适合用户创作,要利用好数字技术强大的用户反馈功能实现内容的创新和聚合。

(1)社交媒体的全方位营销

将数字化的连环画产品使用社交媒体进行全方位营销,挖掘用户关系进行产品的推送,聚合用户的智慧贡献产品内容的创新,给用户提供方便快捷的交流平台。

(2)多元化周边产品营销

在日本动漫界已经非常成熟的多元化周边产品的开发,每一种周边产品都是对连环画内容或者连环画形象的有力宣传,形成一个系统的产品系列更是对连环画自身的巩固。

五、结　语

在这个高新科技层出不穷的时代,文化管理部门为作为“国粹”品牌的中国连环画出台了一系列发展措施,将连环画列为我国出版原创作品开发的重点。连环画的数字出版是一项系统性的工程,运用现代高新技术手段,与原创动画、漫画开发相结合,与有声阅读技术相结合,开创连环画出版的新模式,将作品普及到普通民众的文化生活中去。这对中国连环画的传承发展是极有益处的,同时也丰富着我们民族的传统文化,并使其源远流长,绵延不绝。

参考文献

[1] 曹新哲.中国连环画出版今昔谈[J].图书情报,2002(4).

[2] 方圆,周澍民.美术出版社连环画数字化发展策略浅析[J].新闻传播,2014(4).

[3] 姜维朴.鲁迅论连环画[M].北京:北京连环画出版社,2012.

[4] 鲁迅.且介亭杂文[J].北京:人民文学出版社,1973.

[5] 魏美荣.连环画出版“中兴”,路在何方[J].出版发行研究,2013(5).

论全媒体背景下高校传统媒体与新兴媒体的融合发展

王　伟

（宁波大红鹰学院）

摘　要：随着网络信息技术的发展，手机媒体逐渐脱离传统媒体的桎梏，形成一个全新的媒体系统，在传媒领域群雄并起的时代，手机媒体与传统媒体之间的交互和融合成为人们关注的焦点，本文立足于手机媒体与传统媒体的需求实际，从二者相互融合的角度出发，对融合的实质、形式以及未来发展的趋势进行简要分析。

关键词：手机媒体　传统媒体　融合

前　言

手机媒体是现代社会信息技术的延伸，也是传媒领域的朝阳媒体形式之一，同时因为手机媒体兼容性强，其与其他各种媒体之间的融合创新也成为传媒领域关注和发展的焦点，因此，在这种形势下对手机媒体与传统媒体互动融合的研究具有鲜明的现实意义。

一、手机媒体与传统媒体的定义分析

（一）手机媒体

手机媒体是手机诞生并大范围应用之后产生的全新媒体形式，基于移动互联网形成的超大容量和无以伦比的便捷性、交互性，使其成为当下最受欢迎的媒体形式，相对于其他的新生媒体形式，是最有可能成为继报刊、广播、电视、固定 PC 之后的“第五媒体”的媒体形式。[1]

（二）传统媒体

传统媒体这一概念也是在进入 21 世纪以后产生的，其内容在随着媒体形式的不断变化而变化，当前相较于手机媒体而言的传统媒体主要包括报刊、广播、电视三种媒体形式，与新兴媒体形式对比而言，传统媒体更多的以专用的传播渠道和传播设备进行信息的传播。

二、手机媒体与传统媒体的融合

在手机媒体的发展中，其通过与各种传统媒体的融合，不断地取代了传统媒体的作用，手机媒体与报纸、广播、电视的融合就是其中的代表，这类融合对于手机媒体的发展来说起到了极为重要的作用，在下文中笔者将对这三种融合形式进行一一解读。[2]

（一）手机媒体与报纸的融合

所谓手机媒体与报纸的融合，是我国手机媒体与传统媒体的融合中较早的一种融合形式，其2004年便已在我国通过彩信的形式取得了较为优秀的融合效果。在我国手机媒体与报纸媒体的融合中，北京好易时空公司与中国妇女报联合提出的《中国妇女报·彩信版》，是我国手机媒体与报纸媒体首次融合的产物。在《中国妇女报·彩信版》的阅读中，相关用户可以通过手机彩信进行《中国妇女报·彩信版》的阅读，而《中国妇女报·彩信版》本身包含新闻、图片、广告等多种内容，由于《中国妇女报·彩信版》属于我国最早的手机媒体与报纸融合的产物，其本身只能包含1000字符的文章与50k的图片。自《中国妇女报·彩信版》出现后，手机媒体与报纸媒体融合的多种形式就开始在我国大规模出现，并主要分为了两种形式，一种形式是类似于《中国妇女报·彩信版》的彩信离线观看形式；另一种则是通过当时较为先进的WAP网站浏览模式，这种模式能够直接登录相关新闻网站进行相关报纸信息的阅读，是一种发展前景极大的手机媒体与报纸媒体融合的形式，在实际发展中，彩信的手机媒体与报纸媒体融合的形式早已被淘汰，我国当下手机所使用的手机媒体与报纸媒体融合的形式客观上来说属于从WAP网站浏览模式发展而来的。[3]

（二）手机媒体与广播的融合

所谓手机媒体与广播的融合，同样是我国手机媒体与传统媒体融合较早的一种形式，在我国最早的手机媒体与广播媒体的融合中，其主要是通过在手机中植入FM广播调谐器的方式进行手机媒体与广播媒体的融合，使相关手机能够在插入耳机的前提下进行相关广播媒体的收听，但在这种手机媒体与广播媒体的融合形式中，由于手机自身机能的限制，其往往存在着收听节目频道有限、收听效果不佳的现象，这在客观上制约了我国手机媒体与广播媒体的融合，不过这一问题在我国智能机时代来临后得到了解决。在我国智能机上的手机媒体与广播媒体的融合中，由于智能机本身具有通过移动网络与网络服务进行网络通信的功能，这就使得在具体的智能手机环境下的手机媒体与广播媒体融合中，其能够通过手机上网功能实现广播节目的收听与点播，这一手机媒体与广播媒体的融合形式极大地推动了我国广播业界的相关发展。[4]

（三）手机媒体与电视的融合

在我国手机媒体与电视的融合中，其同样是一种我国手机媒体与传统媒体融合较早的一种形式，在我国最早的手机媒体与电视媒体融合中，当属2004年4月中国联通电信服务商所推出的“视讯新干线”移动流媒体服务，在这一服务中，中国联通与国内12家电视频道达成了相关合作协议，相关用户通过中国联通的手机卡与相关手机就能进行手机端电视的观看。此后，我国手机媒体与电视媒体的融合形式逐渐发展，多种形式纷纷出现，丰富了手机媒体与电视媒体融合的形式，但在我国手机媒体与电视媒体融合的早期发展中，由于手机硬件以及信号软件两方面的发展不足，早期手机媒体与电视媒体融合并不能较好地为用户提供服务，其所提供的服务也有着价格较高、品质较差的缺点，这一情况直至我国智能手机与3G网络的大幅度发展方才得以改善。在今天通过4G智能手机进行电视节目的收看早已不是什么新鲜事，其相关电视节目的品种与使用费用也开始逐渐被我国广大民众所接受，相较于传统报纸与广播来说，手机媒体与电视媒体的融合的潜力更为广大，在未来，其将在我国民众的生活中占据更加重要的位置。[5]

三、手机媒体与传统媒体融合的优势分析

上文中我们对手机媒体与传统媒体融合的定义与主要形式进行了具体研究，在下文中，

笔者将就手机媒体与传统媒体融合所具有的优势进行具体分析。

(一)资源共享

在手机媒体与传统媒体的融合中,其能够通过资源共享形成优势互补,能够更好地为我国民众提供服务。

(二)传播形式多样化

手机媒体与传统媒体的融合中,手机能够打破以往传统媒体的局限性,并大大丰富媒体的传播形式,民众的信息接收方式开始变得多种多样。

(三)实现双赢

在手机媒体与传统媒体的融合中,传统媒体获得了新的动力,新媒体获得了新的发展方向,在这种双赢的发展中,二者将会为我国民众带来更好的信息服务。[7]

四、手机媒体与传统媒体融合发展的展望

虽然我国近些年来手机媒体与传统媒体的融合取得了较为令人瞩目的成果,但其在具体发展中仍旧面临着一些问题制约着其本身的相关发展,笔者将在下文中就我国手机媒体与传统媒体融合的展望进行相关研究,希望能够以此推动我国手机媒体与传统媒体的互动融合发展。

从我国现阶段人们手机的使用情况来看,其呈现一种快节奏、碎片化的特点,这类特点的形成是因为现代社会越来越快的工作、生活节奏所致,而当这一节奏中出现需要等待的时间时,人们自然会通过手机进行各种方式的娱乐,这已是我国各地都司空见惯的场景,在这种大环境趋势下,手机媒体与传统媒体的相关融合将在我国未来继续当下的发展势头,而其本身也会发展出针对性、个性更强的信息服务,这些都将促进我国未来的手机媒体与传统媒体融合发展。随着我国手机媒体与传统媒体的融合在我国民众的娱乐中所占据的位置逐渐变重,一些高新科技企业已经将目光投向了这一行业,这些企业具有较强的技术实力,对于需要技术发展的手机媒体与传统媒体融合来说,是一股较为强劲的发展推动力,其必将我国手机媒体与传统媒体融合形式推到一个新的发展高度。[8]

五、以宁波大红鹰学院整合校园媒体资源为例

在上文中我们了解了手机媒体与传统媒体融合的优势与展望,在下文中笔者将结合自身在宁波大红鹰学院的相关工作经验,以宁波大红鹰学院的校园媒体资源整合为例,进行具体的手机媒体与传统媒体融合的案例分析,希望能够给我国手机媒体与传统媒体融合的相关发展带来一定帮助。

(一)宁波大红鹰学院的媒体资源整合

为了更好地进行宁波大红鹰学院自身的相关宣传,宁波大红鹰学院校党委宣传部通过将原有的红鹰新闻社、红鹰微社、红鹰 TV 社进行有机融合的方式,创建了受党委宣传部、校团委指导并管理的学生社团组织,并将其命名为“宁波大红鹰学院全媒体中心”。宁波大红鹰学院全媒体中心在创立初期依旧依托于原有的宁波大红鹰学院新闻网、宁波大红鹰学院报、官方微博、官方微信等传播平台进行具体的信息传播活动,但随着宁波大红鹰学院全媒

体中心的不断发展，开始追求创建以我院学生为主体的校园媒体融合传播平台。

宁波大红鹰学院全媒体中心，下设新闻部（原红鹰新闻社）、新媒体部（原红鹰微社）、影像部（原红鹰 TV 社）、办公室等四个部门，分别承担相应的工作职责。

（二）宁波大红鹰学院的媒体资源整合的作用

在原有的宁波大红鹰学院的校园媒体中，由于其自身分为多个机构，而各个机构的自身沟通流畅性较差，这就造成了很多媒体资源的浪费与相关信息的重复播报，这对于宁波大红鹰学院自身的相关信息宣传来说较为不利。为了扭转校内媒体的发展现状，宁波大红鹰学院开展了校园媒体资源的整合，希望能够以此最大化自身的信息传播效率。上文中我们提到了宁波大红鹰学院将原有的校园媒体整合为宁波大红鹰学院全媒体中心，这一中心负责着全校的相关资讯传播工作。在这一融合中，宁波大红鹰学院原有的实体新闻组织、网络新闻组织、微信、微博新闻组织进行了较好的融合，这一融合实现了我们在上文中提到的手机媒体与传统媒体的相关融合追求，实现了宁波大红鹰学院校内的新闻资源共享、多种形式的新闻传播以及这几种媒体的双赢，这已经不仅是手机媒体与传统媒体的融合，而且是实现了全媒体融合，这种相较于手机媒体与传统媒体融合来说更进一步的融合方式，切实地提高了宁波大红鹰学院的整体资讯传输水平，对于其自身的思想教育工作的展开与社会主义核心价值观的弘扬来说都有着不可估量的作用，值得相关业界人士进行思考与学习。

结　论

本文就我国手机媒体与传统媒体融合进行了相关研究，对手机媒体与传统媒体定义、融合、优势与展望进行了具体论述，并以宁波大红鹰学院的媒体资源整合为例进行了相关实例论述，希望能够通过这些信息对我国手机媒体与传统媒体的融合带来一定帮助，实现我国一直追求的视听方式与传播模式的革命性发展。

参考文献

[1]常越，田龙过．浅析手机媒体与传统媒体的互动影响[J]．鸭绿江（下半月版），2015(2)：459－460．

[2]李栋材．新媒体与传统媒体互动与融合的建议[J]．西部广播电视，2015(18)：37．

[3]李艺多．关于手机媒体若干问题的研究[D]．长春：东北师范大学，2006．

[4]王雪冬．探讨新媒体和传统媒体的互动与融合[J]．新闻传播，2015(7)：67－68．

[5]徐纪枫．全媒介融合视角下国内电视选秀节目的新媒体互动研究[D]．长春：东北师范大学，2014．

[6]张传运．三网融合背景下新媒体与传统媒体的互动与融合——以山东广播电视台传统电视与新媒体的互动为案例[J]．现代视听，2012(4)：44－47．

[7]曾军辉．电视媒体与微博融合传播研究[D]．北京：中国社会科学院研究生院，2013．

浅析传统媒体与新媒体融合的方式

——以电视台为例

王怡凡

（宁波大红鹰学院艺术与传媒学院）

摘　要：在信息时代，新媒体发展迅速，对传统媒体的冲击越来越大。在此背景下，传统媒体正努力寻求改变，与新媒体的融合变得越来越重要。电视台作为传统媒体，受到数字媒体的冲击，市场份额急剧减少。虽然在内容上具有绝对优势，但如何利用新媒体平台，以发挥内容的最大价值，也是亟待解决的问题。下文将以电视台为例，探究传统媒体与新媒体融合时如何利用各自的特点来取长补短，以达到更好的传播效果。

关键词：传统媒体　新媒体　融合　方式

前　言

由于互联网的快速发展，信息网络化已成为现代社会重要的发展趋势之一。新媒体作为信息网络化的产物之一，正在潜移默化地影响着生活的方方面面。首先，传统媒体的市场已逐渐减少，作为传统媒体，如何应对新媒体带来的冲击，已成为重要的课题之一。如何利用好新的技术，使他们能恰如其分地应用于各个领域，实现信息传递需求，都是值得研究的。多元化信息的背景下，两者的融合方式越来越重要。下文将就传统媒体与新媒体的概念及优缺点展开分析，并且就两者的融合所采取的方式进行研究。

一、传统媒体与新媒体的概念及优缺点

（一）传统媒体简介

1.传统媒体的概念

传统媒体在过去没有具体的定义，正是因为新媒体的出现，形成了对比，才有了传统媒体的概念。传统媒体是一种相对于新媒体的说法。通常，传统媒体包括了电视、广播、报纸、杂志等传统的媒介工具。在过去，传统媒体作为主流的传播工具，最大的特点是传播面广，且其传播方式可为点对点，也可为点对面。

2.传统媒体的优缺点

传统媒体在人们生活中，即便它的存在感逐渐降低，但仍作为不可消失的信息获取渠道，因为许多报道源头依然来自于传统媒体。依托纸媒、广电等已深深渗入人们日常生活中的媒体，传统媒体的传播面依然非常广，例如电视、广播、出版物等传统形式。此外，在现实世界中，广告等媒体采用实地投放的形式，视频和音频的双重作用下，依然极具冲击力。然而，从电视、出版物等角度出发，由于载体的本身性质，导致信息无法完整完好地储存下来，所以储存成本高是传统媒体的缺点之一。例如实体报纸的印刷内容，会随着储存时间变长，而易出现字体模糊、纸张变软等问题，特别在天气条件不佳的情况下，报纸的保存质量会下

降得更快，导致最后报纸的可利用价值越来越低。另外，传统媒体由于其自身的局限性，提供给大众的选择性较少。例如电视节目及广播只有固定频率可收看，选择范围极其有限。

当然，在新媒体快速发展的时代，传统媒体的地位依然不可动摇。其积累的独特资源为新媒体提供了良好的背景环境。相较于新媒体更偏向个人化，传统媒体在信息质量方面，内容的准确性具有绝对的优势。在我国，电视台、广播、较大的纸媒等一般是由相关官方机构创立，拥有良好的专业团队。在信息的获取渠道及信息处理效率上，具有更专业、更快速、更准确的优点。此外，传统媒体还具有明显的品牌优势。经过长期的积累发展，大多数传统媒体已在群众心中建立较成熟的品牌形象，相较于个人媒体更具有公信力。

（二）新媒体简介

1. 新媒体的概念

新媒体是一种在现代数字技术极速发展时出现的新型媒体形式。新媒体主要是利用现代通信技术，通过互联网等信息渠道，将电子设备作为终端的一种媒体形式。例如手机媒体利用移动通信技术，通过互联网将信息传递到移动终端，以达到传播信息的目的。在新媒体范围内，信息主要被转化为信息流的形式在不同设备之间传递，基于此点，新媒体也可称为数字化新媒体。相对于传统媒体，新媒体的概念较为宽泛，并且形式多元。现阶段，主流的新媒体形式有电子报纸、移动电视、网络视频等形式。以后随着技术发展，新媒体的形式将会更多元化。

2. 新媒体的优缺点

正是由于新媒体的多元化形式，使得新媒体所承载的信息也呈现多元化的特点。新媒体通过多种技术的发展，使得它的平台从传统媒体的基础上发展到了移动终端，例如手机，这一发展很好地给了人们填补碎片化时间的机会，使得随时随地掌握信息变成可能。此外，基于平台的延展性，新媒体具有更好的发展性特点，但是这取决于平台技术的发展。正因为人们可利用移动终端随时随地浏览和发布信息，使得新媒体的信息同时具有很强的时效性、快捷性与海量性。我们可以在社交媒体上浏览最新的帖子，了解事件或新闻的最新进展，只要随手转发，信息就轻而易举地通过社交平台传播开来。

新媒体带我们进入了前所未有的信息爆炸时代，在信息海洋中，虽然我们接收高质量信息变得越来越容易，但伴随着的虚假、垃圾信息也更容易地被我们接收。如果人们分辨信息的能力未能跟上信息爆炸的速度，就容易迷失在低质量甚至是无用的信息中。所以信息的准确性降低，是新媒体的显著缺点之一。另外，新媒体允许信息无处不在地出现在我们的生活中，使得人们对于信息的选择权大不如从前。例如，手机上推送的新闻并不会根据人群的不同而进行分类，一般的推送算法决定了默认推送的大多为最新更新的新闻，但此新闻并不能保证对每个人都有价值，导致所有人被迫接收了此信息。所以在此类情况下，信息强制侵入了人们的生活，此为新媒体所带来的另外一个缺点。

二、传统媒体与新媒体的融合方式

传统媒体与新媒体虽然形式不同，但正以不可阻挡的趋势进行融合。对于传统媒体所积累的资源，新媒体如何加以发展，并且把信息的价值发挥到最大，这是需要新媒体思考的问题。同样，在新媒体发展迅速的环境下，传统媒体应如何应用新媒体技术，来实现双赢，也同样值得深思。下文将以下面两种形式为例，来分析两种媒体融合的不同方式。

1.数字电视的发展

在过去，传统电视大多数为模拟电视，即采用模拟信号来传递画面及声音。而如今，大多数采用数字编码的方式，将画面及声音传递到电视终端上，这就是数字电视。作为网络融合的产物之一，电视数字化实现了跨平台的可能。人们可以在不同的智能终端，同时观看同一节目。同样，交互性也是数字电视带来的一大改变。我们可以使用遥控器在数字电视上点播、回播节目。除此之外，时事信息、公共服务等功能，也已在数字电视上实现。通过数字化的电视，人们获取信息的效率大大提升。这改变了传统电视只能单向传播的局限性，电视得以与人们进行“互动”，极大地丰富了数字电视用户的观看体验。如今，大多数电视台已使用数字电视信号来取代原始的模拟信号，这意味着数字电视正逐渐取代模拟电视。也就是说，传统媒体的内容将被整合进新媒体中，以新的形式更好地呈现给大众。

2.网络媒体的出现

网络媒体是新媒体重要的表现形式之一，而互联网视频网站，是网络媒体的重要组成部分。在进入数字时代前，视频大多数存在于电视中，以电视台播放为主要的传播形式。进入数字时代后，视频不再局限于传统的电视中。依靠互联网技术平台，视频可以在网站上进行播放。视频的内容也从传统的广告、新闻向个性化、低成本化、非专业化发展。正因为视频的获取越来越简便，人们更倾向于在网络上或在移动终端上观看视频，传统电视对于人们的吸引力越来越低。对于电视台而言，即使拥有强大的信息获取渠道和专业的内容处理技术，但平台吸引力的减少使得优质内容的传播变得非常困难。由此，部分传统电视台采取创建线上媒体来面对新媒体带来的挑战。线上媒体将传统电视的优质内容进行传播形式上的改变，例如将其放在指定的网站上以供观众观看，来扩大信息的传播渠道。以湖南卫视为例，湖南广电在2004年创建了金鹰网，作为其进军新媒体的第一步。该网站在随后改名为“芒果TV”并在2014年采取独播策略，将湖南卫视优质自制节目独播权交给芒果TV。优质内容的强大生产力，长期积累的稳定观众源，再加上独播策略，使得芒果TV的浏览点击量在短时间内迅速增加。同时，作为移动终端的芒果APP也在短时间在下载排行中上升至首位。此举成功地为湖南广电创造了不可估量的商业价值。

近几年，线上媒体的功能已从单纯的提供视频内容，发展到能在视频播放时为观众提供实时互动的可能。观众不仅能在视频网站上观看实时直播，还能够通过讨论区来发表意见，参与节目讨论。甚至，已有部分电视节目采取根据观众的实时反应来改变节目走向，实现最大程度迎合观众的需求，提高节目人气。同样以湖南卫视为例，在某一次跨年春晚中的明星演唱顺序，是由观众投票决定，在直播过程中，观众可通过网站上的送花及短信投票，来决定嘉宾的人气高低，进而决定表演顺序。至此，“互联网＋电视”的新型组合，将传统电视台的内容优势以及新型媒体的跨平台优势相结合，既提高了内容的传播效率，又满足了大众的互动需求。

由此可见，在传统媒体与新媒体的融合中，发挥各自的优势是重要原则之一。首先，电视数字化将新媒体技术应用到电视平台，改变传统电视单项传播的缺点，提高了观众观看节目时的互动性。数字化的电视同样提高了电视平台内容的多样性。在传统电视只提供直播电视节目的基础上，增加了点播节目、时事信息、公共服务等选择，使电视不再单一地播放视频，新闻资讯、天气信息、已播的节目也在电视上变得可能。其次，网络媒体的出现，令电视节目不再只出现在实体电视中，以湖南卫视为首的传统电视台以创建互联网媒体，将内容扩展至网络平台甚至移动终端平台上的形式，变得越来越普遍。“互联网＋电视”模式将电视优质内容整合进互联网平台，并依靠网络互动直播等形式，既提升了互联网平台的浏览点击量，又更好地发挥了优质内容的价值。在数字时代，虽然传统媒体受到了极大的挑战，但两种媒体若能够较好地融合，相信可以达到双赢的结果。

参考文献

［1］曹瑞．论传统媒体与新媒体的融合发展趋势［J］．科技与企业，2015(15)：3－4．

［2］阚欣怡．传统媒体与新媒体的融合趋势之探索［J］．新闻研究导刊，2015(1)：32．

［3］辛欣．论传统媒体与新媒体的业务融合［J］．新闻爱好者，2012(8)：23－24．

［4］胡汉辉，万兴，周慧．网络融合下中国数字电视产业的规制与发展［J］．产业经济研究，2010(4)：1－8．

［5］袁孟辉．从湖南卫视的多媒体渠道运营看传统媒体与新媒体的融合［J］．才智，2014(8)：308－309．

［6］王静，张晗．探析媒介融合背景下电视媒体的创新发展——以芒果TV为例［J］．中国广告，2015(12)：112－115．

Analysis of Local Governments' Response to Public Emergency under the New Media Environment

王轶群

（宁波大红鹰学院）

Abstract: This paper explored the problems existing in local governments' response to public emergency and online public opinions in the era of microblog, and proposed diversified governance measures for local governments to enhance their abilities in terms of improving their ability of pacifying online public opinions, establishing an equal dialogue mechanism to ensure orderly political participation, making greater efforts in information disclosure, and building an online participation in government and political affairs system, etc.

Microblog, as a newly emerging open social platform, allows users to release and share information within 140 characters, and has changed the traditional communication method and people's way of social contacts. At the end of 2013, the number of Chinese netizens reached 618 million in which microblog users were 281 million and accounted for 45.5%. ①A survey shows that 96% of microblog users learn about and expression their opinions about public social events and emergencies through microblog. ② It indicates that microblog has become an important information platform and public opinion front that integrates information, views and will of the people. At present, China is going through economic and social transformation, which is a key period. People's strong sense of political participation is intertwined with their confusion, anxiety and dissatisfaction with social contradictions, thus publicizing individual appeals and forming greater social influences. Microblog, with its huge internet users, spreads virally and rapidly develops into an important medium for people to participate in public emergencies. Ningbo PX incident happened because some villagers in Wantang of Zhenhai wanted to be included in the compensation for land acquisition by Zhenhai Sinopec but it's rendered by microblog into public appeal for environmental protection and triggered a large-scale mass incident.

In the era of microblog, how should local governments efficiently and timely respond to public emergency? How to effectively steer online public opinions? How to build government credibility? All these have gradually become an important part of the government governing ability construction.

Ⅰ. Problems Exiting in Ningbo Local Government's Response to the Online Public Opinions about the PX Incident

1. The Concept of Official Oriented Still Exists in Local Governments and Crisis

Awareness Missing in Social Management

Local governments ignore the strong influences of microblog. When negative public opinions are posted, they still act as a "jack-in-office" to "block, seal and delete" those opinions, or just refused to respond and fall short of crisis sensitivity. Currently, regards to most of online public opinions caused by public emergencies, local governments or related departments start responding only after the public opinions were heated. In the PX incident, the local government noticed the public surging emotions right after the collective petition but it failed to handle it first time. It's after two days later that it announced "Clarification about the Refining-Chemical Integration Project in Zhenhai", admitted that collective petition happened and promised to "follow the strictest emission standards". It's far slower than the "prime four hours" to deal with public opinions. Much as explanation was made, the effects were barely satisfactory. Later on, "microblog users can't send pictures", "Zhenhai" and "PX" were listed as sensitive words in Ningbo, which all the more stimulated the public aversion because the government's "aggressiveness" and "arrogance" catalyzed the incident. So far the obsession of hierarch is still deep-rooted in Chinese people's mind and the official oriented thinking can only weaken the government's service functions in face of online public opinions and make the public confused about the principal and subordinate status in public management.

2. The Top-down Public Policy Execution Mode Becomes a Hidden Concern of Emergencies

The top-down public policy execution mode grants certain autonomous administration power to local governments and officers at the basic level but usually it evolves into bureaucratism and makes the policy makers, decision makers and performers stand high above the masses, thus causing damages to people's benefits and rights. In particular, in recent years, netizens' awareness has been strengthened and they are increasingly passionate about political participation, which also impacts the government credibility and policy legitimacy. Quite a few local governments have been caught in the twirl of public opinions due to errors in policies they make. In recent five years, several PX incidents have occurred. However, some local governments failed to learn lessons from them and make more prudent decisions. Worse, they even hided more things from the public and intended to conduct activities secretly. No information had been disclosed from the project design to the local development strategy transformation although PX project was a key project during the 12th Five-year Plan. The internal orders of government departments and obedience were simply applied to the relation between governments and the public, which reduced the recipients of policies to a passive status. It not only led to the deviation of policies from public interest but also went against the philosophy of service-oriented government and citizens first as well as infringing upon citizens' interest and laying hidden dangers for the occurrence of emergencies.

3. Imperfect Information Disclosure Mechanism Damages the Government Credibility

As citizens' political participation awareness is getting stronger, information disclosure has become an integral part of modern social and political civilization. Whether a government is transparent or not and whether information is open or not is an important standard for the public to measure a government's credibility. When public emergencies break out, the public wants to learn about the truth and requests the government to disclose information. Establishing an information interaction channel with good communication can not only placate the public feelings and clarify facts but also build the government credibility. In the PX incident, Ningbo media maintained silent. The Ningbo official microblog "Ningbo Announcement" and Zhenhai official microblog "Zhenhai Government" seldom replied to thousands of replies from the internet users. The public which was unaware of the truth had to resort to the internet for the incident progress so public opinions and rumors prevailed the microblog. Although the government clarified the fact through microblog but many people lost their calmness under the flow. At that time, it was pointless to talk about the truth. The public dissatisfaction with the local government not only damaged the government credibility but also severely affected the government image. For instance, in the Qian Yunhui incident in Yueqing city, it's hard to convince the public due to the untimely disclosure of information. Hence, in the era of microblog, if the information is not timely revealed and a transparent government is not constructed, the local governments' credibility will be constantly weakened as the public awareness of political participation is being enhanced.

Ⅱ. Solutions for Local Governments to Enhance Their Ability to Respond to Public Opinions and Strengthen Social Management

1. Expanding Social Management Fields and Realizing Diversified Governance

Simulated online social management has turned into a significant part of social management innovation. Concerning the development trend of online public incidents in recent years, online public opinions are no longer purely online behaviors; instead, they are reflections of netizens' realistic intentions and behaviors on the internet and influences of the real society. Netizens are the subjects of online public opinions which integrate both the simulated and realistic management. In the process of management, local governments should strengthen double management and construction of the simulated online society and the real society, build a diversified governance system and carry out consistent laws and regulations. It should expand social management fields, change the past traditional way of relying on administrative means and control only, and build benign interaction between self-management and restraint of society and the public and government administrative governance. Besides, it should combine government's administrative governance and social services, materialize orderly and lively diversified governance, and build socialist market economy, democratic politics, advanced culture and a social management system with

Chinese characteristics that is in line with the requirements of harmonious society.

2. Optimizing Social Management Mechanism and Enhancing Ability to Pacify Public Opinions

Different from traditional media, microblog can promote public opinions to heat up soon, increase social unstable factors and disturb government work based on the WEB 2.0 interactive communication. It appears especially important for local governments to consider how to optimize social government, innovate online public opinion guide mechanism and enhance their ability to resolve online public opinions. Hence, the following measures shall be taken: proactively respond to online public opinions and regard the internet as an important channel of listening to the public and understanding the public will; open a political affairs microblog and build it into a platform for listening to the public opinions and dialoguing on an equal basis; pay great attention to and assess the influences of public opinions, actively reply to social opinions and realize "systemized communication" and "normalized interaction"between the government and netizens; set up and improve the news release mechanism, public opinion monitoring mechanism, full media communication mechanism, crisis coping mechanism and public opinion guide mechanism, etc. , and explore the inherent rules; give scope to the role of the internet as the "opinion leader"and direct self-education of netizens.

3. Making Good use of the Subjects of Social Management and Establishing an Equal Dialogue Mechanism to Ensure Orderly Political Participation

With netizens' rising enthusiasm about participation in political affairs, the governments shouldn't ignore and become "laissez-faire", let alone control, suppress and "crack down" in a rude way with regard to the issue of netizens' participation. Rather, they should start with the concept of building a service-oriented government and work out a benign interaction means between government decision making and netizens' participation in political affairs. Regards to social management innovation, local governments should take the initiative to build the social atmosphere of political participation, put up the access to political participation, provide related laws and systems guarantee for online participation, expand netizens' paths of participating in social management, and intensify the organizational degree of netizens' political participation.

4. Changing Social Management Concept and Making Greater Efforts in Information Disclosure

Today, the internet has become the distributing center of ideologies and cultural information and the amplifier of social public opinions. Greater government information disclosure and transparency through the social influences of the emerging medium is the benchmark for government governing ability and the most immediate demonstration of a service-oriented government as well. Citizens' increasingly strong awareness of political participation is the inevitable outcome of the on-going development of the internet and information disclosure is a critical standard for them to measure a government's credibility, which poses greater requirements for building "transparent governments" and government affairs disclosure. Local governments need to change their old social management concepts, respect citizens' right to know, participation right and right of supervision, and internalize it into their consciousness. The truth does not stop at the wise men but the disclosure. It requires governments to be able to investigate timely, deal with it rapidly and announce the progress to the public in case of hot topics on the internet. The old-fashioned thought of "Don't wash one's dirty linen in public" should be changed. Only information disclosure can maintain the government image, shape their credibility in the public and help with government governing and lasting political stability of the society.

5. Optimizing Social Management Environment and Building a New System of Online Participation in Government and Political Affairs

The appearance of online participation in government and political affairs has expanded citizens' means of political participation and enabled them to gain opportunities and access to direct dialogues with the governments. Local governments shouldn't deem it as appeals of no importance and are not in the position to treat the normal public will as "a great disaster". Instead, it need to optimize social management environment, normalize, systemize and standardize the online political participation, build a democratic and equal dialogue platform between the government and the public, solve social contradictions from the source, construct a simulated online social management model and form benign interaction between the government and the public. Rather than regarding the netizens' will as "a great disaster", it should internalize it as favorable governing thinking and actions to obtain the public understanding and support. In addition, it should make the most use of the internet to guide orderly political participation of the public, let the internet become a strong force that drives social governance, find out a new path of online political participation to address social contradictions and problems, develop it into an effective carrier to resolve all kinds of social contradictions and problems in the era of microblog, maintain social harmony and stability, and build favorable social environment for economic development.

Bibliography

[1] Cao Jinsong. Network in Politics and the Social Management Practice Innovation [J]. Social Sciences in Nanjing, 2011(4): 97-103. (in Chinese).

[2] Tu Zhangzhi, Liu Liwen. On Online Accountability of Local Governments in Responding to Public Opinions [J]. Journal of Hebei Youth Administrative Cadres College, 2011, 23(5): 41-44. (in Chinese).

[3] Zhu Sibei. Public Opinion Crisis in Emergencies and Exploration of the Response Mechanism [J]. Press Circles, 2011(2): 47-49. (in Chinese).

[4] Yan Shushan. Analysis and Thinking of Local Governments' Ability to Respond to Public Opinions [J]. Guide of Sci-tech Magazine, 2010(14): 160. (in Chinese).

"互联网＋"时代下的贵州省公共资源配置

吴金泽

（贵州民族大学传媒学院）

摘　要：随着移动互联网技术的加速发展，云计算、大数据、物联网等新技术更快融入到传统产业。互联网为传统行业带来了革命性的改变，其中包括医疗、教育、生活服务等传统领域。本文通过探讨"互联网＋"时代下，如何通过运用移动互联网技术对公共资源进行优化配置与整合，为推动贵州公共资源的"互联网＋"整合升级，以及如何将传统公共资源与互联网之间相结合做出了一些思考。

关键词："互联网＋"　公共资源配置　大数据

2015年3月，全国两会上，全国人大代表马化腾提交了《关于以"互联网＋"为驱动，推进我国经济社会创新发展的建议》的议案，对经济社会的创新提出了建议和看法。他呼吁，我们需要持续以"互联网＋"为驱动，鼓励产业创新、促进跨界融合、惠及社会民生，推动我国经济和社会的创新发展。马化腾表示，"互联网＋"是指利用互联网的平台、信息通信技术把互联网和包括传统行业在内的各行各业结合起来，从而在新领域创造一种新生态。① 随着移动互联网的加速发展，云计算、大数据、物联网等新技术更快融入到传统产业，包括医疗、教育、生活服务类。"互联网＋"是指不颠覆传统的产业，在传统的产业基础上的升级改造，"互联网＋"不仅可以打破信息不对称，减少冗余环节，还可以提高劳动生产率，从而提高资源的使用效率。"互联网＋"不仅表现为可以推动新兴产业结构升级，还表现为第三产业的发展应用，形成了像互联网教育、互联网医疗、互联网就业、互联网共享经济等新生的事物，我们可以从以下四个方面来思考公共资源与"互联网＋"之间的结合形式。

一、"互联网＋教育"

"互联网＋教育"打破时空界限，并连接全球的优质教育资源，TED、网易公开课等都是不错的范例，根据我国互联网教育的实际情况，完全普及互联网教育在目前而言不无可能，直至2015年底，全国互联网教育数据显示，全国有大约8000家左右的企业开展在线教育，从业在线教育者的数量达到30万人，课程数量达到数十万门，而用户也达到了数亿。（见图1）

根据图2，从2014年高等教育入学机会的地区差异统计图来看，各省的入学机会依然存在较大差异，在总的入学机会方面，西部地区则出现较为明显的分化，内蒙古、宁夏、青海和重庆在全国各省排名中较为靠前，而新疆、广西、西藏、贵州和云南则较为靠后。8年间，

---

① 中国青年网.马化腾两会提案大谈"互联网＋".http://www.netofthing.cn/GuoNei/2015-0315507.html.2015年3月5日.

中国在线教育产业情况

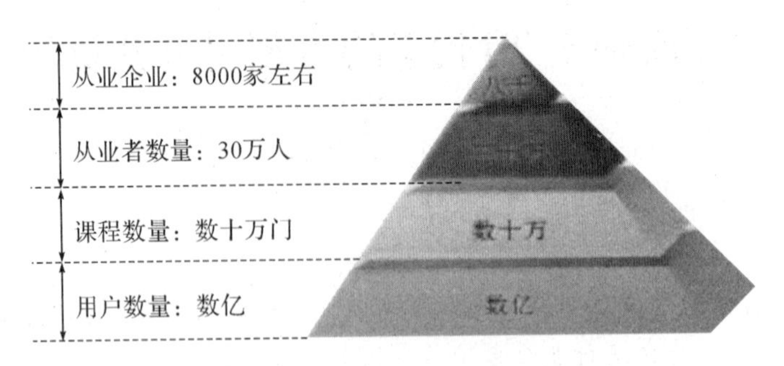

图 1　中国在线教育产业概况

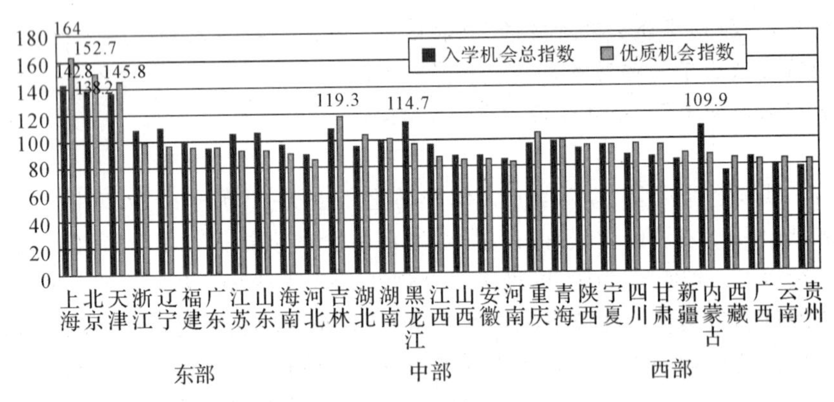

图 2　2014 年高等教育入学机会的地区差异统计图

高等教育入学机会增长速度最快的省份依次为内蒙古、贵州和甘肃，年平均增长率在 40％左右。由此看来，贵州省高等教育水平还有较大的提升空间，所以说贵州省发展互联网线上教育有很大必要性。2014 年以来，贵州省大力发展大数据产业，创建了国家级大数据产业发展集聚区，大力发展数据中心，这意味着此刻正是贵州省发展互联网教育恰到好处的时机。为此，贵州省要迅速地提高教育的平均水平，需从互联网线上教育＋线下教育来思考。互联网线上教育＋地面教育形成线下和线上教学平台、教学系统、教学资源、教学软件、教学视频等诸多创新的形式，在树立教师先进的教学理念提升教师职业素养的基础上，在时空限制上有所改变，以往都是教师在课堂上才能与学生进行交流，现在“互联网＋线下教育”，学生可以提前在教师网上教学平台留言学习疑惑，教师课上统一解决问题，贵州优秀教师还可以在课上直播或者录播等，直播可以让班级以外的同学也同时分享教学内容，录播课让学生可以留存精品课程，录播课堂的方式还可以在上课时录制，课后学生可在互联网上下载教师上课视频进行回顾总结，因此，互联网＋线下教育可以实现多种方式的教学模式，实现时间和空间上的教学创新。

互联网＋线下教育从方式上还可以利用教育大数据来优化教学模式。教育大数据具体主要是指对在课堂进行教学活动时产生的数据进行收集和统计，譬如收集学生出席考勤的数据，可以分析学生对课堂内容的兴趣情况；收集统计学生的考试情况，可以分析总体和个别学生的知识结构，收集学生课堂上与教师互动话题的情况，可以分析学生对教师的教学评价等。通过教育大数据的分析，有利于学生的教育真正实现因材施教和促进学生的德智体美劳全面发展。除了充分利用教育大数据以外，还可以通过互联网课堂互动教学来实现线上教学和线下教学的结合，具体可以表现为教师在课前通过互联网与学生互动，指导学生预习。教师总结学生预习时遇到的难题，课上有针对性解决，师生之间线上线下的互动极大地提高了课堂效率。这种方式使学生的学习问题得到有针对性的分析解决，教师不再居高临下地灌输知识，而是从分享教师资源、自主激发学生学习兴趣以及引导学生思维这种线下＋线上教育的结合，从而提升资源和时间的使用效率，促进贵州省教育事业的飞跃发展。

二、“互联网＋医疗”

在我国中西部地区，人民需要的优质医疗服务主要在中心城市较为集中。一直以来，在稍微偏僻的乡村医疗机构都难以做到完全满足基层群众的看病需求，特别是在一些稍微偏僻的乡村，人民面临医院规模较小、医疗设备不完备、医疗人员队伍力量薄弱的情况下，乡民不得不花上更多的费用去城市医院求医问诊，因此要解决当前看病难、看病贵的问题，从互联网＋医疗的角度来思考，可以寻求更多的解决医疗困难的出路。

李克强总理在2015年两会政府工作报告中强调：“健康是群众的基本需求，要不断提高医疗卫生水平，打造健康中国。”[①]互联网与医疗行业的深度融合发展已成为不可阻挡的时代潮流。数据显示，“十三五”期间围绕大健康、大卫生和大医学的医疗健康产业有望突破十万亿市场规模。我国高速发展的健康产业，已经成为带动整个国民经济增长的强大动力。[②]“互联网＋”在健康行业上也发挥了巨大的作用，根据贵州省的实际情况，可以在医疗机构等基础设施上设置远程预约挂号和诊疗，也可以设置移动医疗等多种创新方式。通过创新的手段在贵州省建立起“资源不浪费”的医疗新常态，贵州人民通过电脑和手机移动互联网即可缓解“看病难”的问题。与此同时，在医生和患者之间建立起沟通机制，让医患之间多一条沟通交流的平台，医生可以时刻通过网络关注患者的诊疗效果。譬如，医院在互联网站设置互动平台，患者在互联网预约挂号后，患者可以留言描述症状，涉及个人隐私的症状还可通过加密处理。如此一来，医生在看病前已经对患者的症状有了大致的了解，门诊时就可以缩短就诊时间，医生对患者的病情也能够有一个更加准确的诊断。另外，在药物的处方上，医生可通过互联网平台给患者开“明白药”，有利于医疗公开、透明。在诊疗后，患者可以随时通过网络汇报自身健康恢复情况，避免了耗费大量时间排队以及节省大量的医疗资源，最后患者还可以通过网络进行诊疗回馈，医院通过患者评价互动，改善医疗资源配置不合理的问题，医生也可以通过与患者的互动提高个人的影响力，继续提升自身的医术，以知识的实力奠定个人的行业地位，更好地在阳光下有尊严地为社会为人民服务。这不但为医疗团队的发展奠定了基础，而且还能推动医疗行业的发展。

---

① 全泽源．“健康中国”有望升至国家战略．http://www.finane.ifeng.com/a/2015/022/14032289-0.shtml，2015年1月22日．

② 智坤教育．2015年十三五规划新的目标全文亮点解读．http://www.zhikumedu.com/zheng cefagui/201511/418550.html，2015-11-18．

三、"互联网+就业"

在我国的经济进入新常态，增长率逐渐降低的情况下，贵州省在就业局面上目前面临着诸多挑战。主要表现为产业结构的进一步调整、就业总量供给需求的扭转、特殊群体的劳动力就业困难等因素。2014年10月，随着贵州省"云上贵州"系统平台上线，把贵州省关于旅游、环保和交通等多部门、多领域的大数据，统一存储在"云上贵州"系统平台服务器集群里，以此实现数据之间极其便捷的利用，达成省级政府数据资源的"互通、共享、开放"，真正实现数据资源的充分利用和巨大的效益。贵州因为拥有天然的气候和电力成本优势，天气凉爽，电力充足。网络基础设施的建设也随着三大网络运营商的落户而得到完善，因此在目前，贵州发展互联网＋就业可谓"万事俱备，只欠东风"。

所谓"东风"指的就是最稀缺的人才资源。国家级大数据实验区对于贵州而言是前所未有的巨大机遇，也是前所未有的大挑战。贵州省的人才资源主要来自贵州省各大高校的毕业生以及省外引进的优秀人才。但是由于人才资源大量流向北上广深的趋势，贵州的人才资源供需平衡需要从"互联网＋就业、创业"来思考。互联网对我们的生活方式、生产水平的发展形态、产业的生态环境都会产生极其深远的影响。以服务行业为例，服务行业的特征之一是中介，而互联网就是其中的中介，互联网作为中介的相关产业多少都会面临"去中介化"，这种"去中介化"可以说是一种替代，对于依靠中介为特征之一而存活的服务业而言，无疑是致命的。因为"去中介化"造成的后果是一部分服务员要面临失业。例如，我们出门就餐，现在多数餐厅可以实现线上付账、线上点菜，这样一来，一部分服务员就不再被消费者需要了，这是互联网时代劳动力需求的其中一种情况。另外一种情况是因为互联网，让许多的年轻人以及大学毕业生的就业机会增加。譬如京东作为一家互联网企业的典型代表，员工的平均年龄在28岁左右，大多数员工都较为年轻，目前，京东员工数量已经接近7万。据统计，京东有大约3万名货物配送员工、大约2万名负责一线仓储的生产员工、约1000名网店客服销售及4000名产业研发员工，随着互联网电商产业的迅速膨胀和发展，京东还在每月设立"员工入职日"，吸引新鲜血液输入互联网产业。由此可见，网购、快递和电子商务等大量新行业在"互联网＋"的新形势下，极大地影响了就业并创造了大量的就业岗位。因此，贵州发展大数据，恰恰给贵州省的大学生带来巨大的机遇，尤其是在贵州省农村地区，年轻人更是成为互联网使用以及创业的主力。现如今大部分的年轻人，包括大学生、大专生、中专生等对手机网络购物、电子商务基本操作等新媒体的使用较为熟悉。这一群年轻人可以回到家乡，把这些新的信息知识带给家乡的人民，完全可以解决安排送货和解决售后的服务问题，紧密地与"互联网＋就业、创业"结合起来。这样一来，贫困地区的生产发展和大学生的就业就有了一个新的方向。另外值得注意的是，由于区域经济发展的不平衡，一部分物产丰富但是信息技术较为滞后的地区便成为了拥有巨大的市场潜力之地，自然也就成为众多电商企业争夺的战场。而这一市场相对空白的贵州省部分地区，对于当地大学生就业、创业而言都是难得的机遇。

四、"互联网+共享经济"

"互联网＋共享经济"作为一种互联网下的"新经济""新商业"形态，共享经济诞生的时间虽然不长，但价值巨大、影响深远。一方面，共享经济本身具有天然的互联网基因，对于技术的要求非常之高，能够促进移动互联网、物联网等技术的发展和普及；另一方面，共享经济不是“虚拟经济”，而是一种信息和资源的交换平台，是用互联网思维改造升级传统行业的利器。共享经济的核心就是提倡互利共享，高效对接供需资源，提升闲置资源利用率，提供节能环保与资源再利用的创新模式。① 贵州的旅游产业就可以打造“一站式”旅游服务，即“互联网＋共享旅游经济”，比如说大数据分析了解到用户有到贵州旅游的需求，把用户集中在微信群或者 QQ 群里，及时推送天气、旅游资源、美食等消息，安排一名管理员，专门了解用户需求，可整理统计，加强数据分析。还可以向旅行社或者自由行推送租车服务或者“蹭”车服务等信息。定期安排网上抢购或秒杀景区门票等。鼓励用户旅游之后写游记、评论等，以积分兑换免费景区门票等形式。此外，“互联网＋”连接一切的基本要素要有足量支撑。比如携程在用户不再有旅游需求时，微信、QQ 的推送仍旧不停止。可以把这些社交平台当作新闻客户端来做，努力宣传贵州，提高贵州知名度与美誉度。在连接之外仍需要完善旅游基础配套设施，建立大型的景区特产、餐饮、住宿一条街，不仅增加了就业岗位，还可减少本土劳动力人口流出，留守儿童也不再守望父母。对于特色商品、特产等物品可以在店免费邮寄或到机场内部分店取货，从而达到以旅游为主导的一站式延伸服务共享贵州旅游的经济发展。

除了旅游，借鉴东部沿海发达城市的成功案例，结合贵州省交通的实际情况，解决交通拥堵问题，还可从“互联网＋共享交通经济”来思考。

案例 1：当我们早上 8 点自己开车去公司，时间刚好 9 点，这时候只要你在租车网络平台上发布一条租车信息，并设置好租车规定时间，大约几分钟后，就会有人前来租用我们的车，将车开走后，我们就在公司上班，这样一来我们节约了停车费用，还赚了租车费用，一举两得。

案例 2：当你早上一个人开车去上班，车上还有空位，这时你通过互联网发布“可顺载”信息，不仅路上少了一辆车在路上参与拥堵大军，而且搭乘顺风车者省了一笔停车费，而车主也赚了一笔停车费，一举三得。

以上案例就是将闲置资源利用最大化的“互联网＋共享交通经济”。互联网思维的核心精神是分享，而“互联网＋共享经济”的相辅相成，不仅创造了一种新的商业模式，同时也创造了新的经济增长点，在全民互联网的风口上，“互联网＋共享经济”大有可为，通过利用贵州的大数据先发优势，利用互联网技术促进闲置公共资源最大程度地为社会服务，做到便民、为民，实现公共资源的有效配置，降低公共资源的浪费与损耗。

五、总　结

在“互联网＋”时代下，拥有大数据先发优势的贵州，必须要把握当前的机遇，利用移动互联网带动和促进医疗、交通、环境保护、教育等公共资源领域信息化的跨越式发展，将公共资源与互联网紧密结合起来，造就新的经济增长模式，促进贵州产业升级，经济增长方式升级，真正实现“互联网＋”时代下的智慧民生。互联网对于优化社会资源配置、创新公共服务

---

① 张扬．五中全会公报首提“分享经济”互联网新商业模式迎来发展契机．http://www.pinpai.china.com.cn/2015-11/04/contnet-8348012.htm，2015-11-4-．

供给模式、提升均等服务水平、实现信息普惠全民具有重要的促进作用。在公共资源的配置中应充分认识移动互联的作用，把加快移动互联对于公共领域的应用渗透于工作中，纳入整体工作布局，从而统筹相关资源，稳步推进。

参考文献

[1]中国青年网.马化腾两会提案大谈“互联网＋”[EB/OL]，http://www.netofthings.cn/GuoNei/2015-03/5507.html，2015-03-5.

[2]全泽源.“健康中国”有望升至国家战略[EB/OL]，http://finance.ifeng.com/a/20151022/14032289_0.shtml，2015-01-22.

[3]智坤教育.2015年十三五规划新的目标全文亮点解读[EB/OL]，http://www.zhikunedu.com/zhengcefagui/201511/418550.html，2015-11-18.

[4]张扬.五中全会公报首提“分享经济”互联网新商业模式迎来发展契机[EB/OL]，http://pinpai.china.com.cn/2015-11/04/content_8348012.htm，2015-11-04.

微电影产业与人才培养

吴沁尧
（宁波大红鹰学院艺术与传媒学院）

摘　要："微电影"作为一种新型的网络时代的节目形态，从出现之初就体现了其强大的生命力，现已成为视频网站、影视广告的一个重要组成部分，微电影产业也随之生长壮大，作为教育学界来讲，如何顺应时代的要求，培养合格的、专业的、有别于传统影视产业的，具有独自创作、制作能力的微电影人才成为当务之急。

关键词：微电影产业　微电影广告　人才培养

微电影（micro film）是指专门运用在各种新媒体平台上播放的，适合在移动状态下和短时休闲状态下观看的，具有完整策划和系统制作体系支持的具有完整故事情节的"微时"（30～300秒）放映、"微（超短）周期制作"（1～7天或数周）和"微规模投资"（几千至数万元/每部）的视频（"类"电影）短片。

一、从形式上来界定微电影

1. 短片：故事短片、动画片、纪录片、实验短片（相对于故事长篇、短片节与影展）。

从电影史的角度衡量，从电影出现开始，故事短片、动画短片就已经存在了。这是相对于传统电影发行院线的时长（60～120分钟电影）比较而言。对于电影工作者来讲，不存在"微"或者"不微"的电影，只有不同时长的电影。

2. 广告：传统商业广告（commercials）、预告片（影视广告片）、MV（唱片的广告）、活动推广短片、公益广告短片、网络众筹短片。

MV从20世纪80年代开始出现，其实就已经开创了一个辉煌的微电影年代。其最初是唱片广告，现在成为视频网站一个非常重要的节目形式。

网络众筹短片是一个新兴的概念，世界最大的网络众筹短片平台Kickstarter于2009年4月在美国纽约成立，是一个专为具有创意方案的企业筹资的众筹网站平台。2009年创立至今推出的成功专案已逾3.8万件，所有募资成功的策划总募款金额约为4.41亿美元，预料还会继续成长。有创意的人在网站介绍自己的项目有什么价值，希望集资多少然后才开始创作。愿意出资的人看到这些项目后，如果觉得有价值，自己也可以随便出钱（人数不限，资金不限）。为了让资助人觉得更有价值，每个创意实现后在Kickstarter展示时都能看到是哪些人出钱资助了这个创意。目前，在国内也有一些视频网站在做这方面的尝试，其中，追梦网是国内众筹模式领域内的先驱，被誉为中国的Kickstarter。

3. 网络微电影：随着网络视频业务的发展壮大，互联网已成为一个重要的影视剧播放平台，各大门户和视频网站在视频领域的竞争异常激烈，热门影视剧、综艺节目版权价格也随之水涨船高。高昂的版权购买费导致了巨大的运营成本。同时，网络视频之间同质化竞争日趋严重，网站需要寻找差异化的竞争路线，提升自身的原创能力，形成品牌效应。在这种竞争环境下，自制微电影则是一个很好的选择。自制微电影不但受众目标明确，而且成本低廉，能保证网站在运营中享有更多主动权。同时，微电影的灵活性和投资决策的风险都更加可控。

二、从内涵来界定微电影

微："短""小"。

微："非主流媒体""个人创作""独立制片""平民化"。

"非主流"是指微电影的制作目的不是为了上电影、电视等主流媒体，而是一个边缘性媒体的产业运作形态。"独自制片"是指不受主流媒体意识形态的影响，由个人完成自由意识的创作，以创造点击率、娱乐大众为目的。

"平民化"是指随着科技产品的普及，手机、平板，甚至监控、行车记录仪等都成为视频创作工具。

微：计算机、手机、智能电视等的网络平台；户外广告影片。

微电影播放平台已经不依赖于传统电视，而是互联网络或是各种户外媒体平台。

三、微电影的功能

1. 记录

随着时间的推移，某些日常记录也可能展现其无法估量的价值。

2. 自我展现

这是当今视频网站为什么有如此之多的个人短片作品的内在原因。

3. 商业广告

微电影存在的最主要的商业营销方式，而电影和广告的组合，向来被人诟病，但众多讲故事的微电影广告大片，例如由陈柏霖等主演的台湾"可爱多"微电影广告系列，却因为唯美的艺术情调吸引眼球，为人称道。

4. 宣传推广

微电影重要功能之一，可以结合企业和相关政府部门和学校影视专家对接，承接项目，锻炼学生制作能力。

5. 教育与教学

现在的中小学生已经不习惯于通过客厅电视吸取知识，而是更多的通过网络教育培训短片寻找他所感兴趣的方面进行观看、模仿，所以在这方面，微电影是大有可为的。现在很多机构也愿意通过微电影方式展开教学，这种方式相对于传统授课，更能够将学生带入情境，激发学生的兴趣。

四、微电影是一种产业

根据统计资料显示，越来越多的网民放弃传统电视台，只在网络上观看电视，网络视频对普通人群的黏连度越来越大。

网络视频平台一方面凭借产业资本直接与传统电视台竞争获取一些优质电视节目资

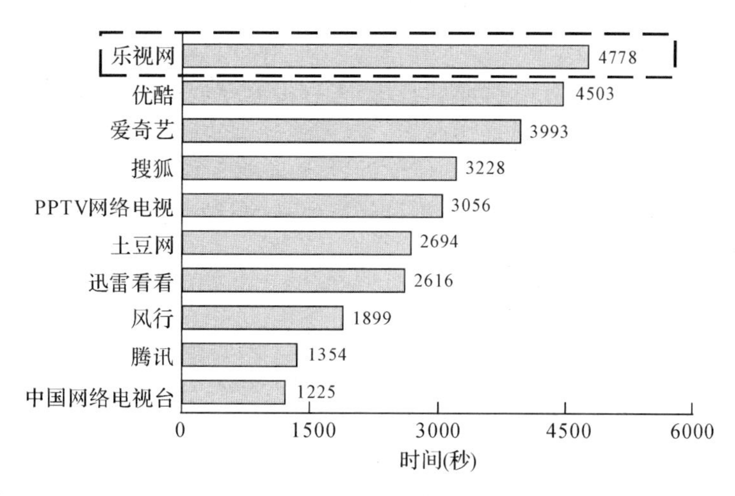

图 1　艾瑞 iUserTracker 视频媒体人均周有效浏览时间排名(2013.9.2—9.8)

来源:网络

源,如热门电视剧、体育竞赛节目等;另一方面网络自制内容经过萌芽期、发展期,进入创新期,自制内容开始精耕细化,网台联动常态化,超级网剧、大型纯网综艺频现,引领行业风向。

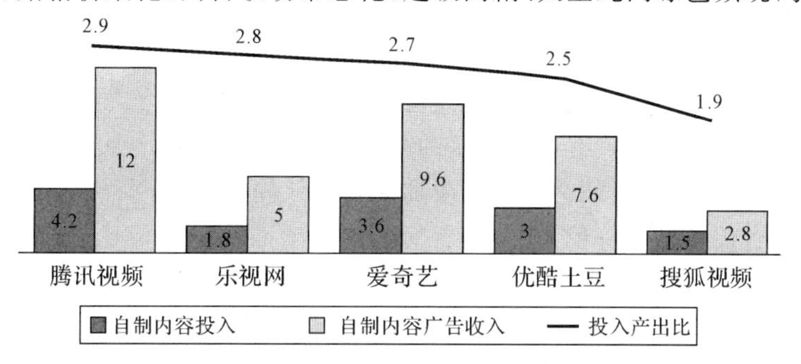

图 2　2015 年主要网络视频网站自制内容投入产出情况

来源:艺恩咨询

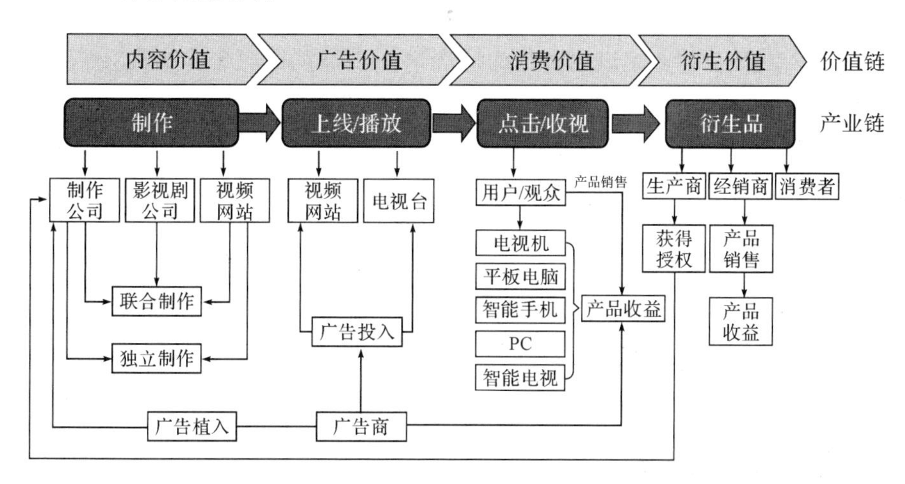

图 3　网络自制视频的价值与产业链

目前视频网站已经在与传统影视产业密切联姻协作,作为产业链上游制作的有力探索,视频网站已经由早期单一的播放平台转向“平台＋内容”的结合，甚至通过精品自制内容实现对卫视、地方台的反哺。网络视频通过制作、上线播放、跨平台的收视率/点击率，甚至衍生商品的开发，进入了全面的商业操作模式。微电影形态都是其中的主要内容，虽然广告投入等方面传统电视媒体现在仍占有主流地位，但是随着将来观众跨屏收视习惯的养成，点击率将成为广告商最重要的衡量标准。虽然目前衍生品的开发还较少，但是将来随着行业的发展，也必将成为一个成熟的商业形态。

1. 微电影产业链

目前包含三种形态：用户生成内容、广告定制微电影模式、微电影植入广告模式，不管哪一种模式，微电影与大电影的摄制是一样的，包括编剧、拍摄、后期剪辑。因此，在教学、培养方案设计上，仍然偏向于在传统影视类课程上进行改良。

2. 微电影改变了传统广告影片的制作形态

在微博、微信、微商等微元素盛行的年代，微电影广告这个新兴的广告传播形式越来越引起人们的兴趣，在品牌传播形式不断变化的今天，传统的广告形态已经不能满足时代发展的要求和网络观看习惯的改变。基于新媒体时代的微电影广告开始展现其强大的魅力和前景，成为企业产品、企业品牌营销的一个重要手段。

相对于传统电视广告，微电影广告受众主动性强、互动性强，观众通过互联网平台可以自主对微电影广告发表评论和意见，例如流行的弹幕方式。对产品感兴趣可以立即搜索购买或者直接点击链接进入产品页面，甚至直接与营销人员进行网络沟通，大大提高了广告的传播效果。由于微电影广告具有较为完整的故事情节，相对于植入式广告又不容易让观者产生厌烦情绪，可以从情感上潜移默化地增加观者的认同感。

从微电影广告传递品牌价值上看，随着消费者需求的日趋差异化、多元化和个性化，物质产品的极大丰富，企业品牌形象相对于产品有着更加重要的商业价值，产品只能满足消费者的物质需求，他的选择是多样的，但是品牌才能满足消费者的精神追求。而新时代的微电影广告将品牌理念和价值融入到故事情节之中，有效地影响受众的情感，使受众和品牌之间建立起情感纽带，极大地增加了品牌的影响力、凝聚力。

3. 微电影一三五标准法则

这是让制作者、观众与业主以更清晰的标准进一步检视微电影作为商业营销的参考指标。“一”是指一个目的，“三”是指三个元素，“五”是指五分钟长度。

一个目的：微电影的重要目的，就是要“快狠准”地抓住微电影的拍摄要点：拍摄整合速度快，对市场掌握要精准，宣传推广力度要狠。

三个元素：故事、音乐、新媒体平台上的推广效应，是微电影内容成功的必备元素。其中音乐的制作是目前微电影制作环节中相对于传统电影比较忽略和薄弱的部分，因此，在教育培养方案中要加强相关课程，如“影视录音与配音”等相关课程的课时，聘请相关业内专家进行实训操作，提高微电影形态的综合表现力。

五分钟长度：是五分钟传递，迎合现在零散时间观看模式、碎片化服务的微时代格局。

五、微电影与影视教育

在微电影制作日趋普及化的今天，当每个人都可以制作微电影时，还需要大专院校来培训人才吗？这里娱乐和商业的界限越模糊越是要求我们的从业者有着较高的职业素养，要求我们的影视教育相关专业进行系统、全面的创作培养。

现阶段影视制作培养大致分为三个方向:电视制作、电影制作、动画。作为微电影从业者需要不断地思考,我们制作的微电影和业余制作的微电影究竟有什么不同?随着现在单反、摄影机性能的不断提升,无论是谁都可能拍摄出美丽的影像,但是微电影的关键在于透过影像的方式叙述故事,我们要思考一个怎样的故事架构来表达情感、怎么样起承转合,影片的标题和音乐、后期制作等等,都需要我们专业方面的素养,而不仅仅是画面的堆积。没有系统的、专业的训练,普通微电影很难在质量上超越传统影片,从而沦为商业上和艺术上都毫无价值的作品。所以在影视教育上我们一方面要遵循传统影视培养线路的步骤,循序渐进地进行人才培养;另一方面,根据微电影这种节目形态的新特征,进行有针对性的教学培养。我院在此方面就做了许多有益的尝试,在2013级、2014级不同阶段对影视专业方向的学生专门开设了"MTV创作""企业微电影""家庭微电影"等相关课程,进行有针对性的理论指导和实战训练。

参考文献

[1]赵源.微电影广告中的企业品牌营销策略研究[J].今传媒,2014(10).

[2]艺恩咨询. 2014年中国网络自制内容白皮书[R].

[3]艺恩咨询. 2015年中国网络自制内容白皮书[R].

融媒体时代下我国传媒产业发展趋势研究

肖圆圆

（贵州民族大学传媒学院）

摘　要：传媒产品是精神产品，具有意识形态的属性，传媒产业的发展属于文化软实力的一部分，也是属于综合国力的一部分。随着我国改革的深入，对文化强国越来越重视。在我国，从1978年电视产业进入我们的视野到2009年新媒体的逐步发展，直至今日，在媒介融合的大前景下，“互联网＋”的新兴媒体独占鳌头。本篇文章从我国传媒产业的传统媒体和新兴媒体融合的角度下来把握探讨我国传媒产业发展趋势，以及在融媒体的背景下怎样主动出击实现大传播大融合是我国传媒产业的关键所在。

关键词：发展现状　媒介融合　发展趋势

一、中国传媒产业发展现状

什么是传媒产业？传媒产业是指传播各类信息、知识的传媒实体部分所构成的产业群，它是生产、传播各种以文字、图形、艺术、语言、影像、声音、数码、符号等形式存在的信息产品以提供各种增值服务的特殊产业。麦克卢汉说：“一切媒介都是人的延伸，它们对人及其环境都产生了深刻而持久的影响。这样的延伸是器官、感官或曰功能的强化和放大。”不得不承认，中国传媒产业的发展也是顺应时代发展的变化，延伸了不同时代需求下人的不同功能。中国传媒产业的结构是由不同传媒形态构成的，以我国现阶段的传媒产业结构来看，主要是由以报纸、广播、电影、电视、杂志、图书为主的传统媒体产业和以网络、数字出版、手机电视、电子报刊等为主的数字化新兴媒体产业构成的。新兴媒体是继传统媒体之后借助新技术新手段发展起来的新的媒体形态，主要是指移动互联网和PC客户端，也就是我们常见的门户网站、移动电视、手机客户端等，而传统媒体就为我们所熟知。在我们所处的时代下，中国传媒产业发展被移动互联网、PC互联网、平面媒体和电波媒体四分天下，虽然各个媒体的发展速度并不是齐头并进，但整个传媒行业的发展前景却是十分可人。由清华大学新闻与传播学院及社会科学文献出版社共同举办的《传媒蓝皮书：中国传媒产业发展报告(2015)》(简称《报告》)指出，随着互联网和各个传播媒体的发展，我国传媒产业2014年全年传媒总值达11361.8亿元，首次突破万亿元大关，较上年同比增长15.8％。传媒产业相对于2012年12.34％的同比增长率，2013年16.16％的同比增长率，一直保持着稳步增长的态势。同时《报告》也特别指出了2014年网络广告收入首次超过电视广告，报纸已处于市场生命周期的衰退期。传统媒体较新兴媒体发展状态下，发展状态较为固定化且十分缓慢，广播的发展已经将受众固定为在校学生、有车一族以及老年人；报纸也在衰退期中利用其严肃性、政治性和可信度高的优势下探索定位深度报道的发展，发挥其优势挽留受众；电视媒体也受到互联网即时视频节目的影响，广告收入逐渐下滑，但通过引入国外节目以及电视台自身的创新和节目质量的提高来吸引受众，努力挽回广告业主；互联网的微博用户量呈减少趋势,微信用户量正在增加,网络视频用户量高速增长,并且互联网商业模式更加完善,网络空间新秩序已经逐步形成。不管是微博、微信,还是网络视频节目,都属于互联网的一个衍生品,就像广播、电视和报纸一样,是传媒产业的一个阶段性衍生品。随着互联网和移动4G的高速发展,新兴媒体下的移动媒体已经成为媒介融合前提下的连结点,并且以高度发展的状态稳步前进,媒介融合成为不可避免的大趋势,中国传媒产业必然会在资源共享的前提下以"你中有我,我中有你"的状态向前发展。中国传媒产业现状是在媒介融合状态下稳步增长,且挑战和机遇并存。

二、媒介融合现阶段存在的问题及对策

传媒产业每个阶段的发展都有各自的特点,同样,传媒产业在每个阶段不管是在国家层面还是业务管理层面都面临着一系列的问题。首先,众所周知,传媒产业是国家政府、党政机关、企事业单位的发声媒介,具有强烈的政治性,所以不管是在体制完善的西方发达国家,还是我们处在第三世界的发展中国家,对传媒业的监管都十分的严格,尤其在我国改革开放后的传媒产业是在更为严格的管控体制下发展。在我国传媒产业的前期发展阶段,正因为政府严格的管控,所以传媒业得以正常发展,但是,在我们改革的深水期,在世界媒介融合的潮流下,太过于严格的管控让我国传媒产业的发展显得缩手缩脚,所以我国政府需要逐步放开严格的体制监管,压缩体制内冗杂的人员编制。由于国家对文化软实力的关注度逐渐增加,政府监管力度也有望进一步放开。其次,由于传媒产业各个媒体的发展,都在努力争取维护原来的受众和争取新的受众,都在搭乘"互联网+"的顺风车,借以发展壮大自己。以目前发展状况来看,报纸、手机报、门户网站、微博、微信等都存在渠道重复建设、新闻内容推送重复、内容定位相似的问题,不能各自发挥自己的渠道优势,制订特色的内容定位和推送。这就需要不同媒介提高自身的采写水平和编辑水平,并且时刻关注其他媒体的主推内容,做成具有特色的媒体,打造自己的品牌,力求做到传媒产业的百花齐放。最后,由于传媒产业各个媒体的定位不同,广告业主也在寻求合适的媒体投放广告,但是由于各个媒体激烈的竞争,为了吸引更多的广告业主,有故意压低版面价格、恶性竞争的嫌疑。这就需要相关部门制定合理的收费标准,加大监督力度,各个媒体部门提高整体素质,遵守市场准则,合理竞争。

在各个媒体发展的道路中,要创新媒介发展新思维,利用互联网思维发展传统媒体,继续发挥传统媒体原有的媒介优势,注重个体受众的价值,重视新闻的写作价值,重视与受众的沟通,打造各个媒体发展的良好互动空间。

三、中国传媒产业未来发展趋势的分析

新兴媒体的产业结构是依托于高端的科技发展,但是传媒产业不可能孤立地发展,以目前世界传媒产业发展潮流来看,媒介融合是个不可阻挡的趋势。李彬等学者认为媒介融合就是"互补"和"跨媒体"两大特点。这是一个"网络化生存"的时代。所以在当今媒体发展,可以说是"大媒体"时代,也可以说是"全媒体"时代和"融媒体"时代。中国传媒产业也必须顺应时代的潮流而参与媒介融合,而我们所要做的是积极加入媒介融合的行列,搭乘互联网的顺风车,主动出击加强自我服务的意识,推进大传播的实施进程。随着信息化社会的发

展，大数据的受重视程度逐渐升温，媒体传播方式日益多样化，新兴媒体和传统媒体的进一步融合，这些变化都将新闻传播的单个框架新闻传播推向大传播，新闻事件揭露走向全覆盖报道。大传播时代的思想也不仅仅局限于小新闻的采写编辑与传播，而是突破原有的新闻编辑方式，突破原有的地域限制，更加注重广阔的视野领域，更加注重全媒体时代与受众的沟通交流与互动。

可以说，目前我们的传统媒体正处于数字化转型期，以什么样的方式转型，该怎么转型，我们都在探索，大数据的出现是给我们传统媒体转型的一个策略提示。大数据时代，我们应该明白不管是新兴媒体还是传统媒体，都是一种可利用的手段、一个方式，我们在合适的时机要合理利用。传统媒体的转型要注重数据的收集，建设数字化平台，扩展自己的视野，在原有品牌化发展的基础上壮大自己的影响力，拓展大数据库，充分利用原有收集的数据，实施精准定位受众团体的策略。像现在央视领头下的各个地方卫视的定位，如河南卫视、湖南卫视、浙江卫视和江苏卫视等，除了满足本省人民的需求外，定位精准，各有自己的王牌节目吸引不同受众。像河南卫视的《梨园春》《武林风》《华豫之门》等，定位戏曲爱好者、拳击爱好者、收藏爱好者等，特色鲜明又具有品牌性，与其他卫视又不冲突。

处在发展阶段的新兴媒体，在一定程度上弥补了传统媒体的劣势，打破了地域的限制，与受众也形成了良好的互动链条，每个人都可能是新闻的发布者和参与者。但是也正因为如此，新兴媒体也有不可避免的缺点，在内容发布方面处于劣势，权威性较差，可信度不高。

在媒介融合的道路中，可能会出现更多的新的产品，搜索式聚合类的应用程序的发展、微信公众平台及订阅号的壮大都是分流媒体原有受众的潜在力量，但是正因为互联网多种平台的共同存在，也极有可能出现新闻资讯内容同质化的现象，以及可能出现的侵犯作者著作权的现象，如 2015 年引人注目的聚合类应用程序今日头条，在融资 1 亿美元后，估值达到 5 亿美元，随后引发的其他媒体对其版权问题、不正当竞争问题的口诛笔伐，甚至告上法庭。由于我国没有一部完善的新闻立法，所以这些问题并不能确切地得到解决，但是这不得不敲响了我国媒介融合发展的警钟。

在未来新兴媒体的发展趋势中，我们要积极发挥新兴媒体固有的优势，同时也要尽量规避内容发布方面的劣势。发挥媒介融合历程中全媒体和融媒体的作用，形成报网屏的联合，形成具有影响力且受受众欢迎的媒介产业。在 2016 年春节期间，钱江晚报和政务信息平台等喊口令抢红包、春晚摇一摇、支付宝咻一咻抢红包集五福等，都是利用了新兴媒体的受众参与互动平台，巩固了原有受众基础又吸引扩大了新的受众。所以，在未来的发展中，我们要积极推进传统媒体和新兴媒体的融合，树立品牌化传播思维和大传播观念，着重在内容、渠道、市场各个方面寻求结合点，发展新的传媒产业链条，形成大传播的理念，新的新闻联盟超强阵营可能会出现，朝着国家管控下的超级新闻平台发展，从而保障我国传媒产业合理有序、健康快速地发展。

四、结　语

总体来说，中国传媒产业是在大数据、大传播等理念下发展的，我们要跟随时代的步伐，逐渐融入世界的潮流，进一步加强媒介融合，进一步促进我国传媒产业的健康发展，不管是传统媒体还是新兴媒体，媒介融合的路程中都是一种信息搭载平台，我们要重视媒介融合中出现的以及可能出现的各类问题。随着我国改革开放的进一步发展，国家对传播媒介的重视，以及针对传媒产业的新闻立法的完善，我国传媒产业一定会在党的领导下朝着正确的方向发展，发展成为具有中国社会主义特色的传媒产业，进一步与世界接轨，进一步服务好广大人民群众。

参考文献

[1] 马歇尔·麦克卢汉.理解媒介[M].北京:商务印书馆,2000.

[2] 吴昊天.中国传媒产业发展研究——基于产业融合的视角[D].成都:西南财经大学,2014(6):5.

[3] 王润珏.产业融合趋势下中国传媒产业发展研究[D].武汉:武汉大学,2010(4):18.

[4] 张诚,何先刚."大数据"理念与媒体转型发展[J].重庆工商大学学报,2016(2):104－108.

[5] 邹祥勇.传统媒体与新兴媒体融合发展的趋势与策略[J].中共南宁市委党校学报,2014(4):1－4.

[6] 陈丽娟.论新兴媒体的特点及发展趋势[J].安阳工学院学报,2013(9):32－34.

[7] 王哲民.网络新闻侵权及其法律规制[J].法制与社会,2007(7):189－190.

[8] 魏永征,王晋.从《今日头条》事件看新闻媒体维权[J].新闻记者,2014(7):40－44.

[9] 张钦坤,孟洁.搜索类新闻聚合APP的侵权认定分析[J].知识产权,2014(7):29－33.

[10] 鲍立泉.数字传播技术发展与媒介融合演进[D].武汉:华中科技大学,2010(5):84.

浅析新媒体下经济的变化
——以微信营销为例

摘　要:新媒体最先接受"互联网+"、"大数据"浪潮的冲击,经济各方面也发生不可思议的变化,以此来探求营销手段的变化。2015 年移动社交通信行业稳步发展,微信各项指标雄踞第一。微信平台在拥有庞大的用户数量基础上也在寻求价值变现的途径,微信营销则是一个重要方法。笔者从微信营销的优势、劣势、机遇以及外部威胁阐述新媒体的经济模式变化。

关键词:新媒体　经济　微信营销

微信是新媒体的其中一种,它的发展壮大也便随着经济的变化如期而至。随着互联网的高速发展,网络经济的浪潮来袭,区别于传统营销的微信营销在生活中悄然兴起。它是在微信用户族群之间使用微信各种功能场景应用而衍生出来的一种新媒体营销方式。为什么微信营销能够在 2015 年助推腾讯营收破千亿元?笔者将用 SWOT 分析法从微信营销的优势、劣势、机遇以及外部威胁对微信营销各方面进行综合和概括,进而了解微信营销的价值。

一、微信营销的优势

任何营销方式要想获得企业的青睐,优势分析都必不可少。微信营销的优势在于微信庞大的用户族群、用户属性和传播特点。

(一)微信拥有庞大的用户族群

随着移动互联网时代的进阶,特别是手机移动互联网的兴起,微信作为手机的标准沟通工具吸引大部分人下载使用。微信 2016 年最新微信用户数据报告中微信日活跃人数 5.7 亿。2015 年第一至第四季度移动社交通信行业格局稳定,微信每季度平均月覆盖人数雄踞第一,分别是 45792.8,48295.6,50991.6,53527.0(万人),相比第二名 QQ 来说每个季度都相差 2500(万人)左右,2015 年全年微信覆盖人数格局是稳中有升。2015 年月度总有效使用时间四个季度都在 2000(亿分钟)以上,第四季度突破 2500(亿分钟),达到 2606.4(亿分钟)。2015 年微信全年人均使用次数为 137.38(次),是 QQ 的 1.42 倍。2015 年单次使用时间上微信排名第三,位于 QQ、陌陌之后,人均单次有效时间在 3(分钟)左右。总的来说,移动社交通信行业内单次有效时间总体下滑。微信用户数量庞大代表微信营销所触达的消费者基数大,广告推送范围广。

(二)微信的用户属性

微信的用户属性有别于其他的社交通信 App。如图 1 广告主在选择投放广告的标准上更加重视性价比、目标人群与媒体平台用户属性的匹配度以及投放的精准度。这三项维度都与用户属性息息相关。从企鹅智酷3月发布的《“微信”影响力报告》来看，微信以男性用户为主，超过40%用户为企业员工，用户收入的稳定程度和消费能力直接与营销变现能力匹配；从用户黏性来看，超过九成微信用户每天都会使用微信，半数用户每天使用微信超过1小时，其中拥有200位以上好友的微信用户占比最高，61.4%用户每次打开微信必刷“朋友圈”；在用户的习惯培养上主要是支付方式的培养，微信红包是微信支付中渗透率最高的功能，近七成用户每月支付/转账额度超过100元，而促成微信用户分享新闻三要素是价值、趣味、感动。超过六成的用户使用过微信生活服务，比如手机充值、电影票、吃喝玩乐消费渗透率最高。在微信公众号方面泛媒体类公众号比例最高，超过1/4；服务行业公众号占比约1/5。从年龄上来看，微信用户平均年龄是在26岁，97.7%的用户在50岁以下，86.2%的用户在18—36岁。企鹅智酷发布的《新媒体发展趋势报告：中国网络媒体的未来(2015)》中指出19岁及以下的用户主动接受媒体的变化，希望更多媒体化的呈现，热衷社交传播分享；20—39岁的用户更易受潮流影响，对多种媒体新形势更加关注和好奇，愿意尝试；40岁以上的用户主要关注传统传播渠道和表达方式，同时也在尝试和接受新媒体内容。从城市渗透率来看，微信在一线城市基本上已经饱和，二、三线城市应该是新用户的主要来源，增速势头较猛；而四、五线城市基本还处在未太发掘的状况。对于微信营销来说，用户的性价比表现在品牌主能很快地触达他们想要真正吸引的目标消费者，营销的性价比也随之获得提升。目标人群与媒体平台用户属性的匹配度表现在通过用户属性的“素描”刻画目标群众特征——年轻化的有消费实力以及消费欲望的用户族群，其匹配度越高，广告投放的越精准。

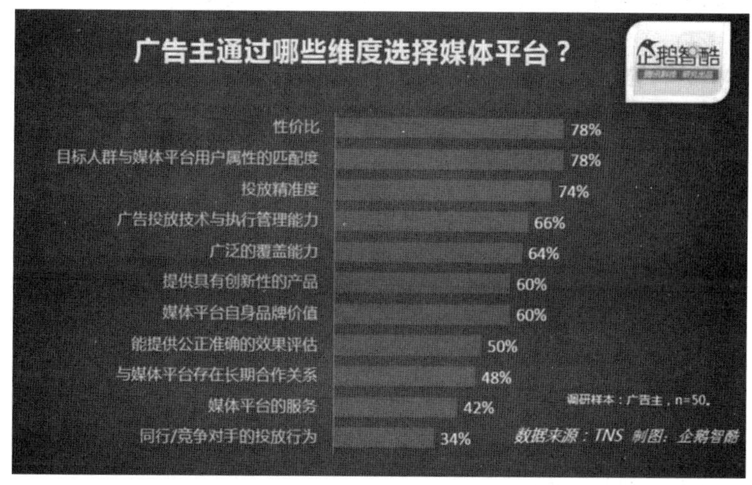

图1 广告主选择媒体平台的维度

(三)微信营销的传播特点

微信营销的传播特点也造就了微信独一无二的优势。(1)及时性：微信营销兼具网络营销的传播特点，产品及相关服务破除时间与空间的限制，及时触达目标用户。及时性也可以说是信息至终端的高到达率，只要用户关注了微信号，信息就会以推送通知的形式发送，从而保证了信息可以百分之百地到达订阅者手机上；(2)爆发式传播：从上一部分看出只要满足价值、趣味、感动的因素，用户就会对营销内容二次传播，甚至多次传播。比如韩剧《太阳的后裔》未播先热，就是微信爆发式传播的功劳；(3)“病毒性营销(viral marketing，也可称为病毒式营销)，并非真的以传播病毒的方式开展营销，而是通过用户的口碑宣传，再借助网络传播的快捷性，使信息像病毒一样，利用快速复制的方式向数以万计、数以百万计的用户传播和扩散。”[①]比如微信初始一部分用户来源于QQ的忠实用户，而后通过用户高体验赢得了口碑宣传，再借助网络传播的快捷性，使微信的用户迅速增长；(4)传播内容多元化：微信营销主要集中于微信公众号，而入手微信公众号的企业具体行业中文体/传媒/娱乐类企业占比最高，其次为服务业和IT/通信/互联网行业。微信营销的传播内容大部分由这些公众号发布，涉及各行各业，内容丰富多样，在传播形式上可以发布文字、图片、语音、视频、动画等；(5)传播渠道多样化：与传统的营销传播渠道相比，微信营销传播渠道可以一对一、一对多、多对多的传播，及时互动沟通，线上与线下结合。而且微信可以使用文字、语音、小视屏等发送消息。公众账号可以群发语音、图片和文字，认证之后，获得的权限更高，更漂亮的图文信息能进一步拉近与用户的距离，用户体验度得到提升。图文配合语音、视频，形式多样的营销手段非常有利于开展营销活动，这种人性化的手段也促使微信营销能快速地被大众接受；(6)传播者个体化：在众媒时代，人人都是自媒体，用户化被动接受信息为主动转发传播亦或者自主撰稿发布；(7)定位精准化：精准依托于用户自主关注企业公众号，对企业产品及服务有一定兴趣，营销目标更容易实现。微信营销作为一种新的营销模式，其传播特点是区分与传统营销模式的优势，也是微信发展的品牌核心竞争力，同时也是吸引广告主的亮点。

二、微信营销的劣势

“人无完人，金无足赤”，任何事物都有自己的劣势，劣势只是暂时的短板，及时修补，水还是能够装满木桶。在微信营销中笔者将从微信公众号的不良竞争、用户隐私安全受到威胁、微商管理机制不完善、法律机制不完善三个方面来介绍其短板。

(一)微信公众号的不良竞争

微信公众号的不良竞争主要体现在两方面：竞争激烈和同质化内容严重。截至2015年第一季度微信运营了800多万公众号，休闲娱乐发文数量最多，母婴发文数量最少。800万公众号竞争激烈，管理运营良莠不齐，有的公众号甚至发文粗制滥造，泄露用户隐私等，抹黑整体微信公众号的形象。公众号分为休闲娱乐、时尚、医疗健康、旅游、汽车、母婴六类，每类公众号的推广内容相近，毫无创意。其次在营销手段上，推广方式、促销手段、页面布局等方式都差不多，品牌辨识度差。公众号在发展上已经形成了规模，现在应该注重品质的提升。

(二)用户隐私安全受到威胁

用户的隐私无外乎是个人资料、各类支付工具密码等方面，如果用户的隐私泄露会降低微信体验感和微信营销性价比。比如在2012年11月4日，一条微博称微信三点定位法确定使用者的位置风靡网络世界，对于此观点网上说法不一，可是从另一角度来看微信位置信息存在暴露的安全隐患。如今安装各类App都会出现要求访问照片、麦克风等，个人信息过多的被访问更容易造成个人资料的泄露。此外，中国手机信息安全专家王宁说：“微信能泄露手机用户隐私信息的根本原因就在于微信聊天记录等数据存储在手机中，给盗密者提

---

① 曹进，吕佐娜.大众文化视角下的“新新”媒介探析——以腾讯微信为研究对象[J].东南传播，2012,09:14—16.

供了窃取的可能。即使把手机中的微信聊天记录等数据删除，也有可能被不法分子窃取。”[①]手机的数据恢复是很容易的，特别是安卓系统的手机。厉害的网络诈骗者可以通过数据线、充电线之类的连接工具盗取聊天记录、支付工具密码等，从而达到骗取钱财的目的。当然，随着微信的不断完善以及用户的保护意识的不断提高，用户的隐私受到了更好的保护。

(三)微商管理机制不完善

微商的独特优势带来了无限商机，但微商火爆的背后隐藏着诸多隐患，出现了严重侵害用户权益等不良现象。微商的门槛低，不需要资质审核，大多数是低收入群体、大学生、家庭主妇，没有经过完整的培训，不能保障服务质量。微商的产品质量没有保障，售后服务不完善，很多商家卖“三无”产品，用户产品出现问题只能自认倒霉。微商的推广是基于“朋友圈”的信任，而微商只能靠自我摸索或完全参照商家指导去做，而大部分商家的指导目标就是完成产品转移，所以只要求大家疯狂刷屏从而抓取概率，把朋友圈变成了购物圈，直到信任破灭为止。微商机制没有形成严格的进入制度，那就需要法律机制来监督微商的发展，然而中国的微商并没有相应的法律约束。

(四)法律机制的不完善

法律机制的不完善体现在国家法律认定微商属于新型主体，属于商业，无专门法律，要遵守基本法律。目前阶段，没有法律对微商有明确的规定。只要不涉及违法犯罪，就不能说其违法。微商就没有健全的制度，主要是依附微信的第三方平台，其中太多杂乱的各类微商，良莠不齐。微商交易主要依靠朋友圈，买家戒备心弱，部分违法商家正是利用此特点，以次充好，滥竽充数，甚至只收钱不发货，不但侵害消费者权益，甚至触犯国家法律。有的微商商家为了制造交易火爆的假象，不遗余力地“刷单”，通过朋友圈晒虚假商品销量、晒 PS 的银行账单。面对商家的这些行为，运营方几乎无法控制。

表 1　微信微商与淘宝电商的比较

差异类别	微信微商	淘宝电商
认证机制	无严格标准	实名认证，审核身份证和营业执照等
产品标准	产品良莠不齐，消费者维权不便	产品良莠不齐，消费者维权方便，退款、退货
道德标准	暴力刷单，晒虚假商品销量、晒 PS 的银行账单等	评价相对真实，卖家秀与买家秀同时存在，不能 PS 造假
支付标准	微信红包，即付即收	支付宝，到货支付
相关法律	无专门法律	电子商务法律法规主要有《电子签名法》《中国互联网络域名管理办法》《非经营性互联网信息服务备案管理办法》《互联网 IP 地址亩案管理办法》《电子认证服务管理办法》《公用电信间接通及质量监督管理办法》《计算机信息网络国际联网管理暂行规定》《中国公众多媒体通信管理办法》《计算机信息系统安全保护条例》等

① http://roll.sohu.com/20141017/n405220591.shtml

如表1所示微信电商现阶段还无法与发展成熟的淘宝电商相比，特别是在商户准入机制和法律机制方面不同，微商未来的方向应该向淘宝电商学习。同时兼顾微信公众号良性竞争引导。

三、微信营销的机遇

机遇源于外部环境的变化，机遇与挑战并存，抓住机遇有可能会改变整个时代。微信营销的机遇主要有三个："互联网＋"模式、大数据中心。

（一）"互联网＋"模式

李克强总理在2015年政府工作报告中提出"互联网＋"行动计划后，"互联网＋"提升到国家战略层面。"互联网＋"的兴起代表新的时代来临，原有的营销模式已经不适用于新的背景。在"互联网＋"大环境中，发展的好坏与否就需要"我们思考如何利用互联网技术、理念、思维与传统行业进行交融和共同发展"①。微信营销在"互联网＋"背景中的机遇：一是微信基于良好的用户体验，而用户体验是"互联网＋"竞争中的支点，微信营销的竞争力进一步提升。二是互联网连接一切，微信营销就是用户与商家的连接器，一方面用户可以及时了解商家的产品与服务，另一方面商家可以如实获取用户的消费偏好、习惯与需求。三是"互联网＋"下各企业联网协同创新，微信营销则是需要抱团合力、整合资源运营公众号。

（二）大数据中心

大数据技术，是指从各种各样类型的数据中，快速获得有价值信息的能力，微信营销与大数据结合，通过对不同来源数据的管理、处理、分析与优化，将结果反馈到云计算中，通过对大数据的分析来刻画用户属性，品牌主再依据用户属性来考量性价比、目标用户与用户属性的匹配度，从而投放广告，提高投放的精准度，由此可见大数据的使用是提高微信营销核心竞争力的关键因素。

四、微信营销的威胁

相比劣势而言，威胁源于外部环境。劣势与威胁都是微信营销要克服困难。微信营销的威胁有同类产品竞争激烈、O2O发展存在严重不对等性。

（一）同类产品竞争激烈

在BTA铁三角中，腾讯2015年首个突破千亿元，随之而来的就是全球化的布局。在国内微信面临各类社交网站和团购网站、微博、淘宝等的绞杀冲击，在全球化进程中，首先聚焦亚洲市场，在印尼和泰国、香港与台湾地区，与日本社交应用Line竞争，在新加坡和马来西亚与渗透力高达89％的WhatsApp挑战，其次在欧洲，WhatsApp一统天下；在美国，WeChat面临着来自WhatsApp，Facebook Messenger ，Instagram等本土社交应用的竞争。

（二）O2O发展存在严重不对等性

O2O是指互联网（线上）与实体商店（线下）相结合，把互联网作为交易的平台。而微信营销的"O2O＋营销闭环"模式是指手机移动网络与企业或商家的实体产业或产品相结合，

---

① 马云. 我的理想是把IT顺利带到DT时代. 中国青年网. 新闻频道

微信营销作为推广产品或服务，沟通目标用户的平台。

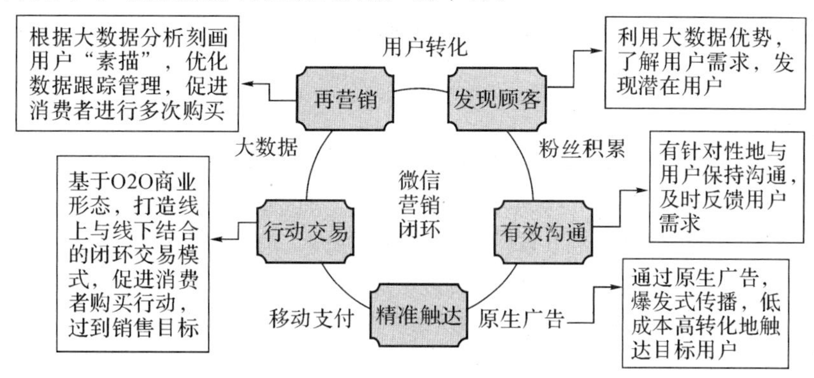

图 2　微信营销闭环

如图 2 的营销闭环示意图中，微信营销的 O2O 与闭环交易模式的结合上五个部分都是为目标用户服务，有着至关重要的作用。但是每一部分的发展程度是不对等的，在微信营销中基于微信功能有效沟通及精准触达发展优于其他三个部分。在发现顾客方面有一些企业为了迅速积累粉丝，在线下采取“加关注送礼品”的方式获取关注，这种方法所获取的用户的转化率低。总而言之，O2O 的线上抑或线下的发展程度不一会影响微信营销变现的价值。

五、改善微信营销问题的建议

笔者以 SWOT 分析对微信营销各方面进行综合和概括，微信营销不仅有其存在的必然性以及企业趋之若鹜的原因，还存在亟待解决的问题。首先提高用户的体验是提高微信核心竞争力的有力手段，一方面高体验是微信吸引庞大用户族群的关键因素，另一方面高体验也更容易通过大数据分析来刻画用户属性，有利于品牌主选择投放微信。比如微信可以发送个人名片、微视屏、下载表情等，进一步拉近与用户的距离，用户体验度得到提升。图文配合语音、视频全方位介绍产品及服务，非常有利于开展营销活动，塑造企业形象，同时也促使微信营销能快速地被大众接受。其次，建立完善法律法规，规范网络安全。使用微信营销的各类族群应该规范管理保障用户的隐私安全的措施，加强公众号、推广号的安全建设，同时在营销推送中提升用户防骗贴士。此外在国家层面出台相关法律法规规范和引导微信类的移动社交通信 App 的健康可持续发展。保障用户的安全感也是提高用户的体验感，用户的权益才会得到更大化的释放。

六、结　论

笔者以 SWOT 分析对微信营销各方面有了全面的理解，同时也充分了解微信营销区别于传统营销的不同之处。新媒体率先接受“互联网＋”“大数据”等的升级改造，传统媒体在传播效果上远远落后于新媒体，也就难怪传统媒体的广告主纷纷将目光投注于新媒体。新媒体发展得如火如荼，其中的企业也会有别于传统，经济发展模式也随之而变化。越来越多的企业选择 O2O 的发展模式，青睐于微信营销。在这个互联网时代，谁能够创造更高的价值，谁就拥有最大的优先权。而广告主在选择投放广告的标准上更加重视性价比、目标人群与媒体平台用户属性的匹配度以及投放的精准度。新媒体的优势远远优于传统媒体。受众不再通过报纸解决阅读、生活所需，而是依靠各类 App，微信在各类 App 中又是最强大，其营销手段又是最有价值的，最能引起企业关注和经济变化。

参考文献

[1]艾瑞咨询. 2015Q4 中国移动社交通信季度报告 [R]. 艾瑞咨询，2015.
[2]刘双. 企业微信营销 SWOT 分析及应对策略探析[J]. 中国电子商务，2013：23－24.
[3]刘俊. 微信营销公众号的现状及趋势研究[J]. 现代商业，2014(11)：160－161.
[4]马舒宁. 企业微信营销传播研究[D]. 大连海事大学，2014：21－24.
[5]企鹅智酷. 新媒体发展趋势报告：中国网络媒体的未来(2015)[R]. 腾讯科技，2015.
[6]企鹅智酷. "微信"影响力报告[R]. 腾讯科技，2016，43(3).
[7]徐安娜. 深度解读 BAT 全球化系列——企鹅帝国[Z]. 企鹅智酷，2015-12-23.

互联网产品运营中的得与失

——以“滴滴打车”为例

摘　要：本文从互联网产品的角度出发，以滴滴打车为例分析了其进入中国市场的运营模式及其在运营过程中的“得”与“失”，并从中窥探出互联网产品在实际运营过程中所遇到的传统行业阻碍、监管不善、安全隐患等难题。提出只有出台相关政策法规，完善监管模式，保障安全，才能适应市场环境并不断完善产品服务，建构良好的互联网产品品牌。

关键词：互联网产品　滴滴打车　运营

一、关于互联网产品

（一）什么是互联网产品

互联网产品指通过互联网技术平台，提供给用户信息和服务的产品。互联网可以与各行业的具体特征相结合，创新出相关产品，借助互联网跨越时空、时效性、交互式、个性化、信息容量巨大等特点，使得互联网产品在当前后工业社会中以及追求用户体验的消费环境下受到用户的青睐，生活中也逐渐被互联网产品包围。互联网产品种类很多，常见的有应用系统软件、社交通讯工具、搜索引擎、电子商务、门户网站、网络游戏等。

当下各行业依托“互联网＋”的思维，把互联网技术运用到行业间产品开发的理念中，越来越多的互联网产品应运而生，例如，“互联网＋商务”实现开通了线上商务服务的大门，诞生出了几大电商京东、国美、阿里巴巴，为追求更加精准服务，京东、淘宝、天猫既有购物网站也有应用软件；“互联网＋交通”催生出了滴滴打车、神州专车等应用产品。

（二）互联网产品的发展思路

凭借互联网相互连接、数据储存、云计算等技术支持，把原本单一的传统产品与互联网技术、特点相结合，给传统产品的发展提供了新方向，加上大数据完成信息的交换和储存，创新出互联网产品。互联网产品事实上是传统产品在信息社会、互联网技术下的继承、发展以及创新。

互联网技术发展迅猛，很多行业都纷纷转变原有的运应模式，例如互联网金融(ITFIN)、电子商务、在线旅游服务等。这些影响和改变不光带给产业新的发展模式，还给人们带来方便快捷的生活体验，无论是应聘——智联招聘，购物——京东淘宝，出行——滴滴打车、携程，信息获取——百度、微博，还是一天的三餐——美团、糯米，都无形中受到了互联网产品的包围，但同时生活和工作也变得高效快捷。

互联网与零售业相互融合，互联网提供的在线销售与在线收付款，使消费者和商家有了新的购物和销售方式，这也即是电子商务的实质。一方面，企业和卖家可以将产品详细信息和供应信息清晰透明地展示在网络平台上；另一方面，消费者可以根据网络搜索到的产品信息了解产品，还可以通过以往买家的评价数据综合评价再决定是否购买，满足自身需求，之后还可以享受物流送货上门的服务。电子商务的商业潜力是巨大的，阿里巴巴 2009 年首创“双 11”购物狂欢节，2009 年 11 月 11 日当日交易额为 0.6 亿元，2014 年达到 571 亿元，而 2015 年双十一总成交额达到 912.17 亿元，每秒钟创建订单 14 万笔，支付宝每秒完成 8.59 万笔。

除了“互联网＋零售业”，“互联网＋交通”的结合极大地方便了人们的出行，从网上订购火车票和飞机票，到在城市间的打车出户，互联网正影响着人们的出行习惯。滴滴打车、快的、神州专车等互联网产品显示出国内外互联网技术向交通行业的延伸，它们改善了人们出行的方式，提高了效率，但随之而来的一些问题和弊端也引起了不小的争议，从中也能窥探出互联网产品在运营中的一些收获与弊端。

二、关于“滴滴打车”

（一）“滴滴打车”在我国发展历程

滴滴打车是由北京小桔科技有限公司在 2012 年 9 月 9 日正式推出的，是我国国内的第一家基于互联网技术实现网络智能与出行结合，即“互联网＋交通”下的新型网络智能叫车软件。一开始滴滴打车与北京出租车调度中心合作，又与百度地图、高德地图等进行合作，打响了知名度。目前，滴滴打车已成为全国最大的打车软件平台，根据 2015 年 5 月易观智库发布的数据统计显示，滴滴打车在同类型应用中独占鳌头，拥有 86.2%的市场占有率，而当时排名第二的 Uber 仅占 16.8%，神州专车占 8.3%。滴滴打车在 2015 年末就有了 3 亿的乘客量，1000 万专车司机，全年 14.3 亿订单，这已证明，滴滴打车是成功的新型互联网产品，其商业创新的模式受到了市场的高度认可。

（二）“滴滴打车”的运营模式

滴滴打车运营模式主要以私家车为主的 C2C 模式，就是私家车车主把自家车辆挂靠在汽车租赁公司，利用互联网平台整合的租赁信息，为乘客提供租车服务，但由于这种模式在行业发展、行业规范和用车服务上都存在有一定负面问题。滴滴也在寻求更好的运营模式。2015 年 11 月 17 日开始，滴滴运营模式在向另一种 B2C 模式靠拢，即车辆源于网约租车公司，由公司统一管理车辆和司机。

三、“滴滴打车”运营中的得与失

（一）“滴滴打车”中的“得”

滴滴打车在中国市场经过几年的发展，最开始固然借助了其他同类产品的优势，但在后面的发展中逐渐发展自身核心竞争力才能达到现在的成功。

1. 迅速锁定大量目标用户群体。现如今互联网用户大幅增加，通过互联网是许多公司和企业当下抓住消费者的重要途径，一个新型的产品如何能在短时间内吸引到受众，互联网无疑是最快捷和简便的。滴滴打车一开始通过微信、QQ，用快速的方式获得了 5 亿用户的流量优势，用最快捷的方式与大量目标用户群体搭建了桥梁。

2. 行业初期强大融资提供保障。网约车行业港发展时，为了获取更多的市场份额，常常会利用降价或补贴的方式。2014 年初开始滴滴与快递的博弈战即是利用价格补贴来争取市场份额，但这场“烧钱大战”的背后需要有融资做足资金准备，由中国电子商务研究中心的资料显示，截至 2015 年 1 月，滴滴打车完成 A、B、C、D 四轮融资，金沙江创投、腾讯、中信产业等企业为滴滴实现巨额融资，为滴滴的发展提供了坚实的资金保障。

3. 培养用户消费习惯保证行业长久发展。在网约车未出现之前，无私家车的人们短途出行时选择的方式无非就是乘坐公交、地铁、出租，但公交和地铁并不能到达城市内所有线路，有时还需要换乘，并且有时间限制，出租车相比较来说更方便，但乘客若离打车点较远，或者高峰期时也难以打到车。而网约车最大程度弥补了出租车的难题，可以提前预约打车，用户可根据定位系统就在所在位置直接等待网约车。随着时间的推移，这种更加方便快捷的方式被更多的用户所接纳，为“滴滴打车”今后的发展也铺上了更长的路。

4. 提高用户体验。“滴滴打车”用简洁的界面和便捷的操作流程，不断改进订单分配、优化 App，使得其使用都最大程度贴合用户需求。并且，滴滴通过一些自定义的评价模板，能加强用户与车主之间的沟通，方便用户做出乘车选择，提高用户黏性。再有，“滴滴打车”依托“O2O”(Online To Offline)模式，即利用互联网线下的商品或服务于线上相结合，基于互联网在线上生成订单，线下完成商品购买或服务支付。“滴滴打车”从 2013 年底开始支持微信约车和支付功能，随着国内线上支付服务不断完善，使得人们在使用网约车时不再费力换取现金，并且能更好地实现用户与司机的供需要求，优化支付，使出行更方便快捷。随着互联网产品的不断改进，在产品页面设计、操作功能键简化、服务个性化上都很好地与用户行为习惯契合，提高用户体验能很大程度上提高产品的用户黏性，并实现运营产品的最终目的即通过获得广大的用户而实现经济利益。

(二)“滴滴打车”运营中的“失”

1. 传统行业垄断阻碍。新的互联网产品区别于传统行业的运营模式，纵使网约车给用户带来极大的方便，弥补了公共交通的不足，受到用户的喜欢和认可，但是网约车打乱了原来处于垄断地位的出租车行业，在现有的法律和政策下很难把网约车合法化。通俗地来说，相关部门查处网约车与查处我们所说的“黑车”性质一样，都是“涉嫌非法经营”，为了保护传统出租车行业的利益。

传统行业经过多年的发展已经有了固定的资源配置方式，特别是垄断行业。如果加入了分摊资源的力量，势必会对垄断造成冲击，而垄断行业的第一反应是为了保护资源不被分刮而抵制新力量，再加上法律法规要出台应对新问题还需要时间，是否合法化的背后还是要看传统垄断行业是否真正接收新事物共同发展。

2. 政策法规监管不适应新行态。如果要判定滴滴属于“黑车”，需要在交易现场抓住，但互联网技术可用网上支付平台进行交易，所以必须通过现场这种判定难度较大，监管部门只能以“涉嫌非法经营”查处汽车租赁分公司。“滴滴打车”采用互联网技术，做成了一个平台，用户通过这个平台预定了一辆车，这种看似区别于“黑车”的经营方式也正是引发是否合法化争议的原因。传统出租车行业通过营运证、计价器、服务卡等方式进行监管，而滴滴的运营方式还没有更健全的政策法规来监管来确定其是否合法化。

这也正是“互联网+”计划推出和互联网产品运营各监管部门执法难的地方，政策法规的出台远落后于互联网技术的发展，而且网络监管问题一直都有很多漏洞，所以政策法规的迅速出台是必不可少的，只有通过有序的监管和有法可依，才能在保护传统行业的同时又保证新行业的发展。

3.新产品运营中暴露安全隐患。滴滴除了经营是否合法化的问题，引发的安全事故是引起重视的一方面。由于现如今大部分滴滴都还是基于原来的C2C模式，有很多司机并没有“职业化”，对其背景审查不严，并且安全问题大多都是针对女性这一弱势群体，存在着司机抢劫、性骚扰、性侵、杀害乘客等安全隐患。同“滴滴打车”一样的约车软件给用户带来的安全事故引起舆论对这类新行业的安全问题的高度关注，2016年5月3日，深圳宝安区一名女教师使用滴滴打车被司机劫财后杀害；2016年5月9日，天津一女乘客微博爆料通过滴滴乘车时司机下身赤裸仅用一条短裤遮挡。类似案件频发，更需要正面面对乘客的人身安全以及消费者权益的保护问题。

所以，用户使用网约车究竟是方便了自身出行还是提高了受害风险，都是需要全面看待的，这也是新技术带来社会风险增加的表现之一。除了人身安全风险，基本权益的侵害，还有信息泄露、支付安全等问题，都存在于今后的发展中。

四、如何应对互联网产品运营中的挑战

(一)推进传统行业升级

要使市场在资源配置中起决定作用，就需要破除行业垄断，真正让市场做选择。2016年5月24日有网友爆料，晚间时分，重庆大量出租车聚集在红旗河沟，意图抵制打车软件，造成交通堵塞。除此之外我国各地也经常爆出出租车司机集体抵制网约车的新闻。出租车行业常年发展以来垄断了市民出行打车市场，如今打车软件进入后直接影响了其利益的分配，所以多地出租车联合抵制打车软件的事件也使推进传统行业优化升级的问题不得不解决。特别是市场更加开放后，传统行业不能以暴力的方式抵制所有新行业，唯有传统行业适应新的市场环境，并不断转型，谋求新发展模式，才能同新行业共存。

(二)完善监管模式

依靠市场进行资源配置固然重要，但还需要出台相应的法律法规监管，通过法律法规的保障保证市场运行有序。对现有的互联网相关企业进行审核，明确政府部门、监管部门以及相关企业的责任。打车软件在交通出行方面提供了更好的服务，并解决了交通拥堵和高峰时期打车困难的问题，所以应该给予以“滴滴打车”为代表的一系列打车软件合法的地位，并将其纳入监管的范围实施监管，审核司机背景，对其进行相关法律法规的教育，企业也要担起自身的责任，保证行业确实能够给消费者提供优质、安全的服务，维护消费者权益。

(三)排除安全隐患

随着“互联网+”计划的深入推广，各行业跨界联合发展必然是新趋势，所以鼓励各行业间的融合和创新，发展更加便民的应用与服务，抓住用户的同时赢得经济利益。通过加强跨部门和区域的监管，多方力量协同监管，并且考虑到多方的因素，降低和排除安全隐患，提高用户的服务质量。把安全作为发展的前提，规范行业自身业务，保障消费者的人身安全以及合法权益。

五、总结

互联网产品通过互联网与传统行业的结合，实现传统行业的优化升级，在传统行业的基

础上继承、发展、创新出新的互联网产品，提升产品与服务质量，培育新产业，发展新业态，充分运用好市场资源，在相关法律法规的监管下有序运营，最终使经济多元发展，推动经济增长。

以“滴滴打车”为代表的一系列打车软件是“互联网＋交通”的结合，自从这一系列互联网产品问世以来，以创新的营销方式和个性化的服务打开了市场，并且极大地方便了用户，很大程度上解决了城市间的打车难问题，提高车辆使用率，降低了废气排放，保护了环境。但随之而来的合法经营与安全问题也正阻碍着这一新业态的发展，从中也可窥探到互联网产品在实际运营过程中遇到的困难。通过以滴滴为例分析互联网产品运营过程中的得与失，肯定互联网产品带来的经济效益的同时也要认真看待其引发的问题，加强法律监管、出台相应政策、排除安全隐患、规范市场秩序，保证传统行业与新业态双方的利益，共同发展，提供更加人性化服务，互联网产品运营和服务的完善和升级，打造良好的互联网产品品牌。

参考文献

[1] 李强治. 用“互联网＋”时代新思维破解网络约租车发展困局[J]. 世界电信，2015(9).

[2] 赵媛. 我国打车软件移动营销策略[J]. 合作经济与科技，2014(10).

[3] 陈露. O2O电子商务模式SWOT分析——以滴滴打车为例[J]. 现代商业，2015(7).

[4] 黄楚新，王丹. “互联网＋”意味着什么——对“互联网＋”的深层认识[J]. 新闻与写作，2015(5).

[5] 宁家骏. “互联网＋”行动计划的实施背景、内涵及主要内容[J]. 电子政务，2015(6).

[6] 周丽霞. 规范国内打车软件市场的思考——基于美国对Uber商业模式监管实践经验借鉴[J]. 价格理论与实践，2015(7).

[7] 王巍. 碎片化背景下的服务电商平台商业模式创新研究——以滴滴打车为例[D]. 济南：山东大学，2016.

[8] 侯洋. 基于SCP分析的中国互联网约租车产业组织研究[D]. 西安：长安大学，2016.

电视新闻系列报道浅谈

张铁墨
（宁波大红鹰学院艺术与传媒学院）

摘　要：系列报道指围绕一个新闻主题或事件进行一系列的多次报道，从各个方面发掘新闻事件，反映其具有的普遍意义或未来发展趋势。电视新闻系列报道是丰富新闻报道的有效手段之一，对于市、县级电视台来说尤为重要。

关键词：电视新闻　系列报道

系列报道就是在某个特定的时间内，围绕同一新闻事件或新闻主题进行多阶段、多角度、多侧面的追踪、补充报道。系列报道是电视新闻深度报道中的重要形式之一。

一、电视新闻系列报道具有鲜明的特点

（一）新闻主题的同一性

系列报道如散文，必须形散而神不散。它将同一新闻事件或新闻主题分成若干侧面，对每一侧面的报道相对独立，但在连续报道过程中，组合起来应该构成一个完整的主题思想。如果不注意这点，各篇报道就会成为一盘散沙，起不到应有的新闻传播作用。

（二）主题的重大性

系列报道一般侧重于对重大题材的报道，紧密结合党和政府的中心工作任务，对大众关注的热点、难点、疑点问题进行系列报道。关乎国计民生的新闻题材既便于从多侧面、多角度展开系列报道，又能激发广大观众的兴趣。通过系列报道，引导观众逐步深入认识新闻事件的全貌，起到良好的宣传作用。

（三）传播的系统性

从系统论角度考察系列报道，它是无序与有序的有机结合。表面上看，系列报道中每一条新闻都是独立成章的，是围绕同一主题或同一角度或一个侧面的报道。因此，播出的次序是随意的，是一种无序结构。但实际上，这又是有序的，是系统理论的有序组合。系统理论创始人贝塔朗菲认为：系统中最本质的要素是它的“组织联系”。对系列报道来说，“组织联系”是题材与主题的关系，题材是为主题服务的，围绕主题进行的，系列报道的整体构思和结构安排都表现出一种系统性。

（四）报道的整体策划性

系列报道是一系列完整的新闻报道，涉及很多因素，必须在系列报道之前进行报道策

基金项目：全国教育信息技术研究“十二五”规划课题2014年度青年课题（编号146242233）；2014年度浙江教育技术研究规划课题（编号JB055）；2016年校教育教学改革项目（16jyy610）。

化。要综合考虑新闻的总主题总基调,甚至播出的时机,可利用所有采、编、播人员的配置等等。要能够顾全整体,运筹帷幄。在各家媒体激烈的市场竞争中,新闻策划更是必不可少的。

二、电视新闻系列报道是丰富新闻报道内容的有效手段

对于城市电视台来说,探索出一条电视新闻系列报道的有效道路是一件很有价值的事情。那么,如何才能做好电视新闻系列报道,以点延面展开电视新闻系列报道。

(一)发掘题材,找点

1.拨云见日,选取新闻主题。点即系列报道的新闻主题。新闻主题是电视新闻的主线和灵魂,它统率着电视新闻报道的各个方面,好种子才有可能种出好苗子。好的新闻主题必须具有:(1)正确的立场观点。要有正确的宣传舆论导向,营造出一个充满正气的社会氛围。(2)重要性。只有选取那些生活中突出的矛盾、现象,关乎国计民生新闻事件,才能充分发挥系列报道的效益。(3)诉求需要。新闻系列报道的对象是观众,观众的需求就成了电视新闻报道必须考虑的因素之一。

2.同中求异,选取新闻角度。确定好一个新闻主题,如何挖掘出新的视点是做好系列报道的关键。(1)全局高度找角度。全局高度即宏观高度,包括国内外形势、党和国家大政方针、政治经济形势、思想动态等新闻的社会背景。全局在胸,才会游刃有余;(2)关切点找角度。围绕广大观众最关心最感兴趣的热点、疑点、焦点、难点问题展开系列报道;(3)共鸣点上找角度。共鸣点即能在情感上心理上拨动观众的心弦,引起观众心理上的"共振",做到与观众之间"心有灵犀一点通";(4)"人无我有找角度"。在一些重大事件新闻报道中,要努力从别人没发现的角度找冰点、歧点进行系列报道;(5)多因多果找角度。客观事物经常是复杂的立体的,常常是一因多果、多因一果、多因多果,形成"系统因果网",要从多因多果中找角度;(6)以小见大找角度。从小的关注点切入,以小见大,"一滴水也能折射出太阳的光辉";(7)围绕特点找角度,没有特点不能形成新闻报道。

(二)互相联系"勾心斗角",延面

中国古代建筑很讲究"犬牙交错,勾心斗角"。开展系列报道同样要相互联系"勾心斗角",以点延面进行报道。点即是系列报道所围绕的新闻事件;面即是围绕主题展开的多侧面、多角度、多阶段的各个独立的新闻报道。系列报道可以对一个新闻事件延伸报道,也可以对一个新闻事件展开多角度多侧面报道。由此可见,报道要成面,既要有广度,又要有深度,并且还要伴随新闻事件的发生发展进行多阶段的报道,从而展开时间线。

1.报道的广泛性。广泛性即系列报道要打破时空局限。系列报道一定要注意报道面要铺开,多侧面多角度地反映新闻事实,这样的报道才丰满。如反映教育现代化的系列报道:可以报道校园内的变化、教具生产厂家的情况、书籍出版商的情况、电视社教节目的情况、人才市场的情况、学生的假期活动情况、家长的反映情况、教师的培训情况、国外的教育新发展情况等。

2.报道的深入性。系列报道不仅要铺开面,还要深入报道新闻事件。系列报道中要求报道要有深度,不能浅尝辄止,蜻蜓点水。要剥开复杂的新闻事件表象,深入发掘其内涵。报道要有深度,要求记者具有较高的综合素质,要具备一定的行业专业知识,要对当今的形

势、国家的政策有相当的了解和认识，即要做足报道前的案头准备工作，否则系列报道就不能触及新闻事件的要害。

3.报道的持久性。持久性指系列报道以后应能形成一定时期的较大的社会影响。系列报道不是为报道而报道的，它的目的是向受众传递丰富的信息，从而对其产生一定的影响。电视新闻事业是一个信息产业，要符合效益性原则。付出了较大的人力、物力、财力进行系列报道，却反响平平，引不起观众的兴趣，或对观众来说没有多大意义，这样的系列报道是很失败的，因此，系列报道之前，要考虑它所能产生的社会影响、社会效益。

4.报道的前瞻性。进行系列报道要求新闻编辑和记者有一只灵敏的“新闻鼻子”，能够从一些小的新闻事件端倪中看到后面隐藏的可能发生的重大的或有意义的新闻事件，这涉及电视新闻报道的时效性，便于早下手。

5.报道的信息密集性。系列报道是深度报道的一种，因此具有信息广博、密集的特点，其各条报道间要横向地联系，但每条报道本身要注意纵向的挖掘对比。要注重资料的挖掘，用新的视角看待过去的资料信息，从而发现新的价值，同时也增加了系列报道的信息量。

(三)要视听兼备，声形并茂

现场的同期声录音更能增加报道的真实性。视觉画面上包括现场实况摄录的环境人物、图片资料、文字图像、制作的动画等等。听觉上，现场声、音乐音响，后期配音综合运用；信息传送通道方面，空中地上立体交叉传送。可以用地面中转信号，也可以通过卫星传送。报道方式最好采用现场纪实报道。当然采制电视新闻的技巧自不必说了。

(四)注重新闻策划

电视新闻策划是为提高报道质量，挖掘题材，拓宽报道领域或为完成好一些大型的或阶段的报道任务，一个题材的深度挖掘合乎电视采访特点，达到最佳效果的采访拍摄方案。它不是对新闻进行策划，而是对可能发生的情况做好预测，采取有效的做法，新颖的创意，寻求最佳报道效果的整套计划。策划首先要有新闻事实，这是最关键的。选题要策划，策划的目的是提高报道质量，其灵魂是创意，它必须重实质而不是重形式。

三、结　语

系列报道是丰富电视新闻报道的有效手段，它形式灵活，信息密集，能给受众一个立体化的新闻事件全貌，能很好地满足受众观看电视新闻的需求，同时它也有利于把一些大型的有意义的新闻事件全面真实地展现出来，起到良好的宣传效果，引导社会舆论。因此下大力气搞好电视新闻系列报道是一个很好的实践和探索，对于电视新闻节目还较弱的城市电视台尤其有益。

参考文献

[1]叶子.电视新闻学[M].北京：北京广播学院出版社，2004.

[2]王胜文.电视系列报道的规则[J].新闻爱好者，2007.

[3]刘传琳.走出电视系列报道误区[J].青年记者，1998.

[4]韩雅琴.策划：增强政经报道竞争力[J].中国记者，2006.

奉化沙堤村空间环境演化分析(1980—2014)

樊燚琴
(宁波大红鹰学院艺术与传媒学院)

摘　要:围绕奉化市沙堤村从1980—2014年间空间环境的演化展开实证分析,明确其发展的3个历史阶段,分析空间环境演化的驱动因素、特征与存在的问题。并由此推而广之,思考在城镇化进程中,随着经济结构转型、生产技术进步、传统文化保护、生态环境保护、新农村建设的整体推进,个体村庄该如何协调自身特色与整体趋势之间的关系,形成有秩序、有特色、可持续发展的村庄空间环境。

关键词:村庄　空间环境　演化　实证研究

1981—1989年间,奉化市沙堤村出现第一次造房热潮,其间通过原拆原建和闲置宅基地的利用,旧村区建筑密度极大提高,新建房屋形成了“礼堂”区。20世纪90年代出现第二次造房热潮,村庄沿村道向外拓展,形成“桥棚外”区。2000年后该村开始自发修建与规划修建别墅、小高层建筑,形成“别墅区”。工厂在村庄外围逐渐出现并增加。三次大规模的村庄建设运动形成了该村的空间布局。村民们在享受现代化生活的同时,也在反思生活习惯改变、老建筑拆迁、邻里关系断裂、传统文化失传等现象。农村空间演化的驱动力是什么?对传统农业文明的传承带来什么影响?谁应承担农业文明的继承与发展?随着经济结构转型、生产技术进步、传统文化保护、生态环境保护、新农村建设的整体推进,个体村庄该如何协调自身特色与整体趋势之间的关系,形成有秩序、有特色、可持续发展的村庄空间环境,共同构成本论文写作的出发点。

本文通过查阅相关文献资料,立足实地调研成果,运用对比法、归纳法形成数据图表资料,进一步分析奉化沙堤村1980—2014年间空间环境演变的过程,分析其演变的驱动因素、特征及存在的问题,最后形成一定的反思与建议。

空间环境演变有多种分析视角,有人口、经济、政治、地理、文化等多维度的驱动因素。本文在分析沙堤村空间演变时依据空间地理学的分类标准与理论;在分析驱动因素与特征时以经济发展为线索,结合政治背景、人口因素,考虑地理与文化因素;在分析存在的问题时主要关注农民发展与文化传承的矛盾;在反思与建议时遵循社会政治经济发展趋势与农民自身发展的需求,提出改良性建议。

项目基金:本文为浙江省教育厅高等学校访问学者专业发展项目2015108“村落传统文化的数字化保护与产业化传承研究——以奉化溪口为例”研究成果;宁波市软科学项目2015A10012“宁波市近郊城镇地域文化景观的补偿性设计对策研究”研究成果。

一、奉化沙堤村空间演变过程(1980—2014)

奉化沙堤村在1980年的时候还维持着人民公社的生产组织模式,此时的村庄空间是前一个时代的凝聚:因此选择1980年为起点。2015年该村的新村改造工程进一步加快,开始规划拆除部分老房子,意味着一个新时代的开启:因此选择2014年为终点。该村空间演变的分析按照空间要素类型为框架展开分析。根据2016年卫星地图绘制了村庄2014年的简图(如图1),在此基础上,结合实地调查和相关文献记载,并请该村老年人复核后,形成了对其空间环境演化的分析。

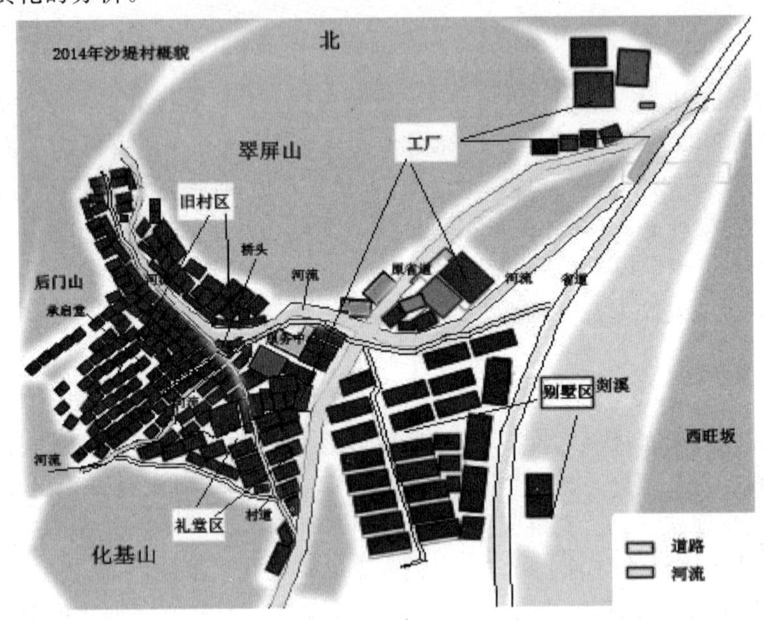

图1　奉化市沙堤村2014年村庄概貌

(一)村庄空间格局的演变

自1980年到1995年间,村庄从旧村区向东边拓展,形成了"礼堂区",村庄范围扩大。村庄空间从"三山两水夹一村"的三角形向外延展。村庄建筑的排列秩序基本由河道与山体来形成。建筑密度增加,原空置宅基地及晒场建起了房屋。建筑物高度约增3米(出现"假三层")。

从1995年到2014年间,村庄向东将村边缘线推进到了省道旁,向北推进到了资福寺原址所在的林场,向南与自然村单家毗邻,形成"别墅区"与"工厂区"。村庄空间进一步扩大。村庄格局变为三面环山一面临道的蝶形。旧村区内空置地几乎填满,但建筑秩序没有明显变化;新增村区建筑秩序由村道形成,出现了体积较大的建筑物。建筑物高度增加3～8米(一般新房3～3.5层,小高层建筑5层)。

20多年间,村庄的中心向东移动。从1980年的"承启堂"(现老年活动中心)到1995年的桥头、礼堂区,再到2014年的别墅区、工厂区,约向东迁移90米(如表1)。随着村庄中心的迁移,村民的生活也在发生变化。

表 1 沙堤村空间布局的演变简表(1980—2014)

类目	名称	1980 年及以前	1981—1995 年	1996—2014 年
格局	范围	东至村道沿线,南至今礼堂,北至今富康家,西至今养蚕厂遗址	东至今别墅区,南至今养殖厂,北至电机厂,西至养蚕厂遗址	东至省道沿线,南至今养殖厂,北至电机厂,西至养蚕厂遗址
	格局	三山两河夹三角	突破	蝶状
	建筑秩序	沿河道依次排开	沿河加沿村道	沿河加沿省道
	密度	疏	密	旧区密,新区疏
	建筑高度	1～1.5 层	1～3.5 层	1～5 层

(二)村庄建筑的演变

村庄建筑按照使用功能分为民居、公共建筑、工业建筑和农业建筑四大类型展开分析。民居即村民住宅。公共建筑包括道路、礼堂、学校、商店等村庄集体活动空间和桥梁、厕所、垃圾场、路灯等公用设施。工业建筑包括村工厂。农业建筑包括仓库、晒场、农林果场等。分析时仍以三个时段为节点,以建筑的功能与形式为框架。

1. 民居的演变

沙堤村最早发源自村西“后门山”下,至今还有石头堆砌的墙基遗留。民居结构有单体、联体、合院等形式;建筑材料有黄泥、木材、砖瓦、石头、钢筋水泥、玻璃等;建造风格有江南传统民居、现代民居以及欧式复古风格。

(1)单体民居。单体民居一般分布在村庄边缘,功能齐全,独立成户。早期的单体民居一般有院子,院子中留一块平整的空地,用来晒稻谷、干菜,周围种植橘、桃、枇杷或其他植物;不建或少建围墙。位于村中的单体民居院子较小,只有 2～4 平方米的平台,没有围墙。后来建造或翻新的单体民居则习惯建造大门与围墙,有些保留院落,并用水泥浇筑了地面,仅留下墙沿种植作物;更多的则把院子的空间也建成了房屋,风格多仿欧式。

(2)联体民居。联体民居一般出现在村中,从同一个祖先传下来的兄弟们比邻而居,拼梁、拼墙、拼院,以链式排开,面对着道路。后来随着房屋买卖、人口迁移,邻居关系开始复杂化。90 年代村民重新修建房屋时除了邻里关系较好的保留拼墙的传统外,拼梁、拼院的传统被打破;甚至会把联体断开,各自筑墙,中间留一道 5 厘米左右的缝隙;也有些关系好的村民集资造联排民居。2008 年规划的新区也采用了联体别墅、联体小高层的形式,把这一传统继承了下来。

(3)合院。合院分为二合、三合两种。二合指的是房屋沿道路相对而建,没有围墙。随着邻里关系变化或交通等考虑,有些村民将前门换作后门,从而打破格局。三合指几户人家共建住宅,中间留出一块空地,三面围合,一面是围墙与大门。根据功能布局不同,可以分为一面住宅,另两面杂物间、厕所间、楼梯间的形式;或三面住宅,把卫生间放在合院外或内置进房间的形式。前者较早,后者从 20 世纪 80 年代末才有,特别是 90 年代末抽水马桶兴起以后。

2. 公共建筑的演变。村落公共建筑主要服务村会、红白事、祭祀、宗教、老年活动、教育、文化活动、医疗等，有的场所兼具多种功能。

(1)交通建筑。

①村内道路。满足村民通行、运输的需求。从 1980 年到 2014 年，道路有一定程度的加宽、加固、加高。比如某村民在建造新房时为了可以通行电瓶三轮车，特意将宅基地向内缩约 0.8 米。路面从原泥地、鹅卵石铺装变为水泥路面。2004 年前后村内道路基本上浇上了水泥，使路面更加平整、牢固。而伴随着水泥路面的浇筑，路面增高，出现路高于屋门的情况。村庄依山而建，原有许多台阶，大部分被浇筑为斜坡，以方便车辆通行。村中仍然保留着一部分的弄堂，仅容 1～2 人通过；还有些窄巷根本不容人行走，它的产生不过是为了明确两家的宅基地界限，是 90 年代后建房才有的产物。

②村外道路。满足村民对外交往的交通功能。1980 年时省道即今村中马路。1995 年江拔线改道工程完工，新省道沿剡溪绕村而过。原省道村内部分十余年基本维持原样，不再承担省道功能；2008 年后两旁开始有绿化景观带，种植了银杏、桂花树，部分设置了围栏。沙堤村还有一条道路通往雪窦山入山亭村，现为村机耕路。

③村内河道。村内共有 2 条河，分别源于雪窦山和岩登山。在村中“桥头”交汇。河道上隔一段距离就有一个河埠头，承担饮用、日常清洗、沐浴及河两岸交通功能。从 1980 年到 2014 年，河道饮用功能消失(1987 年村中通自来水)，沐浴功能减退(1989 年前后的新建筑都设有浴室)，日常清洗功能也稍有减退，这些导致村中河埠头数量减少。村中历史存在过的河埠头共 24 个(河两岸成对出现的算 1 个)，已少了 6 个，占比 20%以上。部分河埠头用水泥浇筑出较为规整的台阶以及洗衣台面，也有部分保持原始模样。2014 年村口段的河道两岸竖起了石头围栏。

④桥。村中桥梁大大小小、各种形式都算上有约 18 座。主要功能是确保两岸交通。形式上有老式石拱桥、预制板桥、水泥桥、廊桥、汀步石等。建造年代最久的是石拱桥与廊桥，分别在地名中留下了痕迹，“桥头”“桥篷外”；最简陋的就是汀步石，在水中放置几块大石头，当洪水来时就不能通行。近年来改建的桥基本上是水泥预制板桥，桥面较宽，可以通行农用三轮车。

(2)承启堂，也叫祖堂。承启堂是在 1941 年日寇轰炸中保留下来的公共空间之一。为一三间四架的传统建筑，中堂挂着“承启堂”的牌匾；屋顶有马头墙与周围建筑隔开；屋前有空地；本来是砖墙，因为年久，修葺时刷了水泥，并使用了玻璃增加进光。早先承担红白喜事、祭祀、文化活动与举办村庄会议的功能。村民回忆小时候阁楼上放满了寿材，过年过节会放焰口(宗教活动)，而喜酒也在这里办，农闲时节常有流浪艺人来唱走书、莲花落、折子戏(地方曲艺)，村民议事也在这里。90 年代大礼堂修建后，红白事的酒席、村民议事中心迁移到了大礼堂；但祖堂仍然是白事仪式举行的地方。1995 年火葬改革后，寿材越来越少，现在已经看不到了。祖堂现为老年活动中心，功能减少为白事仪式、老人搓麻将闲聊的场所。

(3)礼堂。礼堂始建于 20 世纪 80 年代末，原村委会所在地。占地面积约 200 平方米，是复合式建筑，有约 2 米高的台阶；门楼上就是村委办公室。进去为挑高约 5 米的大空间，尽头处为戏台；为适应戏曲观看，设置了台阶。可以容纳 500 余人同时观看，办 20 多桌酒席；一边侧门出去为大厨房与流理台，另一边则是空地，用围墙围起。承担村委办公、村民会议、广播转播、红白喜事酒席、戏曲表演等功能。2012 年随着新服务中心投入使用后，礼堂基本已经废弃，成为村档案所在地。

(4)服务中心。服务中心所在地 20 世纪 70 年代从村庙改为小学，最后成为了服务中心。原村庙为对称合院结构，中间是佛堂，两边各 4 间是库房，院子中还有 2 个花坛。小学基本没变格局，只是搬走了佛像，把原仓储间改建为了教室与办公室，并在中间的空地上安装了 2 个篮球架和 1 个旗杆。1996 年小学并入镇上，该地废弃；在村委的规划下开始改建为服务中心。服务中心为一个 L 形建筑，空地用作停车场，承担村中红白喜事酒席与红事仪式。而村庙迁址至村西南，最初为单间小庙，后改建为三间四架大庙，供奉先祖与神像。

(5)卫生所。卫生所所在地 1980 年的时候是碾米厂，兼做年糕等时令食品；90 年代末撤销闲置了几年后，成为了村卫生所，有医生驻点。而原村卫生所因是赤脚医生在家里所开被撤销。做年糕曾经是沙堤村一大盛事。每年 12 月份，村民就会按生产小组抓阄排队做年糕，需要日夜不停地连续做一个多月才能做完。

(6)商店与贸易区域。村中最早的销售点是供销社，当供销社体制取消后，出现小店，后升级为超市。目前村内有超市 3 家，小店 3 家，还曾有 2 家小店已关门，有点心店 1 家、菜摊 1 家(曾经有 3 家)，村民有蔬果鲜鱼时也会聚在一起摆摊。有农资代售点 3 处，销售化肥、种子、砻糠等。有桃子市场 1 处，零散收购点若干，专门收购奉化水蜜桃、雷笋等农产品，从 90 年代中期发展起来，现在已经有较大的规模。2014 年新建农村淘宝网店 1 家。房屋出租多家，以村内横大街沿路为例，共 20 户，出租户为 4 户，占 20%。

(7)公共设施

①公共厕所。村庄为每户人家配备了粪坑地，一般是五六户人家拼在一起；最早是老式厕所，即大缸上架木头座子的形式。90 年代末造房子时开始建卫生间，用抽水马桶，室外厕所开始废弃。2008 年，村庄开始集中修建公共厕所，改善村落卫生环境。老式厕所使用人更少。

②垃圾回收站。村庄的垃圾处理很早就有专人负责，但村民们倾倒垃圾最初很不规范，路旁、河道上到处都有。后来村中集中设置了垃圾桶，情况有所好转，并在村外设置了垃圾回收站。

3. 农业建筑

(1)林果场。种植花木、果树，有花木山、板栗山等，位于村口，没有特殊建筑物，至今仍然在运营。

(2)晒谷场。晒谷场曾是沙堤村最大面积的空地，最早是平整的泥地，后来浇上了水泥，按照晒谷席子的大小分割成一块一块，分配给村中各生产组。但是现在已经看不到了。上世纪 90 年代中期，除小学校门口的晒谷场还留着外，其他都已经建起了房子。这块场地还兼作村中流动电影放映、马戏杂技、舞龙的场所。而到了 2000 年后，这块晒谷场也没有留下，建成了厂房和停车场。

(3)集体仓库。在 1981 年分田到户以后，集体仓库也分给了各生产小组。部分生产小组将其拆建为民居，逐渐消失。

4. 工业建筑。村中最早的工厂是碾米厂。因为不对外村营业，所以并不很规范，在年节的时候特别红火。20 世纪 90 年代末就关门了。80 年代曾开过养蚕厂、预制板厂、砖窑厂，90 年代相继关门。后兴起了竹制品厂、五金厂、电机厂、生态环保厂与养殖场，构成今天村庄生产企业基本格局。

二、沙堤村空间环境演化的驱动因素

沙堤村空间环境演化受到国家农业与农村相关政策的激励，与奉化市经济战略与经济发展有密切联系，与溪口风景区、亭下湖水库、江拔线与高速公路的修建、银凤五星级度假酒店规划建设有关，也受到人口变迁、文化传播等因素的影响，同时空间环境本身也在影响着其进一步发展。可以分为4个阶段来分析。

1.1980－1987年左右。因为实行家庭联产承包责任制，农民积极性和主动性得到发挥，经济收入改善。此时修建房屋的主要驱动因素在于人口。该村的“50后”进入婚育阶段，这批人数量庞大(户均4～5人)，随着他们的结婚、生育，原来住房明显不足。随着政策的宽松化，他们迫不及待地开始造房；而因为经济能力所限，大部分都在空置宅基地或原址上拆建。原村集体库房、村民自留宅基地被充分利用起来。

2.1988－1995年左右。1984年的《中共中央关于经济体制改革的决定》明确了社会主义经济是有计划的商品经济，农村经济改革开始市场探索阶段；1992年国家开始改革粮食销售体制，使农民逐渐摆脱农田束缚。在奉化市大力推广水蜜桃、芋艿等特色经济作物的背景下，奉化市食品加工厂、纺织服装厂等优势企业获得进一步发展。村民在种植水稻的同时，也种植了桃树、桑树、雷竹等经济作物，出售农特产品、养蚕卖茧。于是有了村口的收购点和村尾的养蚕间。同时这些加工厂还吸纳了部分村民在农闲时进厂打工，或者拿绣品在家加工，补贴家用。

此时村庄空间环境属于过渡期，一方面第一时期的驱动因素仍然存在，原拆原建仍占主流；另一方面村民建造新房开始有向外发展的趋势，在商业因素驱动下沿村道两旁造房子。

3.1995－2007年左右。粮食政策进一步放开，到2004年全面放开，村民逐渐不再种植水稻、油菜，经济作物面积加大；乡镇企业的进一步发展保障了经济作物的销售；同时也带来了更多的就业机会，在村、镇工厂打工的村民日益增加。1995年奉化市开始系统地规划溪口景区，形成水库、雪窦山、蒋氏故里三大景系，溪口获得国家5A级风景区称号，中外游客大量涌入，带来了旅游特产市场的繁荣。同年省道改道工程完工，沙堤村交通更加便捷。村民在村口修建桃子市场，同时开始在村外省道旁摆摊卖农特产品。鼎盛时期村民摆的摊位从桃子市场沿省道一直到上山桥一段，约隔10米一个，数量过百。顾客就是来往的汽车司机与乘客，月入可达万元(毛利)。这使得村民经济收入、生活水平获得极大提高，生活方式有较大改变。

此阶段村庄空间环境演化的驱动因素呈现多元化趋势，人口因素、经济结构调整、生活方式、流行因素以及空间生产本身，都有所体现。人口驱动因素从婚育变为求学，部分村民为方便子女接受更好教育迁居镇上，原住宅或变卖、租赁或闲置荒废，带来外来人口的进入。经济结构调整、改善性住房需求成为重要驱动因素。为了农产品销售的便利，村庄东线整体呈现向省道迁移的趋势。村民开始修建高层、大院落房屋，重视装饰装修。因为农业从粮食生产变为经济作物的种植，大量农具被变卖或丢弃；各家自己经营生意，不再需要大量的生产协作，原邻里关系被打破；加上水、电、煤气的通用，这一时期建造的房屋从结构、功能到装饰都产生极大变化。原来的仓库、柴房、谷仓、水缸消失，代之以现代化的室内设计，节约了大量空间；大面积、高层建筑则宽裕了家庭成员的室内活动空间与私人空间；当时流行卧室整体橱柜的装修风格，几乎家家都有；高墙大院等封闭式建筑改变了村民的社交关系。因前阶段的空间生产导致村中空间日益局促，村民选择晒场、村庄边缘空地、甚至动用自留地来兴建房屋。空间生产自身发展规律的影响开始呈现。

4.2008年后。这一阶段从根本上来说，是上一时期经济结构调整、改善性住房需求的延伸，但也体现新特点，即政策驱动的直接化。在浙江省"千万"工程普及到全省各乡村的政策背景下，该村公共服务设施得到提升，村中水泥道路、垃圾站、公共厕所、服务中心、河道整治以及环境卫生工作等，改善了村庄环境，也用标准的现代化特色改变了该村的风貌。旧村改造规划也是在政策的推动下形成的。别墅区与小高层建筑将农业的影响进一步降低，工商业的影响进一步加大。随着村民不断搬入新区，整个村庄的城镇化率得到了极大提高。

从四个阶段的发展来看，该村空间环境演化的外在驱动主要有国家相关政策、地方政府规划与经济发展政策、周边经济发展形势等3个方面；内在驱动因素主要有人口增长、子女求学、事业发展、收入提高、文化与审美需求等5个方面。

而纵向来看，不同时期主导因素不同。1980年代主导内因是人口因素与收入提高，外因是国家推行家庭联产承包责任制。1988年后主导内因是收入提高，外因是国家对粮食政策的放开与地方政府对种植经济作物的扶持。1995年后主导内因是收入提高与事业发展，外因变成了政府交通规划（省道改道工程）与溪口风景区的规划。2008年后驱动的内因日益多元化、分散化，外因除了省千百万工程的推进、新农村建设规划外，其他因素也都有所体现。在诸多因素中，传统农业、农村文明的传承很少被关注，只是作为一种空间环境的习惯被默默继承，一旦遇到其他因素冲击就会被放弃。

三、沙堤村空间环境演化的特征及其存在的问题

（一）空间环境演化的特征

1.城镇化。城镇化的表现在于农业因素的影响日益减少，而工商业因素的影响日益增加。村庄中心从原祖堂向交通要道迁移；部分近村的农田被征用，来安置移民或建造厂房；晒场、碾米厂等农业生活离不开的建筑逐渐消失，公共厕所、公共垃圾场等现代化设施逐渐规范化；室内空间功能区分清晰化；高层建筑涌现，特别是小高层套房；建筑体趋于封闭，院子围墙增高，村民之间联系减弱；村中工商业体增加。齐美尔研究的都市现代性"距离"问题开始出现，村庄正在生产它的对立面。

2.多元化。比如现在的村服务中心，依次倒推分别是小学、村庙；现在的村卫生所，依次倒推分别是仓库间、碾米厂；很多民居也是如此。祖堂，主体是砖木结构，但是墙面用水泥加固，并加上了长条形的玻璃。空间形态呈现多元化。稻草黄泥墙、砖瓦木架构、砖混结构、别墅式、小高层，多种时代、不同风格的建筑体共存于村内，形成多元化的现状，见证着一个历史阶段的变迁。

3.增大、加密与空置。这是从村庄空间范围、建筑物密度与空间利用情况来看的。从1980年到2014年，村庄范围增加了近一倍，村内建筑密度也极大提高（原空置宅基地几乎都建满了房屋），建筑加密的另一表现是村中绿化的减少；但是该村人口近20年里几乎没有增长（移民、死亡与低出生率），又有近1/3的村民迁居到了别墅区里；旧村内有大量房屋闲置，或用于出租，或堆放杂物，甚至直接闲置，"中空"的特点非常明显。

4.自发性与模仿性。该村空间生产体现较为明显的自发性与模仿性，即没有外界的力

量来系统予以规划，随着村民自身的发展而各自去做力所能及的改变；在此过程中以模仿城镇为主，建筑带有特定时代的集体特性，而缺乏对村庄传统文化的继承与发扬。关于这一点的研究有待深入。

(二)存在的问题

相比较而言，距离该村6公里左右的岩头村被列入省级历史文化保护村落，村庄传统建筑得到了整体保护与开发；距离该村2公里左右的白岩村因为靠近溪口风景区纳入景区统一管理，几乎完全城镇化。从沙堤村空间环境的演化来看，总体特色不鲜明，存在很多问题。

1.传统空间的断层。沙堤村始建于宋景德三年(公元1003年)，比周围很多村庄都早。据村中族谱记载，先祖曾任宰相，后辞官隐居于该村，建起了这一支族系。至今村庙中仍供奉着这位先祖。该村村后有入山亭，曾经是四明山茶叶、竹木、柴炭经商要道，又有水道通宁波，形成"黄街古陛、屏山旭日、剡溪夜月、丹砂夕照、仙洞归云、鞍峰积雪、仙桥凝霜、虎岩吞泉"八景。但这一切在1941年被日军焚毁。村中古迹、村民房屋几乎被烧空。至此就没有再建设起来。该村传统文化就是作为交通要道发展起来的商业文化，但是这一点在现在的村庄空间中难觅踪迹。

2.空间环境定位不明，特色缺失。在沙堤村有农业、工业、商业建筑。农业有经济作物桃子、雷笋等，但是影响力逐年下降，地位已经让位给新建村；工业有五金、压铸、电机等，但是品类分散、规模较小，影响力不大；商业中农产品供应总量较大，但是分散采购的经营模式使规模变小。在多元化的风格、叠加的建筑、自发的盲目中，村民之间缺乏沟通与合作，空间环境缺乏整体规划与定位。2007年后，在村外缘集中规划别墅、小高层区，有一定改变，但是该部分的设计缺乏村庄文化特色。

3.农业文明在空间环境演化中式微，农民文化生活匮乏。随着农业结构的改变，工商业的发展，沙堤村多年来孕育的农业文明消失殆尽。舞龙、杂技等晒场文化随着载体消失而消失；戏曲文化随着广播电视的入侵而消失；农村特有的祭祀、红白事传统、宗教文化随着人群的分散也渐渐衰微；农民不再有农闲的时候，也无所谓农忙；芒种、端午的各种民俗也随着农事活动的改变而不再具有意义；曾经盛极一时的集体做年糕已经多年未见……二十多年的空间生产似乎改善了生活，却把农业文明的生存空间挤压殆尽。村民日常休闲只剩闲聊(农业耕种信息交流缺位)、搓麻将、看电视、跳广场舞、逛街，一年如一日。原来的建筑空间不再适应现代生活的需要，其传承的空间环境文化缺失了现实支撑，但缺失了农业文明传承的空间环境还是人们理想中的乡村吗?

4.城镇化发展到一定瓶颈。与紧邻城镇的白岩村相比，沙堤村的弱势很明显，地理位置离城镇中心有3公里左右路程，且隔着山脉，不适合分担城镇溢出来的人口；农田、山地较多，适合发展农业，不应该完全城镇化。于是该村的处境较为尴尬，接下来来自经济结构调整的驱动力会大幅减弱。

四、解决问题的思路

后现代地理学家苏贾说，"空间在其本身也许是原始赐予的，但空间的组织和意义却是社会变化、社会转型和社会经验的产物"。在城镇化发展、经济结构转型、新农村建设的推进中，沙堤村空间环境不可避免地受到影响。但是作为一个特定的村庄，其空间演化应该有整体的考虑，认清自身优势，凝练特色，形成发展定位，才能够在变化中把握自身，获得更好的发展。就沙堤村来说，提出以下几点建议。

1. 应重构传统文化，形成底蕴。原来的村景可能不易复原，随着交通的改变也失去了原本的地位，但是传统文化是一个村庄得以自立的根基。要做好传统文化的重构与宣传，发扬传统文化中的商业精神、农业文明，凝练村庄特色，凝聚村民向心力。比如保护村庄古迹，把历史建筑保留下来而不是随意叠加；开发民俗博物馆，进行纪录片拍摄、播映；沙堤村曾以商业闻名，有“诚信”“勤劳”等故事流传下来，可以编写成小册子或故事集，作为村庄的文化名片；也可以组织文化活动，如参加奉化市水蜜桃节、举办村俗展示活动等，来推广文化，提升村民素养。

2. 应整合现有农、工、商业发展情况，适度城镇化。作为三不靠的村庄，一味追求城镇化或者恢复农业生产都不现实，应该整合现有农、工、商业发展情况，形成自身的生产、加工、销售系统，从而凝练拳头经济体，增强独立性与影响力。这也有利于明确村庄定位，构建村庄特色文化，从特色中进一步寻找空间生产的动力。

3. 应鼓励公共空间及其文化的生产。空间是文化的载体，是村民交流学习的场所。要凝练村庄精神，传承文化，必须有相应的公共空间。村庄公共空间应该与村庄经济发展、传统文化联系起来，具有创新精神，而不是一味模仿或借鉴。目前该村有很多闲置、废弃的房屋，完全有公共空间生产的场所。

4. 应培育村民原创力，成为村庄空间生产的主体。新时期的村民不再完全是面朝黄土背朝天的农民，但也不是朝九晚五的纯粹上班族，也不一定要是原居民；而是一群能够发掘该村庄潜力，构建该村庄最美空间形式的群体。最适合的肯定是最有特色的，也肯定是最美丽的。

五、总　结

村庄带有浓郁的农业文明气息。但是在城镇化进程中，随着农业体在经济结构中的比例下降，农民进入城镇或村办企业打工，村庄空间环境演化的驱动因素发生了巨大的变革。多元化的驱动因素导致村庄空间产生巨大变迁，农业传统文化失去传承依托。在发展中，村庄空间环境走向了自身的反面，面临失去的危险。在这样的历史时期，梳理村庄自身历史、文化，明确发展定位，才能够走出一条可持续的特色发展道路。本文对于这些问题的分析还很浅薄，主要在于描述现状，发掘问题，引起思考。

参考文献

[1]林静俊. 奉化三十年纪事[M]. 北京：中国文化出版社，2008.

[2]胡元福. 奉化市志[M]. 北京：中华书局，1994.

[3]汪志铭主编. 甬上风物：宁波市非物质文化遗产田野调查奉化市·溪口镇[M]. 宁波出版社，2009.

城镇文脉与城镇标志设计的建构

梁　伟　吕焕琴

（宁波大红鹰学院）

摘　要：对城镇文脉的城镇标志设计进行分析，以国内城镇为载体，结合社会学、设计学、哲学、传播学对城镇文脉定位、城镇标志设计的建构进行基础研究。紧紧扣住城镇人文、自然景观、哲学等多个角度分析城镇文脉与城镇标志建构的重要性，深入挖掘城镇标志设计蕴含的文脉符号和造型元素的融合。

关键词：新型城镇化　标志设计　文脉　建构

2001 年我国深入开展城镇总体规划的项目推进工作，到 2015 年 5 月正式启动新型城镇化建设的相关政策，向城镇化发展的道路迈进。城镇化建设不仅要搞好城镇基础建设，还要提升城镇形象，发挥城镇标志品牌效应，促进城镇发展。近几年国内城镇标志设计征集与更新逐渐兴起，引发城镇标志设计征集与宣传的热潮，少数城镇已推出了富有个性特色的城镇标志形象，未来会有越来越多的城镇将推出自己的标志形象，这也将是国内设计界又一股艺术思潮。目前，我国的城镇标志设计研发还处于初步阶段，近年来不少城镇相继推出自己的标志，打造特色城镇形象，如何将城镇文脉融入城镇标志成为人们关注和探讨的焦点。笔者认为城镇文脉是城镇标志设计的源头，深入分析挖掘城镇文脉所蕴含的符号元素，适时建构独具特色的城镇标志设计。

一、新型城镇化的发展

新型城镇化以人为本、经济集约、社会环境和谐、生态宜居、城乡一体化等为基本特征，向良好状态的动态科学发展；是一个城市（镇）、卫星城、新农村社区的协调、相互促进发展的城镇化之路。[1] 2015 年我国的城镇化发展率是 56.1%，与世界平均水平大体相当。城镇化发展是我国现代化的必经之路，可以推进和扩大城镇资源的共享与发展，促进城镇文化、工业、经济良性互动、相互协调发展。新型城镇化也是我国现代化水平的重要标志之一，是社会市场经济持续发展的强大动力。

（一）大中城市（镇）和中心城市区域规划建设

大中城市和中心城区建设是提高新型城镇化质量持续发展的保障网络体系。从近 10 年发展来看，大中城市（镇）和中心城市区域发展受到政府的高度重视，国内 10 多个大型城市区域规划得到审批和实施，是经济增长的引擎，使大中城市（镇）和中心城市潜力充分释放出来，且需要塑造具有生命力的城镇标志形象。大中城市（镇）和中心城市在梳理城镇文脉中的杂乱形象困难中，需要一个固定的标志形象来概括多样化的城镇文脉，更好地将大中城市（镇）和中心城市有影响、有特色地持续传播。

(二)卫星城镇的建设

卫星城镇的建设是加快推进新型城镇化的有效途径之一。对一些发展势头好、地理位置优越、资源集聚高的中心镇或外围城镇,推进实现卫星城镇的历史跨越。霍华德(英国社会活动家)的田园城市理论所述:"卫星城镇实质上是城和乡的结合体。由田园城市围绕着中心城市或外围镇,构成城镇群组。"之后,雷蒙·翁温在《卫星城市的建设》一书中提出了卫星城镇的概念:在大城市附近,在生产、经济和文化生活等方面受中心城镇的吸引而发展起来的城镇,卫星城镇往往是城镇聚集区或周边的乡镇。当下的新型城镇建设就要提升卫星城镇特色产业向现代产业集群发展,规划城镇功能定位,拓展城镇公共资源,增添卫星城镇的活力等,探索挖掘卫星城镇的文脉资源,强化卫星城镇的标志设计建构与宣传。

(三)美丽乡村的建设

随着社会市场经济的发展和科技水平的提高,将会有接近一半农民离开农村进入城镇,另外一半则继续生活在农村,这就是城镇化过程中产生的现状,因此美丽乡村的建设就显得十分重要。美丽乡村也是新型城镇化的一个重要组成部分,是持续共同发展的关系。[2]立足生活、生态与生产的美丽乡村建设也是城镇化发展的一个方向,也是农村城镇化和谐发展的必经之路。美丽乡村建设开发乡村的文脉因素,突出地域文化特色、维护乡村优美环境、保护生态旅游资源,实现美丽乡村建设与城镇标志构建的发展统一。

二、城镇文脉是城镇标志立意的关键

从"文脉"字面含义理解为"一种文化的脉络",作为新型城镇化发展的结果,文化的进步同时也延伸了当地的城镇文脉,特指一个特定的空间里发展起来的历史文化氛围。美国人类学家克莱德·克拉柯亨把文脉描述为一个时间和空间上的变迁所带来生活方式的体系。他和另一位人类学家艾尔弗内德·克罗伯共同指出,文脉是一个文化体系,这个体系是由人类的活动、历史的衍生而来,把相互关系的各种行为模式以外显和内隐的方式表现出来。尽管文脉是人类活动的产物,但是当它形成了一定的价值观念的时候,文脉又会反过来影响和限制人们的进一步的活动。[3]

(一)城镇人文

休谟认为:"城镇是人文的真正场景。"人是城镇中的生活主体,城镇也因人而存在。城镇的人文标志是人类的文明,人类的物质和精神活动造就了城镇文明。城镇标志形象反映的不仅仅是城镇的自然面貌或者各功能部件的拼凑,而是人类美的形态直观体现、是人文的物化。人在城镇生活实践中创造外在美的世界,也创造了自身的人文意境美,城镇人文由此得出。人文是人的劳动创造,是城镇中美的产物;有劳动人民所在的城镇,才有城镇的人文本质特征,如兰州市标志设计(图 1)。兰州是华夏文明黄河的发源地,其标志中以兰州的标志性雕塑"黄河母亲"为主体图形,并嵌入蓝黄绿三色的笔触,象征着天、地、人的和谐人文理念。笔触中的几何纹图案体现马家窑特色文化,给人以自由粗犷、流畅、细腻的视觉之美,提高了兰州城市标志形象的识别性和唯一性,并由内而外彰显着兰州城市的人文气息。

图1 兰州市标志设计

图2 乌镇标志设计

(二)城镇自然景观

城镇的自然景观是一个城镇环境空间特征的主要因素之一。自然景观包括地理面貌、动物、植物及其他生态自然等,是城镇文脉形成的物质基础。不同的气候、地理条件会孕育出不同的文明。城镇自然景观的重要特征是自身的生态规律及独特性,是城镇文脉重心要素之一,并直接或间接地影响着其他自然生态要素特征的形成,是以城镇自然景观作为城镇标志设计建构的重要起源。以乌镇的标志设计为例(图2),乌镇是我国江南典型的水乡古镇,其标志取其最具代表的自然景观"水"元素,概括了主体城镇特征,让水与古镇建筑、桥梁连接在一起,构成丰富多彩、独具地方特色的新型城镇化的特色小镇。

(三)城镇哲学

新型城镇化建设进程中,需要掌握哲学的科学研究方法。对城镇发展与自然生态环境的关系平衡视角,因我国城镇情况千差万别,在方法上不能千篇一律、因循守旧。不同的城镇有着不同的哲学,不同的哲学体系也对城镇形象的形成起到了潜移默化的作用,所以城镇标志的设计必然要关注不同的哲学内涵。城镇标志与整个城镇哲学相协调,并非仅指色彩、造型上的统一,需要挖掘深层次的城镇哲学背景,城镇哲学的协调最能唤起人们的心理归属感。[4]城镇哲学的神韵通过城镇标志设计得以传递,就像人的外在气质一样,看不见、摸不着,但可以使人们感受到一股力量。[5]正如日本设计师松井桂三认为:"标志设计最重要的不是视觉上的风格,而是作品中的哲学思想。"

因此,城镇文脉作为一个城镇标志的灵魂所在,在城镇标志设计要素中挖掘与分析的正是城镇文脉,提升城镇标志设计形象影响力的核心载体,从城镇人文、自然景观、哲学思想几个方面分析了寻找城镇文脉与城镇标志之间的建构与融合关系,并进一步梳理二者之间的立意建构来源。

三、城镇标志设计中城镇文脉的建构

(一)文字的应用

文字分为多种国家语言文字,中国城镇标志常用拉丁字母或汉字符号,具有明确的视觉识别特征,在拓展应用方面使用城镇名称的格式化和定型化字体的标准组合形式,从而文字语言的应用达到视觉标志的直观功能。城镇标志的文字本身已具备图形美,同时在文字的结构上、笔画上加以美化,采用装饰、夸张、变形等表现手法,依据形式美法则创造出强烈、个性鲜明的城镇标志。

1. 英文字的应用

英语或汉语拼音字母作为城镇标志设计创作时，特别是用单个字母设计的城镇标志，容易产生雷同和近似，所以要根据每个城市独特的文化精神，结合城镇文脉的抽象符号和与之相对应的造型和形式美法则，用夸张、抽象、简化、象征的手法增强其联想性及唯一性。

运用较多的造型表现手法是将字母进行象征性变形，从城镇文脉中提取内涵的设计视觉要素，将需要表达的各种内容及精神与代表城镇的字母相结合产生新的表现形式。如满洲里市标志设计(图 3)，边城国门的造型是满洲里标志性建筑，与字母 M 巧妙结合，象征和平之门、开放之窗；字母 Z 元素象征着海陆空之路，表现出满洲里的交通便利、四通八达，与世界各国形成紧密和平、贸易之路；后面的部分世界地图剪影与字母 L 融为一体。蓝绿色彩搭配，体现满洲里蓝天与呼伦贝尔大草原，生态自然的和谐统一。黑色的字体色彩象征满洲里煤炭资源。以字母与满洲里文脉元素建构的城市标志，不仅体现出满洲里独具魅力的人文、自然资源和美丽风光，而且创造了满洲里城市的凝聚力和影响力。

2. 汉字的应用

国内城镇标志中汉字处于核心位置，汉字本身就是一门独特艺术，在城镇标志设计中，也是一种重要的视觉艺术语言。汉字在不同的历史时期体现出不同的字体风格，其形式形态、地域特性、民族特征均是各地城镇文脉的重要组成部分。其中书法字体艺术形态本身具有丰富动静结合的形式美感；而且起源于“图画文字”的中国汉字，具有象形、象意、象声的特点，充分利用这种特点作为创作思路，城镇标志的民族性与时代感融会贯通。

在用汉字作为城镇标志主体元素时，首先要易于识别，其次结构组织的形式合理，顺其艺术审美的表现手法，最后注意图形与字体的自然过渡呈现。近年来，国内有许多汉字作为城镇标志的优秀作品，如咸阳市标志设计(图 4)，以“大秦故都，德善咸阳”的城市文脉作为切入点，以秦篆体的“咸阳”二字，采用中国传统印章的表现形式，以秦朝时期的主色黑色和中国传统红色按黄金比例融合，以拼音字母书法映衬，淋漓尽致地展现了咸阳在中华历史长河中的文脉底蕴，[6]形成独一无二的城市标志形象，为咸阳市的招商引资、旅游宣传、对外交流等新型城镇化建设方面提升了影响力。采用印章的设计体现了功能性和艺术性的结合。其艺术性体现在字形的艺术化处理、字体与图形的组合呼应、图案的细腻丰富、空间疏密的编排等方面，[7]字体与图形和谐建构，形成灰度均匀、稳重规则的设计风格。

图 3　满洲里城市标志设计

图 4　咸阳市标志设计

(二)图形的应用

在历史的演进过程中，许多文字渐渐形成记录语言的图形符号，古代中国人用简单的图形符号解读了美妙的世界。图形化的城镇标志结合城镇文脉，在造型设计上往往注重简洁明了，易于识别和记忆。在城镇标志设计上要删繁就简，提炼概括简洁明了的形象特征，以至于达到易于识别和美化形象的目的。

1. 具象的图形

具象的图形选用作为新型城镇标志，表现的内涵是各种字符无法比拟的，给人们留下无限的想象空间。城镇标志中的具象图形通常会提取该城镇文脉中最具代表性的景观或事物，一个具体的形象直接传达该城镇的特定内涵，其优势是人们能较直观地识别物像，给人以亲切的感受，具有准确的象征性文脉意义。如宁波智城美景广告有限公司王财兵设计的奉化大堰镇标志(图 5)。2001 年大堰镇提出了“生态立镇、科技兴农”的文脉建设思路，利用镇上的人文景观资源发展生态旅游。以此文脉背景，大堰镇的标志设计以地域版图为整体轮廓，用绿色代表青山、蓝色代表蓝天，结合前来旅游的一家人具象图形剪影，直观营造了在林间小路背包行走的意境，整体突出大堰镇优美的生态与和谐的人文关系，以清新、自然的方式传达出“一路上，生态游大堰”的城镇文脉，从中紧扣着大堰镇的文脉特征，提炼出“一家人游在大堰”的标志视觉设计元素由此产生，[8] 为新型城镇化的美丽乡村建设提供了有利保障。

图 5　奉化大堰镇标志设计

2. 抽象的图形

抽象图形在城镇标志设计中的应用是通过运用点、线、面组成的几何图形直接或间接地表现城市的外貌及文脉，挖掘有意味的图形要素，传达城镇的文脉和精神。日本设计师松永真提出“求真是设计的本质”[9]，即标志的图形设计要表现出“意”的真挚，那么就要建立在调研与前期的理念分析基础上对旅游地有一个准确清晰的认识，并能够透过旅游地的自然景观和人文景观挖掘出透过标志所要传达的意。

余光中说：“意象是内在之意诉诸外在之象，读者再根据外在之象还原为诗人当初的内在之意。”如宁波智城美景广告有限公司王财兵设计的集士港镇标志(图 6)。宁波市鄞州区西片区的“田园城市”——集士港镇属于卫星城镇的行政区类别。此标志设计取其聚集贤士“汇集”之意，由色彩渐变的几何方形由远及近的有机结合，聚集于中心线形的负形汉字“集”融合，点线面的抽象标志形态象征着自由发展、聚集人才、共同繁荣，切合“智汇贤聚、水清风和”城镇文脉的建构与融合的重要性。

(三)文字与图形的综合应用

文字与图形的综合指具象或抽象元素图形以及其他元素文本的组合。城镇符号的内容涵盖复杂，其形态具有较高的审美视觉要求，有时仅靠汉字、英文字母或图形单一的一种形式往往显得过于单薄，因此在城镇标志设计中通常会融合几种元素的综合应用。文字、图

图6 集士港镇标志设计

图7 杭州市标志设计

形、色彩综合为一体的标志设计会产生丰富多彩的变化形态。与单一的文字和图形相比，文字与图形的综合应用更具表现主题和更丰富的视觉语言表述，在媒体应用方面更显传播的优势，并带来强烈的视觉冲击力。如杭州城市标志设计（图7），以汉字"杭"篆书为主体元素，与杭州特色的游船、拱桥、城廓、建筑园林等要素完美结合，具有唯一性和独创性。杭州中英文名称字体设计与图形完美结合，自然融于一体。该标志体现了杭州文脉的精髓，意味着杭州的积极进取精神。

四、结 语

城镇标志是一个城镇文脉的外在表现，也像是城镇的一张"脸"，是一个城镇文脉个性最直观、最浓缩、最精华的视觉形象表现。纵观全文，城镇标志形象在推广宣传过程中，其在城镇文脉与标志形象元素的融合方面更具持久稳定性。但从城市文脉与标志设计建构发展趋势看，大多数城镇还处于研发阶段，也存在盲目抄袭、生搬硬套等问题，重形式轻内涵，缺少城市文脉的特色与个性。

总而言之，城镇文脉与城镇标志的建构需从城镇人文、自然景观、哲学等多层次、多方位考虑，以实现信息传达的准确性与高效性；城镇一体化发展的复杂性与多样性，其核心归根结底需要挖掘城镇文脉，将城镇文脉融入城镇标志之中，建构寓意丰富、造型完美的城镇标志视觉形象才是关键，成为构筑新型城镇的无形资产。

参考文献

[1][2] 徐成华. 新型城镇化与城乡一体化研究[J]. 小城镇建设，2013(5)：26－31.

Xu Chenghua. Research on New Urbanization and Integration of Urban and Rural Areas [J]. Development of Small Cities & Towns，2013(5)：26-31.

[3] 郑晓慧. 城市文脉在现代城市标志设计中的表现策略研究[D]. 杭州：浙江理工大学，2012：11－13.

Zheng Xiaohui. On the Strategy Research Hof City Context in City Logo Design [D]. Zhejiang Sci-Tech University，2012：11－13.

[4] 中央美术学院城市设计研究所. 城徽设计中的城市文脉观照[J]. 城市发展研究，2003(5)：75－79.

City Design Institute，Central Academy of Fine Art. City Culture Venation in City Symbol Design[J]. Urban Studies，2003(5)：75-79.

[5] 王颖. 标志设计的"势"韵[J]. 南京艺术学院学报，2004(3)：20.

Wang Ying ."The Momentum"in Sign Design[J]. Journal of Nanjing Arts Institute,2004(3):20.

[6] 标志共和国.咸阳城市标志[EB/OL].(2015-12-31)[2016-7-18].

http://www.rologo.com/xianyang-city-logo.html. Relogo. xianyang-city-logo [EB/OL]. (2015-12-31)[2016-7-18]. http://www.rologo.com/xianyang-city-logo.html.

[7] 陈楠.汉字的诱惑[M].武汉:湖北美术出版社,2014:148.

Chen Nan. Temptation of Chinese Characters[M]. Wuhan:Hubei Fine Arts Press,2014:148.

[8] 邢加满,徐利.宁波城市形象定位的视觉符号构建[J].包装工程,2016,37(4):35—36.

Xing Jia-man,Xu Li. Visual Symbols Construction of Ningbo City Image Positioning [J]. Packaging Engineering,2016,37(4):35—36.

[9] 成朝晖.标志设计[M].杭州:中国美术学院出版社,2001:58.

Chen Zhaohui. Logo Design[M]. Hangzhou:The China Academy of Art Press,2001:58.

宁波城市公共空间导视系统现状及提升研究

王艳艳

（宁波大红鹰学院艺术与传媒学院）

摘　要：城市导识标识在现代已经不单单只是为了指明方向，同时也是传播文化、塑造文明城市形象的重要组成部分。本文以宁波城区的导识系统进行分析：一方面指出导视系统在现代生活中的重要性，要准确、快捷、清晰易懂，并适应不同的人群，展现城市形象；另一方面也指出导识系统可以从导识布局、城市文化元素、人文关怀、智慧化等几方面去改进导视系统的图形造型、色彩、材料、设置等，确保信息传达能够被完整接受和正确理解。通过再设计提升导识系统更具人性化，生活更便捷、舒适。

关键词：导视系统　公共空间　视觉习惯

绪　论

随着城市发展的理论、经验和实践的日益丰富，同时，不断与国际接轨，因此，公共空间导视系统对城市的发展和地位的提升产生着有力而广泛的影响。由于交通的便利以及城市之间的沟通，城市出入口（如机场、火车站、长途汽车站、码头等公共场所）导视系统；市内交通（如地下铁路、地面公共客运、道路交通以及街区）导视系统；市内公共服务、娱乐设施（如宾馆、饭店、商场、医院、展览馆、旅游景点）导视系统，应当符合交通安全、畅通的要求和国家标准，并保持清晰、醒目、准确、完好。

与此同时，人口的迁移率快速增加，这也给城市带来了新的问题。宁波从去年开始被评为"文明城市"，同时大量的旅游景点开放，这几年吸引了大量的游客入甬参观，吃、住、行都离不开城市公共导识指引，对大多数外来游客或外来民工子弟而言，手拿地图仍找不到交通站；开车走错道；一时找不到厕所；按地址找朋友难辨路巷门号的现象是时常有的经历，同时因为语言沟通的问题，这一切都面临着困难。即便宁波市民上医院，面对挂号、专科门诊、化验、付款、配药等各种程序，对一些不经常上医院的市民来说都费尽周折，更何况外来人员。

城市导识系统在公共场所的整体布局很重要，无论旅游景点、道路，还是广场、医院，都应建立导识系统。室内的厕所、休息区、楼梯、电梯、安全进出口及一些警示标识都用国际国内通用的标准图形符号表示，使公众一目了然。相信无论到哪个城市，都会遇到同样的问题，像个无头苍蝇，找不到方位，找不到要去的地方，即使在室内，如医院、图书馆也会觉得像走在迷宫里，浪费了大量的时间。因此，整个城市有一套系统的导视系统，会给公众提供很好的出行便利，也会提升整个城市的文化形象。

本课题为宁波市交通委软课题项目（项目编号：DZJJ20160503-815）阶段性成果。

项目成果来源：浙江省民政政策理论研究规划课题（编号：ZMYB201726）阶段性成果。

一、宁波城市的发展

宁波，位于中国海岸线中段，长江三角洲南翼，浙江省东北部沿海。市区地处余姚江、奉化江、甬江三江交汇的河网平原，西南有四明山、太白山余脉。优越的区位条件，秀美的河川山林，宜人的气候环境，构成了宁波城市发展的独特地域环境。随着未来的中心城市空间的拓展，拥有先进的公共空间视觉导识系统和基础设施，将是形成高效的城市管理体系，呈现优质的城市生态环境的发展趋势。

宁波作为长三角经济圈南翼经济中心，同时也是浙东小经济圈的核心城市，其城市功能强弱，不仅对自身的长远发展和城市竞争力提升十分重要，而且对周边城市及整个经济圈的发展也十分重要。不断与国内、国际接轨，将有更多的外国朋友来到这个城市，使城市公共导视系统规划的国际化在一定程度上被提到了重要地位。

二、宁波城市公共空间导视系统现状分析

城市公共导识包括交通安全标识，市政公共标识，园林旅游标识，政府机关、社区警署、防疫急救等指引标识图牌都是城市文化形象的体现。一套系统、合理、科学的导识系统，既可以改变城市环境，又能增加城市文化的服务功能，使一个城市功能和文化内涵以友好热情、服务周到、组织合理、简单高效的方式向公众展现，其最终目的是为广大公众服务。

宁波城市发展的同时，一些公共设施建设虽然有了一定的发展，如和义路上的公交站牌设置，但是整体没有跟上城市飞速发展的步伐。笔者本人是土生土长的宁波人，宁波导视系统的发展更新几乎没有特别大的变化。调查过程中，将宁波城市导视系统分别从道路交通导视系统、公共环境导视系统及旅游景区导视系统三类进行分析研究，从中发现宁波城市导视系统的建立离清晰、美观、和谐、完善还有距离。因此，要整体提高宁波城市形象还需要重新树立城市品牌形象、完善城市导视系统，并把导视系统的建设与宁波城市改造结合在一起，建立一套完善、美观、人性化、突显城市特色的导视系统。

1. 道路交通导视系统

(1)交通导视系统

调查中发现，宁波市中心交通导视系统的数量达到了一定程度，因此这还是比较可观和人性化的。在设计上一般都采用国家强制的统一标识系统，指示性和指意性较强。此外，这几年宁波城市的快速发展，如高架桥的建设、地铁的建造、城市主干道的拓宽整修等，在此基础上，导视系统都要随之变化而更新。

笔者走访了一些地段，在道路节点、高架出入口等需要指示的地方清晰地悬挂了交通导向牌(图 1)。其中城市南北方向道路的导向牌为绿底白字，东西方向道路的导向牌是蓝底白字。字体为黑色，汉字与英文或拼音相对应，导向牌内容信息简介、清晰。警示性标识采用红色，搭配图形使用，设置在红绿灯路口中心位置，识别性强。此外，部分重要路段设置电子显示屏，及时显示路况信息、天气情况等，便于市民使用。其信息内容简介，多采用识别性高的红色字体。但其中部分路段也存在一定问题，某些路面导向牌，由于树枝的遮挡，影响了导向牌的可识别性；大部分导向牌都是为了单向通行。此外，导向牌的设立存在新旧共存的现象(图 2)，整体上不和谐。

图 1　交通导向牌

图 2　导向牌新旧共存

(2)公交车站导视系统

宁波城区公交站牌多以两种形式表现。一种是比较老式的，采用金属材料，每辆车的路线信息通过一块板，悬挂在柱子上，人们要采用仰视的方式才能看清楚路线，一般多用于一些次要路段，但此类站导视系统缺乏环境整体性及人性化，而且部分标识牌长期没有得到修缮维护，除了在阅读上有点困难，有些站台导视系统还东倒西歪，指示功能传递不是很明确(图 3)；另一种采用喷绘的形式，镶嵌在站牌里面，在外观上比较与城市规划相和谐，也注重人性化，如在遮阳、候等区座位的设置。在版式设计方面，比较合理，市民一般可以通过平视的角度寻找需要的各条路线详细信息，大部分安装在老三区的主要路段(图 4)。但笔者也发现，并不是所有的主要路线都采用第二种形式，多数还是以第一种为主，这样造成宁波城市公交站台上布局不统一。

2. 公共环境导视系统

(1)宁波博物馆导视系统

在人流节点处放置导向牌，以竖版的形式，所提供的信息大，文字与指示图形搭配指示性强。每个导向牌都绘制了平面图(图 5)，图则以最易理解的几何平面诠释，信息排列整齐，使图形及文字信息更加明了。此外，更是通过红色标注“您目前所在位置”，方便游客第一时间作出判断。这是很多公共场所所没有涉及的。

(2)购物广场导视系统

由于购物广场比较多，笔者就近选择了宁波世纪东方广场进行调研。该广场标识牌外形运用流线型设计，符合广场标志设计的风格，字体与标识牌颜色的选择，都与商场内部总体环境色相一致，整体看起来时尚美观。

商场内有很详细的导购图(图 6)，不仅有整体的，也有各楼层具体的，所设置的位置都符合顾客游览的路线，每一层的电梯口都有详细的导购图说明，导购图醒目，指示性强；商场内警示性标识使用醒目的红色为底色，白色图形与文字在红色上扩张，起到了明确的警示作

图 3　公交车站牌(一)

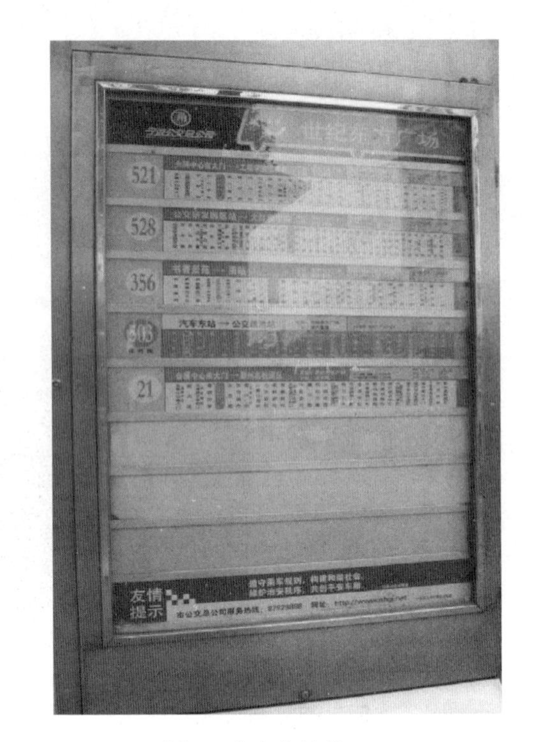

图 4　公交车站牌(二)

用;另外也有地标设置,方便游客寻找出口。

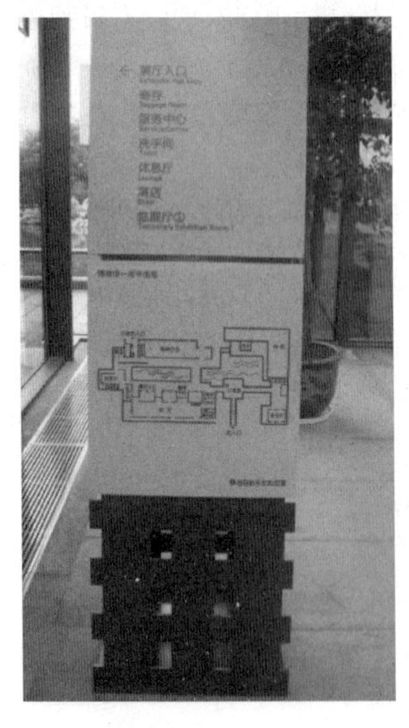

图 5　宁波博物馆导向牌

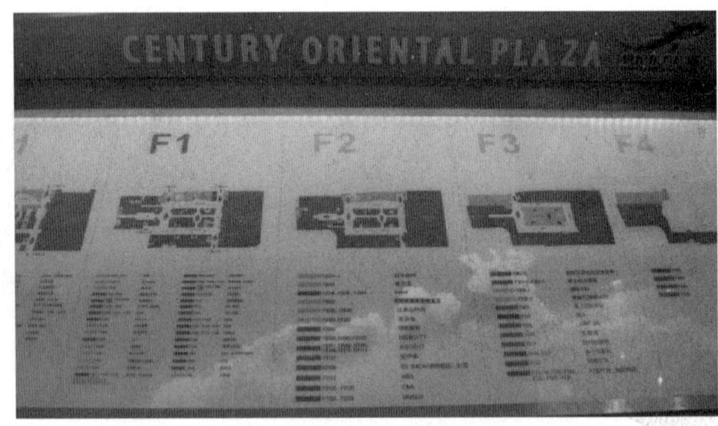

图 6　宁波世纪东方广场导览图

3. 旅游景区导视系统

(1)南塘老街导视系统

南塘老街位于宁波古城南门处,曾经是旧宁波商贸文化聚集地的“南门三市”(图 7),为南塘老街一期导游图，位于老街入口处。背景采用木雕的形式，将老街的风格、店铺雕刻出来，立体形象，整体线路比较清晰，只是由于光线的问题，上面的文字信息需要近距离观看，不过整体与老街风格统一。

老街内指示牌（图 8）采用多种材料，以竖式的结构，字体采用隶书简体与周围环境统一，显示其自然本性。上面的文字信息则采用浮雕的效果，灰底白字，视觉冲击力强，风格与色调上与老街整体的建筑颜色及装饰风格和谐。

图 7　南塘老街一期导游图

图 8　南塘老街街内指示牌

（2）宁波五龙潭景区导视系统

通过实地考察，宁波五龙潭景区设置的导向标识，按其内容分为景点导览图、景点导向性标识、景点解说性标识、旅游管理标识四大类。导览图 2 块，面积大，采用塑料布材质，安放在进门处和游客休息处；景点导向性标识 17 个，设在游客集散中心，转角处，分岔路口，休息点边上，有中英文对照说明，帮助游客指引路线，但是指向性标识，则材料造型单一，底色与文字颜色明度接近，远距离识别性差，主要以木制为主；沿所给导览图进行景区游览，重要景点解说性标识共计 23 个，景点解说性标识文字内容为中英文对照形式，部分是单纯的文字阐述，所用材料主要是石材为主，景区管理者结合游客的需要和景区的实际情况，所在位置一般在入口处和景观旁，多以石材为主，以浮雕的形式展示各景点名称，包括历史及渊源，在一定程度上展现了五龙潭自然与人文交相辉映的旅游形象；旅游管理标识共计 50 个，其中旅游设施说明标识 9 个，以最基本的图形表现，以钢丝、钉子固定，安装比较粗糙，一般安放在垃圾桶旁，如禁止明火、禁止抽烟；林荫小道旁如小心滑坡、禁止明火等。整个游览过程，基本保障了游客安全顺利地进行游览活动。（表 1）

表 1 宁波五龙潭景区导向牌类别与数量解说

类别	数量	材质	
导鉴图	2 块	塑料布	进门处； 游客休憩处
景点导向性标识	17 个	木制	转角处； 分岔路口； 休息点边上
景点解说性标识	23 个	石材	景点入口处； 景观旁
旅游管理标识	50 个	钢板	垃圾桶旁，如禁止明火； 山间小道旁，如小心滑坡； 潭、瀑旁，如禁止游泳

城市规划应从更细致的综合角度和“以人为本”做好城市公共导视系统的规划和研究，它应与城市色彩、城市广告设置等方面综合考虑，使城市导视系统更科学、规范、实用。加强对城市公共导识管理，从而加强城市文明形象观念。

三、宁波城市公共空间导视设计现存问题

笔者走访了宁波市主要场所、路段、旅游景点，发现导视在宁波城市空间和建筑中单调呆板，新旧陈设交替不系统，形式雷同，也缺乏宁波特定城市环境的人文形象内涵。尽管导视在宁波城市空间中的设立具有一定的功能需求，但忽视了造型、色彩等对城市环境的便利性、美观性的环境影响。

1. 导视品质设置参差不齐

从走访的繁华程度不同的路段可以看出，重点商业区域各类导视标识安置密集，而地段相对偏差的标识布点过于稀疏，导致导视标识布局不均匀；此外，宁波城市导视系统缺少城市区域性导向地图或指引性文字介绍，以至于没有达到真正介绍宁波城市整体路线规划信息；公交站牌设计上缺乏统一性，有些站牌设计比较陈旧，缺乏必要的维护及更新，尚需改进，更重要的是导视系统还没有往智能化的方向发展，缺乏形、声、色的结合，信息没能得到最有效的传递。

2. 系统规划不合理

采用的导向标识的意识要强于道路交通导视系统，并且不同的场所有各自独特的设计，导向标识牌在造型、材料、色彩及版式上都比较恰当，也起到了一定的指示作用。但也有部分广场或购物区等，在入口处缺少总体导购指示图，使用者在室内环境中比较迷茫，缺失目标性。另外，对于警示类标识牌、楼层指示类标识设置比较少，可以加强设计，当然也包括一些地标的设计及智能导视系统的设定。

3. 弱势群体欠考虑

城市中大部分导视是以视觉表现为主的，但在城市生活中不乏有身体残障的人群，他们应该同样享有社会设施的权利。问题体现在缺乏无障碍标识的设置，无论从数量上还是设置位置上；交通十字路口导视中，只有对健全人的红绿灯视觉指示，缺乏诸如发声装置和触

摸认知等辅助导视设施。

4.地方特色运用不足

从目前来看，普遍跟其他城市导视标识大同小异，没有将地方文化元素运用到标识设计中，也就很难凸显城市的浓厚人文气息和文化底蕴。

四、宁波城市公共空间视觉导视系统提升建议

导视系统的设计要遵循系统化、规范化、人性化、个性化的原则，同时要倡导低碳、环保。为了规范、完善宁波城市导视系统，并设置符合城市导视系统设计的原则标准，同时又能表现城市的全新发展面貌，政府需要对宁波城市导视系统进行重新设计，从位置、大小及造型、色彩上力求与城市规划统一、和谐，使导视系统不仅具有系统性、通用性的特征，更具有整体性、智能化及符合地方人文特色。

1.设置合理的导视分布，突出导视均等化

城市公共环境中导视标识设置的目的很明确，就是"指路"。因此要注意标识放置的整体性、系统性，还要合理地设置好标识之间放置的距离，一般50米左右就应该设置一个，在设立标识上，要考虑双向导向的原则。另外，交汇处或分岔点都应该设置标识。此外，为了提升导视标识的品质，可以将原有标识下方部分广告信息更改为索引地图，同时配合不同层级的文字信息及定点位置提醒，这样不仅提升了城市对外形象，更能起到导视标识的作用。还要注意一些原则问题：如盲道与盲道两侧各0.25米空间内不应设置导识牌；板式导向牌的外廓距路缘石外沿的最小距离为0.25米；标识的支撑杆距路缘石外沿的最小距离为0.95米等。造型、色彩及材料上都可进行重新再设计，如在材料的选择上，导向牌材料可采用反光膜材质，便于夜间辨认。

2.融入城市文化元素，彰显地域特色

优秀的导视标识，不仅在形式上统一，还应该符合当地自然环境和社会文化氛围，在设计的时候体现地域文化。宁波地处沿海，航道辐辏，交通便利，具有浙东文化精神，因此在导视标识设计中融入宁波历史、文化和自然资源特色，赋予具有可识别性、象征性和艺术性的设施形象，提升人们在宁波城市出行过程中的认同感与归属感，最终提升宁波本土文化价值。

首先，提炼图形造型元素。宁波号称"书藏古今，港通天下"，自古以来形成了数个名动天下的地方学派。运用现代设计手法和理念，将视觉造型元素与城市文化融合。第一种对书香之城建筑等视觉形的借用，如形的借代、形的关联。第二种对书香之城视觉艺术精神的传承，也是对书香之城视觉符号意义的延伸。其次，确定地域色彩特征。基于宁波海港城市的特点，以蓝色为主体色，可以辅之黄色、橙色，黄色是蓝色的对比色，橙色是蓝色的补色，两种属于暖色，既与宁波主要建筑的色调协调，也象征了"书香""渔香""米香""心香"的宁波城市文化氛围。第三，选择合理的材料。好的材料，不仅能方便人们使用，还能树立起一个城市的形象。它的选择，不仅要追求材质本身的视觉效果和肌理触感，还必须充分考虑人的需求，最大限度地展现城市特色和以人为本的原则。

3.设置人性化无障碍导视标识，体现城市人文关怀

在宁波城市环境中尽可能提供较多的标识和信息源，以适合残疾人的不同要求。多维度设置无障碍标识，提升市民无障碍意识，以各种符号和标志引导肢残者的行道路线，在城

市道路、坡道、出入口等设置国际通用“轮椅标志牌”，补充与更新原有无障碍标识，增加地面关爱标识，设置与放大各出入口、人行道、坡道、公交候车亭等无障碍标识；多感官无障碍标识设置，体现城市人文关怀，利用触觉、听觉感知能力弥补视觉上的信息障碍，如在人行道、建筑入口、楼梯两端地面上及电梯入口铺设盲道及盲道标志，在门厅、电梯和楼梯、走廊扶手的端部设置盲文说明标记等。

4. 运用智慧化平台，提升空间导视信息的传达力

随着全球物联网、新一代移动宽带网络、下一代互联网、云计算等新一轮信息技术迅速发展和深入应用，推进了智慧城市、智慧旅游的发展，同时导视系统也朝着此方向前进。比如宁波五龙潭风景区导视标识就增加了二维码扫描功能(图 9)，使图、文、声并茂，这样游客不仅动动手指就能获得更庞大的信息，同时也便于导向标识的管理。在火车站、城市节点增加交互式电子交通问询、触摸式导游系统等，同样也应该将一些智能化技术融入到公交导向牌、城市导视系统中，一定程度提升城市的形象。

图 9　宁波五龙潭风景区二维码导视标识

此外，还应该在造型结构、使用和管理、夜间使用上进行考虑，如在使用管理上，所有导视信息采用可更换材料降低更换成本，一般每隔 2—3 年对导视信息进行更新；标识主体可以采用不锈钢和深灰色喷漆铝板、钢化玻璃等强度高、耐刮蹭、易清洁的材料；还可以对标识表层进行粘贴涂料处理，令粘贴广告易于清理。

综合上述，对于宁波城市现有导视系统的调查研究，目的是从中发现不足之处，同时学习其他先进城市的导视系统设计，把环境标识和人体工程学、美学、心理学、环境学等诸多要素结合起来。研究过程中也体会到，一套系统化、规范化、科学化、人性化的导视标识不仅能够提升导航的成功率，为大多数用户打造强烈的方向感，更是展现一个城市新面貌的重要手段之一，相信在不久的将来，宁波城市公共空间导视系统将有一个更为合理的设计，让生活在这座城市的居民和来访问这座城市的游客真正感受到宁波城市的人性化。

参考文献

[1] 洪兴宇. 标识导视系统设计[M]. 武汉：湖北美术出版社，2010.

[2] 章莉莉. 城市导向设计[M]. 上海：上海大学出版社，2005.

[3] 赵云川，陈望等. 公共环境标识设计[M]. 北京：中国纺织出版社，2004.

[4] 张西利. 城市标识系统规划设计[M]. 北京：中国建筑工业出版社，2004.

[5] 张花粉. 城市公共环境导向标识系统设计研究及济南市导向标识现状分析[D]. 济南：山东大学，2010.

[6] 张永民等.我国智慧城市建设的现状及思考[J].中国信息界,2011:23-25.

[7] 翁剑青.城市公共艺术——一种与公众社会互动的艺术及其文化的阐释[M].南京:东南大学出版社,2004.

[8] 宁波市北仑城管网.http://www.blcg.gov.cn/show-zt.aspx? nid=861.

浙东民俗色彩及文化特征分析

刘卓平
（宁波大红鹰学院艺术与传媒学院）

摘　要：文章阐述了浙东民俗色彩在个性化设计中的重要意义。将浙东民俗文化提升到品牌文化高度，通过色彩这一品牌基因，来提炼浙东文化的精髓，用视觉的形式在设计中加以呈现。这种“差异”所营造的归属感是浙东民俗的特质和灵魂所在，也是对“非遗”保护与传承的一种探索。

关键词：浙东　民俗色彩　文化　品牌基因

随着生活水平的提高，消费者开始从物质享受转向精神享受，“文化味儿”的设计更能引起情感共鸣。色彩作为设计应用的视觉元素之一，在文化理念传达方面更为直观、形象。设计离不开生活，文化离不开生活，浙东民俗文化的品牌塑造离不开浙东古建筑、家具、生活用品中的“色”。

一、民居建筑装饰的色彩及文化特征

浙东地区民居的装饰艺术，无论是石雕、木雕还是砖雕，都匠心独运，各具特色，其中色彩更是表现出强烈的地域偏好。以石窗为例，浙东不同地域的石窗色彩各有特点，在台州、宁波、舟山等地区，石窗呈现出赭红色，在岁月的流逝中让人体验到一丝怀旧的暖意。而温岭地区的石窗偏灰白色，宛如一朵淡雅宁静的花静静开放。丰富的色彩不仅体现了浙东石窗的装饰美，还反映出浙东地区的审美倾向。著名教育家蔡元培先生也曾在日记中提到对建筑色彩的关注，这种基于区域文化、民俗文化和心理学的研究方法，反映了他对建筑、民族性格、审美趣味、地理环境等关系的敏感认知，这与他成长的浙东环境不无联系。浙东石窗的色彩是因地制宜的人工选择，与民居建筑的屋檐、墙体的色调相互组合，构成了一种视觉与心理上的恰当排列，为其平添了几分艺术感染力。

二、甬式家具色彩及文化特征

甬式家具在雕工和漆工上甚是讲究，朱金木雕、泥金彩漆是甬式家具的重要组成部分，宁波漆匠以朱漆髹底，运用堆塑、绘画、泥金、罩漆等工艺，塑造了一件又一件艺术珍品。其典型代表作“十里红妆”，生动地诠释了宁绍地区闺阁家具、婚妆民俗文化独特的艺术魅力。在相关研究中发现，泥金彩漆色彩鲜明，充满地域特色的“中国红”已深入人心，成为宁绍地区婚妆器物的标志色。由此而延伸出的其他色彩亦具有浓厚的本土色彩。“血滴红”“逼绿”“梗青”“勒黄”“雪白”“墨黑”，将这些特有的色彩提取出来，作为一种视觉符号，诠释宁波的区域文化。结合时代特征，运用新的观念和手段进行器物造型设计，将提取出的特有色进行再创作，重视装饰效果，运用传统泥金彩漆工艺进行加工，推动工艺品产业开发，打造文化品牌产品，从根本上推进手工艺类非物质文化遗产的可持续发展。

三、生活用品——越窑青瓷色彩及文化特征

青瓷的美学境界主要体现在典雅的釉色上，它仅以一种单色而取得了丰富深蕴的艺术效果。青瓷艺术中对青色的追求，从美学层面看，体现了中国古代的色彩观。青瓷仅用一个颜色作为色彩表现手段，却取得了与中国山水画、诗歌相并提的成就，其所呈现的东方式的优雅、含蓄与温润，是它在发展过程史上为我们所创造的特有的美学境界。

越窑起于晋代。越窑品种丰富，主要有水盂、注子、香薰、杯、碗、罐、盒、洗、盘、盅、碟等。装饰主要以刻、划、印、贴塑、模印、镂空等技艺实现。唐代越窑青瓷早期极少装饰，仅以釉色取胜。唐中期邢胜越，白胜青，当邢瓷努力于如何白得纯粹时，而越瓷则一路寻找令人沉醉的青色。逐渐有文人关注和赞美越窑青瓷："九州风露越窑开，夺得千峰翠色来。""邢窑类银，越窑类玉，邢不如越，一也；若邢窑类雪，则越窑类冰，邢不如越，二也；邢窑白而茶色丹，越瓷青而茶色绿，邢不如越，三也。"茶圣陆羽认为越窑青瓷具有冰玉之质，已远胜邢窑。以人的视觉看，春水色与千峰翠色有相同之处，都富空间之光色美。所不同处，前者是流动之光色，后者是烟笼雾罩之光色。到五代晚期越窑青瓷刻、划纹饰才逐渐兴盛起来。釉色以鳝鱼青、鳝鱼黄二色为主，也有绿玉色。通体施釉，但釉厚薄不同。

综观历代青瓷色彩与装饰工艺的发展，可以清晰地发现从晋代至宋，古人对于青瓷颜色的追求无论是清透而具流动光泽的缥色，还是烟罩雾笼的千峰翠色，都伴随着社会、文化、技术的发展而发展。每一时期的青瓷都以其特有的色泽与质感、造型和装饰工艺追寻时代，以极具东方的诗意文化与象征，固化了东方人的精神、文化取向和东方哲学思想。

四、丝织品——金银彩绣的色彩及文化特征

宁波金银彩绣以服饰、日用品和艺术品为主，其中婚礼服装、戏服及和服腰带是宁波金银彩绣服饰类的典型代表。宁海"十里红妆"婚俗中新娘的凤冠霞帔就是由金银彩绣来完成的。其色彩运用充分调动材料及工艺特性，增强图形的质感与空间感。大面积金银色的使用，使得任何颜色在同一画面上都可和谐共处，表现出富丽堂皇又不失典雅的艺术效果。

在配色方面根据绣品的用途各有不同。一般用于喜庆祀神的实用性金银彩绣多选择欢快、喜庆的暖色调，同时大面积使用大红、橘黄等鲜亮的色彩，并与对比色如绿色、紫色进行配置，形成高纯度、强对比的效果。而观赏性为主的金银彩绣多采用黑色、灰色、石青、赭黄、灰绿等冷色调，更贴近仿古绣的特点。

在原料色彩选择方面，关注底料和绣线两大块，其中底料多选用桑蚕丝、粘胶长丝及其交织的绸缎，颜色上偏向于黑色、深红、铁锈红、咖啡、深蓝、墨绿等深色系列，因为上述色彩能够较理想地衬托金银线；但也有特殊情况，如"老寿星"或"麻姑献寿"等类题材，会选择比较热烈的红色底料，这是为了满足欣赏性以及突出主题的喜庆性。

绣线方面自然少不了普通丝线，一般常用中性色，如灰绿、豆沙色、土黄等，既有1根丝线剖成二分之一、四分之一乃至十六分之一使用，亦有用整根丝线直接刺绣的情况。除普通丝线外，就是运用金（银）线。宁波金银彩绣最初所用的金银线都是纯金银线，由纯金（银）制

成金(银)箔,金(银)箔再切成 0.2 ～ 0.5mm 的片金线,这些片金线可直接用作绣线,或再由片金线制成金(银)细线,以棉线(或丝线)为芯线,将片金线旋绕于芯线的外层而成。

此外,在刺绣纹样方面,祈福、纳吉与伦理教化是民间刺绣文化的核心内容。类似的传统理念在宁波金银彩绣中得以渗透、延伸。金银彩绣的表现题材多取材于民间喜闻乐见的龙凤、麒麟、鸳鸯、福禄寿、八仙、牡丹、梅兰竹菊、梅雀、百鸟等图案,其色彩搭配大胆、热情、鲜亮,表现手法不拘一格,形象质朴夸张,美不胜收。在具有一定审美价值的同时也寓意深远,表达了人们的美好向往和希望。例如龙凤、麒麟是由图腾崇拜衍化出来的理想之物,象征着吉祥如意;梅花为天下尤物,寓意雅致和高洁;牡丹花朵硕大艳丽,是富贵的象征。吉祥纹样表现出情真、意善、形美的和谐统一。

五、浙东民俗色彩的社会价值及传承思考

1.将浙东民俗文化提升到品牌文化高度,通过色彩这一品牌基因,来提炼浙东文化的精髓。

浙东民俗文化依附于浙东人民的生活、习惯、情感与信仰,是一种无形的、精神层面的东西,存在于生活的各个方面,琐碎庞杂,在文化传播过程中具有局限性,需要借助品牌的整合能力。而品牌本身也是一种文化现象,诠释着它所处时代的历史、文化和社会内涵,其文化含量越大、文化附加值越高,它的辐射影响能力也就越强。鉴于两者良好的融合关系,将浙东民俗文化提升到品牌文化高度切实可行。

此外,将浙东民俗文化提升到品牌文化高度,还需进一步物化为可见可触的视觉元素,为消费者所感知。色彩作为品牌基因中鲜明的形象,首当其冲。它作为设计应用的视觉元素之一,从色彩情感取向入手,容易给消费者留下深刻的印象,起到文化特征视觉识别的作用。

2.设计塑造品牌,设计保护非遗。

设计是提高产品附加值的主要手段,没有好的设计就没有品牌可言。浙东民俗色彩研究最终服务于个性化设计,在全球化设计趋同的影响下,建立寻找属于自己心里的那份记忆、那份情感归属。

如今的设计内涵较以往有所丰富,不再局限于艺术设计这个单一领域,它已变成一个与工艺、组织管理以及能动性、计划、目的、创造性等概念密切相关的语意。设计的目的也不仅仅停留在审美需求上,开始转向对生活的思考。这种思考模式正在成为一种工具,被视作改变生活改变世界的力量,解决从战略到社会变革一系列广泛的问题。那么泥金彩漆、朱金木雕、越窑青瓷这些民俗器物的传承也不应局限于外在形式的复制与改良,跳出固有形式的束缚,从色彩的提取、工艺的保留入手,把握“神”而换其“形”,尝试多形态的、多领域的实践。比如,2016 年中国(宁波)特色文化产业博览会中,许多文创产品均借助于传统技艺结合现代的表现形式,来传达设计师对传统的理解,对非遗传承的探索。图 1 是银饰设计,将传统刺绣与现代首饰设计相结合,极具民族特色。图 2 是现代家居桌子设计,运用传统的漆器工艺,结合现代家居的审美需求综合设计完成。这两件作品都是对非遗保护的大胆尝试,是对传统的致敬。

目前我国的创意产业正在以前所未有的速度迅速崛起。利用民俗专有色彩发展浙东文化创意产业是一条切实可行的道路。浙东民俗色彩来源于民居建筑装饰、生活器物及日用

图 1 银饰设计

图 2 现代家居设计

品，从泥金彩漆、朱金木雕、越窑青瓷等器物中提取色谱，这些都是我国宝贵的文化遗产，浙东劳动人民在长期的文明发展过程中创造出来的、极具本土特色的用品。对艺术设计创作、区域工艺品开发、旅游特色项目建设等文化产业的发展，也具有一定的参考价值。

六、结 语

浙东民俗色彩研究从浙东人民色彩情感取向入手，用以表现当地居民的性格和审美情趣，是弘扬优秀民族文化的需要，也是丰富现代设计语言的需要。通过凝练浙东民俗文化的品牌设计基因——色彩，来解浙东民俗传统、生活方式、审美意识等内容。

参考文献

[1] 李艳. 大品牌的设计思考术[M]. 北京：化学工业出版社，2014.
[2] 张志华. 云破青出——中国青瓷艺术对色的追求[J]. 创意与设计，2014(4)：74－79.
[3] 陆丽君. 宁波金银彩绣的特色与传承[J]. 纺织学报，2010(1)：102－106.
[4] 罗宣，漆小平. 宁波金银彩绣与漆画融合探析[J]. 新美术，2012(6)：94－96.
[5] 李志明. 浙东石窗艺术的审美内涵[J]. 名作欣赏，2014(11)：172－174.
[6] 万剑. 宁波越窑青瓷的产业开发研究[J]. 中国陶瓷工业，2009(6).
[7] 王玉靖. 宁波朱金木雕的艺术特色[J]. 装饰，2006(8)：31－32.

海绵城市背景下发展宁波“城市景观菜园”建设的对策研究

张　宁

（宁波大红鹰学院艺术与传媒学院）

摘　要:“城市景观菜园”是指将农作物种植等农业环节放到城市景观中,将部分景观绿地转换为带有城市农耕功能的生产性绿地,人们在工作之余种植属于自己的蔬菜、粮食并实际参与到社区和城市的改造中。从建立城市居民与自然之间的关系纽带着手,为城市带来“可食”“可耕”“可互动”的创新型绿色生活方式。同时,通过对“城市菜园”的智能化建设,达到雨水资源循环利用[1]、农作物生长智能监控,最终促进“海绵城市”建设,体现绿色生态、可持续发展的城市更新理念。

关键词:城市菜园　生态环境　海绵城市　智能化建设

“城市菜园”[2]是指将农作物种植等农业环节放入到城市景观绿化环境中,包括:地面绿化、水体绿化、立体绿化以及城市中部分未被充分利用的空间,将这些转换为带有城市农耕功能的生产性绿地,通过能源加工处理系统,实现城市粮食与能源的自给自足。目前我市景观绿化存在着养护成本高、地表渗水性差、植物生产功能缺失、植物亲民性能薄弱等问题,而农作物则存在着转基因的安全性问题、农药使用过量、生产者安全意识缺失、农作物执法力量薄弱等问题。为此,宁波应以海绵城市建设为契机,更新城市景观形式,发展城市景观菜园,从积极宣传、统一管理协调、建立成本利率分担机制、发展能源加工处理系统、制定符合海绵城市建设的技术标准和规范工艺流程等方面入手,着力发展宁波城市景观菜园。

一、发展“城市景观菜园”建设的重要性

为了课题的真实及可操作性,课题组做了细致全面的现场调研及问卷调查。一是对宁波天一家园、关爱小区、金地国际花园这三个不同层次的小区居民做了问卷调查,在收回的368份问卷中有86%的居民认为小区绿化维护不到位,绿地废置情况严重;92%的居民希望将部分景观绿化更换成生产性绿化景观。同时,我们还特地针对退休人群做了调查,其中有近九成的老年人希望通过种植蔬果丰富自己的退休生活,近86%的工作人群认为通过自己动手种植蔬果能有效缓解工作压力。

第二份调查,对节假日外出郊游的宁波部分人群做了调查,课题组对在东钱湖绿野谷家庭农场、湖边家庭农场以及开心谷家庭农场三处游玩的市民下发了300份问卷,其中98%的被调查者表示很乐意利用节假日让自己及小孩了解农作物的生长情况;71%的被调查者有在农村租土地当“农场主”,而这71%的被调查者中又有92%的人希望在居住的城市就能感受农作物的种植乐趣,愉悦心情,强身健体。

因此,在大力建设海绵城市之际,发展具有生产性的城市新型景观,可以让城市季节性

地传递出一种活力，提高市民幸福指数。[3]其重要性有以下几点：其一，通过对屋顶、阳台、畸零地的开发，利用雨水收集系统进行农作物的灌溉，提升城市水源自主率，将有效推动海绵城市的建设。其二，市民可以更加视觉地、听觉地、嗅觉地去全方位感受整个食品生长的全过程，有利于增加市民对农产品供应的放心度。同时，通过参与劳动愉悦心情，释放压力。其三，城市景观菜园可以提供更多机会给学校的课程教育、职业培训和观念引导，并在粮食种植、加工、市场销售和肥料供应等相关活动环节，创造更多的工作岗位。其四，有效缓解城市诟病，提高生活垃圾中厨余垃圾的消耗，通过有机废物的堆肥，可以更少地使用包装肥料。其五，社区菜园可增加邻里和参与种植的市民们之间的社会和网络关系，使社会组织结构更加紧密，提升现今城市人群之间的融洽度。

二、宁波施行“城市景观菜园”面临的问题

（一）宣传力度小，思想认识不够

对市民来说“城市景观菜园”这一形式过于新颖，他们还无法设想一个整合进农业的城市到底应该是什么样子。所以如何把“城市景观菜园”作为一个生态的、可持续的未来城市“基础设施”的一部分，融入进市民的日常生活、社区网络和食品系统当中，以城市需求、居民食品供求作为设计的根本出发点，是需要解决的。

（二）见效周期长，回报难以量化

景观菜园开发的直接回报见效周期较长，短期效果不明显，其对城市的其他更多方面及更广的相关产业发展影响的回报难以量化，短期内无法正确得出城市农业为城市作出的实际贡献数据。

（三）可利用空间有限，需挖掘空间潜力

未来宁波城市的两大特质：不断地自我更新以及不断地抵抗城市密集化。在快速的城市建设中对已有城市绿化进行正确统计及调整，在不破坏已有绿化的前提下合理地、循序渐进地挖掘更大的可利用空间，如建筑屋顶和废置地块的绿化潜力。

（四）季节变化大，绿化效果存在时间差

农作物的种植存在季节性以及作物丰收后菜园的闲置期，如何处理好这一问题，使农作物种植区时时都能呈现最佳视觉状态，则需要通过科技手段进行管控，这一手段在德国、法国以及我国上海这些已开展“城市景观菜园”建设的国家及地区均取得较好的效果，但在宁波还存有不确定性。

三、国内外先行城市的经验浅析

荷兰的阿姆斯特丹建造了一个高科技都市农庄项目即“更加可持续性的综合社区”，该项目利用现代科技的力量，打造出能让人们舒适享受常规现代生活但又自给自足的“无电社区”。社区里的居民自己种植食物，自己产生能源，在当地处理废物并回收利用水资源。该社区生产更加有机的食物、更加干净的水和能源，从而减少浪费。其将持续农作和土地管理结合在一起，利用独立运行的技术基础设施，有效产生多余的能量，并输送给周围的电网。该社区每年能够提供成吨的有机食物，从蔬菜、水果、坚果、豆类、鱼类、鸡蛋和鸡等应有尽

有，而且人们头顶的花园系统中一年四季除了供应食物还给居民提供了宜人舒适的生活环境。

我国城市上海以重塑城市居民和自然之间的关系建立了“可食城”即可自产食物的城市，给所有人创造了参与新兴技术、耕种和城市社区互动的机遇。为像上海这样的城市的转化提供扎实而综合的解决方式，“可食城”项目覆盖了城市农耕、绿色走廊、社区生活、食品生产以及绿色经济。“可食城”[4]作为一个农耕和技术革新的一线项目，是世界绿色新理念的前沿。其成功经验可以归纳为以下几个方面：

(一)政府引导和企业支持

上海与德国、法国等已经推行“城市景观菜园”的国家一样受到了政府的积极引导和意大利领事馆、世界绿色设计组织、上海绿色建筑协会以及多家关注环保和教育事业的企业的大力支持。同时，政府出面聘请专门的管理公司负责运营管理。

(二)从整体性角度出发进行“城市景观菜园”推广宣传

负责上海“可食城”建设的德度设计公司通过调查得出：到2035年，中国70%的人口将生活在城市；95%的中国人关心耕作方式、农药化肥的用量和食物后期加工；60%的上海人愿意用自己的居住空间来耕种自留田地。因此，在此项工作的推广宣传中以“可食站”“可食学堂”以及“可食社区”等一个整体为单位进行，并着重致力于对孩子们进行有关城市农耕、新兴农耕技术和食物健康等知识的教育，以及举办各项全年活动来推动长期绿色城市发展。同时，“可食站”——城市公共空间生产型绿地，以“空降田园”的艺术手法，唤起城市居民对人与农耕之间关系的重视。“可食社区”则为社区居民、退休人群提供更多高品质的社区活动等方面进行推广宣传。

(三)与专业高校等研究机构合作运行

同国内外包括上海纽约大学、同济大学、米兰理工大学等高校研究机构保持着密切的合作关系。上海市在开展的“可食城”项目由专业机构进行监督设计并管理，各个子项目的进行都严格遵循“海绵城市”的建设目标，充分利用雨水资源及渗透原理推进项目建设。

四、发展宁波“城市景观菜园”的几点建议

(一)统一管理协调

1. 由市政府组建“城市景观菜园”发展办，与规划、城管等部门以及专业技术人员共同讨论编制“城市景观菜园”建设专项规划方案来完善并提升城市绿地系统规划。确定“城市景观菜园”设计原则、技术原则、指标落实等要求，确定“城市景观菜园”建设责任部门，由住建局审核绿地指标，规划部门负责审批设计方案，城管局负责后期管理。

2. 推动管理协调的同时，以海绵城市建设为导向，积极融入缓解内涝问题，通过建立“城市景观菜园”绿化改善城市居住环境，深化市民对生态城市等理念指标。从经济效益上看，结合海绵城市理念建设的“城市景观菜园”具有提高水资源利用率，降低供水、排水成本和排水管网成本的功能。

(二)抓紧摸底宁波城区可直接进行“城市景观菜园”建设的空间情况

1. 适合进行立体绿化种植的建筑。推进“城市景观菜园”建设可从具有单独所有权的公

共建筑入手。如交通、教育、医院、机关等用房有具备立体绿化改造条件的建筑，此类物业所有权单一，又属于公共建筑，所以比较好协调将屋顶进行农作物种植事宜。

2.原有城市绿地已被市民改成农作物种植地。这一类地块基本集中在小区或社区绿地，可以先由政府出面重新对其进行完善整理后交由社区管委会进行统一征租及后期管理。

3.课题组通过对我市实地勘查及对规划部门的走访调研取得以下数据：我市目前可进行立体绿化的公共建筑约占同类建筑的64%。对城市绿地擅自进行农作物种植的绿地约占原有绿地的12%。

(三)制定技术标准和政策法规

1.由质量技术监督局、城管局、住建部门等为主结合《城市绿化条例》《浙江省城市绿化管理办法》等拟定我市"城市景观菜园"建设技术及工艺流程标准，如用地范围、种植形式、农作物选配标准、供水供肥系统参数等。

2.调整绿地计算标准。建议对农作物种植区块也进行绿化率计算，规定向规划局申报建筑设计方案时，必须有农作物绿化计划书。

3.合理设置"城市景观菜园"建设的补贴方案。对积极开展生产性绿化的部门或居民给予一定的财政补助或奖励。

(四)加快试点单位的建设

建议与专业院校及农业部等单位的合作，通过各种利民活动，积极建设"可食站""生产性景观学校"以及"农业社区"，并在场所和税收方面给予扶持和优惠政策。

(五)营造全社会参与的良好氛围

宣传、引导，特别是鼓励学校、社区等；企业则利用好自有物业积极开展生产性绿化；政府多支持如"城市农作物认领""蔬果成长展示"等教育活动，以在全民间进行宣传及推广。

参考文献

[1]依德."城市菜园"该如何打造[N].中国花卉报，2014，11.

[2]仇保兴.海绵城市(LID)的内涵、途径与展望[J].建设科技，2015，01.

[3]赵凤.国外绿色建筑评估体系给中国的启示[J].华东科技，2010，01.

[4]崔璨.给养城市——可食城市与产出式景观思想策略初探[D].天津大学，2010，5.

浙江历史街村保护更新模式与规划策略研究

漆小平
（宁波大红鹰学院艺术与传媒学院）

摘　要： 近年来，我们已经意识到，必须对历史文化遗产开展研究，以保证传统文化研究的完整性和系统性。而历史街村作为新型城镇化建设中重要的保护部分，在未来城市及城镇建设中起着重要作用。文章以浙江为基础，结合历史街村保护更新、规划的特点，分析目前浙江开展新型城镇化建设中对历史街村保护更新与规划时出现的问题，提出对策及方法。

关键词： 历史街村　保护更新　规划

引　言

历史街区区别于单体文物建筑，关联着城市居民的集体记忆与城市特色文化的形成。中国传统村落是指民国以前建村，建筑环境、建筑风貌、村落选址未有大的变动，因历史悠久又具有独特的民俗民风，至今仍为人们服务的村落。我们将历史街区和传统村落整合研究，不仅有较高的美学价值，而且对完善城市规划、提高城市建设水平都是有益的借鉴。

历史街村是城镇化进程中传统文化传承与保护的一项重要内容，与物质文化遗产和非物质文化遗产的传承与发展都有着非常密切的关联，更是一种独特的文化形态，兼有物质文化遗产和非物质文化遗产的双重特点，它记载了人类对自然环境、居住环境和生产环境的观念及历史进程。当代欧洲已经形成了较为完整的建筑与空间文化保护体系，具有大量的研究成果。而我国由于缺乏对历史街村文化遗产的研究，导致对许多传统文化的进一步研究难以顺利展开。历史街村是传统文化的载体和存在的环境，充实历史街村的研究将给予传统文化更完整的阐释。

通过对历史街村的开展研究，保证传统文化研究的完整性和系统性。同时我们试图借鉴欧洲在历史街村、历史文化遗产保护方面的成功经验，逐步构建我国的历史街村文化保护体系。

一、浙江历史街村相关研究现状

1.浙江历史街村分布情况

浙江省地处中国东南沿海长江三角洲南翼，东临东海，南接福建，西与安徽、江西相连，北与上海、江苏接壤。浙江是吴越文化、江南文化的发源地，是中国古代文明的发祥地之一。早在5万年前的旧石器时代，就有原始人类“建德人”活动，境内有距今7000年的河姆渡文化、距今6000年的马家浜文化和距今5000年的良渚文化，是典型的山水江南、鱼米之乡，被美誉为“丝绸之府”“鱼米之乡”。浙江省下辖杭州、宁波、温州、绍兴、湖州、嘉兴、金华、衢州、舟山、台州、丽水11个城市，其中杭州、宁波为副省级城市；下分90个县级行政区，包括36个市辖区、20个县级市、34个县(含1个自治县)。

2.历史街村相关研究著作

随着新型城镇化进程的快步向前，生态被破坏的现象屡屡发生，近些年来人们的社会环境意识不断提升。国际现代建筑学会在雅典达成共识，对于历史街区的概念，人们已经基本形成了统一的认识。

2014年，浙江因历史遗迹丰富，在国家第三批中国传统村落公布的名录中，拥有86个古村，当下城镇化建设的发展蚕食着传统村落建筑环境体系，一些历史独特的建筑、非物质文化遗产的村落进入了一个加速消亡期。

相对于国际上的历史街村的保护和研究，我国的发展历史尚且短暂。同济大学及东南大学出版了一系列关于旧城更新和改造的书籍，提高了我国关于旧城规划和改造的理论水平。而周小丽在《黄鹤楼旧城区传统街巷文化探究——象征文化及精神场所分析》中提出街巷是文化及精神场所的象征意义。

80年代后期至今，适应性再利用的观念已经成为城市复兴的普遍观念和手段，以大规模旧建筑再利用促进城市复兴，构建新人居环境的实践在西方乃至亚洲普遍展开。设计师运用了科学与艺术的综合手段，以达到历史街区环境更新、生态恢复、文化重建与经济发展的目的，将衰败的城市历史街区改造成为具有多重含义的景观。

二、历史街村规划策略研究

当前在新型城镇化进程中，对历史街村保护更新的技术多种多样，简要归纳如下：

(一)GIS技术

GIS(Geographic Information Systems，地理信息系统)是多种学科交叉的产物，它以地理空间为基础，采用地理模型分析方法，实时提供多种空间和动态的地理信息，是一种为地理研究和地理决策服务的计算机技术系统。其基本功能是将表格型数据(无论它来自数据库、电子表格文件或直接在程序中输入)转换为地理图形显示，然后对显示结果浏览、操作和分析。其显示范围可以从洲际地图到非常详细的街区地图，现实对象包括人口、销售情况、运输线路以及其他内容。

地理信息系统(GIS)技术是近些年迅速发展起来的一门空间信息分析技术，在资源与环境应用领域中，它发挥着技术先导的作用。GIS技术不仅可以有效地管理具有空间属性的各种资源环境信息，对资源环境管理和实践模式进行快速和重复的分析测试，便于制定决策、进行科学和政策的标准评价，而且可以有效地对多时期的资源环境状况及生产活动变化进行动态监测和分析比较，也可将数据收集、空间分析和决策过程综合为一个共同的信息流，明显地提高工作效率和经济效益，为解决资源环境问题及保障可持续发展提供技术支持。

(二)民居的改善

要保持原有街村结构不动，局部维修，在保护其风貌和格局、治理外部环境、修旧如故的同时，对街村内部加以调整改造，配备市政基础设施，改善居民生活质量。着重进行普通民居的改善，对历史街村传统肌理的保留和环境风貌的协调起着比较重要的作用。主要应对里面的墙面、屋面、披水板、门窗等采用不同的保护技术和方法，体现保护原则。

1.屋面。历史街村的屋面结构自下而上多为桁条、椽子、望板、篾垫、小青瓦的传统形式。在保护过程中，保持屋面陈旧的视觉效果，并且考虑屋面采光，保留传统风格的天窗和老虎窗，但天窗面积宜小不宜大。

2.外墙面部分。目前历史街村的民居外墙面经风雨侵蚀，表面产生斑驳、脱落、腐蚀、反碱等现象，带有历史的痕迹，传统的肌理感较浓。在更新和规划中，尽量保护此类墙面，对存在结构隐患、倾斜严重或即将倒塌的外墙体，采用局部或整体重砌，经混合砂浆粉底、纸筋灰光面等技术，产生陈旧效果，与历史街区的传统风貌相吻合。

(三)水土保持生态修复的技术方法

生态自然修复的基本技术方法是封禁法。该方法适用于受损程度较轻的生态系统。自然和人工共同修复生态的基本技术方法是“封禁＋补种”法。该方法适用于受损程度较重的生态系统。

水土保持是土壤侵蚀地区经济社会可持续发展的生命线，是生态环境建设的主体。水土保持生态修复的提出与实施是水土保持工作理念的重大创新，但水土保持生态修复不应局限于当前的狭义水土保持生态修复，应从狭义水土保持生态修复向广义水土保持生态修复转变。即使实现了这样的转变，水土保持生态修复也只是水土保持流域综合治理的一个重要方面，它不能完全替代人工造林种草等水土保持生物措施，更不能替代坡改梯、淤地坝、谷坊、小型水库、蓄水池等水土保持工程措施。

保护历史街村水土生态的技术方法，是生态保护体系的重要技术点，有利于历史街村的更新建设与规划保护发展。

今后的历史街村保护规划过程中，我们要运用新兴的技术进行保护设计，不断开拓新的科研保护和发展历史街村这一文化遗产。而目前相关的历史街村更新与规划更需要技术的创新，在高校培育人才过程中，也应该宣传保护历史文化、历史街村的相关课程和素质教育，提高全民重视历史遗产。虽然在保护和更新过程中也存在研究的局限性，但是将新技术和保护概念的优势结合起来，同时互相弥补各自的弱点，找出一条复合型的方法，可以为今后历史街村保护与规划工作开辟一条“又好又快”的解决之道。

参考文献

[1] 牛玉，汪德根. 基于游客视角的历史街区旅游发展模式影响机理及创新[M]. 地理研究，2015(11).

[2] 孙飞扬. 自然景观与人文价值的完美结合——解读杭州西湖意象[J]. 室内设计，2011.

[3] 俞孔坚，王志芳，黄国平. 论乡土景观及其对现代景观设计的意义[J]. 华中建筑，2005(4)：123—126.

[4] 漆小平. 江西省定南县云台山风景区控制性规划设计[J]. Journal of Landscape Research，2009(10).

[5] 阮仪三. 历史街区的保护及规划. 城市规划会刊，2000(3)：20.

近郊城镇文化景观建设实例研究:以宁波高桥镇为例

刘　岚

(宁波大红鹰学院艺术与传媒学院)

摘　要:本文结合实践案例,针对城镇建设中的文化景观营造开展了研究,总结出在设计实践中的设计策略,并结合实践,对城镇文化景观建设进行了经验总结。

关键词:近郊城镇　文化景观

新型城镇化建设已经成为我国当下建设发展各方面的重要议题之一,急剧变化的乡村与城镇空间环境,对人们的生产、生活、居住、游憩等各方面均产生着深刻的影响。从规划层面上来看,整个城镇的空间格局、产业经营、道路交通、建筑集群、环境边界等均产生了巨大变化,从居民的角度来看,生产方式、生活方式、居住方式、交流方式等与过去生活大相径庭。在当下急剧变化的空间环境中,近郊的人们除了应对生产、生活方式的巨变,更是经历着空间环境文化的变化冲击。众多城镇特色缺失、文化匮乏的现象,已引起广泛关注,当地居民在获得一定经济效益的同时,对居住环境空间的认同与自我文化的认可度却越来越差。

经济发展不能以牺牲特色、丧失文化传承为代价。在当下,城镇文化已受到广泛关注,成为城镇化建设的重点之一,但是如何建设却均在实验、实践中。本文作者将结合自身的城镇建设实践,对城镇文化景观的塑造进行探讨,期待抛砖引玉之。

一、概念解析

(一)文化

“文化”我们通常认为其包含精神文化、制度文化以及物质文化,物质文化是精神文化和制度文化的物质外显,是人们在精神文化、制度文化的指导下创造出来的物质世界。例如四合院建筑是我国封建社会宗族观念与礼法制度的突出代表,四水归堂则是南方居民在宗族观念及地理环境要素影响下的产物,每个地区都有自己的地区文化,每个乡村与城镇也均有自己的文化特色。城镇文化在空间上的物质载体一般包括文化设施和文化景观,如文体中心等文化设施不在本文讨论范围,重点关注城镇文化景观的营造。

(二)文化景观

我国现代人文地理学奠基人李旭旦教授认为,“文化景观是地球表面文化现象的复合体,它反映了一个地区的地理特征”。城镇文化景观应该是人在生产、生活等社会活动中,与当地物质环境互动的过程中形成的,因此城镇文化景观首先应具有地域性、地理性,不同的地形地貌、气候环境是城镇文化景观形成的基础,同时城镇文化景观是人与人社会生活、交

项目基金:本文为宁波市软科学项目 2015A10012“宁波市近郊城镇地域文化景观的补偿性设计对策研究”研究成果;浙江省文化厅文化科研项目 zw2016046“近郊城镇景观的文化补偿性规划设计研究”研究成果。

往过程中形成的，它充分体现了此地社会群体的价值观念、民风习俗，是社会生活各个层面在环境中的文化象征物。由于不同的地域传统、不同的文化背景和文化需求，文化景观也因各地风俗和传统的不同而不同，城镇文化景观呈现出多种多样的形式和形态。

城镇文化景观涵盖生活的方方面面，内涵丰富，从物质环境上来看，其物质外显涵盖哪些呢？在空间环境巨变过程中，不论是对其旧有文化景观的保护，还是对新建空间环境文化景观的营造，抑或是对被破坏的文化景观的改造、修复，总是要在具体的、明确的对象基础上方才可以展开。

一般来说，从大的规划层面来看，城镇的地理面貌、空间格局与结构、景观脉络等均可纳入；从居民生活的角度来看，除了不同时期遗留的历史古迹、文化建筑之外，满足现代生活需求的街道风貌、滨水空间、园林绿地、建筑风格、田地林牧等，甚至是街头巷尾、路灯座椅、城市标识等细节，才更是百姓生活环境中最直接的文化感受。

那针对这些空间环境如何营造优良的环境文化景观呢？有不少学者也提出了相关的理论研究，笔者近二年有幸承担、参与了高桥镇三个设计项目，能将理论与实践相结合，在项目完成后，总结经验，为后续研究和实践提供参考。

二、高桥城镇环境文化景观营造实践

（一）高桥镇发展背景及环境历史文化

高桥，位于中国沿海经济带和长江经济带的重要港口城市——宁波的西郊，地理位置和自然条件十分优越。东依宁波市城区，南眺栎社国际机场，西濒河姆渡古文化遗址，北枕黄金水道姚江，杭甬高速公路和省道甬梁线从东到西横贯全境（见图 1 所示）。全镇户籍人口 5.01 万人，常住人口超 10 万人，辖 20 个行政村、1 个渔业社和 3 个居委会，镇域面积 53 平方公里。近年来，依靠便利的区位优势和良好的工业基础，高桥镇全力推进新型城镇化建设，经济持续快速发展，连续几年被评为浙江省百强镇、省社会主义现代化农村建设先进镇、省教育强镇、省文明镇、宁波市二十强镇、市卫生镇、市综合治理工作先进镇等荣誉称号，走在宁波各乡镇小城镇建设的前列。

高桥镇地处西塘河与大西坝河的交汇处，自古是杭绍水路来甬的必经之路，有着独特的地理位置，为古代的高桥带来了交通的繁忙和经济的繁荣。古时候，西塘河上万船云集，百舸争流，往来如织。运河文化哺育了千百年的高桥人民，高桥镇也得名于一座以“高桥”为名的古桥。

西塘河上，至今还遗存四座古桥，高桥、上升永济桥、新桥和望春桥，高桥（见图 2 所示）距今有 800 多年的历史，为宁波十大古桥。随着时代的发展，姚江和西塘河（大运河）已不再承担运输重任，但是千百年来，沿线水域空间中生活的人民早已养成了浓厚的生活理念和对水的依赖之情。沿水道两岸看去，这里独特的江南水乡肌理显著，具有丰富的水道、古桥、碶闸、水则碑等水利设施遗址。沿岸两侧还依稀可见遗留下来的许多设施，但这一切，都在简单的开发和快速城市化进程中遭到破坏和遗忘。

《宁波市城市总体规划（2006—2020 年）》提出未来重点发展西部和北部地区；2015 年年底《宁波市中心城区城西片（城西北片、城西南片）分区规划（批前公告）》明确提出，宁波高桥和姚江新城将共同打造宁波第四大副中心，定位为“甬城新门户、经济新引擎、宜居新水乡”，

图 1　高桥镇地理图

图 2　高桥镇古高桥照片

重点之一是建设连接山水的文化生活区和生态宜居新水乡。高桥镇在发展城镇建设方面已具有多种优势条件，交通便利（近郊轻轨到达市中心仅需 30 分钟）、人文荟萃（梁祝文化公园、杭甬大运河、老高桥）、产业已形成规模等，具有很好的发展基础，已然成为宁波主城的居住集中地和工业基地，但是城镇空间环境现状却与发展规划严重不符。

（二）高桥镇城镇空间环境发展现状

笔者在 2013－2014 年接触的两个实践项目，为高桥镇中心区环镇北路、杨家漕路的街景整治工程，2014－2015 年接触的工程为高桥段轻轨沿线及西塘河沿岸景观工程，为此笔者进入高桥镇进行深入调查，却发现高桥镇的城镇风貌，特别是街道景观、沿岸景观均呈现一种混乱、拥挤，缺乏有效规划、缺少文化意向的整体形象：

街道垃圾乱丢、车辆乱停乱放、标识不明、建筑风格混乱、整体风貌杂乱；水系污染严重、河岸硬化、沿岸水利设施遗址破损严重，滨水空间可达性差；公园破损严重、开放性绿地不足、交流休憩空间缺乏；绿地品质单调、游憩设施不足、缺乏文化性；文化古迹保护不利、破败严重、缺乏宣传；与外围林地、农田和水体等自然空间契合度不高，快速交通干道的隔离，使绿化开敞空间之间的联系性和可达性降低。（如图 3、图 4 所示）

简·雅各布斯(Jane Jacobs)在《美国大城市的死与生》中说道：“当我们想到一个城市时，首先出现在脑海里的就是街道。街道有生气城市也就有生气，街道沉闷城市也就沉闷。”故整体而言，调研情况反应出当时的高桥镇如同世纪初很多三线城市的城乡接合部，充满活

图 3 高桥镇商业街现场照片

图 4 高桥镇桥梁、公园现场照片

力，却杂乱无序，发展混乱，城镇风貌与其人文地理条件、经济地位、规划定位差距甚远。高桥，如同一颗明珠却蒙上厚厚的灰尘。

(三)设计策略

针对高桥历史人文及发展现状，设计组提出“江南古镇，美好高桥”的构想，从梁祝文化、运河文化、抗金文化等方面提取灵感，尊重当地百姓的传统居住、交流、游憩方式，在针对主街道的设计中提出“传统文化展示地、市民游憩天堂、现代繁荣商业带”的建设目标。

凯文·林奇在《城市意象》中明确提出城市五要素（道路、边界、区域、节点、标志物）是城市意象的基本构成，要改变城镇的意向、风貌，营造良好的文化氛围，也要从这些方面入手。针对一条街道来看，也依然由立面（边界）、区域、节点、标志物等构成良好的街道意象，从而奠定城镇意象的基础。

本文对于基本功能设计不做阐述，重点讨论在改造整体环境文化氛围、营造良好的统一景观形象方面的做法。

从镇中心区入口（节点、标志物）、街道居住立面改造（边界）、菜市场入口（节点）、公交总站出入口（节点）、绿地公园改造（区域）、环境标识及设施（标志物）等方面着手设计。

采用的文化景观设计策略有：

1. 提炼当地历史文化元素符号，塑造清晰的可读性，传达文化象征。

城镇景观的表象是否清晰？或是“可读性”“易读性”是否强？即是否容易通过认知城镇环境空间的各个部分、细节，而形成一个整体的凝聚的形态特性，从而达到某种文化的辨识。一个可读的城镇，它的街区、街道、标志等应该是容易认明的，进而在人们的脑海中形成一个完整的形态，这样的城镇空间才会给人们留下强烈的印象及文化特征感受。故通过文化符号的提炼、变化设计，在城镇各个方面设计中去运用，就可以塑造空间环境的清晰的可读性。

(1)形:结合小青瓦双坡屋面、风火马头墙等传统宁波建筑形式,结合“桥”的形式、环境传达高桥古韵。具体的设计元素以“桥”为源泉,提炼“拱”“水流”等形态作为基础元素,贯穿至整个设计中,如沿街商铺二层的防盗窗等(如图 5 所示)。

图 5 高桥镇防盗窗设计方案

(2)色:改变商业街区“五彩斑斓”的建筑色调和商铺招牌色调,以当地传统建筑色彩为蓝本,以“白、灰白”为主调修缮建筑外立面;以“灰、黑”为基调,设计统一的商铺招牌,上可设计各色彩的店名字体,达到整体统一、细节变化的效果。

(3)质:以传统材料和现代材料相结合的方式,在商铺招牌等处设计为耐用钢材,在百姓游憩等地,座椅设施等设计为木材、青砖青石为主,达到亲切、复古之效果。

2. 注重领域空间的设计。

在空间设计中,注重空间的领域感、归属感的设计,以达到突出地方效果。如过去在村头镇口树立“牌坊”以展示历史,明确空间领域,现在则在街区入口处,行人视线交集处,设立标志牌,东侧利用转角弧度,设立文化景墙,对高桥历史进行艺术展示,一是明确领域空间界限,二是给归家的人们以“到家了”的明确心理启示和文化意向。(如图 6、图 7 所示)

图 6、图 7 高桥镇杨家漕路南侧入口

3. 保护历史的原真性。

历史古迹之所以珍贵,就在于其不可复制性。故古迹一旦被破坏其历史价值就大打折扣,不恰当的开发就是破坏,所以我们坚持对西塘河上的几座古桥全部予以保护和修缮。对于一些已经被破坏较为严重的遗址,也建议政府保留旧貌进行复原,而不是推翻改作他用。

4. 尊重当地传统生活交流方式。

在当地传统生活中,邻里之间,街头巷尾,岸边桥头,交流甚密,众多的大小不一的户外小型公共空间体系为居民交流提供了良好的物质环境基础,但在当下的环境中,街道上汽车飞驰,街头巷尾沦为停车场,桥头岸边,臭气熏天,道路泥泞,缺乏休息设施,在这种环境下,人们的户外交流、游憩已经变为奢侈。而仅有的高桥公园不仅破败不堪,更是无法覆盖到整个城区,众多生活在河边的人们只能望河兴叹。故在设计中强化交流、游憩空间的设计,如利用原本荒废的“犄角旮旯”改造成休息场所，满足休息停留的功能之外，更是为人们的交流创造了空间条件（如图 8 所示）。在迎接轻轨站点的商业街端口，设计了街头绿地，起到过渡、缓和的“灰空间”作用，更是融休息、停留、文化展示等为一体（如图 9 所示）。

效果图

现场图

图 8　公交总站北侧休憩点

效果图

现场图

图 9　商业街南侧街头绿地

5. 结合现代生活需要，满足近郊城镇发展需求。

文化景观的营造不仅仅是对过去的“留念”，更应该是对现在生活的“融合”，及对未来的发展的“预测”发布。文化景观应该是结合现代生活、生产方式的变化而不断“生长”着的，而不是一成不变的。所以在设计中，更需要考虑当下和未来人们的需要，以及高桥镇未来的发展定位。比如在游憩性很强的沿河绿地景观设计中，在一些景墙、雕塑、小品的设计中除了要体现当地梁祝文化、运河文化、桥文化外，更是应该加入高桥目前的产业集群特点进行演绎，同时结合现代生活，打造沿河游步道系统，满足居民的游憩需求，利用半地下空间满足停车需求，更设计了自行车骑行系统、无障碍系统（见图 10 所示），以适应高桥未来做为宁波居住集中地的定位。虽然当时看来城镇居民对此需求不突出，但从城市生态建设的需要、老龄化社会的发展及个人健康意识的加强来看，未来健身、游憩的文化需求将大大提高。

（四）方案实践调整

方案分别在 2014 年、2015 年施工完成，在后续与甲方的沟通及施工中，方案在文化景观营造上又做了如下大的调整：

1. 考虑到建筑承重、资金成本及施工难度等问题，甲方要求撤销街道马头墙的方案，保留原建筑的原貌不变，只是进行外观颜色的基本调整和部分商铺二楼防盗窗的整体实施。这导致沿街建筑形象改变不大，街道风貌的整体性、地域性、文化性大打折扣。

2. 因为梁祝文化公园被开发公司整体打包运作，要求镇区文化景观中不再涉及梁祝文化。这导致高桥文化的品牌却在镇中心区无法得到体现，镇空间环境与附近的梁祝文化公园无法达到统一，文化展示缺失。

3. 因为经济原因，拆除建筑区整体拍卖改作他用，导致高桥商业街入口街头绿化区整体方案失效，市民的休憩休闲、高桥形象的集中展示等功能均落空。而商业街入口左右两侧设计的文化展示景墙也因此建筑近期要拆除的原因，予以放弃。

4. 因施工方成本造价及与设计方沟通问题，很多地方的材质被替换、苗木规格缩小、颜

图 10 高桥镇后塘河沿岸步行、自行车交通系统

色选号未沟通等问题频繁出现，导致改造完成效果大受影响。

5. 滨水景观项目因为工程预算等问题，采用了另一个以植物绿化为主的方案，目前施工基本完成，除了缺乏对停车、游憩设施等功能需求的考虑外，更缺乏对高桥众多文化，特别是运河文化的考量，沿岸的水景普通而单调，缺乏文化景观的营造，令人失望。

三、实践项目的经验教训

第一，从几个实践案例的设计、实施过程可以看出，目前很多城镇风貌、文化景观的营造决定因素还在政府部门和相关领导身上，如果不能有正确的认识、超前的意识、对设计构思的认同和对施工方良好的监督机制，再好的规划、设计也会“被流产”或者是“被畸形”。自上而下的“留得住乡愁”才能真正实现“乡愁”不走，不然单靠几个基层的设计规划人员，何以撼动大树？

第二，城镇空间环境的文化景观营造是一个系统工程，单纯从某一个方面去考虑都会失之偏颇，需要多个部门、系统共同来策划、设计、施工方可良好落地实现。这个过程中，设计方与甲方、设计方与施工方有效的沟通和共同的意愿非常重要。

第三，应该建立后期评估机制。设计中标了，施工完成了，通过验收了，就结束了吗？那完成后效果不好谁来管？谁来负责？如何对下一个建设项目起到改进的作用？这也是我国建设工程的一个重要的环节缺失，不对其建立一个规划—设计—施工—评价的完善流程，对今后我国的大量建设工程带来的隐患将是巨大的。

四、总　结

(一)应制定城镇的整体战略策划和风貌规划设计

战略策划是对城镇未来形象进行定位的重大抉择，制定符合内在要求的可持续发展战略，是政府驾驭城镇发展全局的重要手段和首要环节。也是为各个具体项目的规划设计做出指引。

(二)做好城镇规划环境影响评价

加强规划对环境影响的评价,将有助于规划对城镇建设的科学引导,要在评价指标体系、评价方法、评价技术路线中体现出文化景观建设的思想。

(三)拓宽社会参与城镇文化景观建设的渠道

欧美国家成功的城镇建设经验告诉我们,要尽可能鼓励社会参与。规划方案的编制、政策的制定、项目的建设推进过程、后续的监督监控,都要有具体的措施保证公众的广泛参与,听取群众的意见,发动除政府机构以外的广大市民与各种组织的积极参与,将城镇空间“还于”城镇居民。

参考文献

[1]李旭旦.人文地理学概说[M].北京:科学出版社,1985.

[2]简·雅各布斯.美国大城市的死与生[M].南京:译林出版社,2005.

[3]凯文·林奇.城市意象[M].北京:华夏出版社,2001.

[4]李雯莉.浙江城镇文化景观地缘性特征及形成肌理研究[D].杭州:浙江大学,2008.

[5]刘丽嘉,李婧,王科.城市近郊型城镇规划与发展——以乐山市近郊九峰镇为例[J].现代经济信息,2011.

新媒体技术下的鸣鹤古镇数字化保护与传播探究

张　磊

（宁波大红鹰学院艺术与传媒学院）

摘　要：随着互联网技术的飞速发展，网络及新媒体数字技术正渗透在社会生活的各个方面，新媒体的表现形式也日益丰富，新的传媒技术改变了人们的生活方式，颠覆了传统的价值观念，开拓了现代新型审美方式[1]。鸣鹤古镇是慈溪市目前唯一的省级历史文化名镇，具有千年历史，物华天宝，人杰地灵。如何利用新媒体技术和传播方式，将鸣鹤古镇地域环境特色文化快捷、创新、完美地表现出来，适合于现代观众的审美心理与价值追求的需要，这无疑对当前古镇环境文化的拯救与现代传播具有深远的意义。

关键词：新媒体　保护与传播　鸣鹤古镇

鸣鹤古镇位于浙江省慈溪市观海卫镇，是慈溪市目前唯一的省级历史文化名镇，具有千年历史文化。古镇东西依杜白二湖而建，南紧临五磊山风景区，依山傍水，是名副其实的山水渔耕人家。白洋湖畔边的金仙寺，素有“以山而兼湖之胜”的美誉，曾经是浙东抗日第三战区三北游击司令部。古镇内街河横卧，古建筑豪宅、古桥梁、廊棚、古刹、流水，处处是景；国药、盐仓、黄酒、诗风，这些历史文化遗存构成了江南特有的“小桥，流水，人家”的意境[2]。

如今，随着科学技术的发展，社会的数字现代化程度越来越高，传媒技术越来越先进，媒介社会化和社会媒介化进程也在加快，传媒对社会的影响日益加强[3]。同时，随着新技术的发展，新媒体的表现形式也日益丰富，新的传媒技术改变了人们的生活方式，颠覆了传统的价值观念，开拓了现代新型审美方式。近年来，国内许多省市开始看好特色小镇带来的综合效应，纷纷利用本地资源优势，借助国家城镇化建设的政策东风，先后启动特色小镇工程。在 2015 年的浙江省两会上，政府工作报告这样描绘特色小镇：“以新理念、新机制、新载体推进产业集聚、产业创新和产业升级。”如何将鸣鹤古镇结合“特色小镇”建设，借势古镇历史环境文化，快捷、创新、完美地表现出来，适合于现代观众的审美心理与价值追求的需要，这无疑对古镇文化的拯救与现代传播具有深远的意义。

那么，如何利用新媒体技术和传播方式，对鸣鹤古镇历史地域文化进行传统继承与现代创新呢？

一、古镇地域文化的现代性审美创新

浙江作为全国经济与文化最发达的省区，时代文化语境发生了巨大的变化。首先应该研究如何对鸣鹤古镇地域文化进行改造和创新以适合现代人的审美心理，如比较具有代表性的国药文化、江南水乡特色文化、徽派建筑文化、人文慈孝文化等，都是表现传统的文化与精神。

小镇遗留的徽派建筑如叶氏豪宅、范氏豪宅、盐仓 24 间头走马楼等建筑群，应尊重历史并融入当代建筑设计美学元素，进行相应的整修与保护，并进行有条件的开发建设博物馆或纪念馆；在博物馆中可将国药文化、盐仓文化、江南水乡特色文化、徽派建筑文化、人文慈孝文化等进行现代化的展示与传承。同时，应结合地方徽派建筑风格，结合小镇的“流水”“小桥”文化，借助杜白二湖的绝对优势，打造江南水乡生态休闲小镇，努力建设有特色品牌的旅游产品。对小镇最具代表性的国药文化，应融合当前现代人的求新、求异、求知的现实需要，与北京同仁堂等多家著名药店共同建设小镇国医馆，一来可对中国传统中医进行相关知识的普及传承，同时可开设名中医坐诊活动，重新包装塑造小镇国药文化品牌，努力满足现代人的寻根、健身、体验、参与的心理需求。

二、古镇文化的新媒体技术表现形式创新

新媒体技术在传承与保护鸣鹤古镇文化遗产中更注重技能、技术、知识。新媒体技术依附于内容数字化，通过数据形式来传输内容，形成互动的传播方式。但如何更好地反映鸣鹤古镇地域文化空间、文化传承，解决地域文化遗产的保护与经济发展、资金投入之间的矛盾，是当前政府和学者所面临的难题。利用新媒体技术对鸣鹤古镇地域文化遗产进行数字化保护是解决以上问题的重要手段。譬如，通过新媒体动画技术、虚拟现实交互技术、网络游戏设计、动漫形象与衍生产品设计，对鸣鹤古镇地域文化传承与保护进行实践研究。

1. 动画技术

动画技术主要表现为动画短片。动画短片作为信息时代的产物，尤其强调创作的技术性和艺术性的完美融合，可进行故事片及宣传片的创作，在制作形式上可采用二维、三维、二维三维相结合、定格动画等多种方式。剧本创作中着重搜集与鸣鹤古镇地域文化有关的故事人物、场景建筑，并整合慈溪慈孝文化。

鸣鹤人经营国药业人才辈出，自明中叶始至民国，据史记载，以鸣鹤人为主力军的慈溪国药业商帮创办了北京最早的国药店——万全堂、中国第一药铺——北京同仁堂、江南第一药铺——杭州叶种德堂等，可将这些国药商帮文化故事进行动画剧本的创作，并在原画、分镜头、场景、人物角色、动作、后期特效设计环节中，结合古镇建筑、生活场景、故事典故、地域文化等多角度进行贯穿。通过动画技术，将鸣鹤古镇文化在多元化的新媒体形式中进行展现。

动画片的特性使得它具有更加自由的创作手段，人物形象及动作表演都可以设计得轻灵、神化，这是真人表演难以达到的效果。同时，动画艺术契合了当代年轻人的心理，更容易为其所接受。

2. 虚拟现实交互技术

当今，虚拟现实交互技术的应用领域和交叉领域非常广泛，几乎到了无所不包、无孔不入的地步，在虚拟现实技术战场环境、虚拟现实作战指挥模拟、虚拟现实古迹遗址还原、虚拟现实建筑物的展示与参观、虚拟现实游戏、虚拟现实影视艺术等方面的应用和产业的形成都有强烈的市场需求和技术驱动。

通过虚拟现实技术，利用三维建模及贴图技术，将鸣鹤古镇进行数字化全景展现，实现高质量的虚拟克隆；同时，结合当地的国药制作、黄酒酿制、年糕制作、制盐工艺，进行虚拟交互产品的设计开发；并在鸣鹤古镇旅游景点、互联网、旅游推介会、博物馆进行数字化交互展示与传播，多形式地提高大众的参与度与体验感，增强娱乐性。

3. 网络游戏设计

将鸣鹤古镇环境文化与动漫游戏开发商进行合作，譬如与浙江文娱创意企业如网易、阿里巴巴共同挖掘鸣鹤古镇遗存建筑、国药文化、小桥流水等元素，通过游戏的前期策划设计，将鸣鹤古镇环境文化元素融入游戏角色、场景、关卡及服饰道具设计中，增加网游的真实性，也加大了游戏迷们对鸣鹤古镇的了解，同时将网游产品反哺文化产业，进行二次元创新开发。

4. 衍生产品设计

宁波是制造业港口城市，慈溪周巷又是小家电企业聚集地，结合小家电产业、文具玩具产业，从动漫产业链的角度出发，延续动画短片及网游开发中的形象，结合鸣鹤古镇地域文化在文创产品、食品、工艺品、产品包装等环节进行二次开发与设计，增加情感性和趣味性设计，提升产品的文化包装。

三、古镇文化的新媒体传播创新

非物质文化遗产在当代的生存困境促使其对传统传承和传播方式的变迁进行研究，仅依靠其文化系统自身的内部力量难以为继，需从外部采取多形式的保护措施。我们在维持和支持其传统传承方式的同时，在数字化网络化的时代背景下，也应积极推进新媒体的传播与传承，使其转换为新的媒体艺术与新媒体传播手段。

四、结　语

本文通过新媒体技术对鸣鹤古镇地域文化内容及表现形式上进行创新探索；同时，对古镇地域文化本身的传承和创新进行了大胆的探索，为解决古镇文化的传承与保护提供了思路与方法，也为浙江其他地域文化遗产的保护与传播提供了理论借鉴。

参考文献

[1]刘清堂，王忠华，陈迪．数字媒体技术导论[M]．北京：清华大学出版社，2008，26.

[2]慈溪市档案局官网[引用日期 2014-05-03].

[3]张贝贝．初探数字媒体艺术在历史文化遗产保护中的应用[J]．艺科论坛，2015(3)：281.

泥金彩漆工艺介入文具产品设计途径探究

卞 铖

（宁波大红鹰学院艺术与传媒学院）

摘　要：泥金彩漆，作为宁波传统工艺的典型代表，正面临着失传的境地，如何有效地传承、保护和发扬这一手工艺，一个重要途径便是融现代设计于本土地域文化。作为宁波支柱产业之一的文具产业也经历着从简单制造向设计创新的巨大转变。将泥金彩漆与文具产业相融合，既能传承和发扬宁波地域文化，又能促进文具产业的再次转型升级，可以说是双赢的目的。由此本文主要就泥金彩漆工艺介入文具创意设计的途径进行解析，用文创产业去嫁接文具制造，对传统工艺的保护和文具行业的转型都有着非同寻常的意义。

关键词：泥金彩漆　文具设计　地域文化　文创产业

泥金彩漆是宁波传统“三金一嵌”的民间工艺之一，是一种以泥金工艺和彩漆工艺相结合为主要特征的漆器工艺。[1]随着时代的发展，很多传统工艺正在逐步失去它的生存市场和空间。加上民间艺人年龄的增长，有些特色的手工艺濒临失传。如何让这一传统工艺重新焕发新的活力是摆在众多学者和设计师面前的一个新课题。如何有效地传承、保护和发扬这一手工艺，笔者认为一个重要途径便是使其与现代设计相融合，适应现代市场经济，并与当代社会文化进程发展相一致，在产生一定的社会效益和经济效益的前提下，才能使手工艺得到有效的传承和发展。

与此同时，文具制造业作为传统制造业的典型代表，在发展过程中依然面临着严峻的挑战。就文具产业发展现状来看，市场竞争愈加激烈，为了谋求更大的市场份额，迫切地需要在设计方面进行创意创新，在强调功能、技术创新的同时，也要注重文具设计内涵的挖掘。文具产业与地域文化融合发展，用创意产业去嫁接文具制造，对这个行业的转型有着非同寻常的意义，对于行业发展也起到了较为积极的指导作用。

一、泥金彩漆工艺的艺术特色

泥金彩漆有着几千年的文化历史沉淀，大至家具，小至生活用品，它的漆面艳丽辉煌，栩栩如生，年久耐用。主要漆器为木胎与竹胎；主要原料为生漆与金箔，制作方法有“堆泥”“沥粉”“泥金彩绘”等三种，漆器的花纹有凹凸之分，分别为“浮花”“沉花”“平花”三大类。

（一）独特的堆塑工艺与精美的图饰相结合

我国的漆器文化历史悠远，而漆器工艺中，泥金彩漆的工序最为细致繁琐。泥金彩漆全靠师徒口传手授，全手工技艺，具体分为箍桶、批灰、上底漆、描图、捣漆泥、堆塑、贴金、罩漆等 20 多道工艺流程，约三个月器物才能成品。[2]其中，堆塑是泥金彩漆最具特色的手工艺，也是与其他漆器最大区别所在，为宁波所独有。所谓堆塑，就是艺人把生漆、瓦片灰或蛎灰按一定比例捣制成漆泥，反复搡打、揉捏，然后在竹木等胎胚上堆塑山水、花鸟、人物、楼阁等图饰，最后给图饰贴金、上彩，使器物外表富丽堂皇，异常美观。

(二)尽善尽美的美学特征

泥金彩漆工艺广泛应用于家居建筑和日常生活器具等外表的装饰。宁波有几千年河姆渡文化的熏陶，加上有悠久、深远、厚实的婚俗文化，在男婚女嫁时，为了显示家底厚实富有，男女双方在婚嫁上大做文章。除大件家具外，像橱柜、茶桶、洗脚盆、梳妆盒、果祭盘等都是用泥金彩漆工艺制作而成。不仅造型优美，而且具有很强的实用功能，是艺术感与实用性的完美结合，充分体现了古代尽善尽美的美学特征。(见图1)

图1

二、传统工艺与文具产业的融合发展

在进行文具设计创新过程中，技术创新是关键，同时也要注重文具设计所承载的内涵挖掘。以泥金彩漆为代表的传统工艺的发展则要向文化创意产业方向转型，而以文具为代表的传统制造业在自主创新的同时也要联合创新，宁波文化资源丰富，“书藏古今，港通天下”是宁波最好的写照。借此优势在产品文化创意上下工夫，以文创产业的发展促进文具设计的创新，从而增加产品的文化附加值，促进文具产业二次转型。台湾的文创设计，很好地将传统文化融入现代产品设计，在弘扬中华文化的同时，又增加了产品的附加值。将文化创意植入文具设计，使得文具不仅是一个具有实用性的消费商品，更增加了它的文化性和艺术性。海峡两岸共同的文化背景与积极的产业政策导向，为海峡两岸文创产业合作创造了条件。[3]台湾文创产业成功的背后有很多值得我们借鉴的经验，但也不能照搬照抄，只有在充分发掘宁波地域文化的基础上，理解透人文地理、政策举措、产品研发、生产制作、消费市场特征等全价值链后，才能因地制宜地打造出最适合宁波文创文具的发展道路。

三、泥金彩漆工艺嫁接文具创意设计的途径

泥金彩漆工艺融入文具产品设计是宁波文具创新设计的新思路。它不等于简单的1+1，而是一个对宁波地域文化提炼和再设计的过程，需要设计师结合泥金彩漆工艺的艺术特色进行创意设计，对设计作品的概念性、功能性、市场性、系列性等方面予以综合考虑。将传

统工艺用时尚、新颖的形式进行体现。通过文化创意产品的形式展现宁波文具产品的创新内涵以及时代魅力。

(一)突出文化创意的特色文具开发设计

文化创意文具区别于传统文具的特征在于其文化性、艺术性和纪念性,这些特性也构成了文化创意文具的产品附加值。随着文具产业的不断发展和成熟,产品的功能不断完善,实用性已然不能成为产品新的卖点,如何吸引消费者的眼球,需要将文具的实用性与文化艺术性相结合。文具的文化性要求造型设计要深入挖掘本地文化,并通过合理的设计手法将其呈现。文化内涵越丰富,其纪念意义就越大。艺术性是指文具造型设计新颖、美观别致,具有艺术欣赏价值。以台北故宫博物院为例,2013 年台北故宫博物院推出了一款名为“朕知道了”的纸胶带,该胶带是由康熙帝御笔朱批真迹印刷而成,集实用、幽默、教育与时尚趣味于一体,风靡海峡两岸。借着博物馆文创产品的东风,北京故宫博物院推出了“如朕亲临”腰牌卡,该产品以“腰牌”为创意来源,设计出一系列的时尚行李牌。腰牌是古代官吏系在腰间的“身份证”,也是其他人员出入门禁或过关入门的“通行证”。该腰牌一经推出便受到了消费者的热烈追捧,而且既能当行李牌又能当公交卡套,一物多用。通过这些成功的案例可以看出,文化创意类文具设计,文具的种类形式是硬件载体,文化创意内容才是真正的核心价值。因此,通过地域文化找到合适的设计语言和元素是创意的重点,如何恰如其分地运用这些元素是关键。

(二)泥金彩漆工艺元素的萃取和转化运用

传统工艺再设计,首要任务需要设计师去寻找和提炼相应的设计元素。笔者认为可以从视觉元素和文化内涵的语义元素两个角度进行考虑。

视觉元素主要是指漆器的装饰图案和造型呈现。在装饰图案上,泥金彩漆多以热烈喜庆的题材为主,通常有福禄寿三星、群仙祝寿、渔樵耕读、二十四孝、百子嬉春、麒麟送子、五世同堂、少世其昌及地方习俗中喜闻乐见的故事,以及小桥流水、亭台楼阁、青松翠柏等清丽婉转的景致,具有古朴而诙谐的文人气息和雅俗共赏的江南韵味。在对图案的处理上可通过简化处理,展示意境为主,重点要体现出堆塑的装饰手法。在造型上,可以从床、橱柜、茶桶、洗脚盆、梳妆盒、果盘等泥金彩漆的典型家具为切入点,提取特有的语言符号运用到文具设计中。

文化内涵的语义元素主要体现在宁波悠久、深远、厚实的婚俗文化上,比如十里红妆中的家具多为泥金彩漆。在找到相应的文化来源之后要注意不是简单地拿文化现象来复制,而是要精心发现、选择、提炼,通过简化、变异和重组把地域文化特色的标志性符号转化为产品开发的设计语言。作品《红妆》创意文具套装设计灵感来源于宁波的民俗“十里红妆”。人们常用“良田千亩,十里红妆”来形容嫁妆的丰厚。整套设计以花轿为原型,文具套装分为六个部分,分别为名片匣、两个胶带架、订书机、签字笔、尺子和八个回形针,就如同古代红妆一样丰厚。材料上以木质为主,通过泥金彩漆将其在木质文具的表面呈现出来,给人一种喜庆的感觉。(见图 2)

结 论

综上所述,将泥金彩漆这一传统手工艺嫁接文具产业,给宁波文具设计带来了新的契

图 2

机。本土化的设计语言融入文具的设计开发，把设计需求与人文底蕴相结合，构建文化与文具相融合的设计创新体系，必将有力提升宁波文具品牌和设计水平，同时也对泥金彩漆工艺的传承和创新起到了积极的作用。

参考文献

[1] 陈琦. 绚丽的宁波泥金彩漆[J]. 艺术 · 生活，2011(9)：68—70.

[2] 万剑. 国家级非遗“宁波泥金彩漆”的艺术特色与生产性保护[J]. 装饰，2012(9)：123—124.

[3] 王建民. 台湾文创产业发展特点与两岸合作——兼论两岸文化贸易发展[J]. 现代台湾研究，2015(4)：4—9.

旅游区建设中环境文化特征演变

——以舟山市园山岛为例

蔡鲁祥

（宁波大红鹰学院艺术与传媒学院）

摘　要：环境文化建设作为旅游区环境管理的一项长期的根本任务，应将环境文化融入到旅游区景观经营组织的文化整体中去，成为组织的核心竞争力之一，全面发挥组织文化的指导、推动、改善、导向、凝聚、激励、约束、感应等功能。[2]

关键词：旅游区　环境　文化特征

在当代生态危机威逼下，对原生态自然美及机制的考量是我们人文精神一项必要的历史担当。原生态的自然美不像人工化态那样处处渗透着人为创造因素，彰显着人类的本质力量，也不像共生态那样藏着人类的巧设，达到了人工自然与天然自然的神妙融合，原生态景观的自然美是自然本身和谐本质的一种显现。这种和谐是原生态自然本质与人的生命本质的一致因共生同构达成的和谐，是原生态自然生机和人的生命的一种天然契合，也是这种和谐本质在人脑中的直接映现。优美的生态环境是旅游区吸引游客的最基本要素。为切实把景区保护养育成环境优美、远离城市喧嚣的生态旅游和休闲度假胜地，应制定严格的生态保护措施。[1]

旅游业作为一项长远的经济文化事业，在未来能否有更大的发展，关键要处理好旅游与环境的关系，实现旅游与环境的良性循环。因此，对旅游资源和环境的保护应成为旅游可持续发展的基本出发点。[2]

近年来，以周末度假为核心的休闲度假旅游在长三角地区迅速升温，高品质的度假旅游需求增长强劲。在上海、杭州等大城市周边，已经出现了2～3小时车程的度假休闲旅游圈。随着区域经济一体化和区域内高速公路网、城际轨道交通网等交通设施的进一步完善，人们的度假休闲旅游圈半径还在不断扩大。

长三角旅游一体化工程正在积极推进中。现在以上海为中心的覆盖长三角所有城市的旅游集散中心体系已经初步形成，区域内无障碍旅游已基本实现，适合城市居民的度假休闲旅游服务网络体系已经初步成型。

一、规划背景及规划区介绍

（一）规划背景

顺应我国旅游发展趋势，考虑长三角庞大的客源市场需求，响应舟山市群岛海洋旅游品牌的塑造，为提升定海区“休闲定海”核心竞争力，充分利用本区干览镇海港经济进一步发展的重要机遇，将园山岛建设成干览镇海港特色主题旅游目的地，定海区“休闲定海”的拳头产品，舟山市群岛旅游品牌的重要组成部分，同时发展成为舟山市成长型新兴旅游景区，最有代表性的中、高端商务客人的生态商务度假区，最终实现良好的社会、经济和生态环境效益。

二、规划战略

(一)园区存在缺陷

据调查，舟山海岛旅游在迅速发展的同时，也暴露出以下缺陷：

1. 游客很难与海亲密接触，餐饮船、酒吧船等游客可以直接与海接触的旅游设施太少；
2. 船只仅有交通功能没有观光功能，一些滨水区域被造船厂或海军占用着无法旅游；
3. 海港几乎没有步行桥，滨水步行区更是选址失当，设计欠佳；
4. 度假旅游配套设施不足，未因地制宜地利用和改造酒店外部自然环境。

园山岛应在上述缺陷上做好突破，从细节入手，打造高端精致的旅游度假产品。根据自身条件，在定海区旅游发展中提出的“休闲定海品牌”“海上千岛游”旅游精品项目上做文章，差别定位，做足“海上运动”文章，争取成为定海区旅游的亮点。利用港口和连岛大桥交通的便利性，将游客留下来，打造运动主题型的精致度假小岛。

(二)规划定位

以园山岛良好的生态环境和优越的区位条件为依托，以顶级海上运动基地为特色，面向长三角中高端度假休闲市场，将园山岛打造成定海独具魅力的集时尚运动、主题餐饮、商务度假等功能于一体的运动型特色度假海岛。

根据园山岛所处的区域位置、岛上的资源特征以及规划战略主题目标，将其一级核心理念形象定位为：海上运动中心，欢乐度假绿岛。

形象解析：园山岛首先是项目丰富、服务周到、激情浪漫的顶级时尚海上运动型海岛。以此为品牌吸引点，利用园山自然生态的海岛风光，营造欢快的运动度假氛围，面向中高端商务度假市场，打造精致秘境型、时尚尊贵的商务度假基地。

二级形象地位：定海北门户，皇冠度假海岛。

三级形象定位：极品渔域，别样度假。

(三)规划产品体系

以海上时尚运动、星级商务度假为主要旅游产品，集商务、会议、休闲、度假、购物功能于一体的海岛运动型商务旅游度假区。成为舟山市旅游的新亮点。

其产品体系构建如表1所示。

表1

旅游产品	资源、项目
生态观光	海音阁、沧海亭、采云道、风湾坝、月光滩、曙光亭等
餐饮休闲	绿岛酒吧街、岛域一品渔、海音阁等
商务会议	远洲·港湾大酒店、御景园山会所群
疗养度假	皇冠总裁行宫、海泥疗养中心
时尚运动	园山海景体育中心、太阳湾极泥滑场、天钓崖垂钓中心

(四)发展战略

园山岛旅游发展主要有四大战略，用以在宏观角度指导园山岛旅游业的发展。

1. 精品驱动战略

园山三岛是资源禀赋不高的小岛，所以在开发上首先要做好产品定位，盘活小岛发展。经过实地考察，多方面综合分析后，规划组认为园山岛的旅游开发要高位启动，直接面向中、高端商务市场，以高档海上运动作为突破点，量身定制商务会所、私密度假套房等专项产品与精品项目，不但成为干览镇最高档最有特色的商务度假基地，而且在整个舟山市中端、高端市场中占有一席之地。

2. 以人为本战略

园山岛的旅游塑造高品位的运动度假氛围，在旅游接待服务上提倡以人为本，在提供有针对性的富有情调和品位的中、高档旅游产品的同时，提供高效快捷有人情味的高质量服务。[5]

3. 营销导向战略

旅游产品必须得到市场的认知和认可才能赢得市场。因此，园山岛旅游的全面发展必须加强市场营销，主动扩展客源市场，借助各种营销方式和手段，加快建设旅游目的地营销系统，大力发展旅游电子商务，并积极融入"长三角国际旅游网"等大型商务旅游网。把园山岛旅游这一品牌迅速推向市场。同时，园山岛必须处理好和定海区、舟山其他已有成熟景区、周边旅游景区的关系，寻求合作空间，实施有效客源分流，开发主题性品牌组合产品，联合对外推销，走出一条联动共赢的旅游发展道路。

4. 可持续发展战略

园山岛旅游的发展是建立在保护岛屿生态旅游资源的基础上的，必须与石油储备项目相协调，走可持续发展的道路，在获得可观的经济收益的同时，维护和美化优良生态资源。[6]

三、空间布局与项目设置

(一)空间布局

为筑造定海门庭—舟山渔港畔独具特色的运动型商务度假空间，根据园山三岛的地形特征和资源，本案将规划地划分为四区一廊，分别为：

三区：沙湾康体休闲区、皇冠御景度假区、绿岛海钓探险区。

一廊：环岛景观走廊。

(二)项目设置

1. 沙湾康体休闲区

(1)位置与资源特征

①主要位于上园山岛西南与下园岛西北地块以及两岛之间的浅滩区，规划面积约1750000平方米。

②该区大部分为浅滩和滨水岛岸，区内有废弃的渔业养殖池塘及生态较好的芦苇地等。

③该区风浪较大，对项目的灵活性要求比较高。

(2)规划构想

①规划为舟山最时尚的运动海滩，是园山岛旅游主体部分，起到形象展示、氛围定调的

功能。

②建筑统一采用新古典主义风格，结合浪漫小岛、渔韵风情和绿岛风光等景观的塑造，营造一种动感、时尚、欢快、高雅的休闲氛围。

③动感码头区重点项目有：园山海景体育中心、太阳湾海泥疗养中心、岛域一品渔(家)、绿岛酒吧街。

(3)项目设置

①园山海景体育中心

✧ 位置：上园山岛靠近大坝地块。

✧ 规划构想：面向长三角水上运动爱好者及中高端商务群体，按照国家级标准建造，拟建舟山第一个以水上运动为主的，集休闲、训练、竞赛为一体的大型海岛运动场馆。

✧ 体育中心外场设计：改造原废弃的渔塘，铺设长约350米的人造沙滩，外围保留自然生长的水生植物，以大型绿荫乔木为背景，营造一个生态自然的大型运动沙滩浴场。沙滩上设置排球场、阳光浴吧、生态更衣室、警卫室等；结合绿岛酒吧街设置浴场景观休憩平台和服务设施；结合一帆码头打造游艇俱乐部。开展丰富刺激的海上活动，如海上摩托艇、快艇、拖曳伞、海上垂钓、帆船等。

✧ 体育中心场馆设计：拟建占地面积约4600平方米的建筑组群，限高三层。西楼一层设置半敞开式大型室内游泳馆，分类建设比赛池、练习池、跳水池、水球池、综合池、儿童池、海浪池以及跳水、比赛、水球合用的泳池。比赛池按照国际标准设置为长50米、宽不小于21米、水深1.8米以上的专业泳池；室内外海水良性互通，游客可在室内通过大型玻璃外墙欣赏整个海港的景色。东楼一层为海景体育中心的服务大厅，配置高级餐厅、高级展会等，体育中心的服务大厅兼顾园山岛旅游服务中心的性质；东西楼二、三层有廊道相通，按照国家标准设置各类体育项目室内场馆，如：剑术场馆、艺术体操场馆、国际交谊舞场馆等。

②太阳湾海泥疗养中心

✧ 位置：堤坝东南角地块，建筑占地面积约1200平方米。

✧ 设计：提高地块的海拔，拟建金贝湾疗养中心，开展海水SPA疗养、保健按摩、美体养生等项目。中心可瞭望整个坝湾，游人在享受静心疗养的同时，可以观赏滩涂、海湾的风采。

✧ 项目核心“海泥疗馆”：疗养中心西北面，是以海泥为专项疗养材料的海泥疗馆，也是极泥滑场的服务中心。

③岛域一品渔(家)

✧ 位置：上园山岛西南突出岛域及周边水域，建筑面积约600平方米。

✧ 规划构想：规划一个“海上的浮动渔村”，将海风、海景、海韵巧妙地融合为优雅的用餐环境，打造集特色海鲜餐饮品尝、海岛田园体验、海港风光观赏为一体的舟山顶级海味餐饮渔家。

✧ 设计：一品渔(家)构筑在大型水上平台上，由一栋主体建筑和数栋独立的水上浮动包厢组合而成，拥有独立的浮动码头，游艇可直接停靠。包厢规模不一，室内空间主题、装饰风格各异，高雅的情调、屋人水合一的意境，让游客有独尊水上的自豪感。游客一边享用海味佳肴，一边近距离欣赏通达海港的全景。渔家主打舟山高级特色海味，推出特色菜肴品牌，如“一品鱼羹”“三岛蒸鱼”等。

④绿岛酒吧街

✧ 位置:上园岛油库基地西南岸狭长地带。

✧ 规划构想:规划为上园岛最富情调的酒吧一条街,聚集了舟山最高档的酒吧、餐厅、咖啡馆和休闲水吧等,特色餐饮、动感娱乐、高雅休闲一应俱全,成为真正的海岛小资天堂。

✧ 设计:酒吧街全长约100米,建筑占地总面积约2300平方米,两旁建筑采用新古典建筑风格。浪漫的街道拥有众多独特的艺术景观小品,绿荫花卉布满整个街道。商店情调高雅,室内装饰时尚新潮,个性的商品琳琅满目,让游客充分体验到海岛休闲购物天堂的魅力。

✧ 忆园山(蓝调1号、闲情5号、左岸7号):规划数个个性旅馆分布在绿岛酒吧街上,分别以蓝调、闲情、左岸为特色主题。在给游客提供舒适的住宿度假场所的同时,让他们享受不一样的岛域浪漫风情。

⑤滩泥滑场

✧ 位置:堤坝东面的滩涂。

✧ 规划构想:靠上园山岛部分的滩涂区,地势较高,泥质相对较好,可开辟为极泥滑场,以"滑泥"为主要项目,同时开展泥斗、泥台搏击、贴泥、泥浆滑道、泥竞技比赛等滩涂娱乐活动。

⑥芦苇滩

✧ 位置:废弃渔塘与芦苇廊衔接地带。

✧ 规划构想:环浅滩铺设一条长约300米、宽约10～45米沙滩带,作为园山海景体育中心的室外主要活动场所,是沙湾康体休闲区运动娱乐的集中场地。

⑦启帆码头

✧ 位置:上园岛油库基地西北地块,面积约1000平方米。

✧ 规划设计:规划为岛上主码头,以曲线式帆板造型设计,展示动感浪漫的码头氛围。

⑧风湾坝

✧ 位置:上、下园山岛之间的堤坝。

✧ 设计:取名为风湾坝,坝上规划一条景观过道,在靠港湾的一旁设置风能景观路灯,构筑为风车造型。该路灯可将湾坝的风能转化为电能,在减少用电的同时,更与港湾内的风车物语共同构筑特色的海岛风车景观。

⑨风车物语

✧ 位置:堤坝西面浅滩。

✧ 设计:拟建一座大型和五座中型风车,与风湾坝上风车路灯相互呼应,形成大型的海上风车景观,增添园山三岛的浪漫氛围,成为海岛一大景观亮点。

2.绿岛海钓探险区

(1)位置与资源特征

①位于上园山岛西北部,规划面积约1280000平方米。

②该区植被相对茂密,种类丰富,生态环境良好;东岸海域深邃,适合开展海钓项目。

③该区内未来将建设油库基地,旅游项目的设置要与此相协调。

(2)规划构想

①规划为海钓探险区,是岛上运动项目集中区。

②充分利用海岛的秘境景域感以及悬崖高差的感官刺激开发集海风、绿岛、探险为一体的特色项目。

③绿岛海钓探险区主要修建项目有:天钓崖海钓中心、园山探险基地、海音阁等。

(3)项目设置

①天钓崖海钓中心

✧ 位置:位于浴风亭东面崖畔。

✧ 设计:规划为大型海钓中心,建筑占地面积约 700 平方米,取名为天钓崖,突显其高耸的地势。海钓中心内设置海钓俱乐部、海味餐饮吧、海钓培训基地等。配置丰富齐全的钓鱼设施设备,让游客真正享受到海钓的乐趣的同时,身心得到陶冶。

②园山探险基地

✧ 位置:上园山岛山体部分。

✧ 规划构想:利用上园山生态绿岛资源,以蓝天绿港为背景,开展海岛探险项目。设置森林攀爬、海岛宝藏、绿岛热气球等惊险刺激的游乐项目。

③海音阁

✧ 位置:位于上园山岛的东北角。

✧ 规划构想:在东北角平顶上,拟建一个集海景观赏、茶饮品尝、聚会休闲为一体的综合海景休闲吧,建筑占地面积约 800 平方米。内部包括小型咖啡吧、茶亭等。海音阁周边种植适合海岛生存的花卉,给游客一个面向大海、春暖花开的别样休闲感受。

④绿岛夜曲

✧ 位置:芦苇丛北部山坡地带。

✧ 规划构想:该区拥有全岛最茂密的树林景观,设置山路小径,让游客深入丛林中,在山坡观赏整个海岛田园的风光。

⑤浴风亭

✧ 位置:位于上园山岛东北角的平顶石崖。

✧ 规划构想:石崖顶处于迎风面,崖壁险峻,视域辽阔。拟建一座浴风亭,顾名思义,让游客领略海岛孤崖迎风而立的豪气。

⑥果香林

✧ 位置:环池塘山坡地带。

✧ 规划构想:在山坡地带围绕会所建筑周边种植果林,包括枇杷树、橘树等。丰富本区的植物种类,增添度假区的景观效果。

⑦采云道

✧ 位置:下园山岛东岸的自然道路。

✧ 规划构想:规划宽 4 米的水泥路,作为联接上园山岛与下园山岛之间的主要交通道路,是岛上唯一可行驶电瓶车、自行车的景观道。

3. 皇冠御景度假区

(1)位置与资源特征

①主要位于下园山岛,面积约 1810000 平方米。

②该区水湾原为渔业养殖的池塘,已废弃,形成一处大面积的海塘。

③山坡植被以灌木丛为主,且长势茂盛。

(2)规划构想

①该区山水景色秀美,山坡地势缓,是开展度假项目的优良场所。

②规划为三岛最私密的海岛度假区,结合果林、滩湾、度假建筑,打造舟山最高档的度假公寓群。

③御景度假区主要修建项目有:远洲·港湾大酒店、"御景园山"企业会所、皇冠·总裁行宫等。

(3)项目设置

①远洲·港湾大酒店

✧ 位置:金湾码头东北地块。

✧ 规划构想:酒店按照四星级标准建造,主要面向长三角商务游客,为企业商务谈判、集团会议和节事庆典提供场所。以"商海有情"为主题,营造具人性化的商务空间;以浪漫雅致的情调,打造舟山最有魅力的海岛商务酒店。

✧ 设计:拟建占地面积约8400平方米的建筑组群,高三层。功能布局为:一层为酒店服务大厅、高级餐厅、商务会晤室及会议大厅等;二、三层为酒店客房区,共设置350个床位,其中包括3个总统套房。建筑采用新古典主义风格,以鲜花植物丛装饰阳台、窗阁,以色彩、生态理念构筑一个热情舒适大方的商务空间。酒店前浪漫亲和的休闲广场上,设置露天咖啡吧,供游客聚会、畅谈。酒店餐厅、会议厅、服务大厅以葱郁的盆景、多姿的流水景观、大片的玻璃拉窗及通透室内外空间营造出高雅的情调,让游客仿佛身在充满了惊喜和欢乐的神秘绿林。宽阔舒适的客房,每间都设置独立阳台,游客可在卧室纵览整个通达码头的景观,与阳光、花卉亲密接触。

✧ 海鼎阁:规划为酒店、别墅和会所的管理中心和商务游客的接待中心,取名海鼎阁。中心设置会客厅、茶室、商务服务台、电子管理中心等配套设施,为游客提供高档的商务接待服务。

②皇冠·总裁行宫

✧ 位置面积:下园山岛顶部平缓地块,建筑总面积约为3000平方米。

✧ 规划设计:在下园山顶部视域辽阔的地块拟建顶级度假别墅"皇冠·总裁行宫"。依山就势规划有7栋牙买加Tupacea式别墅,独栋别墅5座,每栋别墅建筑面积约为400平方米,高两层,8个客房,有大露台,带私家花园;2栋为双拼别墅,别墅建筑面积约为500平方米,高两层,10个客房,有大露台、空中露天游泳池。

③"御景园山"企业会所

✧ 位置面积:环池塘山坡地带,建筑总面积约为8000平方米。

✧ 规划构想:绿色的林地、蓝色的池潭及海港风光构筑一处高档生态企业会所。"御景园山"企业会所,主要面向通达港码头的临港企业,成为各大企业精致的商务客厅。会所分别出售给不同企业进行自主经营,企业可以将会馆的出租、营业等业务交由园山三岛旅游服务中心统一管理。

✧ 设计:围合海塘形成一个岛湾,形成景色优美、视野辽阔且相对隐蔽的商务环境。岛湾的山坡地势较缓,灌草茂密,20栋会所建筑建于山腰,屋顶低于山顶或与之齐平,以减少海风的影响。建筑沿山体错落布置,规模不一且各具特色,门前沙滩、屋后树林,开敞的屋顶平台可观赏通达港湾蓝天海景、船舶往来的风光。

④金湾码头

位置:下园岛海堤西端。

✧ 设计:拟建下园岛专属码头,供商务游客便捷地往来港口与会所。码头广场体现渔韵小港的情调,精致的雕塑小品、欢快的池水喷泉,形成有主题性质的集散小广场。

⑤月光滩

✧ 位置:废弃池塘外围。

✧ 设计:在渔家西部外围形成一片相对完整的水潭,以数丛芦苇做点缀,营造宁静动人的水面景观。夜晚,月光沙下,成为一品渔前醉人的月光滩。

⑥"渔音"艺术茶圃

✧ 位置:位于油库东部山坳内。

✧ 设计:将功夫茶、艺术画廊以及园艺花圃相结合的围合休闲空间,注入渔港和音乐元素,形成一个动静相生的茶圃。

⑦"海阔天空"观景台

✧ 位置:小园岛顶。

✧ 规划构想:在拥有360度全景视野的小园岛岛顶上,拟建一小型观景平台,游客在此可感受到海阔天空的景域,领悟到"商道即人道,退一步海阔天空"的意境,在小园岛上构筑一条宽1.5米的登岛木栈道,取名为"小蜀道",意为商道艰难,需要足够魄力和勇气。

⑧曙光亭

✧ 位置:位于下园山岛北角,在月光滩尽头的观景平台上。

✧ 规划构想:在观景平台北端,拟建一座与小园山岛"海阔天空"对望的石亭,面朝海港,视域辽阔,让游客在这感受海风、阳光的洗礼。

4.环岛景观走廊

(1)环岛景观走廊全长2100米,连接不同等级的道路段落形成环岛景观走廊,供游客在岛屿上全方位观赏海域景观。

(2)走廊主要以仿木石板为铺设材料,沿途设置亭、阁等景观建筑及特色景观雕塑小品等。

(3)环岛景观走廊线路为:启帆码头—绿岛酒吧街—海音阁—沧海亭—采云道—御景会所—月光滩。

四、结 语

规划通过对现状建设条件和建设环境的分析,结合自然环境,合理安排绿化和活动场地,打造富有地方文化特征的环境节点;同时规划充分尊重现有建筑的布局,发掘现有历史建筑文化特质与内涵。整合历史文化资源,设立历史地段保护区;为舟山在旅游区建设中如何保护和利用自然环境及历史文化遗产提供了可借鉴样本,有效地提升了舟山市园山岛建设的规划水平。[7]

参考文献

[1]闫森.原生态景观元素在旅游景区设计中的运用研究[D].武汉:中国地质大学,2008.

[2]华锐.点击企业文化[M].北京:企业管理出版社,2003.

[3]张建萍.旅游环境保护学[M].北京:旅游教育出版社,2003.

[4]刘洪斌.新农村建设中农村集中住区规划设计研究——以鲁中地区为例[D].济南:山东建筑大学,2015.

[5]闫顺利.新农村建设中自然环境及历史文化遗产保护和利用的探索——以莱芜颜庄居住区为例[J].德州学院学报,2013,29(4).

[6]蔡余萍、黄晓燕.川西新农村建设中传统民居文化的继承与发展[J].四川建筑,2009,29(3):6.

[7]杨豪中,张鸽娟."改造式"新农村建设中的文化传承研究——以陕西省丹凤县棣花镇为例[J].建筑学报,2011(4).

浅谈我国公共空间导视设计

陈　欢

（宁波大红鹰学院艺术与传媒学院）

摘　要：通过对我国当代公共空间导视设计的发展进行阐述概括，并结合一些优秀的设计案例进行分析，一是展示我国当代导视设计系统的发展特点；二是分析导视设计发展特征，为今后发展奠定良好基础。

关键词：公共导视系统　导视设计

一、公共导视设计在我国的发展

我国导视设计相比国外虽然起步晚，但是发展速度相当快。早在1938年我国就颁布了GB3818－1983《公共信息图形符号》标准，标准中规定了公共场所经常用到的15个图形符号。随着我国公共信息图形符号的逐步制定，我国公共信息图形符号日渐标准化。在2000年以后，国家质量技术监督局又陆续颁布了GB/T10001《标志用公共信息图形符号》的系列标准，新颁布的标准中符号种类更多，所传达的信息内容也更加生动，更好地促进了城市空间的快速发展。

在东部发达城市，例如上海、广东等地，导视的发展已经日臻成熟完善。随着经济带动，新材料以及新技术逐步应用到导视设计之中，这大大提高了导视的功能，而且更加注意导视的人性化。当然，导视设计在快速发展中也逐步暴露了一些问题。一是导视设计中规划性不强，与周围的人文环境和自然环境不统一；二是导视设计缺乏特殊性，大多数导视设计都是批量生产，同质化现象严重。

目前导视设计由于缺乏整体考虑，城市空间被各种杂乱无章的信息充斥着，这样虽然可能每个导视设计传达信息功能很强，但是缺乏整体性，导致功能骤减。另外，导视系统中出现的错误信息直接影响行人，信息误区不仅不利于导视设计的良性发展，而且影响着人们的顺利出行。

二、公共空间导视设计案例分析

（一）文化型导视设计

无论哪种设计必须将当地的文化特色融入其中才能得到良好的发展，这就促使越来越多的设计人员意识到了"设计本土化"问题。

云南丽江是我国久负盛名的旅游城市，城市被浓郁的民族文化内涵熏陶装点。这里的导视系统不仅起到向人们指示方向等发布各种提示信息的功能，而且更重要的是起到了文化传播的作用。许多外地游人一看导视牌就嗅到了丽江古朴、幽静、淡雅、恬静的气息。

另外，丽江的导视系统尊崇自然，因此在材料的选择上，选择的是自然木材作为基础框架，导视系统与周围的街头小巷及传统的人文建筑融为一体，和谐而又自然。丽江的导视设计从细节就可看出当地的文化特色。当地的导视设计所用文字是将中文、东巴文、英文三语并用，一是导视牌功能更加完备，二是体现了导视设计的人性化要求，这种带有当地特色文化的导视设计更是一种当地文化的载体。

（二）生态环保型导视设计

生态型导视设计是将设计与周围的环境融为一体，不破坏当地的环境，尊重当地的人文环境与自然环境。

生态环保型的导视设计主要是从导视设计的风格、所需的材料以及设计的主题上进行区分。在确定了以上三点之后具体将设计落实中要做到两点：一是对周围环境破坏达到最小；二是设计与周围环境交相呼应、和谐共存。

生态环保型设计首先体现在导视牌所用的材料上，使用的材料不会对人们产生危害；一般使用的材料都是可以生物降解的天然竹木、石材等。通常设计师必须考虑的还有成本问题，因此为了将设计成本降到最低，在导视设计牌制作中所用的原料都是当地生产，就地取材，更好地将当地特色表达出来，更重要的是节约经济成本。

生态环保型设计还体现在材料色彩的选择上，例如：一般山区旅游景区导视牌的设计都要考虑到如何才能与周围的环境相协调，色彩不跳跃，同时不会造成视觉污染。著名的天目山旅游景区导视牌的设计是将我国传统的木结构设计原理融入其中，并且公共基础设施中选用了经过炭化的防腐木，一是经久耐用，同时还可以抵挡住山体的湿气；二是整个导视牌色彩偏暗，颜色不跳跃也不突兀，“古朴自然风”运用不仅与周围的环境整体合一，同时色彩协调，传达幽静、自然、平静的感觉。另外，值得我们学习的是，导视牌无论字体的大小、颜色以及导视牌的厚度，都做了人体工程学测试，以更加科学、简约的设计最大限度地满足旅游者的导向性需求和视觉需求。

（三）个性型导视设计

个性型导视设计是当代人追寻的一种实现自我价值的设计形式，通常十分注重体现环境设计主题。但其个性设计体现的是相对的，受环境实体的限制很多。个性的体现最好理解成整体环境协调，个性与内涵兼备。如香港迪士尼乐园导视系统设计可谓标新立异。其设计经济上耗材不浪费，色彩上丰富多彩，造型上形象生动，易于识别。另外，在不同的主题园中，导视设计的风格各具特色，令人眼花缭乱。可以说，迪士尼的导视设计比任何城市空间的导视设计都更加富有个性和创意。其形态奇特、内容多样、色彩丰富、整体感觉神话梦幻而不失功能性。设计是为满足需求而无定式的，公共设施的艺术想象性可以被发挥到极致。

（四）节能型导视设计

随着人们对生态环保意识的增强，现在更多的设计也将低碳环保设计理念融入其中。因此，从可持续发展战略角度，导视设计就更应该加强设计的实用性与设计品质，逐步淘汰浪费资源的设计。例如：生活中夜间灯光的使用问题，如果灯光太暗就会影响导视系统的功能性，如果太亮就可能造成资源的浪费。为了更好地兼顾设计生态化与设计品质化需求，导视设计师在导视牌内安装发光设备，更加人性化地考虑到了行人和驾驶员的需求。导视牌自身具有发光设备不仅可以帮助行人接收信息，同时还有利于夜间行驶的司机更加清楚地看到导视信息。将路灯功能与导视功能合二为一，这种设计不仅节约了电力成本、节约了材料，同时也减少了光污染，像这种可持续性发展的设计思路值得我们学习。

结　语

结合案例进行分析，导视设计必须以实用为基础，一份好的导视设计方案要结合服务性和功能性。另外，结合当地的特色进行地域化设计，兼顾人文环境和自然环境的统一，让导视设计既有设计美又有设计内涵。

参考文献

[1] 肖巍．导视系统符号元素研究[J]．包装工程，2012(20)：136－139．
[2] 赵琨．论现代公共环境标识中的信息图形设计[D]．杭州：中国美术学院，2013．

基于地域文化的文创产品设计研究

丁　欢

（宁波大红鹰学院艺术与传媒学院）

摘　要：本文从文创产品设计与地域文化特色概念出发，厘清了具有地域文化特色的文创产品设计的时代背景与研究意义，分析了融入地域文化特色的文创产品设计的地域文化继承、延续与创新原则，产品外形和寓意具有时代性原则，利用当代科技性原则、系统化设计原则，最后提出了地域文化特色元素符号应用法、地域文化象征与隐喻应用文创产品设计法、解构重构应用法、体验文化设计应用法来研究基于地域文化特色的文创产品设计。

关键词：地域文化特色　文创产品设计

一、前　言

（一）文创产业

文化创意产业（Cultural and Creative Industries），简称文创产业，是一种在全球经济一体化大背景下孕育而生的以创造力为核心的新兴产业，强调一种主体文化或文化因素依靠个人或者团队通过技术、创意和产业化的方式开发、营销知识产权的行业。文创产业涉及众多创新领域，包括动漫、工艺与设计、传媒影视、平面视觉艺术、表演艺术、环境艺术、广告装潢、服装设计、软件设计和计算机服务等方面的创意行业。文化创意产业在全球范围快速发展，已成为很多国家经济发展的支柱。而文化创意产业在世界各地称法各不相同，有称为文化创意产业、创新知识产业、版权产业等。大力推动创意产业的国家有英国、美国、日本、法国、德国、意大利、澳大利亚、新西兰、丹麦、瑞典、荷兰等。

最早制定发展文化创意产品的政策是在1997年由英国前首相布莱尔工党内阁所推动的创意产业发展法，在同一个时期，遭遇亚洲金融风暴的韩国，在总统金大中主导下也开始从电影与数位等产业开始发展“文化内容产业”，并成立文化内容振兴院与通过文化内容振兴法。类似的也包括澳大利亚、新西兰、欧洲诸国等。

我国文化创意产业虽起步较晚，但近年来发展迅速，并受到来自政府、企业、学界等多方面的重视。《国家“十一五”时期文化发展规划纲要》明确提出了国家发展文化创意产业的主要任务，全国各大城市也都推出相关政策支持和推动文化创意产业的发展。[1]这表明产品创新设计已经从企业行为上升到国家经济和社会发展战略的地位。在此背景下，文创产品，特别是体现地域文化特色的设计就愈显重要，彰显民族、地域文化特色的产品创新设计成为设计师与设计理论研究者共同关注的焦点。

（二）地域文化特色

一般意义而言，“地域”是指一个区域，即按一定标准而确定的地理空间区域。它是人类生存和文化创造的物质基础与活动舞台。地域文化特色一般指一个地区在一定的地域范围内长期形成的历史遗存、文化形态、社会习俗、生产生活方式等各种与众不同的特征，能融合历史和现代文明，体现地方人文和自然特色的本土文化。其特点是具有鲜明特征的文化，是当地的传统和习惯、生态和民俗的文明表现形式，也可以简单地界定为“具有地域特征和属性的文化形态”，这主要是由于在一定空间范围内不同的是地域文化中特定人群文化的起源、发展、功能，研究其行为、信仰、习惯、社会组织等反映出的“地方性”。

在当今区域文化建设的浪潮下，一个地区历经多年所形成的地区精神、符号、艺术、品格等，如果不被后人继承与发扬，就会渐渐没落至消失。如果对区域文创产品设计进行系统研究，在它被设计时融入地域特色，使其成为地区名片的外在表象，能够在一定程度上体现城市的某些地域特色，并唤起人们对地区悠久历史的记忆，从而提高区域形象的识别性，让来到这个地区的人们感受到区域的文化与品位。

因此，本文研究地域文化特色，使其能融入到文创产品设计中去，既体现文创产品的地域文化特色，又能为地区文化建设增添具体的产品载体，使其文化具象化，从而得到继承发展与延续。

二、基于地域文化特色的文创产品设计原则

（一）地域文化继承、延续与创新原则

文化是一个地域的灵魂与内涵所在，即这个地域内在本质特征。不同地域文化是不同地域的文化、历史不断积淀而形成的文化精髓。因而在基于地域文化特色的文创产品设计中，首先应遵循地域文化继承、延续与创新原则。文化继承、延续不是简单重现地域文化的过程，而是在新的历史时期，将历史文化与时代发展要求相结合，体现地域文化的一脉相承性。而地域文化的创新更是对地域特色的发展，也是文创产品设计对地域文化发扬光大的重要作用。[2]

（二）产品外形和寓意具有时代性原则

具有地域文化特色的文创产品外形和寓意必须具有时代感，必须符合现代审美和现代使用功能。因为脱离现代审美和使用功能的产品无论具有怎么样的历史价值都不可能获得现代消费者的普遍青睐。随着生活美学观念的不断普及和深入，人们在实用层面对文化产品的需求越来越大，艺术和实用结合得越好、装饰性越强、当今使用场合与频次越高，就越能激发观众的购买欲望。因而文创产品设计应像台北故宫博物院所主张的那样，鼓励那些“以本院藏品图像为素材，而重新设计、开发、制作具艺术性与生活实用性且有助文化教育推广之各类衍生附加值产品”[3]。

（三）利用当代科技性原则

在当今科学技术日益发展的状态下，各行各业的发展若能搭上科技发展的顺风车则会事半功倍。文创产品设计也应该应用当代的科学技术来提升品质。近年来“互联网＋”、VR技术等新兴的科学技术慢慢渗入到人们的日常生活中，人们正享受这些技术带来的福利，具有地域文化特色的文创产品应该积极融合这些新科技，例如结合互联网技术、APP操作、VR体验等等，跟上时代的发展，使得设计出来的产品既有文化品位，又有时代科技特征。

（四）系统化设计原则

为了使具有地域文化特色的文创产品拥有很好的经济效益，有必要提高零部件的互换

性、通用性，采用标准化、模块化设计的方法。从产品之间及其与用户的关系入手，经常采用情感化、趣味性设计的方法，并采用系列化设计的方法，突出产品族的共同特点，使同一品牌的产品具有统一的识别特征，这正是产品系统设计的主要方法。此外，为了使产品在整个生命周期中尽可能的减少对环境的损害，经常采用绿色设计、生态设计的方法，使用绿色材料并考虑其在报废后的再利用问题。[4]

三、具有地域文化特色的文创产品设计方法

(一)地域文化特色元素符号应用法

具有地域文化特色的文创产品设计，首先可以直接从某地域文化中提取具有特色的典型文化符号元素，该符号元素可以来自于该地区经典的建筑形式、民族服饰、手工艺产品、宗教艺术、历史人物等。

提取特色元素符号有具象和抽象两种方式，前者是通过精致刻画细节来体现元素的精髓，这种方式往往用以表达本就简单质朴的元素，如古地方文字，笔画简单，需要通过额外附加质感、构图来形成可以供现代使用的设计符号；后者则是把相对复杂的元素符号进行简化处理，这种方式广泛应用于抽象产品设计的各个范畴，如当地旅游纪念品也往往会选用抽象化的地域元素符号来显示地域特色。

元素提取后从横向及纵向可以通过两条途径进行文创产品创新设计：[5]

(1)横向的系列化文创产品设计思路，提取单一的特色造型符号，围绕该符号，进行不同类别的文创产品设计，这些产品具有共同的文化特色及造型语义，构成系列化产品。

(2)纵向的文创产品族群设计思路，提取多个同一主题的特色造型符号，以此为出发点进行同类别的产品族群创新设计，这些产品具有相同的文化诉求，形成具有鲜明地域特色的文化品牌效应。

(二)地域文化象征与隐喻应用文创产品设计法

相对于简单地应用地域文化特色元素符号，在文创产品设计中运用隐喻方式，更可传达强烈的地域印记、地域文化特色，典型性强烈。特定的地域文化背景是隐喻之所以产生共鸣的背景支撑，若离开地域文化，则隐喻产生的共鸣将大打折扣。西方学者指出：隐喻乃是将一个能指的形式从一个恰当的所指转换到另一个所指上去，因此将含义赋予后者。在文创产品设计中，可将集体无意识和对历史的追忆通过象征或隐喻方式体现出来，从而使得文创产品成为地域文化的有效载体，使得文创产品设计具有“叙事性”。

象征手法在我国已有几千年发展历史，例如，象征人们品德的梅、兰、竹、菊，象征方位的白虎、朱雀、青龙、玄武，这些象征手法在我国古代园林景观、服饰、建筑、器物中广为流传。因此，在文创产品设计中，也可以继承这些创作手法，深入分析、挖掘地域文化，在地域文化中积极提取具有代表性、形象感强烈的元素，从而更好地塑造地域文化。众所周知，象征所指代的本体意义、象征意义之间无必然联系，但是，可以通过强化本体事物特征的方式，让关注产生联想与转换，从而领悟出具有地域文化的文创设计作品所表达的含义。通过象征手法，能将复杂的概念独立化、浅显化，将抽象的概念形象化、具体化。在文创产品设计中运用象征手法，通过图形、色彩、材质、形态等地域文化要素，充分运用象征、隐喻手法，便能有效传达出地域文化深层次内涵。[6]

(三)解构重构应用法

文创产品重点考究的是“文化性”与“创意性”两种属性，是传统文化与现代文化的交叉点，即在文化创意产品的设计中要结合当下的时代背景去体现传统文化的元素。在文创产品的设计中，可以将解构设计法作为一种后期深入的设计方法对待，解构设计手法是指在解构主义思潮下，将图形的各个元素进行拆分、重构组合，从而形成新的视觉语言。它可以是图形的解构重构、形态解构重构、色彩的解构重构等。

在具有地域文化特色的文创产品设计中，地域文化为我们提供文创产品设计的原型，而结构、重构则是对这一原型的解读、借用与重新组合，随着科学技术的发展，在文创产品设计中积极引入高新技术、新材料，使不同要素之间巧妙融合，可创造出包含现代形式、地域文化元素的设计方案，并具有一目了然、形象、生动等特点。例如图形元素的结构重构，则是对传统造型、装饰图案进行形象重组，有针对性地提取典型装饰语言，重构图形元素，使之更好地适应社会发展需求。具体重构再现方式：第一，将提取出来的图案进行抽象、变形，并结合创新设计方式进行重新整合。第二，将提取出来的图案按照现代图案设计方式进行重新创作。提取出来的装饰图案经历了长时间的历史积累，具有非常高的审美价值与地域文化价值。[8]

(四)体验文化设计应用法

在当今产品市场竞赛日趋激烈的情形下，一个好用的产品已经不能满足当今消费者的口味，产品要想热卖，“服务的附加值”就必须更大更出人意料。体验文化设计能满足消费者更多的需求，首先其基于文化理念的认识，主张以用户需求为基础，以用户体验为设计目标，坚持以用户为中心的一种行为方式设计。地域文化的文创产品的体验文化设计强调文创产品在设计开发的各个阶段均考虑用户的体验，更重要的是用基于用户体验的设计方法将地域文化内容创意地表达体现在产品上，这样才能创造出让消费者愿意接受的文创产品，并享受产品背后的地域文化精神内涵。[9]

四、总　结

具有地域文化特色的文创产品设计不但可以提升产品的高附加值，也可以传播优秀的地域文化。本文从文化创意与地域文化概念出发，通过分析具有地域文化特色的文创产品设计的基本原则，进而提出了能融合地域文化特色的文创产品的一些行之有效的设计方法，以此希望能对提升中国文创产品设计水平提供有益的参考价值。

参考文献

[1]毕雪微．地域文化在交通导视系统设计中的应用[J]．美术大观，2016(4)：132－133.

[2]杨玲，李洋，陆冀宁．面向地域文化的系列化产品创意设计[J]．包装工程，2015(22)：100－103.

[3]王巍，李昱娇．基于土家织锦符号化图形的文创产品设计方法研究[J]．文艺评论，2015(9)：138－141.

[4]周雅琦．北京民俗文化在文创产品设计中的应用研究[D]．北京：北京理工大学，2015.

[5]张尧．基于博物馆资源的文化创意产品开发设计研究[D]．苏州：苏州大学，2015.

[6]张建．基于典故文化的文创产品设计研究[D]．南京：南京艺术学院，2015.

[7]戴晶晶.京剧文化创意产品的研发与工程实践[D].北京:北京工业大学,2014.

[8]韩竞,班琛.天津博物馆文化创意产品设计应用策略研究[J].艺术与设计(理论),2015(8):115－117.

[9]饶倩倩,许开强,李敏."体验"视角下文创产品的设计与开发研究[J].设计,2016(9):30－31.

新农村建设中环境文化特征的保护与传承

——以钟山区月照社区美丽乡村为例

丁洁琼

（宁波大红鹰学院艺术与传媒学院）

摘　要：以贵州六盘水市钟山区月照社区美丽乡村规划建设为例，通过对历史建筑文化特质与内涵的发掘，整合历史文化资源，形成历史地段保护区；通过对现状建设条件和建设环境的分析，结合周边水系等自然环境，对不适宜建房屋的区域安排绿化和活动场地，打造富有地方文化特征的景观节点，在规划中充分尊重现有建筑的布局，使规划区成为一个具有浓郁地方文化氛围、规划建筑与原有建筑肌理相同、与自然环境和谐共生的新时代新农村居住社区。

关键词：新农村建设　环境文化　演变　保护与传承

改革开放以来，我国进入了城市化空前高速发展的新的历史阶段，乡村作为我国几千年社会进程中占主导地位的聚落形式日渐衰败，凝结其上的物质与非物质、有形与无形的历史文化遗产濒临湮灭。乡村是维护社会和谐稳定、经济健康与可持续发展的重要依托，也是传统文化基因、文化遗产的传承载体，是中华民族历史文化脉络的根基所在。但是，当前乡村人居环境规划设计，侧重于物质生活空间建构，在农村集中居住区规划设计中简单的等同于城市居住区的规划设计，对乡村人居环境农民生活、农业生产、农村生态的整体性认识不足。这种城市化的规划设计方法忽视了农民特定的生活、生产与生态需要，对农村经济的可持续发展造成了不利影响；导致了乡村景观风貌“千村一面”与高度趋同化，使乡村失去了宝贵的乡土文化特征与乡土地域风貌特色。如何在满足农村居住环境现代化需求的前提下，保护传统乡村的历史文脉，探索具有地域特色的乡村居住模式，成为摆在建设决策者和规划设计者面前的重要课题。[1]

一、规划背景与现状

（一）背景

贵州六盘水市钟山区月照社区，位于六盘水市区东郊，距市中心区约5公里，距水城县双水开发区约2公里，东南与水城县的双水开发区和水城县的老鹰山镇、本区的杨柳办事处接壤；西北与水城县发箐乡、保华乡毗邻。月照之得名因其境内有一大山，山顶圆平，山有穿洞，平眼望去如月亮，故名之为月照。为了提升钟山区的整体形象，加快社会主义新农村建设，同时也为新农村建设提供一个学习样板。目前，区委、区政府对月照乡双洞、独山片区进行4A级乡村旅游景区规划建设两个片区。“四季有花赏，四季有果摘”，产业初具规模，全面开展“四创”及“四在农家”美丽乡村行动，夯实旅游基础设施建设，以点带面，实现旅游产业带动农村发展，农民增收，把月照打造成为市中心城区“后花园”和城市经济转型示范区。通过本项目的规划建设，使本社区的环境文化更加丰富、景观更加优美。

（二）社区现状

月照社区成立于2014年8月28日，前身为月照彝族回族苗族乡。社区总面积49.8平方公里，辖机修、响水2个居委会，马坝、小屯、金钟、玉顶、大坝、独山、双洞7个行政村，总人口17050人。其中农业人口13981人，农业人口占总人口82%，少数民族占总人口19.5%，森林覆盖率达52.7%，现有干部职工38人。

月照社区境内山峰林立、沟壑纵横、溶洞遍布、景色奇异，既有鬼斧神工的双洞神雕峰、独山绝壁，又有美如画卷的月亮洞、月照双洞等，其秀丽山川让人流连忘返，啧啧称奇。独特的小气候资源为农业、旅游资源的开发提供良好条件。辖区内民族文化底蕴深厚，马坝“四月八”跳花节、苗族蜡画享誉四海。近年来，月照作为城市后花园，“5A”级景区开发力度不断加强，景区建设初具雏形，群众富裕程度不断提升。

2014年，在各级各部门的大力支持下，完成固定资产投资6.8亿元，占全年任务113.3%。招商引资到位资金12.06亿元，占全年任务120.6%。辖区内机场高速、内环快线、六威高速、六安城际等在建省市区重点项目47个。建成通航的月照机场及即将通车的机场高速、内环快线将进一步提升月照作为综合交通枢纽的地位。

（三）产业现状

1.农业产业：主要以农业及草莓、桑果等种植，草莓、桑果种植面积较大，可以结合观光农业，进行产业延伸。形成经济型产业、观光型产业和参与型产业，向二产三产拓展，通过招商引资、扩大规模、科学管理，建成集休闲性、参与型、养生性、文化性于一体的产业示范区。（如图1所示）

图1

2.民宿产业：民宿是指利用自用住宅空闲房间，结合当地人文、自然景观、生态、环境资源及农林渔牧生产活动，以家庭副业方式经营，提供旅客乡野生活之住宿处所。（如图2所示）

图 2

图 3

二、规划理念与内容

(一)规划内容

本规划的内容是整个月照社区的环境景观，包括生态停车场、餐厅、竹林、花镜、池塘、木栈道、茶室、跌水、梯田、生态林、活动中心等。(如图 4 所示)

图 4

(二)设计思路——保留村庄原貌，留住山水和乡愁

按照“一村一特、一寨一景、一寨一品”要求，围绕“1+N”元素，重点考虑旅游+、小湿地、广场、停车场、亭子、游步道、智能智慧功能等布局和设计。(如图 5 所示)

(三)规划特色

1. 双营停车场入口

位于社区停车场出入口的挡墙，现状过于生硬，改造设计运用毛石贴面及藤本植物组合

图 5

营造绿色景墙，并运用色叶植物点缀，展现社区多彩面貌。（如图 6、图 7 所示）

图 6

图 7

2. 林荫停车场

林荫停车场位于村东侧，现状地形南高北低，设计采用挡墙使停车场地平整，停车位采用植草砖及林荫绿化组合，建成生态林荫停车场。（如图 8 所示）

3. 中心花园

村中心花园位于村北侧，现状地形南高北低，地势相对较低，设计中考虑利用坡地高差及现状竹林，引自然雨水汇聚，布置景观跌水、生态旱溪、花园步道、健身场地和草坪绿坡。配合乡村民宿和咖啡吧塑造优美的景观环境，改造成回族风情的民宿。（如图 9 所示）

4. 村文化礼堂改造

村文化礼堂位于青山组入口，现有建筑及附属管理房风格差异较大，设计考虑以文化礼堂形体为改造基础进行整体风格及色彩的调整。

5. 道路绿化改造

村口道路两旁边坡岩石裸露较多，设计考虑采用毛石挡墙回填黄土，两侧种植桂花及彩

图 8

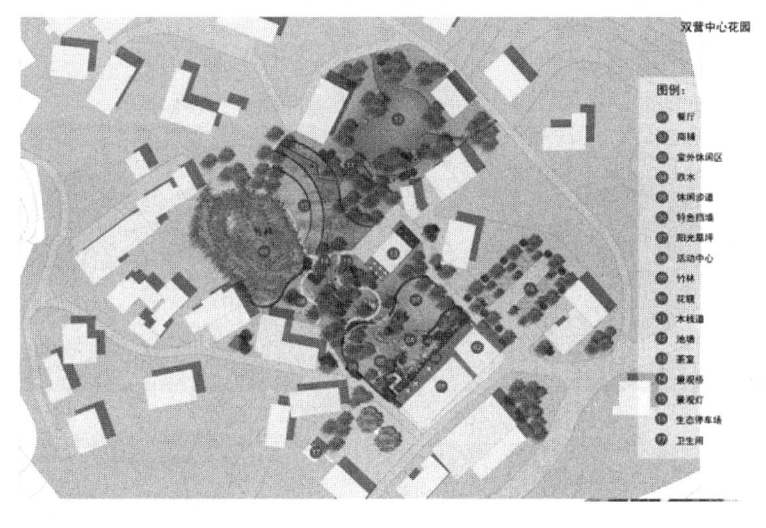

图 9

叶花篱,并配栽藤本植物,统一色彩及风貌。

6.沿街商铺改造

沿街商铺位于村公路一侧,现状建筑风格及装饰均需统一改造,设计考虑对建筑立面增加回族风格的立柱、建筑围栏、窗楣和屋檐,地面铺设毛面花岗岩。

三、新农村建设中传统文化的保护、继承和发展

(一)居住环境的改善与可持续发展

新农村建设在总体规划和空间布局上应遵循“以人为本”的设计理念,尊重历史文化,尊重当地的生产生活习惯,切实提高农村居住的室内外环境,完善基础设施建设,关注环境保护与建筑节能。规划设计应结合地形,合理划分居住、文化服务、公共活动等功能空间,充分考虑居民不断提高的物质文化生活要求。合理布置路网和停车场地,有序组织村庄内各种

流线，实现人车分流，生产与生活分流。街道与建筑设计应亲切宜人，与绿化、水渠结合布置，形成阡陌交错、绿树成荫的田园风光。集中供应水电气，统一安装电话、网络，建设垃圾、污水回收处理系统，净化生活环境，减少资源浪费。传统民居中采光欠佳的问题，可以通过扩大窗户面积、减少窗格栅密度来改善。也可将屋顶架空通风或种植绿化，将墙体加厚或增加保温隔热层等。只有在借鉴传统民居的基础上，改良当地材料，结合现代结构和施工技术，才能创造出既有特色，又舒适、节能、适合现代生活的居住空间。利用可再生资源，太阳能、风能、地热等，减少对常规能源的依赖。农宅院落中家庭养殖是不可少的，牲禽粪便处理不合理，不但会影响环境的整洁卫生，也易成为病菌传播的渠道。[2]

（二）传统文化的保护

新农村建设的传统文化保护，不是文物保护，不是将原来零乱的农家建筑统统保护起来，因为这样不利于乡村的统一规划和农民生活水平的提高，而应在新农村建设中再现传统文化，将传统文化代代流传下去。月照社区建筑虽然采用的是钢筋混凝土材料，但是在外墙画上了青砖线条，屋面用小青瓦，屋檐做翘角，窗户改造成传统的花格窗，形成一定的建筑风格，是保护传统民居文化的一种尝试。（如图 10 所示）

回族民居

建筑檐口及窗楣

建筑围栏及立柱

建筑屋顶

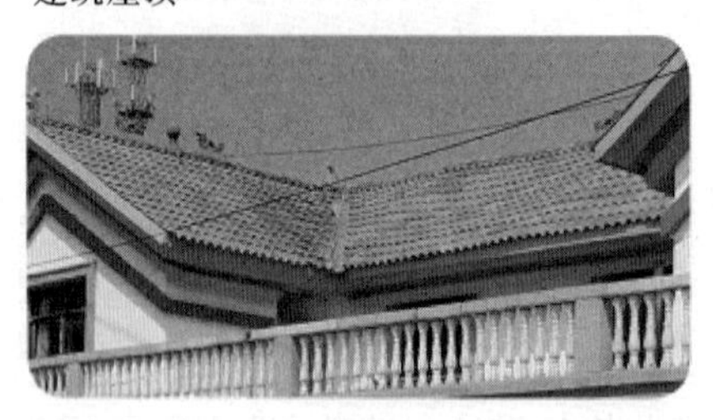

建筑墙面

图 10

“农村观光旅游”与传统文化是相互依存的。具有地域特色的居住文化是农村旅游的主要依托，地域差异提升了旅游的价值。反过来，发展农村旅游也有助于保护传统文化。

（三）适宜性的继承

适宜性指的是对当地气候条件、地理环境、人文习俗等的适应。钟山地区潮湿多雨、夏季炎热，通风与遮阳十分重要。旧民居的天井是整座建筑的排气口，易于形成“烟囱效应”，加强穿堂风形成，起到除湿降温的作用。开敞的房间可通风散热，也可充当厅堂和休闲娱乐场所。在民居改造中，充分考虑适合本地生活方式的空间，充分利用街道，加强室内通风、散热、降湿，并采用本地传统材料，取材容易，施工简单，节约成本。

四、结 语

规划通过对现状建设条件和建设环境的分析，结合自然环境，合理安排绿化和活动场地，打造富有地方文化特征的景观节点；同时规划充分尊重现有建筑的布局，发掘现状历史建筑文化特质与内涵。整合历史文化资源，设立历史地段保护区；为钟山在社会主义新农村建设中如何保护和利用自然环境及历史文化遗产提供了可借鉴样本，有效地提升了新农村建设的规划水平。[3]

参考文献

[1] 蔡余萍，黄晓燕. 川西新农村建设中传统民居文化的继承与发展[J]. 四川建筑，2009，29(6).

[2] 刘洪斌. 新农村建设中农村集中住区规划设计研究——以鲁中地区为例[D]. 济南：山东建筑大学，2015：4.

[3] 杨豪中，张鸽娟. "改造式"新农村建设中的文化传承研究——以陕西省丹凤县棣花镇为例[J]. 建筑学报，2011，(4).

简论早期工匠的社会职业担当

洪　磊

（宁波大红鹰学院艺术与传媒学院）

摘　要：通过对早期工匠的社会自觉性分析，解读工匠在各行业的职业优势与所发挥的作用，揭示早期工匠在生产生活、职业传承、技术型人才培养与器具创新等方面的社会担当。

关键词：手艺人　工匠　技艺　担当

在改革开放前的几千年里，中国一直是以农耕为主要特征的农业国，农耕文化孕育了各行各业的能工巧匠，他们兢兢业业地创造，千百年来薪火相传，绵延不断，并成为中华文明、智慧的重要载体。

《辞海·工部》中："工，匠也。凡执艺事成器物以利用者，皆谓之工。"在"匚"部中的工匠是指"有专门技术的工人"。《考工典》引用王昭禹语："兴事造业之谓工。""工"往往又称"百工"，《考工典·考工总部·汇考》引文："工，百工也，考察也，以其精巧工于制器，故之工。""匠"在古代主要有"工匠""制造""治理"和"经营"等义。清代段玉裁在《说文解字·匚部》注解中说："匠，以木工之称，引申为凡工之称也"，"百工皆称工，称匠独举木工者，其字从斤也。"木工除了用"斤"作为工具以外，还使用"绳墨"作为画线的规矩准则，《孟子·尽心上》中有"大匠不拙工改废绳"的记载。[1]

一、早期手艺人的社会价值体现

过去，手艺人往往被称为匠人，匠人主要以技艺谋生，能够把自己的技艺发挥到极致，这是他们的人生理想，最大程度地被他人"雇佣"做事是事业成功的重要标志。

早期手艺人常常凭借自身手艺走村串户替乡邻修理或加工制作生产和生活器物、间或出卖自制产品，匠人的职业涉及广大乡村百姓生产和生活的方方面面。因此，修修补补的手艺人对乡下百姓而言，总是少不了的。手艺的门类繁多，主要有打洋铁壶焊洋铁桶，也有出卖自制产品的白铁匠，还有锔锅锔碗锔瓢盆的锔匠；染布子的染匠和替人缝补衣服的裁缝匠；制作和修理"疤瘩篓子"、簸箕、升、斗的白条子匠以及轧棉花的弹花匠；还有錾磨的、磨刀磨剪子的等。乡民们都觉得"家有万金，不如一技在身"，即使遇到兵荒马乱、改朝换代也饿不死手艺人。无论天南地北，乡下庄稼人对手艺人是向来充满敬慕之情的。乡下随处可见走村串街讨生活的手艺人，他们干的虽然大多只是修修补补、敲敲打打的零碎活儿，但其中却也不乏技艺高超的能工巧匠。其中也有擅长锔茶壶、杯、盘、碗、碟等小型瓷器的锔匠，匠人自制的锔钉，最小仅2毫米左右。锔钉的排列美观讲究，锔出的活儿严丝合缝，经久耐用自不待言，不仅使人无多余之感，还能使器物平添几份岁月的沧桑，且韵味十足。总之，手艺人方便了他人并改善了普通百姓的日常生活。

一直到"文革"后期，还能时常见到走村串户的手艺人，他们利用农闲时凭借自己的手艺敲敲打打、修修补补，为乡民们修补锅盖、面盆、桌椅、禽舍以及农器具等等，既方便了他人，也通过自己的劳动换些零星收入贴补家用。当然，在那样不堪的年代，手艺人也是东躲西藏，往往被当作“资本主义尾巴”割来割去。到20世纪70年代末80年代初，随着改革开放，手艺人的身影离百姓的生活渐行渐远。

在中国几千年的封建社会里，不仅乡间百姓的生产和生活对工匠有很大程度的依赖，王室宫廷也在很大程度上离不开工匠的辛勤劳作。

在王室及宫廷生活中，工匠作为一个独特的社会群体扮演着重要的角色与担当。通常由于王室生活的奢侈与浪费，王室所用器物工艺因品种繁多而显得较为复杂，往往会根据不同器物功能的需要把不同工种的匠人集中起来分工搭配成班组，相互合作，如陶瓷、木雕器具、车驾制作以及玉石雕刻、青铜器铸造等等，这就要求大批不同手艺的匠人分工合作并按班组完成。考古学家在殷商小屯王朝遗址发现有一个手工业活动区，包括青铜器、玉器、石器、骨器等作坊和居住窖穴发现这种聚居的遗迹。

古代官府对百工的管理有一套严密的制度，工匠在为朝廷制造器具时，必须遵循既定的形制和规格，不许有所超越，不能因追求工巧美观而突破礼制的方圆规矩；同时，还实行责任制，在产品上刻下工匠的姓名，以便于核查奖惩。由此不难想象，那些在官府服役的工匠，他们必须循规蹈矩，照章办事，个人的技艺只能在礼制的规范下得以发挥，这就必然限制了他们的创造性。[2]

二、早期工匠在职业传承中的角色担当

中国传统工匠在几千年的农耕社会中尽管地位低下，除了默默地服务于千家万户，还责无旁贷地担当了薪火相传的“职业教育”重任，以各自的“手上功夫”和人格、智慧泽佑了一代又一代的“徒子徒孙”，使得工匠这个职业在历经数千年的朝代更迭中一直绽放光芒。

从春秋战国时期开始，生产技艺的传授主要通过家庭的形式世代相传。其次，设学收徒、以师带徒和世代畴官等形式在这一时期开始出现，如精通手工技艺的墨子就创办了私学，以传授木工、器械制造为主，其教育方法的展开主要还是围绕生产实际进行。当时，突破家庭圈子的范围收徒，实行个别传授的方式已经出现。手工技艺传习方式在此后两千多年的时间里一直薪火相传，同时，还有政府组织的手工艺行为，相对具有一定的特殊性，这就是从殷商时代起历代均有施行的工官制度。[3]

早期的工匠培养没有相应的教育教学机构和教育制度，主要通过隐性的社会形式来进行。古代工匠技艺教育源于劳动者生产劳动经验的传授，从一开始就被排斥在古代学校的大门之外，它的知识传授主要依靠“师徒制”的教育形式来进行。而工匠的职业教育过程基本上是在狭小的家庭作坊生产中进行，即使在官方作场或行会制度中，师徒制都是手艺行业的主要教育形式。往往通过学徒模仿师傅和实践生产练习来进行学习，师傅围绕生产活动口授要点与手动示范。传授内容是围绕手工制作的一些生产实用性的技术和方法，因为是在生产一线完成教与学的过程，具有很大的随机性。所以“师徒制”的教育形式是与劳动生产高度一体化的，教育过程就是生产过程，它既没有从日常的生产中分离，也没有形成相对独立的教育体系。我国工匠技艺教育贯穿整个农耕社会历史阶段，绵延几千年，这种以生产实践为主的技艺教育产生了许多优秀教育思想和实践成果，也成就了我国传统职业教育的经典。

在“师徒制”的教育实践中，师徒关系概括了父子关系、叔侄关系、兄弟关系、邻里关系，还有素不相识而通过中间人介绍的形式确立师徒关系等等。通常情况下，一方面徒弟和师傅朝夕相处，一起生活、劳动和生产，徒弟能够随时聆听师傅教诲，有利于技艺传授，并且师傅在日常生活和工作中所表现的言行举止、思想和价值观对徒弟的道德品格的培养和职业素养的养成都起到了言传身教的典范效应；另一方面，师傅能够因人而异，根据各个徒弟的自身特点、资质和学习情况，灵活传授技艺内容，变换学习进度和学习方式，做到因材施教。因此，工匠技艺教育是与生产紧密结合在一起的，是直接面向社会生产的教育，具有较强的应用型和实践性的特点。[4]

至明代后期，棉纺、丝绸织造等商品性经济在江南各地空前活跃，使得资本主义的萌芽开始陆续出现。各种行业对“机工”的需求不断增加，生产技能在民间迅速普及。此时的手工技艺传习逐渐形成了四种方式并存的格局。分别是：第一类即是最普通的家族传习方式，也是中国最早的手艺传习方式；第二类为无血缘关系的民间师徒传承；第三类是由执政者掌控的宫廷艺匠机构培训模式；第四类则为个人在参考前人总结的知识的基础上，通过揣摩和练习无师自通的情况。这四类技艺传习方式随着我国20世纪80年代初改革开放的脚步声而趋向没落，相当一部分民间手工技艺的效率低下而无法应对大工业生产的市场竞争，导致从业者不断减少。[5]

三、早期工匠技艺的创造性担当

工匠的职业，承担着古代技术发明、研制和技术推广应用的重要职责，工匠作为古代技术创新的主体，集发明、创新、设计、生产于一身，中国古代许多重要的技术创新成果都是工匠们完成的。

全世界都知道中国有“四大发明”，对古代的政治、经济、文化产生了巨大作用。但“四大发明”的提法并不准确，中国有那么多推动文明的工艺，改善了我们的生活，也是大发明。工匠技艺是推动人类文明的基本力量。对于工匠的创造性研究必须从鲁班开始。

鲁班，生活在春秋末期到战国初期，出身于世代工匠的家庭，从小就跟随家里人参加过许多土木建筑工程劳动，逐渐掌握了生产劳动的技能，积累了丰富的实践经验。春秋和战国之交，社会变动使工匠获得些许自由和施展才能的机会。在此情况下，鲁班在机械、土木和手工工艺等方面有所发明。

鲁班很注意对客观事物的观察、研究。他受自然现象的启发，在登山时因手指被小草划破，而模仿草叶制成伐木用的锯。他看到鸟儿在天空自由自在地飞翔，就发明出了木制飞鹞。他一生注重实践，善于动脑，在建筑、机械等方面做出了很大贡献。他能制造“宫室台榭”；曾制作出攻城用的“云梯”，舟战用的“勾强”；创造了“机关备至”的木马车；如今常用的木工器械也都是他发明的，如墨斗、伞、锯子、刨子、钻子、凿子、鲁班尺等木作工具，还发明了磨、碾、锁等。这些发明，都包含着原始的物理科学知识，使得当时的工匠们从原始、繁重的劳动中解放出来，劳动效率成倍提高，木工工艺出现了崭新的面貌。因此，他被后世工匠们尊为“祖师”。

榫卯结构是传统实木家具中，通常在相连接的两个或两个以上构件上采用一种凹凸处理的结合方式。凸出部分叫榫或榫头；凹进部分叫卯或榫槽、卯眼。其中，榫是“剡木入窍也”，卯是“凡剡木相人，以盈入虚谓之榫。以虚入盈谓之卯”，故俗有“榫头卯”之语。

2008年的汶川大地震，是建国以来破坏性最强、波及范围最大的一次地震，位于城中东北角的明正统五年(1440年)所建的报恩寺也遭到强震的损毁。虽然寺庙中土制建筑损毁严重，但其木质建筑却完好无损。

报恩寺是全木结构的大木作建筑——全寺占地近2.5公顷，以重檐歇山顶的大雄宝殿为中心，屋顶形式多样：单檐悬山式、歇山式、重檐歇山式、攒尖顶、卷宗棚顶等，斗拱样式古朴，全寺现有斗拱二十余种，被古建筑专家誉为“斗拱的摇篮”。而所有柱、椽等木构件，皆用珍贵的楠木，从古至今，有虫不蛀、鸟不栖、不结蛛网之奇，被中外古建筑专家称为“明初罕见之遗物”，“独具匠心之杰作”。

我们从报恩寺的建筑结构中不难发现：报恩寺被称为“斗拱的摇篮”，而作为卯榫结合的标准构件斗拱，是作用力传递的中介，它把屋椽重量均匀地托住，起到了平衡稳定的作用，加之这种榫卯结构在寺内的建筑中有着多元的体现，这就是报恩寺在经历强震之后仍然能够得以长久稳固的重要原因。可见，榫卯结构在木作构造中是何其重要！

“榫卯结构”有七千多年的历史，同时也常见于其他木、竹、石制的器物中。榫卯结构是中国家具的独特传统，也是古代“知者”高度智慧的结晶。人体的关节是凹凸的形式，榫卯的结合也是如此。这一凸一凹，一盈一虚，就是一阴一阳的结合，是“一阴一阳之谓道”思想的呈现，这个中国人所认知的“道”，隐蕴于传统家具的制作当中，即是器物稳定与持久的必然保障，也是“道在器中”的鲜活呈现。[6]

四、早期工匠“造物为良”的精神境界

工匠在小商品生产中竞争激烈，必须工艺精益求精，制造出优质产品，方可争取市场。所以，各地皆有特产，个人皆有绝招，特种工艺辈出，这是具有划时代意义的。正是对技术的精益求精和不断创新，使得工匠们的家传技艺愈益精巧，制造出的器物质量愈益优良，在市场上颇受消费者的欢迎。在明代，工匠以技得名而发家者甚多，仅据《陶庵梦忆》记述，在万历年间就有“嘉兴王二之漆竹，洪漆之漆，张铜之铜，徽州吴明官之窑，皆以一工与器而名家起家”[7]。

《庄子·达生》中记载了《梓庆为鐻》的例子：春秋时期的梓庆，所做的乐器——鐻，令所见者人人惊讶，叹为鬼斧神工。于是，鲁王问他：你有什么特殊的方法么？梓庆说：“臣将为鐻，未尝敢以耗气也，必斋以静心……”我是个做工的人，没有什么特别高明的技术！但我还是有一种本事——准备做鐻时，从不敢随便耗费精神，必定斋戒来静养心思。

斋戒到第三天时，心中已不再怀有庆贺、赏赐、获取爵位和俸禄的思想；斋戒到第五天时，已不再心存非议、夸誉、技巧或笨拙的杂念；斋戒到第七天时，已不为外物所动，仿佛忘掉了身体一般……这时，在我的心智中，已不存在宫室和朝廷，那些能够产生外扰的内容已全部消失，我能够随心所欲地进入到智巧专一的状态中去了。

到了这种状态，我才进入山林，观察木料质地；选择外形、体态与鐻最相合的，好像已形成的鐻的形象就在眼前一样，这时才开始制作。若不是这样我就停止不做，避免有成见。这恐怕就是用我的天性融合木材的自然天性所制成的器物被疑为有神鬼工夫的原因吧！

鲁王听了梓庆的一番话之后，终于明白了：为什么他所做之鐻能够鬼斧神工的原因了——是人神结对、和魂同光的结果！

一个工匠，只有在情入物中、技入道中、内心专著、绝思无虑的前提下，才能进入物我同

舟、天人合一的境界中。也唯有如此，方能“以术证道”，制作出神品来！

这是造物为良的“人则”——是“工有巧”所应必备的标准和机心。这个巧，不仅仅是手巧，还包括能够令自己实现“人神对接”的精神技术的智巧。

连孟子都看得很透彻：“梓匠轮舆，能与人规矩，不能使人巧。”（引自《孟子·尽心》）

孔子一生学而不厌，诲人不倦。他曾以工匠堆叠土山为例，说明敬业精神培养的重要性。他说：“譬如为山，未成一篑，止，吾止也。譬如平地，虽覆盖一篑，进，吾进也。”（引自《论语·子罕》）

相比之下，我们目前的传统家具制作，“梓庆造物”的精神却是极为稀缺的——人在道中不知道，鱼在水中不知水。匠心独具已是可遇而不可求，心无旁骛、心神合一的“梓师”之才更是羚羊挂角、海里捞针。并且，在资源日渐匮乏的今天，正是由于这诸多的无知和无畏，导致了材料的极大浪费，遍地是暴殄天物的“壮举”——那么多的良才，成为了没有精神内涵的、机械化的无心之作，导致虽然器物象形，并且形制相似，但却气韵空洞，有貌无神。

五、工匠的国家己任意识

公输为楚造云梯之械，成，将以攻宋。子墨子闻之，起于齐，行十日十夜而至于郢，见公输……于是见公输，子墨子解带为城，以牒为械，公输九设攻城之机变，子墨子九距之，公输之攻械尽，子墨子之守圉有余。公输诎，而曰：“吾知所以距子矣，吾不言。”子墨子亦曰：“吾知子之所以距我，吾不言。”楚王问其故，子墨子曰：“公输之意，不过欲杀臣。杀臣，宋莫能守，可攻也。”

公输般和作为他对立面出现的墨子都是当时的著名工匠，并且著书立说，成为手工业者的代言人。墨子和公输的较量颇为精彩，既在斗艺，又在斗智。虽然墨子的技艺、智慧略胜公输一筹，最终取得胜利，不过，两位匠人的国家己任意识不可小觑。墨子和公输是敌对双方，但他们都是以本色登场，扮演的是工匠角色，是以自身的职业为本位。他们的分歧不在于要不要发挥工匠的技艺，而是一者极力主张兼爱，一者鼎力赞助诸侯之间的兼并，因此发生冲突。而在对技艺的崇尚方面，他们的追求却并无二致。双方在进行较量的过程中，都动用了自己制造的各种器具，可以说是一场武器优劣的大比拼，谁的技艺高明，谁就是胜利者。在这场冲突中，工匠的技术不但没有受到限制，反而得到充分施展的机会，可以说是大显身手。

21世纪，我们国家的发展需要千千万万的大国工匠，工匠已经成为彰显国家文化软实力的重要依托，工匠的身份、地位和价值也发生了颠覆性的变化，他们从社会的边缘走向了中心，不仅自身的综合素养和能力有了显著的提高，而且借着官方的文化体制和文化运动获得了更大的话语权。[8]对于新时代的大国工匠来说，应扎根传统求创新，在良好的社会氛围中静心创作，以优秀的作品体现价值、赢得声望，支撑中国的手工艺复兴。

参考文献

[1] 姜琪，吴智慧.中国古代家具工匠发展演变初探[J].家具与室内装饰，2013(9)：35.

[2] 郑瑞侠.出入于崇道制器之间的工匠角色比量——论先秦文学中的匠人形象[J].社会科学家，2006(1)：23－24.

[3][5] 夏侠.中国传统手工艺传习方式探析[J].设计艺术,2010(6):73－74.
[4] 谢祝清.古代工匠技艺教育特色评析[J].四川民族学院学报,2013(2):96－100.
[6] 米鸿宾.道在器中[M].北京:故宫出版社,2012:11.
[7] 徐少锦.中国传统工匠伦理初探[J]. 审计与经济研究,2001(4):15－16.
[8] 孙发成.当代语境下民间手工艺人的身份转向与群体特征[J].民族艺术,2015(2):65.

浙东地区城镇历史空间文化变迁到再生的方法探析

黄淑娜

（宁波大红鹰学院艺术与传媒学院）

摘　要：从空间历史文化变迁的角度考虑再生的思路，对当下城镇空间进行有意识的保护。当下因为意识淡漠，制度保障及公众参与等不够完善，商业开发或旧街区改造的水平不高，再生保护经费缺乏等因素，使得城镇空间历史文化保护与再生面临挑战。对当代城镇空间历史文化再生的方法是建立激发民众参与的创新机制；坚持再生保护的公共性和公益性原则；加大政府投入，实行活化再生保护的相关优惠措施；强调城镇的自主性与多样性原则；保障再生保护的有利性、公正性。

关键词：浙东　历史空间文化　保护　再生

城镇历史空间文化是凝固的文化，对于历史文化的传承发展是保护城镇发展的历史责任。当下现代化发展对城镇历史空间文化的侵蚀与破坏严重，对城镇历史空间文化的再生方法探索，是解决历史空间文化发展与现代经济社会发展矛盾的方法探索。但目前大多城镇空间历史文化再现的案例侧重于历史空间形态的保护与更新，缺乏对民众意愿的有效调研，缺乏对民众居住过程中如何解决实际问题的探讨，历史空间文化保护的保障政策与公众意愿建立等都不够完善，不利于历史空间文化的长远发展[1]。

再生历史空间文化就是为城镇发展注入新内涵、新生命，以提高民众参与为基础，能有效解决历史建筑保护与社会发展需求之间的平衡，结合政府的决策和社会有力的力量，有效保护历史空间文化，从而使其在城市空间中获得新的存在方式，进而传承其所承载。

一、浙东城镇历史空间文化保护的现状

在城镇的历史发展过程中，为了适应不同的自然生态环境，我国地域建筑无论是建筑材料的使用还是建筑样式的选择，都形成了鲜明的地域性特点。在当代社会发展中，城镇化趋势不可逆转，越来越多的人迁往城市生活，造成农村人口乃至村落的减少越来越突出。

1. 浙东城镇历史空间文化自然特征

从浙东近几年城镇保护利用情况来看，兰溪诸葛村、温州楠溪村、金华俞源村、郭洞村的民居建筑等资源经抢救维修后对社会开放，成为旅游热点，促进了区域经济发展[2]。

浙东地区历史悠久，体系庞大[2]。古越之地潮湿的气候、多水的环境，使古越人把防潮隔水作为城镇民居建设的第一标准。在浙东河姆渡遗址出土的大量干阑式建筑，不仅防潮防水，而且通风透气。浙东城镇历史空间在建筑选择与居住环境营造方面择吉而居，顺应自然，合理布局，创造了“天人合一”的境界和美的极致。浙东多山，气候温和湿润，农作物生长

2016年宁波市哲学规划课题，课题编号：G16-ZX31

繁盛。城镇格局大多与自然和谐相处。

2.浙东城镇历史空间文化人文特征

浙东自古"聚族而居"是一种典型的血缘宗族聚居方式,祠堂体系是宗法社会传统的最主要特征之一。宗祠文化是开敞包容的,具有传递信息、提供公共活动空间的功能。浙东地区历史空间文化中保留了建筑特征较为完善的祠堂及较为完整的伦理体系。如宁波市级历史文化名村韩岭村,数姓氏共居,各氏族各建祠堂和堂前,村中现存有金氏大宗祠、孙氏思本堂、孔家堂前、郑氏崇德堂、周家堂前等,显示出家族文化的痕迹。在城镇化发展进程中,能较完整地保存家族文化遗存的村落已较罕见。

3.浙东城镇历史空间文化建筑特征

浙东城镇空间具有典型的江南民居特征,主要由"高墙窄巷"式和"四水归堂"井院式两类院落形式。聚落内街巷与院落构成丰富的围合层次和多样的公共场所,大多会在传统村落中心设置较大的集聚中心,具有较强的向心性。历史空间建筑形式基本类似,大都呈围合布局,建筑物沿纵轴线分布,由若干进组成,每进院落都有天井,构成家庭日常活动中心。浙东传统建筑装饰的"三雕"即木雕、砖雕、石雕艺术特色鲜明,尤以木雕见长。

4.浙东城镇历史空间文化保护的问题

(1)历史空间文化缺乏生活性

浙东城镇历史空间文化保护是对历史建筑场所的利用性保护,主要是保护建筑的外在形态,没有对建筑的深层次内涵及功能进行分析,缺乏对历史空间文化的应有认识。城镇空间文化发展缺乏公众参与度,使公众不能有效参与空间文化保护,没有使历史空间文化"活"起来,使历史空间丧失应有的鲜活生活性,不能增强人们对历史空间文化的认同感。

(2)历史空间文化保护的民众参与性弱

目前,城镇发展中较具历史价值的空间建筑及文化大多被政府机构、商业机构使用。政府对历史空间文化再生保护投入未落实到点子上,民众对该方面的自我保护能力弱,使政府资金投入与实际保护效果不成正比。

城镇发展进程中形成了特有的外来人口聚居文化。越有历史的建筑区越是外来人口密集区。由于破旧未得到有效修复,高密度的生活聚集加剧空间房屋、设施、环境的损坏,隐患增多[3]。

(3)文化再生缺乏地域文化特征

历史空间文化的保护更多关注外观的再生设计。但是在时代发展中,还是遭受到了不同程度的破坏,人们在刻意维护历史空间文化的原真性的同时,忽略了与建筑相依存的地域文化特征。

二、浙东城镇历史空间文化再生的方法

1.坚持"整旧如故,以存其真"的原则

对现有的历史空间文化资源进行条理性、系统性评估整合,拆除有碍整体环境风貌的现代建筑,对破败的历史建筑进行整饰与修补;在修缮过程中需要坚持"整旧如故,以存其真"的原则,尽可能地采用原材料、原工艺等物质和技术手段,以达到原来的历史空间文化风韵。

2.建立激发民众参与的创新机制

历史空间文化来自于民众，必须要照顾到大众利益。历史空间文化来之于民用之于民，加强公众与专业团队的参与对于空间历史文化的保护再生发挥着积极的作用。有效整合民间资源，激发民众通过技术或资金援助等方式加入保护与再生活动[4]。

3.坚持再生保护的公共性和公益性原则

历史空间文化的再生保护原则是历史建筑再生保护的公共性和公益性原则，历史空间文化属于社会、属于公众，是社会公共利益，具有公益性，对其再生保护目的是充分发挥历史建筑的历史价值、文化价值、人居价值等，是为了传承历史、传承文化等，所追求的经济利益必须服从于历史空间文化的有效保护，不能为获得经济利益而损毁历史空间文化，不能本末倒置。历史空间文化再生必须坚持公共性和公益性原则，确定再生历史空间文化的方向、方案，增强活化历史空间文化的动力和长期稳定性，有效克服文物保护与经济发展的矛盾。

4.加大政府投入，实行活化再生保护的相关优惠措施

对列入再生保护的历史空间文化建筑进行有效保护，可以提高租赁金来有效改善空间建筑设施，有效提升空间文化价值。政府实行对再生历史空间建筑的经营者实行工商管理费阶段性减免、税收阶段性减免措施，使其有利可图；实行中低比率的、稳定性的再生空间文化保护资金提取制度，实行活化历史空间文化的名誉赞赏制度，使再生空间文化的开发经营者、投资者或得到经济利益，或得到社会影响力、文化保护知名度，或得到保护和留存人类文化、城市历史的心灵安定感，增强他们保护历史建筑的经济动力或精神动力，使历史空间文化得以长期保护，稳定留存，克服了急功近利的大拆大建所造成的盲目破坏。

5.强调城镇的自主性与多样性原则

历史空间文化在保护工作进行之前，需对其价值进行全面和正确的认知，明确其保护要素，结合实际需求，制定相应的保护措施。对于历史价值较高、具有代表性的现存非文物空间文化，可采取迁建保护的方式；对已毁的重要历史建筑采取恢复重建的保护方式。另外，从总体规划布局和规模数量上为满足城镇街区的风貌特色而新添建的空间文化建筑，则采取复制和重组的设计手法，创造与整体风貌协调的建筑。

6.保障再生保护的有利性、公正性

历史空间文化具有多重价值，可以对同一空间文化有不同主题、不同风格的再生方案，可以有不同价值和收益的方案，有先后保护的次序安排，有不同利益分享机制、不同的监督约束机制，有不同区域的民众需求，必须建立民主、理性、有利、有效、公正的历史建筑评估体系，保障再生保护的有利性、公正性、可持续性。

历史空间文化的保护与再生，是世界范围内城镇化进程中的难点问题，其核心难度就在于保护人文价值与城镇发展、居民核心利益的冲突，如果不能将保护价值与后两者协调统一，这个问题终将无解，变成纠缠不休之死局。在这种局面下，挖掘保护带来的人文价值留存的经济利益回报，使得历史空间文化的价值重塑，成为破解迷局的唯一答案。

参考文献

[1] 王珺，周亚琦．香港“活化历史建筑伙伴计划”及其启示[J]．规划师，2011(4)：73－76.

[2] 杨眉．浙东历史村落及其现状问题辨识[J]．小城镇建设，2010(6)：97.

[3] 杨昌鸣，汝军红.历史建筑保护设计导则的探索与实践——以沈阳北市历史建筑异地保护性重建设计为例[J].新建筑，2009(2)：22.

[4] 姚迪，戴德胜.从“空间改造”到“价值重塑”——历史街区保护策略转向研究[J].建筑学报，2011(5)：38.

基于地域文化的文创产品开发策略

康淑颖

（宁波大红鹰学院艺术与传媒学院）

摘　要：本文阐述了开发地域性文化创意产品的重要性，分析了当下地域性文创产品的设计有何不足之处。并从个人角度出发，提出了一些对于地域文化下的文创产品设计开发的一些策略，比如从情感化的角度入手，比如和现代化的技术相结合等，使得这些文创产品更有特色，又能体现地域性。

关键词：地域文化　文创　产品

我们中国有五千年的历史谁都知道。在这五千年的历史中，有无数的有文化底蕴的城市、小镇被保存下来，而其中的传统手工艺也流传了下来。不同的地域文化推动着各地的文化产业的发展。随着经济的发展，人们的视野也越来越开阔，不再局限于物质形态上的满足感，而开始追求精神上的需求。

一、文创产业相关背景

跟所有我们熟悉或者记忆中远去的那些传统手工艺一样，漆器、手工纸、金银彩绣宛如我们的文化基因，伴随着农耕时代的中华民族繁衍生息，缀饰和丰富着先民生活，哺育和记录着人类文明……然而，随着工业化时代的开始，随着我们生活方式的改变，很多蕴含着人类文明之始的手工艺的身影渐行渐远，甚至消失。就如电影《百鸟朝凤》中的唢呐，似乎与文明的生活渐行渐远。所以今天，我们应该把目光投向那些传统手艺的坚定守望者，通过我们对传统材质和传统美学的新理解，以及对现代生活的思考和设计，让人们看到传统手工艺的强大生命力。

发展地方文创产品的开发设计，需要先了解地方文化商品必须具备哪些特质，而我个人认为，文创产品更重要的是在心理层面与消费者构建起深厚的关系。我们可以先将这两字拆开来解释一下：文创＝文＋创＝文化＋创意。所以，从这个解释中我们不难看出，文化创意产品与普通产品之间的差距就在于“文化”二字上，这也是文化创意产品所带给人们惊喜感、意外感的原因所在。当然，我们这里所说的文化并不是很表层的文化，而是指这个文化背后的精神，不是说今天你把诗句写在产品上，你的产品就是有文化的创意产品了。所以这需要我们设计师去不断地加强自己的文化内涵，去不断地深入挖掘和理解基于地域下的文化内涵，再通过不同的设计手法，将这些文化信息表达在产品中，通过对文化认知的诠释进而提升文创产品的内涵。

二、文创产品设计策略

文创产品虽是文化＋创意的产品，但文化仍处于核心地位。作为一个产品，文创需要有产品来作为实体依托。从实现途径看,文化创意产品可以是完全源于文化背景的产品设计,也可以是只引用其中一些文化元素作为参考。文创产品以文化为根基,以创意为法则,汇集了设计人的知识、智慧与感悟。在实现手法上,文创产品主要是寻求一种能够代表现代生活或形态的语境,与地域特色文化相结合来创造能够满足人类精神需求的产品。而随着经济发展越来越快,人们生活水平越来越高,文创产业的发展不但是国家软实力发展的需求,也是人们对于更加美好生活的需求。

(一)情感化设计

文化这两字,是最近几年一直被人们所热议的词。但对绝大多数的大众来说,它还有一个更加浅显易懂的表述——流行。就如同我们的服装流行趋势一样,最近几年的流行趋势恰好就是文化两字。什么算作文化?我认为,文化就是由人类慢慢积累、发展演化而留下的共同经验。所以文化是从古至今不断发展演化的。这其实也在告诉我们,文化其实就是一群特定人群的生活方式。

我们说,现在的产品每天变化都很快,日新月异,技术进步也飞快,分分钟就能超越前人的成果。所以,想要从功能上出发来做产品已经不是一个很好的设想,因为好的产品总是会被更好的产品所替换掉,而只有情感,是会被记忆保留一辈子的。林荣泰先生认为,"文化"是一种生活形态,设计是一种生活品味,"创意"是经由感动的一种认同。文创产品设计与一般商品设计过程中所不同之处在于,绝大部分的产品设计过程,常是先有消费者需求或目标产品之后再进行设计,但文化商品设计则需考量到文化本身所蕴涵的文化意义,因此必须从文化的观点着手,来寻找文化意涵与商品呈现的适宜脉络关系。

既然前面说,文化是某一个地方的人群的生活方式,那就说明这些文化是与人们之间有着很深刻的情感的,所以创意不是随便来的。创意也许就是小时候传统的记忆,年少时村子里的生活体验等等,这里的创意不是一种表层的拿来主义,而是深层次的能激发人内心"感受",或者说是"体验",或者是"记忆"的这么一个东西。创意来自现代人对于传统文化及生活的"体验",出售的不只是商品,甚至是销售一种"感觉"、一种"体验",而这种心领神会,唯有依赖文化因素的阐扬。我们要知道,一个好的商品,它除了外形好看,用起来顺手以外,还要拥有故事性、文化性,尤其是当与地域性的文化相结合的时候,更能触动人的内心世界,从而提高产品的附加值,也能使得中国制造朝着中国"智"造的方向发展。

(二)地域文化创新设计

中国的设计历史并不长。早先国外设计师来中国游讲,使得中国设计师更多地崇洋媚外。渐渐地中国设计师意识到本土文化在设计中的应用更为重要。但是,尽管设计师们是为了彰显我们地域文化的特色与传统,但有很多设计师在设计的过程中并没有深入挖掘地域文化的内涵,而是将一些地域性的文化符号、文化图腾等拿来就用。文化元素成了产品设计的表层皮肤。所以,很多的设计作品,你只能看到中国元素,却看不到中国创新。而事实上,这些地域文化除了要负责视觉上的形象之外,更要负责内在灵魂的价值。那如何跳脱出复制+粘贴的套路,来反映产品内在地域文化呢?比如,我们在将传统的地域文化转化为文创产品设计时,可以根据产品使用功能的不同,赋予产品不同的寓意或主题。比如洛可可的总监贾伟为北京老舍茶馆做的一款名为"观自在"的四季盖碗,春夏秋冬四个盖碗为一套,每个盖碗上,都分别用独特的图形和创意,铭刻上了四季的印记。而这个灵感,来源于一首诗歌，来源于贾伟对传统文化的热爱和感悟。这首诗歌这样写道："春有百花秋有月，夏有凉风冬有雪，若无闲事挂心头，便是人间好时节。"于是他把这首诗中对四季意向的描写，融入到了产品设计当中。中国人喜欢花，喜欢透过窗棂看春天百花，这形成了春季盖碗上的图案；又喜欢朦胧感，碗盖内里顶部，就有一个窗棂和花朵的结合设计，泡茶之后弥漫了水雾，就像雾里看花一般。中国人还有水中望月的文学修辞手法。同样，贾伟把秋月的图案藏在了碗底内部，在泡上茶水之后，在水波和茶叶的旋转之下，碗底的图案就好像水中秋月的美好图景。

（三）传统与现代相结合

每个区域都饱含地域文化，每个地方都有地方特色。设计师应当充分理解地域文化，洞察当地人已有生活方式，发现找寻新方向。地域的、传统的东西（包括实体物件也包含看不见的手艺与文化传承）不应是老旧、有地域局限的，也不应该静静地躺在博物馆或美术馆里供人念旧欣赏。我们需要传承，但并不是按着传统的方式来继承，而是以与现代相结合的方式。比如日本设计师喜多俊之，他一直致力于将濒临失传的传统技术和材料运用于现代设计和资源的再利用，同时还带有强烈的民族元素。比如，喜多俊之早期的作品——和纸灯具"Tako"，也是其首次尝试将日本传统技艺融入设计。日本传统的和纸制作工序相当的复杂，而且匠人收入低。为了改变这个现状，保持传统工艺的延续，喜多俊之就将其与现代工艺相结合，得到一种新的视觉效果，Tako 灯的和纸具有高品质，极其耐磨，为了不浪费这种珍贵纸张，喜多俊之采用了整张的和纸制作灯具表面，他从工匠手中拿来不做任何剪裁，直接使用，形成屏风的造型，简洁大气，气质温婉。Tako 灯的灯罩采用日本传统的手写和纸，由于和纸颜色深、质地厚重，光线并不能直接透出，经过漫射，刺眼的光线变得更加柔和温暖，使光发挥独特属性，营造出温和的气氛，将平庸乏味的电光源化腐朽为神奇。

当然，除了和设计师合作以外，我们也可以和企业合作，推广地域文创产业，与企业合作尝试一种城市形象推介新模式，建立起城市新品牌。这种突破不是单一的产品，而是从产品带动产品线，由产品线拉动产业，再由产业带动区域文化的整体提升。

三、结　语

我们的文化创意产业，虽然创意很重要，但更重要的是文化两字。中国是一个文化大国，其内在很多璀璨的地域性特色文化是我们设计师打开国门走向世界的一把钥匙。一个优秀的设计，除了功能好之外，更应该被赋予文化的内涵。它是一件商品，更是一种情怀，让人们一看到这个设计就能够知道这个地域的特色。如同我们说起德意志民族便是理性严谨，说起意大利便是浪漫艺术。所以归结起来说，文创产品的设计不单单是对一件商品的设计，也是彰显整个地域风貌、地域文化的代言人。所以设计与地域文化的结合势在必行，而其中的道路仍需要我们不断地摸索。

参考文献

[1] 林荣泰. 文化创意产品设计：从感性科技、人性设计与文化创意谈起[J]. 人文与社会科学简讯，2009，11(1)：32－43.

[2] 徐启贤. 以台湾原住民文化为例探讨文化产品设计的转换运用[D]. 长庚大学工业设计研究所，

2004:78－82.

[3] 张凤琦."地域文化"概念及其研究路径探析[J].浙江社会科学,2008(4):63－66.

[4] 张立.文化创意产业格局下的工业设计思考[J].科技进步与对策,2007,24(8):79－81.

[5] 孙旭东.创意产业背景下的工业设计产业化对策研究[D].济南:山东大学,2009:33－35.

[6] 刘晓容.文化产业发展成文化创意产业之特性研究[D].高雄:台湾中山大学,2006:43－46.

[7] 柳宗悦.日本手工艺[M].桂林:广西师范大学出版社,2006:29－30.

[8] 陈少峰,张立波.文化产业商业模式[M].北京:北京大学出版社,2011:8－9.

新媒体背景下水墨动画的数字化表现及现实应用

孔素然

（宁波大红鹰学院艺术与传媒学院）

摘　要：在我国传统的文化中，水墨以其独特的艺术魅力、多彩的表现形式、鲜明的视觉效果占据着无比重要的地位。新媒体时代的到来，为数字作品提出新的要求。水墨动画作品与现代化数字技术的结合，在一定程度上达到古今融合、淡雅文化与现代技术相结合的目的。而水墨动画在现实中的广泛应用，不仅丰富了新媒体的内容，而且对中国传统水墨艺术的发展起到积极作用。

关键词：新媒体　水墨动画　数字技术

一、绪论

水墨动画在实现传统水墨画的动态效果的基础上，保留了传统水墨画的意境，继承了水墨画的表现风格和特征，水墨以其本身蕴含的文化价值成为传播传统文化的重要艺术形式。

随着新媒体技术的革新和发展，水墨动画的表现形式呈现多样化趋势。数字化软件的开发及应用，使得水墨效果的实现更加便利。因此，以独特的绘画风格闻名世界的水墨动画在数字媒体中的运用也越来越广泛。

二、水墨动画

水墨动画是在传统水墨画的基础上发展而来，因此，它继承了传统水墨画的表现形式。

（一）“留白”的运用

“计白当黑”是水墨画的常用构图手法，用“白”来衬托主体，正所谓“风韵皆在琴瑟中，情致尽洒留白处”。唐代有“诗豪”之称的著名诗人刘禹锡曾说过：“境生象外”，即所谓意境的表达有时超越于名言之域、言象之表[1]。

在水墨动画中，“留白”是最常见的表现技法之一。如《牧笛》中水牛和蝴蝶的嬉戏画面，用仅有的几块石头和游动着的鱼儿来表现流水；牧童梦中水牛走失，停留在一处飞流直下的瀑布之前不肯离去，对瀑布的刻画也只是几笔向下流动的线条而已，这更给观众留下了无限的想象空间。

（二）构图审美的表达

在构图上，水墨动画继承了传统绘画中多采用的均衡和对称原则。如《小蝌蚪找妈妈》中小蝌蚪遇上虾公公的画面，采用的是对角线对称法，保持了画面的视觉平衡；小蝌蚪遇金鱼的部分也是如此。

（三）“五墨六彩”的色彩表达

中国水墨画中讲究“五墨六彩”，“五墨”主要指色彩层次，分为：焦墨、浓墨、重墨、淡墨、清墨；而“六彩”主要指表现技法，具体指墨的黑、白、干、湿、浓、淡[2]。传统水墨动画中“五墨六彩”的应用可谓比比皆是。动画家在墨色的画面中偶用色彩加以点缀，起到“画龙点睛”的作用。如《牧笛》中牧童梦中水牛与蝴蝶追逐嬉戏的画面。《山水情》中长者教少年弹琴时，水中鱼儿追逐的画面。

（四）皴、擦、点、染等水墨画笔法运用

水墨动画作品中，表达山水花鸟的动画作品很多，原因是山水的水墨表达更淋漓尽致地凸显水墨画的特色，将皴、擦、点、染等水墨画笔法运用到极致[3]。

水墨动画《小蝌蚪找妈妈》的用笔相对简单，仅用几点乌黑墨色加几曲笔就可以将小蝌蚪表现得活泼灵动；齐白石用淡墨点染的方式寥寥几笔就勾勒出栩栩如生的大虾。

水墨动画《牧笛》用笔则显得丰富多样些。水牛的表达用墨浓淡层次分明，整个身躯浓淡结合，点染水牛宽阔的头部，乌溜溜的眼睛，再用皴笔勾勒出牛臀，以力透纸背的用笔勾勒出水牛的四肢和脊背，一只形神兼备的水牛跃然纸上。

三、水墨动画的数字化表现

（一）传统水墨动画的制作流程

水墨动画的制作流程与传统动画制作的区别主要在设计稿之后，设计稿主要确定画面分镜头的场景和角色的具体造型和走位；背景绘制人员与原画设计师协调绘制背景；原画设计师和动画人员进行绘制，原画设计师负责设计动作，动画人员插入中间帧。此处最关键的是分层绘制，因为没有人能在不同的纸上绘制一模一样的画面，因此要把一个角色分层上色。哪怕是一个看上去很容易画的小蝌蚪，从中间的墨色焦黑，到边缘的墨色逐渐变浅，也要分别涂在几张透明的赛璐珞片上。摄影部门是决定水墨动画成败的关键。摄影师分别对赛璐珞片进行分层重复拍摄，并将其重叠在一起，最后实现水墨的墨韵效果。（如图1所示）

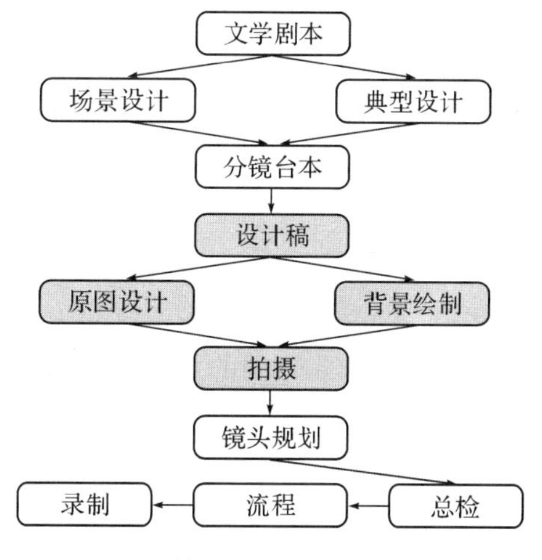

图1　传统水墨动画制作流程

（二）水墨动画的数字化实现

1. 水墨效果的数字化绘制

在 Photoshop 中，通过制作的水墨笔刷可以直接画出水墨的效果，通过对画笔的透明度

调整可以控制笔刷的浓淡,压感笔可以控制笔刷的粗细。但细节还需要分层处理。用笔刷画出一些粗线条,来确定墨团的形状和位置。根据要实现的效果,进行分层绘制的方式,此处需要用到涂抹工具、叠加效果等,通过图层的叠加效果实现传统水墨的晕染效果,再运用涂抹工具进行绘制和修改,直到做出满意的效果。

2. 水墨动画的三维效果实现

利用三维软件实现水墨效果过程中,则需要考虑模型、材质以及贴图等多方面因素。

在三维动画表现过程中,主要通过渲染的方式来实现水墨意境的效果。因此关键在于如何将模型材质贴图效果、光影效果和渲染器紧密结合,一方面要关注水墨材质贴图的参数设置,另一方面要选择合适的渲染方式[4]。

四、水墨动画的现实应用

(一)水墨动画在广告中的应用

水墨画独特的气韵和意境,展现了浓郁的东方底蕴。数字技术的发展将传统的水墨通过广告表现得淋漓尽致[5]。现代的设计师将水墨元素运用到影视广告作品中,不仅提升了广告的效益,而且传承了中华文化的内涵。

2009 年 CCTV 推出形象宣传广告片“相信品牌的力量——水墨篇”,被英国广告杂志 *Shots* 评为当周热点,随后收录在 *Shots* 杂志中。之后又获得新加坡 PromaxBDA Asia 最佳形象宣传片金奖、纽约广告节金奖。该片将传统水墨画风格与中国传统元素太极拳、长城、鸟巢、CCTV 大楼、中国龙等中国元素完美融合。

戏曲文化本身就是中国文化的精髓,CCTV11 的形象广告——CCTV 戏曲频道形象片《戏牌篇》和《寄情篇》均采用了水墨动画的表现形式,将中国戏剧的深厚的艺术底蕴和水墨动画这种充满中国文化内涵的形式完美融合,对戏曲频道的文化内涵起到了很好的表达和宣传作用。

随着水墨广告的飞速发展,众多的国际品牌也纷纷效仿,利用数字技术结合自身品牌制作自己的水墨广告来打入中国市场,以此提升品牌的国际影响力。比如阿迪达斯、耐克、奥迪、兰博基尼等世界品牌的影视广告中都利用水墨元素来拉近与消费者的距离,并利用水墨的灵活变化表现品牌的勃勃生机。

(二)水墨动画在网络游戏中的应用

游戏的设计与制作和动画有很多相似之处,制作的流程为:策划、角色设计、场景设计、动作设定、特效设计、引擎实现、营销上线。不同的是游戏引擎交互部分的实现。随着网络的高速发展,网络游戏也越来越受到年轻人的关注。很多影视角色、动画形象都以游戏角色的形式在游戏中出现。为了吸引广大观众的眼球,游戏设计人员绞尽脑汁,通过各种形式来获得更大的成功。

1990 年出品的《轩辕剑》是一款武侠题材的角色扮演游戏,是以《倩女幽魂》为故事背景开发的,角色在游戏中的任务就是斩妖除魔;5 年后该设计团队推出了《轩辕剑 3》,这次游戏的背景是由真实的历史故事来架构的,画面的背景开始运用中国水墨画风格,精美的水墨画面配以传统的古典音乐旋律衬托,塑造了淡泊高远的意境,展现了全新的古典艺术。

2016 年国产水墨动作游戏 *MSMW*(名字暂定)是一款二维横板卷轴动作角色扮演游

戏。游戏背景以古代战乱之后朝代更迭之时，欲以表达此时的民间疾苦，而玩家则是此间的武侠人物。目前发布的DEMO仅有动作演示，暂时没包含角色扮演部分内容。值得肯定的是此游戏的风格完全继承中国水墨画风格，画中唯美的中国风背景，依靠水墨变幻来表现角色动作的动画风格，使得画面清新脱俗。

五、结　语

数字媒体技术已经应用到生活中的各个领域，水墨作为我国传统艺术中的代表，必然要与数字技术进行有机结合。在当今新媒体传播中，随处可见水墨动画，不仅对传统水墨艺术所表现出来的内容以及文化有着一定的继承和发扬，而且通过应用数字化技术进一步丰富传统水墨动画作品的视觉艺术，在一定程度上提升了作品所具有的文化品位。

在数字化快速发展的今天，通过将水墨动画应用到数字化发展的新媒体艺术作品中，不仅丰富了新媒体的内容，而且在视觉和审美上都能满足人们精神文化的需求，能够对中国传统水墨艺术的发展起到积极作用。

参考文献

[1] 戴勇红. 水墨元素在中国动画中的运用研究[D]. 长沙：湖南工业大学，2012.
[2] 王贵洲. 水墨动画中的意境之美[J]. 商业文化，2012：268.
[3] 张钰. 中国水墨动画之意境[J]. 武夷学院学报，2013(3)：72－74，85.
[4] 申小春. 3DS Max中水墨效果渲染技巧探讨[J]. 数字技术与应用，2013：199－200.
[5] 郝修炜. 影视广告设计中数字水墨动画表现形式研究[D]. 杭州：浙江工商大学，2010.

“后海报时代”海报的现状分析

李　忱

（山东工艺美术学院人文艺术学院）

摘　要：在信息时代，海报设计曾一度遭到质疑，人们怀疑其表现形式不能与时俱进，并期待能有代替海报的其他方式出现，事实却是“后海报时代”的海报并没有在过去的辉煌中沉沦，在技术和载体更多样的条件下，海报的设计多了一份思考和创新，并使用新媒体作为设计载体展现海报，更加具有吸引力。本论文围绕海报进行分析，描述“后海报时代”传播媒介的扩展对海报的影响，并畅想其发展趋势。

关键词：海报　新媒体　现状

当今社会是一个信息飞速运转的时代，各种新兴媒体的出现改变了信息原有的传播方式，电子媒介的出现使过去人们在“印刷时代”中仅仅依赖于纸张的传统生活习惯得到改变，并对人们的生活方式产生一系列重要影响，而互联网的发展使信息传播变得更为迅速。同时，信息时代的到来广泛影响着社会各行各业，设计行业因与人们的衣、食、住、行联系紧密同样被影响。

一、“后海报时代”的海报设计

在视觉传达设计中，“海报是以传达信息和宣传主题为目的，张贴在公众场合，要求简洁明确、内容醒目，使人在一瞬间或在一定距离外能看清楚所传达的信息。”海报作为一种宣传工具，可以应用于各种场合中，简洁醒目的内容表述使其成为视觉传达设计中较好的展示方式之一。从海报的概念可以得出海报的主要特征：首先是传播区域广，海报能够大量复制、大量张贴；其次是宣传密度大，大量的复制张贴可以增大海报的宣传密度，从而提高受众的关注度，更好地宣传其主题信息。

海报的发展历史悠久，纵观海报的发展史，海报在19世纪时得到人们的关注，在时间的推移中，海报的社会地位逐渐得到了提高，20世纪是海报发展比较辉煌的时期。经过几个世纪发展演变，人们对海报的喜爱程度使海报逐渐成为重要的传播媒介之一。海报因为具有简洁明了传达信息的特点，能够瞬间扣住人心，给观者留下深刻的印象，并传达正确的主题思想，所以在创作上极具时代感和象征寓意。步入21世纪，受信息时代和新媒体的影响，海报设计曾一度停滞不前，因人们生活习惯和读图方式的改变，海报面临着材质和载体的更新，因此，被称之为“后海报时代”。而如何将海报产业继续发展，以及使海报如何适应当今时代进行变革，是当前设计师需要关注和思考的主要问题。

1.“后海报时代”海报设计的基本原则

在没有电脑等设计辅助工具时，设计师完全凭借手工去绘制海报作品，海报具有一部分“画图”的功能。因此，“后海报时代”海报的设计更加注重“可观赏”这一基本原则，这便要求设计师需注重使用丰富的设计语言进行海报背后的信息表达,从而使观者产生一定的视觉认可,并根据视觉语言的描述领悟海报所传递的主要信息。所以,视觉语言的表达是否准确生动,直接制约着海报的信息传播质量。

除此之外,好的创意同时也可使海报增添色彩,海报的设计创意可展现设计师的独特见解,可以准确地突出海报的主题思想,并打破陈旧的设计思维使海报语言变得更加有趣味性,最重要的是海报所拥有的不确定性可以使人们发挥二次创作能力。"后海报时代"的海报需要拥有独特的设计创意、新颖的设计思维以及准确的信息传递,方能使观众在观赏海报后回味无穷。

2."后海报时代"海报设计的受众分析

海报的受众是海报的观赏者,正是因为拥有广大的观赏者,才使海报具有一定的存在意义。海报通过视觉语言的信息传达向人们传播主题,并展现自身的魅力和渲染功能。在不同的群体、不同的时代以及不同的层次人们对海报内容的解读能力也会有所不同,自然人们对审美要求也不尽相同。因此,设计时需考虑不同的受众群体对海报解读能力的差异,同时在海报的设计风格上也需考虑人们对事物的不同理解力。只有这样,才可使海报发挥传递信息的主要功能,突显海报的个性,以此带给人们深刻的启示,从而得到更多的关注。

二、"后海报时代"海报的载体分析

科技的发展使海报的表现形式在一定程度上得到了丰富,海报的载体和材质也常常会根据实际的需求进行选择。海报在载体选择上较为自由,可不受传统平面等约束,亦可尝试不同的载体和新技术手段增加其表现手法。现在,海报可选择的载体越来越丰富,设计师可以根据主题的需要选择符合海报的主要载体,并大胆使用新材质进行海报设计。就目前分析,可将海报的载体分为传统载体、新材质和新媒体三种。

1.传统载体

传统载体就是海报常使用的平面纸张,是海报使用最多的一种载体,同时也是人们最常看到的海报表现载体,常出现在人们途经的大街小巷和各类公共场所。在纸张印刷而成的海报中,通过这一载体生动地传播了海报的主要信息,并在二维的平面空间里进行设计表现,使海报可以生动地展现在人们眼前。被张贴的纸质海报,其制作成本较低,且张贴方便,在传播信息方面比电视、报纸、杂志等媒体更加便捷。随着科技的发展,传统载体的海报正在逐渐被新媒体为载体的海报所冲击,但因为拥有着制作成本低和张贴便捷的有利条件,使传统媒介非但没有被其所取代,在"后海报时代"反而依然积极地发挥着传递信息的主要使命。

2.新材质

立体海报是将传统的平面视觉语言转变为立体形式展示的海报。通常这类海报的载体有两种展现形式,一种是将立体的图形展现在二维的空间之中;一种是使用立体的海报载体将文化海报营造出三维的空间模式。立体海报的视觉表现语言不再拘泥于平面的二维空间之内,其可营造出立体感丰富的三维空间,并使用一些新的材质丰富文化海报的视觉表现力。大部分海报强调设计形式的新鲜感,会经常尝试使用各类新型材质或者新的视觉语言作为海报的载体,因此立体海报更加适合运用于各种海报的设计之中,同时也促进了立体海报的发展。立体海报还有着传统的二维海报所无法达到的表达形式,立体海报利用新材质进行视觉体验设计，视觉语言的表达形式比传统媒介更为丰富，可以带给人们新鲜的视觉感和触觉感，从而加大海报设计的宣传力度。尽管立体海报是新兴的设计产物，但是近几年来也有很多优秀的海报作品涌现出来，在“后海报时代”势必会朝着主流的方式去发展。

3.新媒体

以新媒体作为载体的海报随着社会的发展而产生，并伴随着电视、互联网等媒体的运用而日益发展。“后海报时代”海报在载体的发展中产生了一系列引人关注的变化，主要根源是单一的平面表现形态已经不能满足日益发展的海报产业，于是新媒体为载体的海报应运而生。而在新媒体海报中，以电子海报最引人瞩目。

电子海报将海报的视觉语言通过新媒体的途径展示，虽然看上去已经脱离了海报的真正含义，但在“后海报时代”，可以算是保留了海报的主要社会功能而进行的新尝试。电子海报以电子媒体展示为主，在传播形式上可以重复和连续播放，容易吸引人们的眼球，再运用现代的科学技术以及普通海报所不能达到的动态、有声这几个主要优势，使其在剧场、电影院、音乐厅以及地铁等多地得以推广和运用。在运用途径上，电子海报被大量地运用于信息传播中，具有大量的受众群体。电子海报是电脑、网络普及的必然产物，应用于人群相对集中的区域，以丰富的视觉语言和动态的展示效果使人们可以获取信息，使海报传播信息的途径不再依靠于印刷的纸张载体。但是电子海报还有一定的缺点，新媒体海报的造价比传统媒体要高很多，对场地的要求更为严格，因此具有一定的局限性，在海报的载体选择中如何能够吸引人们的注意力则是当前需要继续探索的问题。

三、“后海报时代”海报的发展趋势

海报设计随着新媒介的出现，表达形式也得到了极大的发展。新兴媒体的出现使人们在获取信息的方式上产生了巨大改变，人们对精神、文化生活的需求使海报得到相应的发展。“后海报时代”海报设计不单单是二维视觉表达，越来越多的海报设计从单一的平面视觉传达转变为三维的立体表达之中，同时，海报在设计表现中更加注重空间感，并打破了原有的设计格局，具有一定的影响力。现在，海报的信息传播方式发生了转变，变得更加有针对性、时尚性，如出现在地铁、公交车站、剧院、影院的纸张海报、灯箱海报、电子海报等，虽然海报的传播空间相对于过去看似减少，但传播的受众却更加集中，正是如此，海报可以具有针对性地发挥其社会功能。

然而并不是所有的海报在视觉传达中都拥有重要的信息传播能力，因为社会的发展必然会产生一定的浮躁感，设计师在设计时往往不重视海报的内在思想表达，只是为了追求视觉效果而重视对软件的运用，使一些海报作品因此而变得单一重复，没有新鲜感，这是一种普遍存在的现象。这便要求设计师在设计时首先要领悟海报表达的主题，然后进行设计，并充分考虑人们的审美需求，才能设计出艺术感染力强并深受人们视觉认可的优秀作品。随着时代的发展，海报设计呈现出多元化的发展趋势，设计师在设计时要注重创意灵感的思维表达形式。

海报以其特有的视觉感染力，通过对人们进行信息传播和视觉交流达到传播信息的主要目的。在“后海报时代”，只有将海报表现得更加具有创新的意味，才能吸引人们对其关注；只有将海报设计表现特征发挥得更加完善，才能使海报的视觉语言深入人心，只有运用各类载体展示海报，才能推动海报产业的继续发展。科技进步以及电脑、多媒体的广泛运用使海报的发展前景变得更加广阔，同时海报在展示方式上的多元化促使海报走向更高层次的发展。

四、结　语

“后海报时代”海报在发展过程中依然面临着一系列问题。其中，如何能够在这个信息越发膨胀、信息传达越发迅速的时代，使海报这类历史久远的产业不会因为设计感、载体和材质的陈旧落后而消亡，是当前我们所需要密切关心的主要问题。现阶段，设计领域的无界限交融可以使各种领域完美且无隔阂地交互在一起，使创意的空间变得更加宽广，信息化和新媒体的发展为海报提供了可以继续发展的可能，海报可以借助这一时机得以继续创新发展。

参考文献

[1] 朱琪颖.海报设计[M].北京：中国建筑工业出版社，2009.

[2] 郑朝，郑朝辉. 灵感仓库：海报创意设计的 50 次闪光[M].杭州：中国美术学院出版社，2007.

[3] 尼古拉斯・米尔佐夫.视觉文化导论[M].北京：中国青年出版社，2001.

[4] 张岚.现代海报设计语言及传播理念的研究[D].西安：西安工程大学，2007.

[5] 王馨梓.论平面设计之“死”[D].长春：东北师范大学，2011.

[6] 朱琪颖.海报设计的竞争优势及发展趋向[J]. 江南大学学报(人文社会科学版)，2007(6)：120—123.

基于烧制技艺变迁的越窑青瓷文化形态演变

——以宁波地区为例

冉红艳

（宁波大红鹰学院艺术与传媒学院）

摘　要：越窑青瓷是我国瓷器文化的重要组成部分，在其发展演变的一千余年中，形成了独特的文化形态。本文从越窑青瓷烧制技艺变迁的角度，系统地研究宁波地区越窑青瓷造型以及装饰文化形态。

关键词：越窑青瓷　烧制技艺　造型　装饰　宁波

一、前言

越窑青瓷烧制技艺自东汉开始至宋，延续一千余年，经历了创烧、发展、鼎盛和衰落的四个阶段。越窑青瓷从原料选取到器物成型，一般要经历取土、淘洗、捏练、拉坯、修坯、刻花、上釉、烧制等工序。越窑烧制技艺的变迁对青瓷文化形态产生了深远的影响，本文对宁波地区越窑青瓷各个演变阶段中的造型以及装饰文化形态的突出特点，进行了初步探讨。

二、早期的越窑青瓷文化形态

早在春秋战国时期，越窑青瓷工艺进步和窑炉改进，使得青瓷的烧成温度得以提高，上林湖周边便出现了原始的青瓷器物，造型多以简单的碗盘为主。到了东汉，越窑青瓷工艺较春秋战国时期取得一定的进步，主要表现在：成型工艺方面，在碗、盏等小件器物上采用了快轮拉坯成型技术；上釉方法方面，采用了以刷釉法为主、以浸釉法为辅的上釉方法；烧成技术方面，窑炉的火焰运动方式由升焰式发展到半倒焰式（馒头窑）或平焰式（龙窑）。窑炉的发展不仅提高了窑炉的烧成温度，而且能靠烟囱或坡度控制空气量。因此，两汉时期，当中原地区还在使用陶器的时期，宁波上林湖一带、余姚地区就已经成功烧制出了真正意义上的青瓷。烧制工艺的改进，使得这一时期的越窑青瓷在造型、装饰文化上具有以下特点：

（一）造型的实用性

东汉晚期，越窑青瓷的造型主要以价格低廉且实用美观的日常生活器皿为主，应用面较为广泛。根据不同的用途，主要有壶、钟、瓿、罐、灶、水井、洗、盆、盏、钵、碗盘、瓶、尊、耳杯、唾壶、熏炉、砚台、水盂等为主，还有一些情感类的器物，如鸡笼、墓志瓶、堆塑罐等明器，体现了很强的实用性。

（二）装饰的简单性

两汉时期，越窑青瓷的装饰刻画艺术传承于印纹硬陶和原始瓷，没有过多的雕凿和纹饰，工艺比较简单。越窑青瓷这种简单的装饰文化还比较充分地折射出当时人们的审美观、社会风尚演变和宗教、民俗等精神追求。如这时期西域胡人已经进入我国沿海地区，常有商贸文化往来，青瓷的堆塑罐上就多见有高鼻深目的胡人形象。

三、发展期的越窑青瓷文化形态

到了三国、两晋、南北朝时期，越窑青瓷烧制工艺较两汉时期取得了重大突破。主要表现在：成型工艺方面，快轮拉坯成型在这一时期开始广泛使用，泥条盘塑和拍打成型工艺大大减少；上釉方法方面，浸釉法上釉开始普遍采用，使得越窑青瓷的釉层厚而均匀，呈色也较稳定，如西晋青瓷釉的厚度一般多为 0.1 毫米以上。烧制工艺技术的突破，使得这一时期的越窑青瓷在造型、装饰文化上具有以下特点：

(一)造型的多样性

随着成型方法的改进，皿物的造形和装饰技巧也更加丰富多彩。几何纹样流行，动物形象大量运用，开始呈现出多姿多彩的艺术形态。如三国时期，无论是人物造型还是飞鸟禽兽动物造型，各种器皿造型都有非常逼真的设计和精致的制作，造型艺术夸张得体。而随着两晋统一，越窑青瓷造型更加丰富多彩，器形设计复杂多变，如树叶形的香薰和镂雕多孔的炭炉等都是具有特色的器形。各种日常生活必需品也开始多样化，出现了扁壶、唾壶、鸡首壶、灯具、砚、球形香薰、狮形水注等新的生活用品。

(二)装饰图案的丰富化

三国早期，由于东汉时期浙江宁波地区原始青瓷刚刚起步，其装饰特征基本上还是沿着汉代陶器的制作方式。到了西晋时期，由于制作工艺已趋向于深厚庄重，釉质也由淡色的薄釉转为呈色较深的青灰釉，器表装饰题材比三国时期丰富，出现了龙虎或凤纹一类的装饰题材。此外，装饰手法较三国时期也有很大的变化，装饰的纹样除弦纹和水波纹外，出现了压印的网格纹以及器形图案印贴工艺，即把这种贴印的类似浮雕的图案与网格和连珠纹结合采用。西晋的压印工艺、印贴工艺以及各种贴印图案与各种弦纹、网格相结合的装饰工艺，使得西晋青瓷的装饰更富有艺术性。装饰图案多样化，如米字纹、云纹、鸟兽纹、忍冬纹以及在器物上贴印的辟邪、朱雀、白虎和佛象等。南北朝宁波地区越窑青瓷在两晋发展的基础上有所发展，制作手法普遍使用西晋晚期出现的酱褐色青瓷点彩装饰手法。此外，南朝时期，由于佛教相当盛行，所以浙江越窑青瓷在当时大量生产刻画有莲瓣纹装饰的器形。这一装饰手法成为南朝时期的一大特色。

四、成熟期的越窑青瓷文化形态

唐代开始，越窑青瓷的烧制技艺不断创新和提高，至晚唐及北宋早期，烧制技艺达到了巅峰。主要表现在：成型工艺方面，拉坯成形的技术不断提高，并已采用匣钵装烧，使得日用青瓷规格基本一致，胎壁显著减薄，皿形更为规则端正；上釉方法方面，隋唐开始，浙江越窑青瓷技艺有了迅速的发展。浸釉技术已十分熟练，釉层厚度已至 0.2～0.5 毫米，釉面也比晋越窑均匀滋润，青的色调增多，釉色比较稳定；烧制方面，齿口圆形窑具的齿口消失，圆形筒体的高度增高，成为匣钵。青瓷已由明火叠烧改用匣钵装烧。烧制工艺技术的创新和突破，使得这一时期的越窑青瓷在造型、装饰文化上具有以下特点：

(一)造型的创新性

唐初时期宁波地区的越窑青瓷基本上保持南朝的风格，胎质灰白，釉色青黄，产品的造型变化不是很大。唐中晚期的浙江越窑青瓷在前朝的基础上有所创新。盛唐时期，人们对各种生活器具有了新的需求，以越窑青瓷碗和盘的造型为例，就有翻口碗、平底碗、荷叶形碗、海棠式碗、葵瓣碗等等。盘和碗一样，作为日常生活器具，在晚唐，越窑青瓷的造型变化也很多，常见有翻口斜壁平底盘、撇口斜壁形底盘、直口圈足盘、葵瓣口盘等等。除了碗盘之外，其他的主要日用品如壶、罐、盏、杯、钵、水盂、砚台等的造型风格都有了新的特点，而每一类物品也划分为不同的样式。到了五代和北宋早期，青瓷的器物已经在日常用品的基础上上升到陈设艺术用瓷的高度。

（二）造型的人文性

茶文化盛行于唐朝时期。唐人饮茶注重器茶和饮茶时的精神享受，所以特别讲究茶具。唐代茶圣陆羽在他著名的《茶经》一书中详细描述了唐代各种瓷器茶具的特点。他把越窑青瓷摆在各名窑之首，和当时众多诗人墨客咏诗赞美越窑青瓷是一致的，而在《全唐诗》里有关对越窑青瓷的赞誉更是屡见不鲜。

由于唐人饮茶是将茶叶煮沸后倒在碗中饮用，所以唐代越窑所烧制的青瓷茶具，成为唐代最为流行的一种瓷质茶具。诗人陆龟蒙在诗《秋色越器诗》中称赞浙江越窑青瓷："九秋风露越窑开，夺得千峰翠色来。"唐代名人把越窑青瓷比作"类冰""似玉""千峰翠色"等加以称赞，概括出唐代越窑青瓷的特点，唐人形容越瓷千峰翠色，可见越窑青瓷在唐代就已珍贵。

（三）装饰手法的简洁朴素

根据林士民的研究，唐代越窑装饰工艺主要分为三个时期：初盛唐时期，越窑青瓷制品在装饰上运用蓖纹、点彩（斑块）、堆贴、模印及镂孔。装饰题材以罐、飞鸟、壶之类的为主。从整体上看，仍然秉承了越窑青瓷简约的文化特色。中唐时期，越窑青瓷制品也没有追求华贵和繁褥的装饰。其主要特色是釉上斑块发展成釉下斑块装饰，还有写意画、模印及堆塑。装饰题材以碗、洗、盘类内底、腹部以及秋葵、龙、鱼、云、花卉等之类的为主。晚唐时期，越窑装饰艺术在以釉取胜的前提下，运用了"应物之宜"的装饰理念，主要采取了雕、堆贴、镂的艺术处理，刻画印的运用，褐彩绘与胶胎技法以及金银扣艺术加工等技艺，并获得了前所未有的成就。"秘色釉"成为唐中晚时期的主要文化代名词，将越窑青瓷的釉色之美展现得淋漓尽致。如上林湖地区是浙江越窑生产"秘色瓷"的瓷窑产区。上林湖越窑青瓷，釉色有青绿、黄鳝青等，与上虞一带的越窑青瓷的器型接近，装饰图案题材更趋于民间化，如蝶恋花、鲤鱼跳龙门、云鹤、海棠红、绿荷等，图案装饰体现出江南鱼米之乡的风格，丰富多彩，色彩绚烂华丽。

（四）装饰手法的精湛

唐代以后，特别是五代和北宋前期，越窑青瓷的装饰手法又取得了新的进展。五代时期主要表现在以下几个方面：其一是雕镂加工工艺精致。所制大器物为多，以龙、凤等动物纹样为多数；其二是盛行刻、印的修饰。五代晚期越窑盛行莲花瓣纹，典型的有莲瓣纹碗、唾盂、托等。如东钱湖五代窑址中所发现的刻莲瓣纹器；其三是褐彩绘大器的生产；其四是贡瓷中大兴金银加工。此外，五代时期的"秘色瓷"十分精致，如上林湖越窑青瓷造型灵巧，题材丰富，技艺纯熟，画面层次分明，有云鹤飞翔、神龙腾浪、翠鸟展翅、蝴蝶恋花等。北宋前期越窑仍有相当数量的作品为贡品，贡窑中产品的装饰十分精致，装饰手法主要有以下几个方面的特点：其一是线刻图案精致。题材有龙、飞鹤、鹦鹉、碗、盏等。其二是深剔线刻结合。

如在上林湖贡窑址中出土的“官样”标本，其外底支烧印痕明显，是北宋早期的典型。内底剔刻环带纹，廓线明朗，内线细刻，腹部开始剔刻莲瓣，叶脉极细。

五、衰退期的越窑青瓷文化形态

进入北宋后期，虽然龙泉青瓷生产由于掌握了高超的制瓷技艺，在南宋中期烧制出精美的像梅子青、粉青、百圾碎纹釉等当代珍品，但随着窑场的大规模北迁和烧制技术的失传，整体上看，北宋后期以后是越窑发展的衰退阶段，特别是上林湖四周的北宋晚期窑址中完全可以找到粗劣的装饰工艺与纹样。这一时期，无论从造型和装饰上来看，都进入了退化的阶段。主要表现在以下几个方面：

其一是盛行的线刻进入退化阶段。北宋早期那种宫廷使用的大龙纹盘、云鹤纹迭盒、相对飞舞的蝴蝶纹碗、盘、鸳鸯纹盘、碗等都消失了。出现的仅仅是粗劣的线刻纹样，构图杂乱，主题不明，更缺乏艺术性。其二是模印虽盛行，但处于粗劣时期。模印本来是一种雕刻艺术的再现，而到了北宋晚期，则变成粗劣的成批生产的装饰手法。其三是莲瓣纹的退化。北宋晚期，匠师们对莲花等运用失去了原来的创作思想，因此反映在绘画的主题、笔调上远不如北宋早期。

参考文献

[1] 董忠耿.越窑青瓷的兴衰初探[J].上海文博论丛，2010(2).
[2] 方丽川.略论越窑青瓷的文化形态[J].三江论坛，2006(2).
[3] 林士民.越窑青瓷装饰艺术之研究[J].东南文化，2000(5).
[4] 林士民.漫谈早期越窑青瓷[J].收藏家，2005(7).
[5] 林士民.谈唐五代越窑青瓷[M].北京：中央编译出版社，1995.
[6] 施祖青.越窑青瓷造型文化探析[J].东方博物，2005(4).
[7] 叶宏明等.浙江古代青瓷工艺发展过程的研究[J].硅酸盐通报，1980(3).
[8] 杨焱峰.从出土越窑青瓷浅谈越地文化因子[J].美与时代，2015(3).

本土景观的现代转型

——以上海市松江区方塔园为例

徐家玲

(浙江大学宁波理工学院)

摘　要:随着城市建设和城乡一体化进程的加速,在全球化的浪潮中保持本土特色而又不失现代性的景观日益引起人们的关注。方塔园超越古典,融入现代,丰富乡土,在本土文化的时代局限中注入了现代主义的全新含义,是现代中国本土景观营造史上最早、最典型的案例代表。对比国内外学者对本土景观与乡土景观理解的异同,从批判的现代性、场所精神、建构三方面分析方塔园的本土意象,最后结合当代本土景观、建筑中的典型案例分析并总结本土景观现代化转型的基本对策。

关键词:乡土景观　本土景观　现代性　场所精神

在全球化浪潮中,快速的城镇化和现代化使得中国的传统文化景观呈现孤岛化现象,[1]源于西方的文化景观来不及经过深思熟虑就跃然于中国大地之上,这使得新的城市意象还没生成而传统的记忆却濒临丧失。如何将传统文化与现代需求进行有机结合,形成具有明显地域指向、有中国传统特色但又不失现代性的景观是当下景观设计师应该思考的问题。在大规模现代化进程中重塑以自然为依托的本土景观,一方面可以明确本土景观作为一种历史发展的必然趋势,以更加明确的姿态来面对外来文化和传统文化的剧烈冲突;另一方面在保存传统文化根源不变的前提下吸收外来文化的影响,使得本土景观顺应时代发展的需要,获得新的生命力。上海市松江区方塔园以高古、旷远的格局孤独地矗立在本土景观现代化转型的路口。

方塔园是中国现代建筑奠基人、中国城市规划专业与风景园林专业创始人、同济大学教授、建筑与城市规划学院名誉院长冯纪忠先生晚年的代表作,该园设计建造于1978—1987年。台湾园林学会主席凌德麟教授认为方塔园是“大陆最好的城市公园”;1999年世界建筑师大会优秀设计展上,方塔园作为唯一一个园林作品入选中国50个最优秀设计作品;2012年普利兹克奖得主王澍先生认为方塔园的场地被看似随意地做入建筑之中而产生清旷松弛的“取意”,这使得方塔园可能成为中国现代建筑的一把尺子。[2]方塔园立足于传统文化的沃土却突破了传统本身,饱含浓郁的地域特征又不失现代性。

国内针对方塔园的研究已经具有一定的广度,[3]但对其现代性的研究成果较少,对从传统向现代转型的对策性研究更是寥寥无几。基于此,本文对方塔园的本土特征进行分析和阐发,期望从中找到可供景观规划借鉴的对策。

一、本土景观概念

国内外学者在本土景观与乡土景观的研究中并没有对两个概念进行对比分析,对本土景观的研究也并不系统，学者们主要将研究集中于本土景观的孪生兄弟——本土建筑学的研究之中。例如西方学者弗兰姆普敦总结批判的地域主义的发展依赖于与其他文化的交融，他既不反对普世文明的规范，也宣布了特殊文化的价值。王澍的本土建筑学理念将源于西方的建筑思想体系与中国园林文化“用”“赏”之情相互融合来抵抗全球化对中国本土文化的侵蚀。除了吸收中国园林的养分之外，王澍也将视野放在中国广大农村肥沃的土地上，从匠作制度的研究到乡土材料的重复利用，王澍的建筑被烙上了“本土”的文化印记。王澍将建筑搁置于“园林”的语境，用古典园林及乡土符号杂糅出浓郁的本土特色——抵抗的、融合的、现代的、中国的本土建筑特色。地域化特征和融合的普世文明倡导的本土建筑（景观）具有国际视野及特定的民族身份。

相比之下乡土景观则注重本身的适应及变化，对外来文化力量的侵袭更多采取保守、适应的姿态。《发现乡土景观》的作者杰克逊从乡土景观的适应性角度指出，乡土景观是不断的适应和冲突的产物，适应新奇而复杂的自然环境，并协调对环境适应模式持迥异观点的人群。[4]《美国乡土景观研究理论与实践——〈发现乡土景观〉导读》一文指出，乡土景观是时间的见证、可见的历史，由变化无常的自然（洪水、干旱、瘟疫等）和文化（语言、宗教、政治）反复作用而最终形成的，本质上是一种文化景观，是人类无数次与自然灾害斗争的结果，是朴素的生态经验，是场所精神的寄托，是人类“生存的艺术”[4]。中国学者俞孔坚教授认为，乡土景观立足于中国地域范围之内的乡野，不断适应环境变化而形成的相对稳定性，又在人的使用中不断注入新的符号印记。由此可知，乡土景观着眼于国土内的乡野，而本土景观的视野则在本土的中国，从地域范围来说，本土景观比乡土景观具有更广泛的适应性及包容力。

不管是王澍的本土建筑学还是俞孔坚的乡土景观概念，事实上均是我们应对国际化浪潮侵蚀、民族文化缺失的策略。抛开国际化的形势单纯提倡地域化可能会陷入“中国式”典型元素及符号复制的囹圄，而毫无筛选地照搬国际流行式样同样会使得本土文化濒临缺失。从全球角度而言，“中国式”比较局限，而站在“本土化”的角度更容易接受泊来文化作为本土化的资源。[5]不管是“阳春白雪”的园林文化还是“下里巴人”的乡土景观，均是本土景观取之不尽、用之不竭的素材来源。

本文中的本土景观是指：立足全球化的视野，主动地、批判地吸收外来文化的影响，从古典园林及乡土景观的肥沃土壤中汲取养分，以“真实的建造”延续活的本土文化，以营造真正的本土化景观，一种既能继承传统也能回应现代的适应性景观。在传统文化面临崩塌的年代，将传统文化与现代的需求进行有机结合，用什么方式才能营造具有明显地域指向、中国传统特色又不失现代性的景观？研读方塔园可以给我们一些有益的启示。

二、方塔园的本土景观意象

（一）批判的现代性：理性与感性的并轨

立足传统并以批判的眼光审视现代，以理性的现代思辨融合感性的古典文化，才能在全球化的浪潮中保持本土的特色。冯纪忠先生早年留学奥地利，接受了维也纳既追求现代性又强调历史性的现代建筑教育，方塔园从总体格局到细部处理处处体现了现代特征的同时也对古典文化进行了升华。方塔园批判地吸收了现代园林的开放性特征，围绕方塔以中国园林特有的曲径通幽的空间编排形成具有开放性的现代公园，将中国式园林由私园转变为大众的公园。冯先生在现代主义的形式之下注入了中国文人“用”“赏”的园林情结，将方塔园营造为一处既富含理性又透露感情的为公民服务的“公民建筑”，以西方的公民意识为中国的古典园林注入新的活力。方塔园的总体格局是古典中见现代，在细节处理上则是现代中见古典。细读方塔园若干墙体的细节处理可以感受到风格派的影响。冯先生以“用”破掉了传统定式，同时彻底区别了那种只能看而不中用的空间构成要素，[6]方塔园的北入口附近围墙压顶与墙身脱开的断片作泄景之用（见图 1）；塔院广场错开的围墙作引导空间之用（见图 2）；何陋轩基座上的矮墙作坐凳，断开处作排水之用（见图 3）；何陋轩的弧墙除了可以引导视线分割空间外，更在于让定点停留的人们获得更多的景观总感受量（见图 4）。

图 1　北大门处脱开的围墙

图 2　塔院错开的围墙

图 3　何陋轩基座上的矮墙

图 4　何陋轩的弧墙

虽为现代公园，但方塔园并不是单纯意义上的现代主义作品，冯纪忠以“与古为新”4 个字来概括传统与现代这两条不可分割的主线。“为”是“成为”而不是“为了”。传统文化底蕴仍然占据主导地位，但它拒绝了绝对历史主义，突破古典园林堆砌的同时又弥补了现代园林的干枯，体现出一种东西方多元文化融合的特点，园林中处处充斥着高古的精神气质和自在的园林氛围。方塔园的现代性已经超越了形式、理性的逻辑推理，将中国传统文化的精髓注入来自于西方的现代性之中，让作品体现出更高层次的现代性，一种具有地域性特征的、感知与理性多元并存的现代性。

（二）场所精神：古典园林特征与乡土景观元素的重组

场所精神是根植于场地自然特征之上的，对其包含及可能包含的人文思想和情感的提取与注入，是一个时间与空间、人与自然、现世与历史纠缠在一起的，留有人的思想、感情烙印的“心理化地图”[7]。方塔园灵活地将古典园林特征与乡土元素进行重组，通过文化注入及五感调动丰富场所内涵，在场地内自然地建立起挪威学者诺伯舒兹（Christian Norberg-

Schulz)提出的定向感(orientation,即社会、空间的维度)及认同感(identification,即心理、精神的维度)[8]。

1. 因形就势地保存场地定向感

方塔原标高比周边道路低3米,为了获得巍峨的观塔感受,冯先生通过逐步下沉的路径设置模糊人对场地的标高感知,同时,将方塔南面的河道拓宽为湖面,沿塔一侧人工化处理的湖岸与塔院围墙化作方塔的基座映衬出秀丽的塔影,所挖土方用于东北面堑道堆砌以遮挡5层楼的工房,更为了由东门进入方塔园时能为观塔作路径及视线上先抑后扬的铺垫。区位、空间形态和具有特性的组合促成了场地定向感的生成(见图5)。

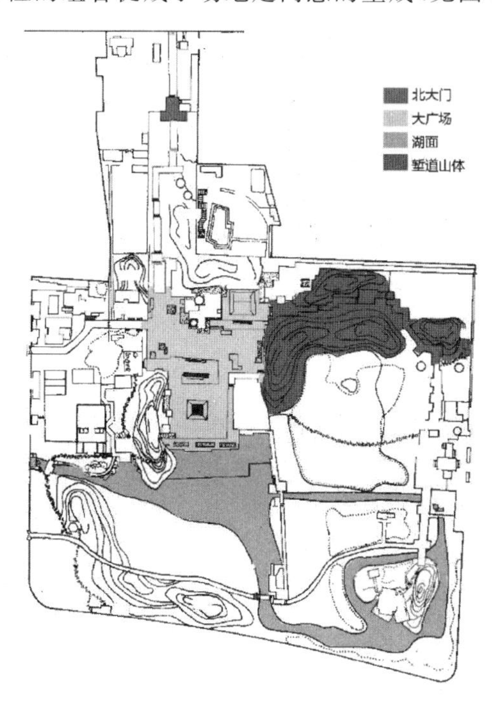

图5 方塔园的空间序列

2. 文化注入、五感调动丰富场所认同感

诺伯舒兹认为建筑还应该具有精神层面的内容,使人觉得有意义并获得"认同"。园中"鹿苑"与松江"茸城"的文化特质对应,何陋轩的月牙形屋脊与松江地区民居类型对应,不等跨的建筑屋顶引导风穿过茶室,在闷热的夏季使人感受到微风拂面的凉爽。林、木、花、草,甚至佛香、梵铃等元素带给人视觉、触觉、嗅觉以至听觉上的体验。[9]冯先生通过显性的基地空间塑形及隐性的文化再现,在场地内营造了一种独特的领域感。

(三)建构:本土建造的再现

《现代建筑的造型与结构》一书引用亨利·凡·德·维尔德(Henry van de Velde)的一段话解释建构具有的逻辑性:"……之所以美,只不过是因为这些东西是根据逻辑,根据理智,根据事物理性的存在的规律,并根据所用材料的准确、必需和自然的法则而建造起来的。"[10]作为该书校者的冯纪忠先生认为"建构"具有组织材料成物并表达感情、透露感情的作用。[11]其中"组织"体现了建构的逻辑性,透露感情体现了建构的深层次文化内涵。方塔园北入口处逐步下沉的甬道错位的铺装，为了引导人关注道路的变化，为方塔的突然呈现作铺垫（见图6）、方塔外侧一圈细细的排水沟衬托出方塔在塔院中的中心位置、东北面如山体般倾斜的堑道上凹进与凸出的石块加强了穿山而过的意象、北门拇指粗的螺纹钢筋如网一般织造出屋顶虚空的厚度（见图7）[12]、垂花门钢木结构的收边做法勾勒了白墙的边缘加强了垂花门透光透景时的框景作用（见图8）、何陋轩中具有方向感的竖铺地砖是为了柱子落地不破坏方砖的完整性也为了埋电线……所有的细节背后都体现了建构的逻辑性及深层次的文化内涵。

图6 甬道的错位铺装

图7 “织造”北门

图8 钢木结构垂花门

图9 何陋轩的竹作屋顶

现场做法则是本土建造的精髓所在，灵活、生活化、生态集约的现场做法是先辈们智慧的结晶。建筑师围绕“意”和“情”，用人工的砖瓦石材融合自然的水体植被用“诗学的建造”书写了“建造的诗学”。园中东南角环水岛屿上的茶室何陋轩取法民间的竹作工艺，因就地取材、灵活的做法而具有了现场调整的可能性，建筑师的理性思维融入竹工的随机应变，人文价值和地方价值共同构成了何陋轩的本土营造特色（见图9）。

三、方塔园对营造本土景观的启示

方塔园以批判的现代性将传统进行创造性转化，将古典园林特征与乡土景观元素重组以还原场所精神，并通过本土建造展现出中国园林景观的超越性，结合当代本土景观营造中一些或直接或间接受到方塔园影响的案例来说明方塔园在本土景观营造时的超越性及启示。

沈克宁认为地域文化的力量在于能将自身能量加以提炼并进行批判性浓缩，本土景观在转型时需要经历地域文化自我更新及对外来文化消化的过程。[13]因此，在本土景观的现代转型中需要立足于本土文化的深厚根基，取其精华，去其糟粕，充分吸收现代的先进思想，以现代人的需求作为设计的根本依据，同时关注地域化的营造方法。

（一）传统文化"陌生化"

从方塔园的规划设计中看出，冯先生并不拘泥于现代主义设计的诸多范式和要求，而是将传统文化融入设计中，对全球化的"世界性"和本土化的"地域性"都以批判的眼光来审视，以一种自检、自审、自我克制的方式来面对现代和传统文化的冲突。所有的传统形式符号都因注入了现代性而发生"陌生化"的改变，冲突、对立、错位让熟悉的地域材料展现出现代的味道。这种"陌生化"将现代功能、形式、符号融入设计，既立足于本土文化厚土又对本土进行创新，使得方塔园呈现出传统的意蕴及现代的个性特征，一种含蓄、沉稳、不张扬的特征。

再如，在 2011 年西安世界园艺博览会大师园中，北京林业大学王向荣教授设计的四盒园通过现代的语汇对传统文化进行陌生化处理，全园因此而呈现出融合与碰撞的空间惊喜：取义于扬州个园春夏秋冬四山，四盒园的命名与四合院谐音，在 1.61m 的夯土墙之内，同种空间类型变异而来的 4 个"盒子"象征了四季，完整的合院空间被折断的墙体模糊了边界，规整与变异的对话被有意识地转化为现代与传统的碰撞与融合，最后通过流动的线形统一 4 个不同的盒子之间的联系（见图 10）。[14]以中国传统文化分析为切入点的四盒园，在过程中无限施展了建筑化的园林理解，通过材料营造出具有浓厚中国园林意境、情趣和诗意的园林空间。最终，植物、沙石瓦及薄水面等惯用的传统材料在四盒园中却体现出空间的现代性及精神的传统性。

图 10　四盒园鸟瞰模型

（二）现代设计"本土化"

随着全球化一同进入中国的除了开放的形式之外，还有关注人的使用需求、关注环境生态等理论。形式的简单模仿已经过时，吸收西方先进的设计理论并将这些理论结合中国的实际情况进行运用才能真正做到现代设计的本土化。冯先生以现代设计的理性思辨融入中国本土的感性文化中，方塔园因此同时具有本土的意义及现代的韵味。

同样，俞孔坚在北京褐石公寓改造设计中，以生态、集约的思想对雨水和太阳能进行收集，用收集的雨水浇灌由露台改造的生产性花园。室内设计一道生态墙，这道顶部留有雨水溢水槽的由上水石镶嵌而成的墙面调节室内温度和湿度（见图 11）。[15]贯穿于整个项目始终的是一套完整的雨水收集及循环利用思想。该项目一年总共收集雨水 52 t，生产蔬菜瓜果 32 kg，节约电能共计 6000～8000 kW・h。如此惊人的数据给我们一些启发：关注人的使用需求，关注生态和可持续性，可能为社会做一些有益的改变。回望方塔园，早在 20 世纪 80 年代，冯先生已经将一些先进的现代设计理念融入中国本土的情境塑造中。在当代需求更加多元的情况下，在设计中关注场地的空间塑造、关注建构的逻辑、关注推理与分析、关注功能、关注生态设计、关注人，本土景观面向“未来”，并焕发日常生活的活力，设计才能真正具有“现代”意味。

（三）设计分析“逻辑化”

中国人的思维方式受传统文化的深厚影响，表现出注重整体、求和谐、折中的显著特点；在全球多元文化交流的背景下，中国人的思维方式面临着向开放性、整体性、理性和创新性思维的转变。[16]本土景观的未来将以多种分析方法交叉、全方位多层次地进行设计分析，以满足生态、社会、人的多方面需求。方塔园虽然呈现出中国文化的精神特质，背后却隐藏了极其严密的逻辑性和思辨性，这使得方塔园在建成 30 年后的今天，无论从五感体验还是环境参与等多个角度来看都是与时代同步并具有前瞻性的。此外，杭州市中山路南宋御街博物馆立面的编织构造也体现出强烈的设计逻辑，高度相同、宽度不同的不同颜色的石材被有组织地拼贴组合，形成具有传统民居历史性的建筑立面（见图 12）。[17]这些看似随机的立面实则受控于数套建筑模数，这种将本土意象逻辑化、数字化的方式值得我们学习和借鉴。因此，以西方的理性主义进行设计分析，融合中国本土文化的地域性、时间性，才能塑造具有本土文化气息的现代园林。

图 11　由上水石镶嵌而成的生态墙

图 12　南宋御街博物馆立面

（四）建造方式“地域化”

方塔园建造方式的“地域化”有两层含义：一是材料的地域化；二是技术的地域化。传统的石材及砖瓦材料在方塔园中通过“陌生化”的处理达到“神似”的效果。何陋轩的竹作施工工艺又是技术地域化的体现，何陋轩简单得只有关键标高的施工图，令同济大学教授童明惊讶不已，如此复杂的竹作建筑是竹匠自由施展竹作程式的体现，是建筑师的理性与竹工的随机应变成就了何陋轩具有浓郁中国本土特色而又不失现代性的建筑特性（见图 13）。在当

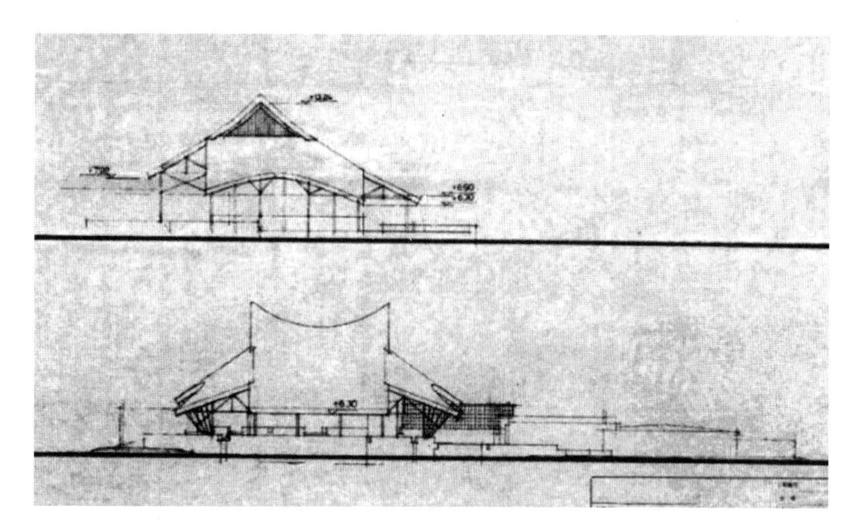

图 13 何陋轩立面图

代的建筑师中，王澍深得建造方式“地域化”的真传。在中国美术学院象山校区的干砌石墙中、在宁波博物馆瓦爿墙的建造中、在杭州南宋御街博物馆木构屋架的搭建中，王澍始终秉承朴素建构手艺、光辉灿烂的语言规范和思想，熟悉材料和做法的工人以中国传统工匠的方式建成了这些具有划时代意义的作品。正是因为王澍深谙传统建筑的建造之道，所以不用固定的、惯有的做法来完成建造，而是以地域化的、随时间变化而变化的传统建造方式来抵抗全球化对传统的侵蚀，只有在传统技艺的传承中方能展现现代的独特性。总之，中国传统建筑园林的建造史是一部建造技艺口耳相传的历史，是一部建造方式传承的历史，只有在朴素的、地域化的建构中才能真正做到继承传统，展望未来。

四、结　语

方塔园在保持中国传统文化精髓不变的前提下融入西方先进的概念和现代主义空间精髓，将宋代的方塔、明代的照壁和清代的天后宫等系列文物组织起来，形成一个具有现代特性的公园，方塔园批判地审视本土文化的同时又结合现代的设计理念及技术手段走出了一条具有中国本土地域特征的现代园林之路。方塔园与当下热门的批判性地域主义理念在实践层面不谋而合，它突破地域的限制融入世界性，丰富乡土的含义又升华了本土的文化标识意义。方塔园批判性地审视现代设计用以对传统进行创造性转化，将古典园林特征与乡土景观元素进行重组展现出中国园林景观的超越性，以真实的建造继承了活的营造史。它超越古典，融入现代，丰富乡土，在当时本土文化的时代局限中注入了现代主义的全新含义。方塔园是中国园林景观现代主义转型的开山之作，是现代中国本土景观营造史上最早、最典型的案例代表。

参考文献

[1] 王云才，韩丽莹. 基于景观孤岛化分析的传统地域文化景观保护模式——以江苏苏州市甪直镇为例[J]. 地理研究，2014，33(1)：143－156.

[2] 赵冰，王明贤，许江，等. “冯纪忠和方塔园”展览暨学术研讨会[J]. 建筑学报，2008(3)：98－101.

[3] 冯纪忠.与古为新——方塔园规划设计[M].北京:东方出版社,2010.

[4] 陈义勇,俞孔坚.美国乡土景观研究理论与实践——《发现乡土景观》导读[J].人文地理,2013,1(129):155－160.

[5] 冯纾苊,周政旭.本土景观的自然式表达——清华大学朱育帆教授访谈[J].城市环境设计,2008(4):124－126.

[6] 刘东洋.到方塔园去[J].时代建筑,2011(1):140－147.

[7] 李永红,赵鹏.默语倾听 兴然会应——在地段特征和场所精神中找寻答案[J].中国园林,2001(2):29－32.

[8] 章宇贲.行为背景:当代语境下场所精神的解读与表达[D].北京:清华大学,2012.

[9] 赖德霖.中国文人建筑传统现代复兴与发展之路上的王澍[J].建筑学报,2012(5):1－5.

[10] 柯特·西格尔.现代建筑的造型与结构[M].成莹犀,译.冯纪忠,校.北京:中国建筑工业出版社,1981.

[11] 冯纪忠.关于"建构"的访谈[J].A＋D,2001(1):68.

[12] 粟玺.新青年读老经典之上海松江方塔园[EB/OL].[2011-01-01].http://www.youthla.org/2011/01/new-understanding-to-old-cases-fangta-garde-shanghai/.

[13] 沈克宁.批判的地域主义:当代建筑新路径?[J].广西城镇建设,2013(3):34－38.

[14] 王向荣.四盒园——空间和诗意的花园[J].风景园林,2010(2):142－146.

[15] 俞孔坚,宋本明.低碳住家——北京褐石公寓改造设计[J].建筑学报,2010(8):33－36.

[16] 马璇.中国人的思维方式及其现代性转变[J].辽宁行政学院学报,2013,15(7):17－158.

[17] Amateur Architecture Studio.杭州市中山路御街博物馆,杭州,中国[J].世界建筑,2012(5):122－127.

新媒体艺术下传说故事《杨梅仙子》动漫化表现研究

徐瑶瑶

（宁波大红鹰学院艺术与传媒学院）

摘　要：慈溪传说故事《杨梅仙子》属于地级非物质文化遗产，是慈溪民间文学的缩影，有一定的学术价值和鉴赏价值。本文从传承的角度出发，分析了在新媒体环境下，利用数字动漫这一形式对杨梅仙子传说进行抢救与保护的策略，希望借助数字技术与艺术等方式对杨梅仙子传说进行更好的抢救与保护。

关键词：新媒体　传承　非物质文化遗产

新媒体相对于传统媒体而言，是利用数字、网络等技术，通过互联网等渠道以及电脑、手机等终端，向用户提供信息和娱乐的传播形态和媒体形态。[1]随着科技的不断发展，新媒体已然成了艺术传播媒体的主力军。随着非物质文化遗产保护方式多样化的发展，对于传说故事传承的保护也开始向具象的图像化方向发展。我们对慈溪民俗文化及艺术表现形式的认知的需求要求我们必须对这种新媒体下的认知阅读的潮流做出回应。[2]

一、新媒体艺术传承国内外研究现状

（一）国外研究现状

初次提及“非物质文化遗产”概念和实践均源自于欧美发达国家。为了永久性地保存和最大限度地使公众公平地享有非物质文化遗产，联合国教科文组织（DNESCO）于 1992 年开始推动“世界的记忆”（“Memory of the World”）项目，在全球范围内推动非物质文化遗产的数字化保护工程。[3]这对于促进非物质文化遗产数字化应用研究起到了积极的引导作用。众多研究者纷纷投入到这个领域的理论及实践中，作出了许多有益的探索。如联合国教科文组织与韩国三星电子有限公司于 2004 年 12 月就非物质文化遗产数字化保护形成合作伙伴关系，这种合作关系建立在三星公司拟将自己公司的资源和网络用于文化多样性，特别是对世界非物质文化遗产保护的研究。

（二）研究现状

随着《保护非物质文化遗产公约》在 2003 年的通过，我国对非物质文化遗产开始高度重视。对于传说故事的双重价值（保护价值与开发价值）的理解，学术界从传承方式的角度上给出了不同的意见。马家骏的《谈以音乐剧形式传承“白蛇传”文化遗产》提出要运用音乐剧这一表演样式作为新的传承载体，来推进文化遗产的有效传承。白庚胜发表的《民间文化传承论》，论述了民间文化的五种现代传承方式，即民间传承、媒体传承、教育传承、学术传承、产业传承。王志清的《非物质文化遗产保护工程中传说故事的传承发展策略探究》，通过田野调查，阐述了“谭振山传说故事”的讲述现状和传承困境，并探讨了其发展策略。与此同时,国内学者也开始着力于传说故事保护技术的开发,开始探讨不同数字化技术在非物质文化遗产保护中的实践价值和技术应用。如数字化虚拟博物馆、数字化故事编排与讲述技术等。

二、传说故事《杨梅仙子》的传承现状分析

(一)传说故事《杨梅仙子》的传承现状

传说故事《杨梅仙子》流传于浙东慈溪,现今流传下来的关于杨梅仙子的故事至少有4个版本。其中中部横河镇流传的内容为"杨梅仙子与樵夫造福人间的爱情故事";南部丈亭镇及东部上林湖流传的内容为"杨梅仙子与猎人的凄美爱情故事";另外还有无处考究的"投胎转世的杨梅仙子为救其老父亲被魔头迫害"的故事以及"杨梅仙子帮助一孝子救其母亲"的故事。

对于这些不同版本的讲述杨梅仙子的传说故事,历史上相关文学及史料记载较少,基本上依靠口头传承为主。自20世纪七八十年代以来,我国大力提倡非物质文化遗产的保护,在全国大规模民间文学三套集成编撰活动中,慈溪的杨梅仙子传说其中一个流传范围最广的故事版本被收入至其中并结集在内部印发。到21世纪,民间传说研究者童银舫再一次将杨梅仙子的故事的其中一个版本收入到《慈溪传说故事集》当中。至此,这一民间传说故事才以文字的形式保存下来。

(二)传说故事《杨梅仙子》传承中存在的问题

随着人们生产生活环境以及方式的转型,民间传说所依附的传承语境与传承方式也有所改变。类似于传说故事《杨梅仙子》这种以"口传心授"传承的形式在现在社会文明与科技发展的冲击下,正面临着严重的"断层"危机。

面对于民间传说的传承保护,很多研究者研究将其用文字的形式进行传承和保护,更有研究者针对传说故事提出"图书馆、博物馆"数字化传承策略。但这类表现形式过于单一,且脱离了"文化遗产大众化"的本质。同时开发形式过于孤立,与本土旅游产业无融合,不能真正地带动本土旅游产业和传统文化特色的发展。

传说故事该如何适应现代社会的发展需要,来寻求自身的传承发展之路,这是我们必须考虑的问题。

三、新媒体艺术下传说故事《杨梅仙子》数字动漫化策略

(一)数字化新媒体艺术下传说故事《杨梅仙子》视觉表现趋势

1.数字化新媒体下传说故事《杨梅仙子》的直观表现。

新媒体具有传统媒体无法比拟的优点:它可以利用新媒体技术将创作虚拟现实化。在宽松的环境下,使用直观的视觉体验、简练语言、表情与符号来传递信息。

相较于传统的文字内容,利用数字化、媒体化的形式,以文字、符号、图案与视频的形式将传说故事《杨梅仙子》进行表现,使传达的信息更加的具象化,让人们从视觉、听觉上有身临其境的感觉。

2. 数字化新媒体下传说故事《杨梅仙子》表现方式观点与思维的转变。

进入到21世纪以来，智能手机、平板电脑深入到人们的生活当中，数字媒体技术也随之不断成熟起来。在新兴技术数字媒体的影响下，人们的思维方式发生了明显的改变。[4]当人们想要了解传说故事《杨梅仙子》的时候，获取信息方式自然会从图书馆、博物馆、文献资料向新媒体方向转变，这是一种必然趋势。因此就需要开发让人们所能接受的数字传播途径，如网站媒体、网络动画等。

(二)数字化新媒体艺术下传说故事《杨梅仙子》的经济效益

新媒体的传播交流已经开始向多元化表现形式发展，在信息技术主导的现代社会中，各种快捷的信息传播方式被新媒体艺术所应用，从而使新兴的艺术形式有了比以往更丰富的被人感知和接受的途径。

1. 动画是新媒体传播艺术形式的创新代表。当它与互联网相结合就形成了一种全新的传播方式。将传说故事《杨梅仙子》制作成网络动画，以全新的视觉效果进行呈现，突破了传统传承方式的局限。除了具备一定的商业价值之外，信息传播也更加的快捷广泛，同时也符合"文化遗产大众化"这一条件。

2. 网络游戏开发和主题网站的建设推广，作为动画的衍生品，加强与受众之间的互动性。

3. 故事绘本。通过画面与文字相结合的形式深入到中小学当中，加强当地中小学对传说故事的教育。

4. 动画角色旅游纪念品实物开发，以带动本土旅游产业的发展。

通过上述形式，有利于将传统的二维媒体、口头文化，拓展到第四媒体的平台上。把传说故事这一平面化的内容，用立体的、多方位的视觉形式展现在受众面前，以扩大慈溪传统文化的影响范围。

在信息科技高速发展的今天，传统的"口传心授"以及书面传承方式难以长时间地进行传承和发扬，特别是现今人们对传统文化认识的淡漠，使传说故事面临严峻的考验。因此，以新媒体为表现，以数字技术为手段，以传说故事《杨梅仙子》作为慈溪特产杨梅的衍生产品，产生了经济效益。通过发掘—拓展—表现慈溪的传说故事，打造一条当地特色旅游产品的链条；通过影视动画—绘本故事—网络游戏推广—旅游纪念品的生成—品牌建立，形成独具当地特色又符合市场经济发展的特色文化展示，对保护和传承慈溪传说故事具有深刻的现实价值。

参考文献

[1] 徐鹏. 新媒体艺术论年份[M]. 北京：高等教育出版社，2016.

[2] 黄永林，谈国新. 中国非物质文化遗产数字化保护与开发研究[J]. 华中师范大学学报(人文社会科学版)，2012.

[3] 李军. 非物质文化遗产保护和利用的路径及发展策略——以四川非物质文化遗产为中心[J]. 当代文坛，2013.

[4] 秦枫. 数字媒体环境中传统文化传播与保护——以 ahage. net 为例[J]. 牡丹江大学学报，2015.

扁平化设计在电子杂志中的应用

应　艳
（宁波大红鹰学院艺术与传媒学院）

摘　要：伴随着电子杂志的发展，扁平化设计成为一种新的潮流被越来越多的电子杂志出版商所借鉴。扁平化设计具有独特的优势，是一种全新的界面设计风格，但是也存在一些不足之处。本文将分析扁平化设计的由来、特点以及扁平化设计的风格，进而剖析扁平化设计风格在电子杂志中的应用，为电子杂志的界面设计提供一定的建议和参考。

关键词：扁平化设计　电子杂志　特点

伴随着信息技术的发展，电子杂志开始超越传统杂志的限制，成为杂志界的新潮流。电子杂志中电子界面设计首当其冲成为人们关注的焦点。界面设计的风格直接影响到人们的视觉享受，近期界面设计开始流行扁平化设计风格，并且成为全世界电子杂志界面的新潮流。扁平化设计借助最为简洁的情景模式传达了最为明确的信息，全面升级了电子杂志界面，带给人们一种全新的触觉和视觉盛宴。扁平化设计不单是视觉风格的变革，更是一种创新设计思维的转换，一种思考方式的升华。

一、扁平化设计的由来

扁平化设计的出现起因于人们对当前界面设计要求的提升，也起因于人们对电子技术的追求，更起因于人们对艺术的崇尚，对高效率生活的崇拜。起初，人们对界面设计并不感兴趣，而且最初的界面设计也不是由专门的艺术设计师来完成的，而是简单的由几个程序员来替代设计的，他们主要想借助多彩的外观和精致的设计形式来吸引消费者的眼球，进而形成了一直以来的拟物化设计形式。长期以来，消费者饱受华丽色彩的视觉冲击，导致人们对于繁复冗杂的界面风格产生了厌倦感，甚至成为一种视觉累赘。此外，随着人们生活节奏的加快，人们渴望在极短的时间内获取最新最全面的信息，因此追随人们内心声音的现代主义设计风格逐渐受到大众的青睐，间接地激发电子界面设计师创造了另外一种界面风格，即扁平化设计风格。

二、扁平化设计的特点和风格

科技的发展将电子杂志引入到人们的生活和学习中，使人们获取信息的途径实现了质的飞跃，传统意义上的信息载体离不开报纸和书本，然而当下的信息媒介集中在电脑和手机上。对于消费者来说，最直观的感受就是电子界面，界面的设计形式影响着消费者的使用心情以及获取信息的效率，快节奏的生活使得信息成为人们争先恐后得到的事物，因此人们对界面设计的要求日益提升。高水平的界面设计能够引导消费者及时准确地获得关键信息，帮助消费者减少认知障碍,避免产生不必要的迷途现象,为消费者创设更为直接的视觉体验。接下来从界面设计和交互设计两个角度来深度剖析扁平化设计的本质和特点。

1. 界面设计

以电子杂志的界面设计为例,以往的界面不管是在图形上还是在场景的设计上都采用的是拟物化设计,导致不同的电子杂志有着相似的精致外观,这样做最大的好处是降低了成本,有助于消费者在使用上能迅速识别信息。然而电子杂志采用拟物化设计也存在诸多缺点,比如一旦电子杂志在尺寸上和屏幕分辨率上有变化,那么拟物化设计很难及时满足要求。此外,日本著名的机器人研究专家森昌弘曾近提出过"恐怖谷理论",即"在一定程度上,我们会对一个类似于人的对象感觉同情和受其吸引。但是由于一个微小的设计变化,我们就会突然感觉害怕和厌倦",与"恐怖谷"具有同样的道理,逼真的界面设计不一定能够引起消费者的兴趣,而且当人们习惯某个应用时,总不断地期待其能尽可能地还原真实的样子,渴望体验真实的场景。但是一旦其不能满足人们的需求,产品的真实体验就会陷入误区,也就是人们浪费了更多的实践和精力来设计某个应用程序却未能给用户创设更好的亲身体验,同时不断地模仿实物的设计限制了设计师的创造力。然而扁平化设计崇尚简洁大方的设计形式,有利于设计师在创作的过程中加入更多的理性思考,使得信息更加的清晰明确。此外,设计师也可以有更多的选择,结合用户的喜好和自己的特长来设定界面的具体呈现方式,为界面设计增添了更多新的色彩。

2. 交互设计

以往的交互设计对信息的处理比较零散,呈现碎片化的特征,而且树形的纵向层级结构也很容易使用户产生视觉疲劳,甚至有时候会突然发生终端不能继续使用情况,致使用户不能连续地接受相关信息。然而扁平化设计的形式采用横向的信息呈现模式,这样缩减了层级结构,使得同一级结构能够容纳和呈现更多的信息,方便了用户随时查询信息的需求,同时有助于保障信息的传输更加的流畅和便捷。比如微软的 Win8 界面设计的交互设计很好地说明了这一点:就新的"开始"界面(图 1)来说,其借助简洁个性的版面布局为用户呈现了最为直观的电脑桌面,带给用户无限的愉悦感和享受感,因此,扁平化设计中的交互设计与常见的界面图形设计存在较大的差异。

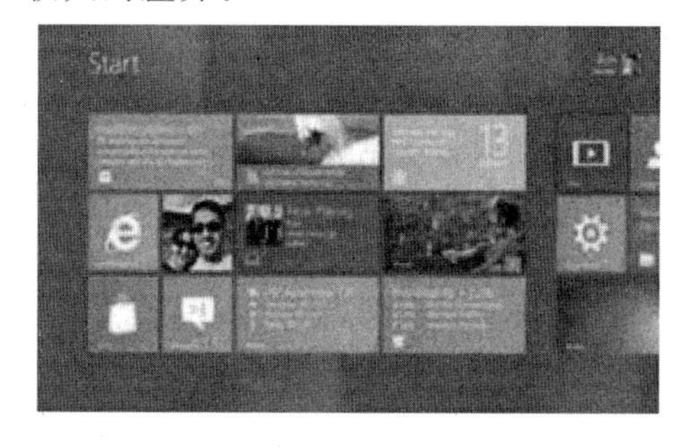

图 1 开始界面

此外,扁平化设计的风格促使界面的设计能够自由地应对显示屏幕尺寸不同以及横竖屏相互切换的问题,为客户创设更为灵活、自由、舒适的全新体验。

三、扁平化设计的概念

扁平化完全属于二次元，这个概念最核心的地方就是放弃一切装饰效果，诸如阴影、透视、纹理、渐变等能做出3D效果的元素一概不用。所有的元素的边界都干净利落，没有任何羽化、渐变，或者阴影。尤其在手机上，更少的按钮和选项使得界面干净整齐，使用起来格外简洁。可以更加简单直接地将信息和事物的工作方式展示出来，减少认知障碍的产生。

四、电子杂志的定义及其特征

信息技术发展的影响已经渗透到人们日常生活的方方面面，以往纸质的信息资料都洗心革面拥有了自己的电子形象品牌，杂志也紧跟电子技术的发展步伐实现了自我的技术创新，构建和完善了电子杂志的设计。电子杂志是以媒体技术为基础的新型传播媒介，也就是电子出版刊物。

电子杂志主要借助超链接的形式实现与用户的交流，用户可以下载信息然后单机阅读信息，也可以在线联机阅读。由于电子杂志具有显著的商业性，因而更加依赖于多媒体技术来提升自己的品牌魅力，增强品牌核心力，进而吸引更多的用户。电子杂志的电子媒介属性使其具有虚拟性、动态性和交互性的特点。版面的设计对于电子杂志的发展过程中起着关键性的作用，肩负着交流互动和传输信息的双重角色。电子杂志版面的主要构成涉及标题、文字和图像等传统杂志也具有的元素外，还包括视频、音频和动画等新媒介元素。

五、扁平化设计在电子杂志具体应用中的优势

1. 以简洁、个性的方式扩大信息的传输量

扁平化设计最大的特点在于能够用更简洁的语言准确传递更多的信息。电子信息的传递以电子媒介为载体，而设计语言是实现信息传递的有效路径。就像人与人之间的交流一样，更多的具体的限定性的词汇能够更加准确清晰地传递信息，并且不会出现歧义，但是太简短的过于省略的语言信息容易造成误解。以设计语言为渠道，采用建立联系的学习过程能够最大程度上降低误解的几率，本质上来说，建立联系的学习过程主要是指设计的编码过程，将抽象的事情具体化，将复杂的事情简洁化，能够以更加简洁的方式更有效地将信息和事物呈现出来，并且将传递信息过程中的认知障碍降到最低，因此，扁平化设计能够确保界面设计以一种更加简洁的形式借助更少的语言传递出更多的信息。

2. 以低成本、高效率的形式展现高质量的界面设计

扁平化设计最大的优势在于低廉的成本，成本的缩减体现在扁平化设计的各个环节。由于扁平化设计舍弃了绚丽的界面色彩和多样的造型样式，不需要对质感和光影等元素进行过多的加工。扁平化设计可以最大程度上整合电子平台上不同的资源，这也是成本低廉的重要影响因素。从表象上来看，扁平化设计与当前提倡的节俭之风不谋而合，其删掉了不必要的“奢华”，带走了与制作本质联系不大的“装饰”。但是深层次的挖掘分析，会发现扁平化设计造就了电子设计的奇迹，再一次刷新了科技进步的步伐，将更多的工作者从复杂的工作流程中解救出来，取而代之的是更为标准化的更为流畅的操作秩序，制作者不用再从事电子手工艺品的制作，而是直接采用复制的手段制作产品，这样大大降低了手工劳动的成本，

从而也促使产品以更快的方式融入到人们的日常生活中。对比扁平化设计的图片和拟物化设计的图片，我们很容易嗅到现代与传统的味道，体会到不同时期不同思维不同理念下人们的设计思路。透过扁平化设计风格，我们可以更加真切地感受到高科技背景下的人文精神和人文关怀，可以更身临其境地感受电子产品的人性化设置，进而处处感受温暖的情调。扁平化设计注重功能，崇尚简单大方的造型，但是透过“简单”也能感受到“复杂”，享受到精密，可以说扁平化设计风格的发展是当今世界人们思想和观念转变的结果，是经济文化繁荣发展的产物。

3.强化用户与编者的交流，确保信息的准确性

电子杂志界面以多媒体为载体，实现电子杂志与用户的沟通和交流，使得用户通过多维的感官系统触摸到电子信息。此外，扁平化设计为用户及时地在电子杂志上反馈自己的读后感提供了平台，进而实现用户与编者之间的交流，这种瞬时交流的形式使电子杂志显得活泼可爱，拉近了用户与编者之间的关系，编者也能及时地了解用户的想法。活泼的交流和互动不仅实现了传递信息的功能，而且促使电子杂志版面提供的信息更具有可控性和针对性。电子杂志提供信息的态度也是严肃的，严谨的。加大了用户与编者交流的机会，也就无形中加大了编者的压力，促使编者仔细审稿，认真编辑，为用户提供更丰富多样的信息。

六、扁平化设计在电子杂志中的应用路径

1. 简化界面元素设计，凸显重要信息

扁平化设计不仅能够彰显电子杂志的个性特点，同时能够确保用户的浏览过程更加的舒畅。简单的界面元素可以加强扁平化设计的强度，提升版面的清晰度、可观性和表现性。拟物化的设计观念更多强调的是实物的色彩和形状，力争将实物搬到荧屏上来，这就使得设计师更多地思考阴影的效果和色彩的渐变问题进而尽可能地与实际事物相吻合，从而达到为用户提供真实场景的目的。但是拟物化的设计往往制作不出预期的体验效果，不能确保用户享受到真实的感觉。而扁平化设计采用的基本的图形形状，这些图形弱化了视觉冲击，使得用户无形中忽略了图形和色彩，而是更加关注信息和内容，同时这样也能够确保信息的识别度。扁平化设计更多关注的是信息的重要性，而不是所谓的界面元素，此外，用户在浏览电子杂志时主要的目的也是想快速地获取重要信息，因此，简单的扁平化设计能够最大程度上满足用户的实际需求。

2.整合基本图形和色彩，清晰明确地呈现信息

扁平化设计追求简约的设计风格，大胆地摒弃多余无用的装饰元素，但是这样给设计师提出了更高的要求，设计师要更加关注基本色彩的整合和搭配，进而收到良好的界面呈现效果。在版面的涉及元素中，色彩和图形是一个关键性的组合元素，优质的图形整合和良好的色彩搭配能够产生意想不到的效果，可以实现信息清晰呈现的同时带给浏览者完美的视觉盛宴和愉快的心情。总体上来说扁平化设计的色彩主要将黑、白和灰三种色彩融合在一起，进而实现层次上的对比。三种颜色的运用不仅能够使版面设计的层次感增强，还能突出整体感，使浏览者不会因为色彩杂乱而分散注意，反而能够更好地将视线集中在一起。

3.采用网格化布局，提升信息的识别度

扁平化设计的布局主要采用网格，网格布局不仅使电子杂志更容易使用，而且可以减少使用过程中的反复性，进一步提升信息的识别度。扁平化设计删除了拟物化设计中使用繁

多的线条和边框，借用二维色块分割版面，并使用不同的文字来标注信息的主要内容，或者采用多标题图片，使每个图片都有自己独特的风格，同时信息内容从一个边缘流向另一个边缘，在一个轴上进行活动，增加了稳定感。扁平化设计还在版面上留有一定的空白，方便在电子杂志上尽可能地添加内容，更多的留白空间使浏览者关注到主要信息。

参考文献

[1] 百度百科．交互设计[OL]．http://baike.baidu.com/view/426920.htm.

[2] 百度文库．什么是交互设计[OL]．http://wenku.baidu.com/view/ea41df5477232f60ddcca12b.html.

[3] 郑亚．交互设计初探[J]．科教文汇，2012 (12)：62，92－95.

[4] 李珊珊．电子杂志版面设计的应用研究[D]．西安理工大学，2012(9)：56－59.

[5] 童献文．网络电子杂志设计探析[J]．艺海，2011(6)：47－51.

[6] 汪大伟．现代主义风格的 UI 设计之兴起[J]．现代装饰(理论)，2013(9)：182－184.

[7] 维尼・布罗迪，邵明．日本机器人学家森昌弘的佛教式“恐怖谷”概念[J]．宜宾学院学报，2012(8)：1－7.

[8] 宋方，金锦虹，逯新辉．析“扁平化”手机界面设计[J]．包装工程，2012(11)：60－63.

浅议非遗保护利用与现代产品设计中的文化开发策略

余　毅
（宁波大红鹰学院艺术与传媒学院）

摘　要：非遗保护利用与现代产品中的文化开发结合，具有极好的整合优势与应用价值。一方面，形式多样、内容丰富的非遗资源可以为现代产品的故事挖掘提供形象鲜明的故事角色、可亲近的故事背景、引人入胜的故事情节、具有广泛群众基础的故事听众；另一方面，结合非遗资源的现代产品也可以为非遗的保护利用提供新的传承方式、传播渠道，以及适应于现代文化语境下的创新内容。

关键词：非遗　产品设计　故事

根据联合国教科文组织《保护非物质文化遗产公约》定义：非物质文化遗产指被各群体、团体、有时为个人所视为其文化遗产的各种实践、表演、表现形式、知识体系和技能及其有关的工具、实物、工艺品和文化场所。各个群体和团体随着其所处环境、与自然界的相互关系和历史条件的变化不断使这种代代相传的非物质文化遗产得到创新，同时使他们自己具有一种认同感和历史感，从而促进了文化多样性和激发人类的创造力。由此可知，非物质文化遗产（下文简称非遗）并非是一种僵化的文化遗存，而是一种不断演进的活的文化形态。因此，对其保护与利用应将其置于现实的自然环境、社会环境、文化环境的语境中，对其加以发展和创新。

一、非遗的特点

地域性：地域性是非遗最重要的特征之一，非物质文化遗产的产生、发展、传承依托于某一地区独特的自然条件、生活习俗、劳作方式，无法独立生成。这一特性构成了非遗文化差异性和多样性的基础。

故事性：无论是非遗中的口头文学、传统艺术及工艺，还是地方民俗，大多都有与之联系紧密的故事和传说，具有较强的故事性。这些故事中大多有形象鲜明的角色、饱满的情节以及与非遗产生地有直接联系的故事背景。

群众性：非遗是人类在长期的共同劳作和生活的基础上通过口耳相传的形式流传下来的文化遗产，其中蕴含了一个地区、一个民族的共同情感和审美习惯，在一定的区域内具有广泛的群众基础和情感认同。

二、以提升产品文化价值为策略的现代产品开发趋势

近年来，随着消费者消费能力和消费层次的提高，消费者对产品的需求呈现出新的发展趋势：消费者从关注产品功能逐渐向关注产品背后“故事”转变，从消费产品的“功能价值”向

消费产品的“文化价值”转变。当前一些优秀的国内外企业正是因为把握了这一趋势，制定出适应这一需求的产品文化开发策略，在提升产品文化价值的同时也赢得了市场的认同。例如在科技产品领域，苹果公司倾力打造的“乔布斯传奇”、小米公司力推的“米粉文化”、锤子公司推出的“匠人情怀”，其实质都是在销售产品的同时兜售和传播其产品背后的文化和“故事”。在文化创意产品领域，产品背后的文化更是产品价值的主要构成，台北故宫文创产品在商业上的成功就依赖于设计开发者以产品为媒介，对台北故宫文化遗产背后故事的精心打造与传播。

从以上几家公司的成功经验，我们可以总结出成就一个优秀产品故事所依赖的主要要素。

(一)故事角色

角色是故事的核心。如苹果的乔布斯、小米的雷军、锤子的老罗、故宫的乾隆本身都是极好的角色形象，其性格特征、语言、职业特征都有极强的辨识度和话题性。

(二)故事背景

故事的铺陈需要在一定的场景中展开，一款成功的、易于传播的产品必然要适应于当时当地的自然、经济、文化语境，例如苹果、小米、老罗所依托的移动互联网文化崛起背景，故宫文创所依托的“传统文化热”背景。

(三)故事情节

情节是故事内容以及趣味性所在。苹果公司乔布斯的崛起、失意、再达巅峰、英年早逝的传奇经历，小米品牌的快速崛起之路，锤子公司老罗的跨界和网上骂战，康熙皇帝的野闻轶史，都为产品故事添加了精彩的故事内容和广泛的话题性。

(四)故事听众

故事听众是故事的消费者，只有故事角色、背景、内容符合听众的兴趣和口味，引起听众的情感共鸣，才能够得以广泛流传，进而形成影响力。不同群体需要不同的故事，苹果选择了社会精英群体，为其精心打造了一个符合中产阶层需要的创业励志故事。小米则选择了年轻一代的互联网新人类，把故事的主角和内容的编写权留给了故事的听众。老罗独辟蹊径，为一群特立独行、有自己的价值判断的听众编写了属于他们自己的故事。

三、将非遗资源利用与现代产品文化开发策略结合的整合优势分析

通过对非遗资源特点和现代产品文化价值开发所需的基本要素进行比较和分析，可以看到两者之间具有极好的资源对接性。一方面形式多样、内容丰富的非遗资源可以为现代产品的故事提供形象鲜明的故事角色、可亲近的故事背景、引人入胜的故事情节、具有广泛群众基础的故事听众；另一方面结合非遗资源的现代产品也可以为非遗的保护利用提供新的传承方式、传播渠道，以及适应于现代文化语境下的创新内容。具体分析如下：

(一)形象鲜明的故事角色

各种非遗形式大多有与其紧密联系的人物。这些角色包括口头文学作品中的人物角色形象，如梁祝文化传说中的梁山泊与祝英台，田螺姑娘传说中的田螺姑娘；也包括历代掌握和传承民间艺术和工艺的艺人和匠人，如掌握泥金彩漆工艺的匠人；还包括民俗活动中的人

物信仰和符号图腾，如宁波象山开渔节祭海活动中的海神娘娘。这些角色形象一部分已经具有较高的知名度，如梁山伯与祝英台、田螺姑娘、海神娘娘等故事角色，还有部分艺人和匠人虽然知名度并不高，但其作品的影响力和个人经历具有很强的形象可塑性，如日本就将具有卓越成就和影响力的民间艺人尊为“人间国宝”，对其个人和作品进行多途径的文化推广，不仅提高了艺人的知名度，也肯定了其作品的艺术和文化价值，进而提高了其作品的商业价值，达到了文化和商业的共赢。

（二）可亲近的故事背景

非遗的产生、发展依赖于特定的自然、历史、文化背景。在大多非遗中都有对于当地自然环境、地理位置、历史年代、劳作方式、生活习俗的明确描写，这一指向提升了文化遗产与消费者的亲近感和可信任感。如宁波非遗梁祝文化传说的故事发生地就直接指向浙江宁波的高桥，其故事情节的展开地理位置也有多处和现存的地名相互印证。宁波非遗——蔺草编织工艺和地方自然特产也有非常直接的关系。不仅如此，由于同一地区的非遗大多具有相同的背景，许多不同形式非遗中的故事背景还可以相互印证，进一步加强了故事的可信度，如梁祝传说中婚嫁仪式描述就可与宁波“十里红妆”婚俗相互印证。

（三）引人入胜的故事情节

非遗中丰富多样的故事情节可以为产品的开发者提供丰富的、可供提炼和开发的素材。且不说民间口头传说中或曲折离奇、或催人泪下、或生动有趣的故事情节和内容，发生在民间艺人和传承人身上的故事就大有文章可做。艺人的艰辛学艺经历；对于工艺近乎于痴狂的执着与倔强坚守就是发生在众多艺人身上的真实故事。对其加以适当提炼，就是产品背后故事的有力支撑。如陈凯歌导演的电影代表作《霸王别姬》和最近热映的电影《百鸟朝凤》就是以京剧演员和民间唢呐艺人学艺经历为线索展开的故事。电影作为一种具有典型代表性的文化产品不仅获得了艺术和商业上的认可，同时也有力地推动了京剧表演艺术和唢呐演奏技艺的影响力，这是另一种形式对于非遗的保护与传承。再如近年在群众中获得广泛好评的纪录片《舌尖上的中国》，虽是以美食为主题的电视节目，但其动人之处正是隐藏其后的人与故事。因此，非遗资源作为故事内容素材的重要来源，如加以合理利用，能够产生极大的影响力和自我发展的生命力。

（四）具有广泛群众基础的情感共鸣

非遗来源于群众的日常劳作、生活、艺术创作，在一定区域和民族内部广为流传，具有比较广泛的群众基础，同时反映了一个民族、一个地区的价值认同、情感认同，是民族个性、民族审美习惯的“活”的显现。因此，非遗资源在与产品故事的对接上先天就具有相当数量的故事消费者，并且非常容易与消费者形成情感上的共鸣。例如宁波非遗的重要品类——糕点制作技艺本身就是在宁波饮食生活习俗中逐渐形成的，其糕点制作的原料、方法、口味、形态、包装、食用方式以及品牌大多获得了广大群众的认可和喜爱。因此，在产品故事的开发上非常容易获得较大数量的故事听众与消费者，形成情感上的共鸣，最终促成文化消费的行为发生。

四、结　语

非遗为现代产品的文化价值开发提供了珍贵的资源和优质的素材，现代产品开发设计尤其是地方性的文创产品开发应充分利用非遗资源,发挥非遗资源的优势。同时也应看到,非遗资源对于现代产品开发设计的给养并非是单方面的,结合非遗资源的优质文创产品开发的同时,也可作为非遗保护和传承的现代化方式和手段,为非遗添加适应于现代文化语境的创新内容,使其更接“地气”和更具活力,从被“供养”走向大众生活。

参考文献

[1]刘锡诚.“非遗”产业化:一个备受争议的问题[J].河南教育学院学报(哲学社会科学版),2010(4):1—7.

[2]刘德龙.坚守与变通——关于非物质文化遗产生产性保护中的几个关系[J].民俗研究,2013(1):5—9.

[3]张旭.设计为非遗服务——非遗艺术保护方式的探索[J].现代装饰(理论),2013(7):138.

[4]马盛德.非物质文化遗产生产性保护中的相关问题[J].艺术设计研究,2014(2):73—75.

浅析浙东文化对宁波地区校园导视系统设计的影响

俞奕秋
（宁波大红鹰学院艺术与传媒学院）

摘　要：浙东文化地域特征明显、内涵丰富、广博厚重。浙东文化中以“致良知”“知行合一”“履践躬行”对当代产生了重大的影响。在导视系统中，导向设计的出发点在于对所应用对象（或范围）的文化调研，来确定具体的设计理念，不同的设计应该与当地的文化背景相融合，从而使特定受众在获取信息的过程中，取得最佳的心理体验。而浙东文化的精髓正是符合了导视系统设计侧重实用性、人性化、明确目标的特点。

关键词：浙东文化　校园导视系统　校园文化

一、浙东文化的深刻内涵

浙东文化源远流长，河姆渡文化是华夏文明的源头之一，加之特定的社会历史环境，孕育、磨炼和锻造了浙东人民开拓进取、敢为人先、勇于创新的精神气质。地域主体将这种精神气质凝聚为永不枯竭的内驱力量，在“开物成务”的伟大实践中源源不断地释放出来，造就了浙东人刻苦坚韧、求真务实、开拓创新、经世致用、仁爱互助、开放包容的区域文化品格。这种独特的地域文化如果运用到校园导视设计中，会给现代校园建设注入无与伦比的特色和深厚的文化底蕴，在这种既海纳百川又包含异体文化的应变能力的独特文化下，校园导视系统设计就有着独特意义。

二、浙东文化融入校园导视系统设计的重要性

（一）明确高校导视系统的形象

高校的建筑空间环境是由建筑楼宇、自然景观、配套设施、景观园林绿化、健身场所、活动中心等物质要素共同组成的。而各类导视系统是结合在整个公共环境空间中的必要组成部分。从景观形象到导视系统，设计体现都可以从一个局部反映高校的校园文化氛围及其个性形象。导视系统设计作为高校与来访者交流的现代化语言媒介，不仅具有导向功能，还具有高校景观环境的观赏功能，体现了高校文化底蕴。一个带有鲜明特色的导向系统可以给到访者留下深刻的印象，一个带有深厚的文化积淀的导向系统也可以增强高校的个性形象。

（二）浙东文化在校园导视系统中的体现

校园导视系统是校园文化建设和发展的重要标志，是校园环境中必不可少的配套设施，是学校树立品牌形象、提升校园文化品位的重要手段和载体。因此，可以在设计中注入地方特色、校园文化特色的内涵，明确设计理念，把这种抽象的理念转化成具体的符号，彰显出具有浙东文化特色的校园导视系统。

首先，浙东文化具有极大的包容性，海纳百川的包容性和无限想象的开放性融入到校园导视系统设计中，会让校园充满了阳光朝气，会使得整个校园环境充满了思想活跃的气息，这些特性有益于他们的思想形成，有助于培养学生的奋发进取精神。所以，构建校园环境文化，导视系统的设计应当使校园的环境富有生命力，使校园文化能够展现出一定的文化气息。指导学生深入研究学校的历史，挖掘其中的文化内涵，形成一种独特的教育资源。这样的校园导视系统设计将浙东文化的意蕴表达得淋漓尽致，使得文化和校园环境相得益彰，进行了完美的融合，这也就是浙东文化和现代大学校园环境建设融合的主要意义。

其次，对校园导视体统设计探究，就是要大胆地分析归纳环境与规划的地方特性，深化浙东文化内涵，帮助环境设计者从感性和理性两个角度出发，营造既富于主观的地方情愫又更符合客观的地方环境要求，与地方有机结合融为一体的建筑。这是地域文脉文化的历史意义与价值，同时也是浙东文化融于大学环境建设的最终意义。

三、浙东文化下校园导视系统设计的方法

（一）"知行合一"体现融合的校园环境

在整个校园环境中，气候、光照、植物等要素对视觉传递有着一定的影响，对环境客观因素的调查与模拟实际环境是必要的。例如户外大型告示牌的高度和文字大小比例，必须在人们的可视范围以内，确保信息的传达准确。又比如，在冬秋季节，环境中多为枯黄的草坪树枝，在环境导视牌的颜色设计上应选择比较显眼的鲜艳色彩，避免黄色系列等等。体现"知行合一"的理念，从实际出发，理论结合实际，考虑现实需要是在浙东文化影响下所体现出来的特点。

（二）"履践躬行"展现人文关怀的细节设计

校园导视系统设计要符合环境行为科学、人体工程学、生态学、美学等众多要素，充分考虑人的行为特征和心理需求，校园导视系统的细节设计要体现人文关怀，真正实现以人为本。根据校园人群分布和流动特点合理安排导视牌的位置、尺寸、人与视线的距离，还要考虑其安全性。只有这样才能达到导视系统与校园人群行为模式的完美融合。

（三）"博纳兼容"延续校园地方文化特色

在整个导视系统的造型和颜色上要体现校园整体性，与校园的整体形象相协调，与校园的建筑风格相统一，创建具有区域文化特色的导向系统。

（四）"兼综整合"规范的导视形象体系

校园导视系统设计的逐级层次表现要符合一致性原则。也就是说，视觉表达与信息要相协调，并形成视觉系统规范、内容丰富的形象体系。根据总体规划进行区域划分，采用分级检索、图文并茂的形式表达，用实效美观的立体造型进行标识导向设计，以求建立布点合理、信息完整、指示明确的校园导视系统。为适应国际化发展趋势，导视牌的符号文字要配以中英文对照。

（五）"主体自觉"符合感官统一的认知心理

导视系统主要包括视觉、听觉、嗅觉和触觉四个方面。导视系统也可与识别系统中的视觉、听觉系统综合运用。例如，进入到某一区域，不但见到其视觉提示，也可嗅到植物的各种

芳香等，还可听见其不同的音乐。只有这样，才能带给人全方位的对文化与风格的认知与感受。

（六）“开拓创新”增设屏幕导视媒介

由于网络的迅速发展，电子显示屏也成为导视系统指示解决方案的理想设施。在电子导视系统中可以补充更加具体的导视信息，如院系信息、楼层信息、教室的具体使用情况等信息，并且可以灵活更改因教学需要而临时调整的校园空间使用情况。这样可以大大弥补环境导视系统的不足，使导视系统传递的信息更加全面化、立体化。

若使导视系统设计更标准、规范、有效、准确，让人们无需语言就能瞬间识别，这就要求注重设计伦理性、设计文化内涵以及设计功能更为合理的表达。小到门牌号、功能指示牌（如卫生间、教室、考场、食堂、宿舍）、电子导航界面，大到楼层分布图以及校园鸟瞰图等，方方面面都要进行符合人文关怀的细节设计。

参考文献

[1] 黄义务.论浙东文化对宁波特色文化建设的影响[J].宁波工程学院学报，2009.
[2] 赵垠婷.高校视觉形象设计之校园环境导视系统设计的研究[J].艺术科技，2015.
[3] 高艳芹.高校教学楼导视系统的人性化设计研究[J].鸭绿江（下半月版），2015.

慈溪乡村旅游景观规划设计研究

张　逸

（宁波大学科技学院）

慈溪市委、市政府为整合农业旅游资源，从2014年开始着力推出"浙东大农家"乡村旅游品牌目标规划，全力打造乡村旅游重点开发的新业态。目前，"浙东大农家"汇集全市乡村餐馆、乡村采摘园、乡村营地、乡村民宿四大系列旅游产品，首期已推出32家加盟单位。

为了更好地适应当前发展要求，本论文以慈溪市的乡村旅游景观设计作为具体研究对象，探讨乡村旅游的规律，深入研究慈溪市文化特色，同时提出了以功能板块为单位的特色景观建设思路，最后针对这些问题提出对策建议，为慈溪市打造乡村旅游品牌提供决策依据。

中国乡村旅游在20世纪80年代起步，时间较晚，相关制度和配套设施相对滞后。关于慈溪市乡村旅游的景观规划发展还处于初级阶段，暴露出缺乏统筹规划、开发产品单一、文化内涵肤浅、服务水平低下等诸多问题。此外，慈溪市的乡村旅游开发常常打着"生态旅游"旗号却从事着破坏乡村景观生态环境的活动，造成了乡村旅游开发中存在着思想认识、利益分配、生产过程以及产品与效益等各个方面的问题，不仅使当地的景观生态环境遭到破坏，而且乡村社区利益也得不到根本保证，造成了乡村旅游发展停滞不前的态势。为此，笔者关于慈溪乡村旅游景观规划设计作以下内容研究。

一、慈溪市乡村旅游景观发展前景剖析

慈溪城市的发展基本上始于20世纪八十年代末期，1988年慈溪撤县设市，使慈溪逐渐进入快速发展时期，中心城区经过近25年的发展，目前区面积已由原来的1平方公里扩展到42平方公里，城市化水平达到65%。慈溪农业产业发达，推动乡村旅游发展已打下坚实基础。因此，如何发挥好乡村旅游在优化农业产业资源配置、拓展旅游景观空间、促进城乡一体化等方面的作用，多措并举促进旅游生态化的升级，探索出一条具有慈溪特色的乡村景观旅游之路，是值得研究的重要课题。

（一）地理自然景观优势，城镇化建设中慈溪政府对乡村旅游的重视

杭州湾跨海大桥的开通及具有独特的交通区位优势为慈溪乡村旅游的发展带来了广阔的市场前景与带动效应，优越农业资源的条件成为慈溪发展乡村旅游的基础。依托丰富的资源和深厚的人文底蕴，打造好"浙东大农家"乡村旅游品牌，将对慈溪旅游经济的发展和城镇化建设产生重要影响。

（二）文化底蕴深厚，慈溪地域性乡村旅游之人文景观资源丰富

慈溪市地域性旅游业发展具有以徐福人物为主题，以吴越文化为背景，以三北浅滩为基地的人文景观资源，独具风格，自成特色。其博大精深的历史，早在7000年前就有先民在此

生活而产生河姆渡文化；围湖造田的历史可追溯至公元10世纪以前，外来人口迁移延承千年造就了“兼容并蓄、善于开拓”的移民文化。同时慈溪也是中国瓷器的发源地之一和“海上陶瓷之路”的起点，千年青瓷文化已成为城市名片。

（三）农业资源发达，慈溪乡土景观潜力十足

慈溪农业产业化水平居全省前列，效益型农业较发达，开发了杨梅旅游观光线路，通过举办杨梅节、开通杨梅观光假日列车等方式，吸引各地客源来慈溪体验采摘。杨梅观光游已成为慈溪城市名片的同时，为本市特色农业景观风貌的发展打开了新的格局。

二、慈溪市乡村旅游景观规划设计研究

自“十八大”提出了“新型城镇化”政策，意味着党政国策支持打破旧的城镇化模式和旧的土地供给模式。慈溪作为长三角经济圈的一个重要的节点城市，有着非常多的自身优势，近年来，慈溪城市化水平不断提高，城市规模越来越大，如何建设有特色、人文和谐的美丽城镇问题就此而产生。

（一）乡村旅游开发与慈溪多功能农业发展紧密结合起来，推动乡村旅游的创新

乡村旅游升级和创新成为当前乡村旅游研究的重大问题，探索乡村生态体验旅游景观与多功能农业行动者到网络构建的关系，奠定乡村旅游可持续发展基础。多功能农业作为可持续农业的核心，其发展整合了乡村景观的多样性与多功能性，为乡村发展提供了稳定的生态功能及生态价值。

（二）乡村旅游前景与景观生态建设结合起来，推动慈溪多功能景观的生态建设

以乡村生态体验旅游为切入点，以景观生态建设为主线，以多功能农业网络构建为载体，通过对生态体验旅游发展内涵及目标的系统分析，推进美丽慈溪乡村建设。

（三）创新乡村旅游的发展范式，推动慈溪构建生态体验景观环境

通过构建以多功能农业行动者网络为依托的生态体验场与生态体验景观，创新乡村体验旅游的发展范式。生态体验场及生态体验景观是建立在传统生态景观基础之上的感知与景观网络，是与当地特色的旅游资源、乡村社会、乡村产业等存在密切关系的空间载体。

强化以乡村景观为依托，以乡村田园风情、农业生产活动、民俗文化、农家生活体验为吸引的休闲观光游览度假活动等多元的慈溪乡村旅游，将推动慈溪乡村文化、社会、环境及经济等资源的有机整合有着深远的意义，并为慈溪市委、市政府提出了打造“浙东大农家”乡村品牌目标提供理论依据及应用价值。

三、慈溪市乡村旅游景观规划设计研究决策方案

（一）建议城市规划系统将乡村自然生态、乡村旅游景观相融合统筹

乡村的山、水、林、田、路、居的生境优化过程中，要控制对生态系统的干扰程度，使其不超过生态系统自我调节能力。乡村生态景观是乡村旅游发展的主要吸引力之一，生态景观的旅游可视化、情景化是乡村生态建设的重要导向。

（二）建议政府体系深化乡村旅游农业景观资源，促进空间格局优化

乡村旅游农业景观具有点多面广、布局分散的特点，其外部区域尺度和内部景区尺度的

空间特征及其结构关系十分复杂，我们需要认知乡村旅游空间，谋划乡村农业景观旅游布局。城镇化背景下乡村旅游空间研究应打造特色农业景观，并多样化促进农业资源发展。

（三）建议乡民积极参与乡村旅游景观建设，开发独具特色的乡村旅游产业

乡村景观旅游的重点在于独特的田园风光和淳朴的乡土民情，在打造“浙东大农家”品牌时，须依托本地农业资源和本土文化特色，求新求异。调动乡民参与的积极性，共同创造具有地域性特色的人文风貌，鼓励传统农业向以观光休闲农业、有机农业和循环农业为特色的都市型生态农业体系发展。将观光旅游带入到乡民的生产、产品加工、住宿、餐饮、观光、采摘、教育等系列活动，丰富乡村旅游业态。

四、结　论

本论文希望给予相关职能部门在现阶段和未来规划中如何落实景观资源整合，树立慈溪乡村旅游品牌形象为建设依据。促进慈溪乡村旅游生态景观保护，依托“南山北海中良田”的自然旅游资源优势，加强市场调研，以旅游市场需求为导向，以农业文明和乡村民俗、乡情文化为主线，以乡土景观、农业生产活动为着力点，建设出具人文与自然相兼容特色的乡村旅游点。

参考文献

[1] 杨炯蠡，殷红梅. 乡村旅游开发及规划实践[M]. 贵阳：贵州科技出版社，2007：143.

[2] 吴承忠. 国外休闲和旅游规划理论及案例分析[J]. 城市问题，2011 (4)：84－89.

[3] 陈梅. 乡村旅游规划核心问题研究[D]. 苏州：苏州科技学院，2008.

[4] 莱尔·A. 冈恩(Clare A. Gunn)，特格特·瓦尔(Turgut Var)著；吴必虎，吴冬青，党宁，译. 国外村庄设计[M]. 沈阳：东北财经大学出版社，2004：237.

空间导视与文化传播

周剑峰

（宁波大红鹰学院艺术与传媒学院）

摘　要：“导视系统”作为城市窗口的第一张名片，给来访者带来便利的同时，也在传递着一座城市的文化个性。所以导视系统与应用不仅仅局限在指示牌的功能上，它更多的体现一座城市的文化品位。美观高效和谐的导视系统能够使来访者感到亲切与幸福感，同时个性化的导视系统也承担着向外界介绍文化内涵的功能，可见导视系统在文化传播中的重要作用。

关键词：文化　传播　导视　设计　人文

一、导　言

随着经济与交通的发展，城镇的流动人口数量也随之增加。无论是旅游、出差抑或是城市建设者们带着目的涌入城市，他们怀抱憧憬或惴惴不安的心情，期待这个城市的友好对待。到达陌生的城市，从窗口站点开始认识这座城市，再经由道路融汇到每个角落，融入到这座城市的生活中去。外来者带着目的，在陌生的城市里开展自己的工作，寻找想去的景点，找寻工作的机会，用他们的感受传递着对城市的认识。

流动人口给城市带来了机遇同时也是挑战，我们需要考虑如何使流动人口在短暂的居住生活中留下良好的城市印象，为以后的发展带上口口相传的好口碑，使城市的软实力得以加强。

随着中国城市经济的稳步向好，人们对精神文化的需要也在提高，对生活环境的品质也提出了新的要求。城市道路不仅要干净，人们举止行为习惯也要讲究文明礼貌，城市幸福感的软实力也跃上了城市竞争力的一项重要指标。外来者的幸福感不仅来自于城市的包容，同样也来自于这个城市能否使他们快速地融入其中。从到达的那一刻开始，窗口不仅是城市的火车站飞机场与标志性建筑物，更是遍布城市的导视系统。流动人口都是带着目的从一个节点到下一个节点，通过公路的输送来到一个大的目的地，下车后更是要比较细致地找寻某一个巷里的某一个房间。日新月异的城市发展使城市的常住居民也不尽知道道路或细节地点的指向，所以相对于口头问路，现下更多会选择看手机地图或是导视系统。这个时候导视系统就不是简单的起指示牌的作用，它也兼顾着城市窗口的宣传作用，能直观地感受城市是否亲切、设计是否和谐、功能是否合理等一系列的感受，总体而言是城市文化传播的一个窗口，口口相传的优势通过各种社交媒体，文创的发展也是一种城市的标签。于初来乍到的城市客人，他们最直观感受城市文化的途径就是空间导视。

二、文化的传播

马未都先生在他的节目《都嘟》开场有一句这样的表述：“文明必然趋同，文化必须求异。”文化的差异性造就了世界文化丰富多彩，百家争艳的格局使艺术之林得以丰富，民族的特色在于其差异性。中国地域跨度大，地域特征明显，每个城市的文化的沿袭都有其独到之处。文化绝对不能同质化地发展，就像每个独立个体的人，差异性才是他的个性所在。每个城市也需要有个性才能使人印象深刻。

文化的内容非常的宽泛，城市文化传播的内涵包括文学、戏剧、绘画、音乐、传统、宗教等内容，文化不能简单的一言蔽之。树立民族文化意识能够增强人民自尊心与自信心，是民族值得骄傲的历史遗产。而中国幅员辽阔，地域特征变化多样，每个城市都有不尽相同的传统文化。山水杭州、古城西安、天域西藏，这些既有地域性的特征，必然也有人文的特色在里面。

城市导视系统在文化的传播中必须认识到它是城市的艺术，必须首先对城市本身的人文地理特色有充分的了解与分析，再结合城市规划师、建筑设计师、数字多媒体与交互设计师以及城市的公民一起来确定最终的艺术形式。导视绝不能千篇一律而同质的，首先它必须融入到地块的整体环境，体现现代或古朴的街道特色；其次它是城市的地理信息系统，除了文字以外，可以适当地加入图形或数字多媒体的影像效果，使人们更直观了解所要前往的目的地。作为一个装置，它的设计同时要具备一定的审美情趣，使大众看起来赏心悦目。

三、空间导视中文化传播的具体体现

1. 明确地域特征

在南方，出于山水的阻隔，往往相差几里的村庄风俗习惯上就会有明显的差异。或者有些城市独特的功能使其在沿袭中生生不息。独特的生活生产方式蕴含着先辈们生活的智慧，里面就包含了文学戏剧甚至宗教等，这些就是地域特征最直观的一个体现。也许是曾经的皇城，或港口，或驿站，虽然我们的传统文化在当代经历了二次浩劫，但随着历史进程的推进，需要重新审视文化中灿烂的瑰宝。

设计人员与城市规划师应该了解城市的这种沿袭，才能在了解城市文化特征的基础上开始合理的设计，设计必须体现本地文化的内涵，这个必然是不同于其他城市的，有历史的沿革。

比方说十三朝古都西安，历史与古迹是它的标签。山水杭州，西湖与文人气息是它的特色。宁波是一个港口经济城市，同时私人藏书楼天一阁让它增添了一些文化的韵味。

2. 考虑区域功能的区分对文化内涵的扩展

如上所述，文化的因素并不是单一的，而应该是多元的。城市的特征也不仅仅是停留在对古代文化的无限崇尚上，城市里遍布现代的纪念性广场与商业广场。在这种现代化程度较高的现代建筑群中，可以体现朝气蓬勃的城市发展与变革的气象。所以在考虑周围建筑物整体风格的前提下，导视物设计也可以更加的现代化，功能更加的科技化，整体的颜色与风格趋于跟周围环境相统一。

3. 人文关怀是城市文化传播的有力支撑

导视系统不仅起着指路牌的功能，更是人们认识城市道路与文化，享受愉快城市生活的开始。所以，一个导视牌最基本的就是不能有信息的错误，要有清晰明确的文字与图形。考虑到城市的外籍游客，文字可选用多国语言标注，图形必须是规范化的通俗易懂的。不仅是在图形与文字上，也可以利用颜色让人从视觉上对物体有强烈的感受，有一目了然的感觉。

更可以利用现代科技实现人机的交互操作，使人们能简单快捷地找到目标，并且在导视系统应用的过程中能有愉快的应用感受，提高使用的幸福感，从而获得美好的印象。

参考文献

[1] 吴剑英. 城市公共空间导视系统设计[J]. 艺术教育，2012(10)：191.

[2] 肖魏. 导视系统符号元素研究[J]. 包装工作，2012：136－139.

[3] 张瑶. 城市公共空间导视设计的互动性研究[C]. 湖北工业大学，2015：6.

[4] 朱雪. 中国传统文化的当代价值研究[C]. 西华大学，2013：6.

附录　新闻稿

2016·环境文化传播与新闻出版学术论坛在甬举行

6月18日，由浙江省社会科学界联合会、宁波大红鹰学院与贵州民族大学共同主办的"2016·环境文化传播与新闻出版学术论坛"在甬举行。

"港通天下，书藏古今"，宁波的历史文化熏陶着一方水土，时代的发展推动着改革实践，城镇、乡村与空间，传统、创新与文化，产品、品牌与传播，影视、数字与营销，互联网、新媒体与出版，新闻、媒体与社会责任……新的时代，我们要传承历史、守正出新，创新话语体系，讲好环境和人的故事，讲好新闻与传播的故事。

此次论坛是浙江省社会科学界第三届学术年会分论坛之一，该年会以"传承历史、守正出新，海纳百川、兼收并蓄"为宗旨，提出了"创新话语体系，讲好浙江故事"之主张。

在上午的开幕式上，贵州民族大学研究生院院长索洪敏、宁波大红鹰学院党委书记孙惠敏先后在开幕式上致辞。作为论坛东道主，孙书记代表宁波大红鹰学院对论坛的顺利召开表示祝贺，对光临论坛的各位领导、专家学者、高校同仁、企业界、新闻界的朋友表示了热烈的欢迎和衷心的感谢。她介绍了学校"艺术设计、文化传媒"学科板块的建设思想，希望通过此次论坛实现分享、交流、合作，为提升我国城镇文化生态建设水平、促进新闻出版行业的创新发展发挥积极的促进作用。最后预祝论坛圆满成功。

全国政协委员、中国编辑学会会长郝振省，中国美术学院艺术人文学院院长曹意强，浙江大学人文学院副院长黄厚明，中国新闻出版报总编辑马国仓先后作了题为"数字阅读和数字出版新趋势""艺术品质与城市文化空间塑造""视觉表现中的自然空间与文化空间""进一步优化文化发展五大环境"的发言。郝振省会长在他的报告中指出：数字出版、数字阅读、融合(统合)发展已经立体化地覆盖和席卷了我们所有的生产和生活领域，带来了新的发展，也相应产生了若干负效应；融合的发展首先要坚持社会主义核心价值观，立足于社会学、文化学的基础之上，要重视自助出版及其产业前景、评价体系研究。曹意强院长从一张纸开始说起，对全球化时代背景下城市空间塑造的难度进行了分析，介绍了公共文化环境的国际展架，认为公共空间具有经济、道德、视觉三种价值，提出了他近年来"艺术智信学"的研究，认为精微是审美品质的重要特色，反思了独创性，认为创新是需要土壤的，从无到有不是创新，生动的举例时时带来会心的笑声。黄厚明院长针对我国绘画表现中空间表达的变迁研究，由小及大地分析了视觉表达的空间传播问题。马国仓总编辑从优化人才培养、优化文化产品、促进新技术运用、优化消费市场和提高文化服务五方面提出如何促进文化发展事业。论坛在主持人、宁波大红鹰学院校长助理高振强教授精彩的总结下，结束上午的议程。

下午，论坛分成两个分会场同时进行。在"环境空间文化传承与品牌传播"分会场上，中国人民大学哲学系教授、博士生导师王旭晓作了题为“城市文化与精神家园”的报告，Fiecas Roel Jazmin 作了题为“BIN&LANDSCAPE”的报告，企业界代表、马克标识总经理魏杰作了题为“标识的传播应用”的发言，我校教师张杰教授作了题为“视觉文化视阈下的中国近现代主体文化传播的图像学阐释”的报告。与会者聚焦于城镇、乡村的空间演变、文化传承、环境特征、导视系统设计，以及地方文化产品创新、文化品牌传播等问题展开了交流。

在“媒体融合背景下新闻出版与网络编辑”分会场上，南京大学出版研究院常务副院长张志强讲述了“纸质出版的现状与未来”，北京斯麦尔数字出版技术有限公司董事长郑铁男进行了“数字出版技术与人才支持”主题发言，贵州民族大学传播学院院长颜春龙教授作了题为“现境与愿景：中国媒体融合问题辨析”的报告，我校教师刘强教授作了题为“基于社会支持理论的农业公用品牌研究”的发言。与会者聚焦于传统媒体与新媒体的融合、“互联网＋”战略对新闻出版的影响、网络编辑的社会责任、数字媒体艺术、影视传播等问题进行了深入探讨。

最后举行了闭幕仪式，中国编辑学会会长郝振省先生为论坛作了总结，对新时期新闻出版、文化传播事业提出了期望。

两大主题虽然不同，但在创新传承文化、促进区域文化与经济发展上获得了统一。论坛期间，本次论坛征文的优秀论文作者就自身研究成果结合本次论坛主题与专家和与会者进行了交流。

本届论坛为新型城镇文化与乡村文化研究者提供思考的良机，深入考察正在急剧变化的城镇与乡村空间演变的历程与特征，促进新型城镇与乡村建设；为区域文创产品设计与传统文化研究者提供对话的平台，发扬地方传统文化，促进文化创意产业发展；为新闻传播、媒体融合、数字出版的研究者们提供交流的平台，在“互联网＋”的时代背景下，探讨新闻出版与网络编辑的发展趋势与方向。

本次论坛得到了宁波市海曙区文化广电新闻出版局、宁波市风景园林设计研究院有限公司、宁波马克标识有限公司协助和支持。

今日头条 大家都在搜：好先生

首页 > 文化 > 正文

环境文化传播与新闻出版学术论坛在甬举行

新民网 2016-06-19 14:52

中国宁波网讯 6月18日，由浙江省社会科学界联合会、宁波大红鹰学院与贵州民族大学共同主办的"2016·环境文化传播与新闻出版学术论坛"在甬举行。

本届论坛是浙江省社会科学界第三届学术年会分论坛之一，中国编辑学会会长郝振省、中国新闻出版广电报总编辑马国仓等嘉宾先后发言。论坛为新型城镇文化与乡村文化研究者提供思考的良机，也为新闻传播、媒体融合、数字出版的研究者们提供交流的平台。(宁波晚报通讯员 陈晓旷)

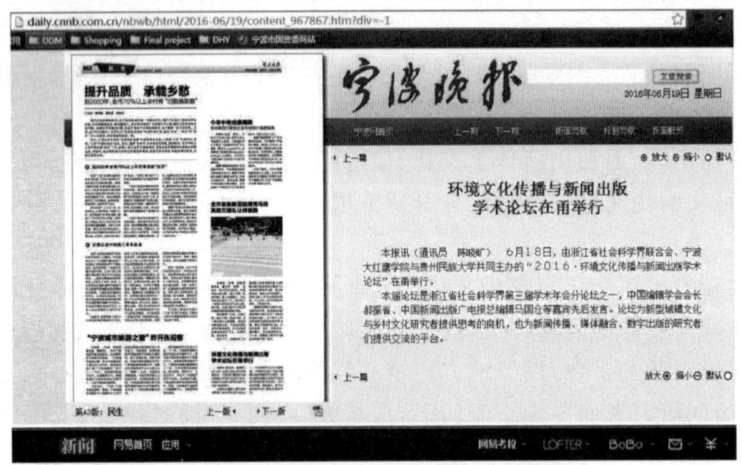

daily.cnnb.com.cn/nbwb/html/2016-06/19/content_967867.htm?div=-1

宁波晚报

2016年06月19日 星期日

环境文化传播与新闻出版学术论坛在甬举行

本报讯（通讯员 陈晓旷） 6月18日，由浙江省社会科学界联合会、宁波大红鹰学院与贵州民族大学共同主办的"2016·环境文化传播与新闻出版学术论坛"在甬举行。

本届论坛是浙江省社会科学界第三届学术年会分论坛之一，中国编辑学会会长郝振省、中国新闻出版广电报总编辑马国仓等嘉宾先后发言。论坛为新型城镇文化与乡村文化研究者提供思考的良机，也为新闻传播、媒体融合、数字出版的研究者们提供交流的平台。

环境文化传播与新闻出版学术论坛在甬举行

2016-06-20 08:10:00 来源：钱江晚报(杭州)

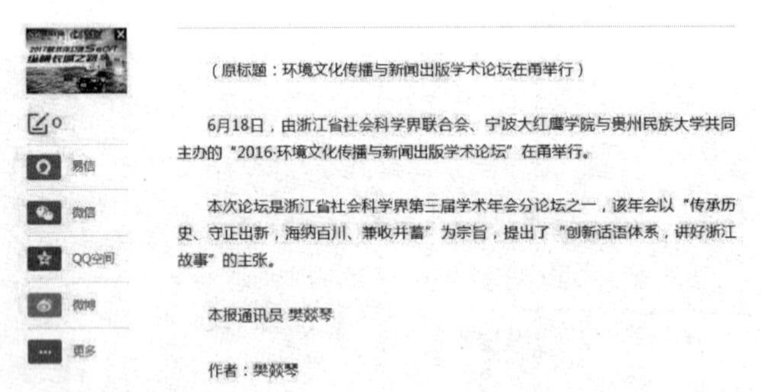

（原标题：环境文化传播与新闻出版学术论坛在甬举行）

6月18日，由浙江省社会科学界联合会、宁波大红鹰学院与贵州民族大学共同主办的"2016·环境文化传播与新闻出版学术论坛"在甬举行。

本次论坛是浙江省社会科学界第三届学术年会分论坛之一，该年会以"传承历史、守正出新，海纳百川、兼收并蓄"为宗旨，提出了"创新话语体系，讲好浙江故事"的主张。

本报通讯员 樊燚琴

作者：樊燚琴

2016年06月21日星期二 | 上海 雷阵雨转多云 25℃ ~ 32℃, PM2.5 27

环境文化传播与新闻出版学术论坛在甬举行

来源：中国宁波网　2016-06-19 14:52

中国宁波网讯 6月18日，由浙江省社会科学界联合会、宁波大红鹰学院与贵州民族大学共同主办的“2016·环境文化传播与新闻出版学术论坛”在甬举行。

本届论坛是浙江省社会科学界第三届学术年会分论坛之一，中国编辑学会会长郝振省、中国新闻出版广电报总编辑马国仓等嘉宾先后发言。论坛为新型城镇文化与乡村文化研究者提供思考的良机，也为新闻传播、媒体融合、数字出版的研究者们提供交流的平台。(宁波晚报通讯员陈晓旷)

环境文化传播与新闻出版学术论坛在甬举行

稿源：中国宁波网　2016-06-19 14:42:09　　报料热线：81850000

T大　T中　T小

中国宁波网讯 6月18日，由浙江省社会科学界联合会、宁波大红鹰学院与贵州民族大学共同主办的“2016·环境文化传播与新闻出版学术论坛”在甬举行。

本届论坛是浙江省社会科学界第三届学术年会分论坛之一，中国编辑学会会长郝振省、中国新闻出版广电报总编辑马国仓等嘉宾先后发言。论坛为新型城镇文化与乡村文化研究者提供思考的良机，也为新闻传播、媒体融合、数字出版的研究者们提供交流的平台。(宁波晚报通讯员陈晓旷)

编辑：陈燕

图书在版编目（CIP）数据

当代环境文化与新闻传播研究 / 孙惠敏主编. —杭州：浙江大学出版社，2017.12
ISBN 978-7-308-17504-3

Ⅰ.①当… Ⅱ.①孙… Ⅲ.①环境—文化—研究—中国②新闻学—传播学—研究—中国 Ⅳ.①X21②G219.2

中国版本图书馆 CIP 数据核字（2017）第 246929 号

当代环境文化与新闻传播研究
孙惠敏　主　编
漆小平　副主编

责任编辑　李海燕
责任校对　孙秀丽
封面设计　续设计
出版发行　浙江大学出版社
（杭州市天目山路 148 号　邮政编码 310007）
（网址：http://www.zjupress.com）
排　　版　杭州中大图文设计有限公司
印　　刷　杭州杭新印务有限公司
开　　本　787mm×1092mm　1/16
印　　张　25.5
字　　数　621 千
版 印 次　2017 年 12 月第 1 版　2017 年 12 月第 1 次印刷
书　　号　ISBN 978-7-308-17504-3
定　　价　68.00 元